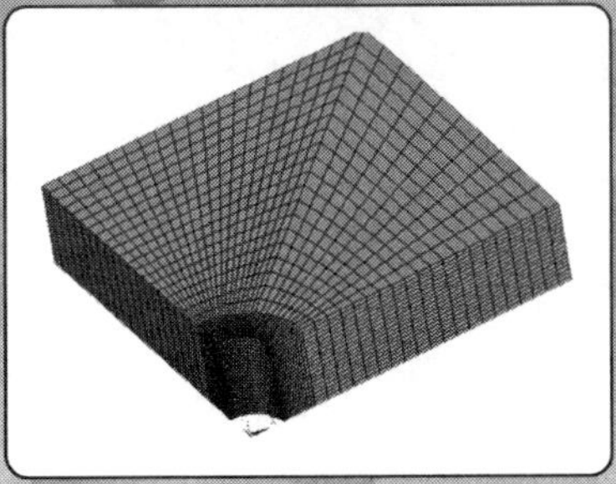

응용 유한요소해석

이상순 지음

도서출판 홍릉

이상순

(미) UCLA, 공학박사

전공분야 : 전산고체역학, CAE

연구분야 : 전산고체역학(FEM/BEM)
컴퓨터응용설계(CAE)
Microelectronic 패키징 연구
폴리머 박막/후막 신뢰성 연구
복합재료 설계 및 신뢰성 연구
원전재료 및 구조 거동 연구

현재 : 한국기술교육대학교 메카트로닉스공학부 교수

응용유한요소해석

인 쇄: 2020년 3월 12일 초판 1쇄
발 행: 2020년 3월 19일 초판 1쇄

저자와의 협의하에 인지생략

저 자: 이상순
발행인: 송 준
발행처: 도서출판 홍릉
주 소: 01093 서울시 강북구 인수봉로 50길 10
등 록: 1976년 10월 21일 제5-66호

전 화: 02-999-2274~5
팩 스: 02-905-6729
e-mail: hongpub@hongpub.co.kr
http://www.hongpub.co.kr
ISBN: 979-11-5600-747-0(93550)

정 가: 29,000원

이 교재는 2019/2020년도 산업전문인력역량강화사업(산업통상자원부)의 재원으로 한국산업기술진흥원의 지원을 받아 수행된 연구입니다.

Preface

오늘날 유한요소법은 설계분야에서 기본적이고 필수적인 도구로 인정되고 있다. 유한요소법은 경계 값 문제에 대한 해를 근사적으로 구하는 방법이다. 방법의 기조가 되는 아이디어가 보편성을 띠고 있어서, 사실상 공학과 수학의 모든 분야에서 다양한 종류의 문제의 해를 구하는데 괄목할 만한 성공을 거두고 있다. 유한요소법의 기본 개념은 해를 구하고자 하는 영역을 유한요소라고 알려진 여러 개의 단순한 형태의 작은 영역으로 나누는 것이다. 각 유한요소에서 단순한 형태로 해를 가정하면 전체 영역에 대해서 근사해가 구해진다.

현재 유한요소법에 관한 서적은 많이 출판되어 있으나, 이들 대부분의 서적은 유한요소법에 대하여 어느 정도 지식이 있는 분들을 위해 쓰여져 있기 때문에 처음 유한요소법을 접하는 학습자에게 어려움을 줄 수 있다. 따라서 이 교재는 유한요소법을 쉽게 접근할 수 있도록 하기 위하여, 국내에 많이 보급되어 있는 상용 유한요소 프로그램인 ANSYS를 이용하여 활용 능력을 키우도록 기술되었다. 그 동안 유한요소법을 가르쳐온 경험에 비추어 볼 때, 이론적인 접근 보다는 실제 공학문제의 해를 구해보고 토의를 통해서 수업이 진행될 때 학생들이 공학에 대한 흥미를 깊이 느끼게 되고 훨씬 많은 진전이 있음을 목격해 왔다. 본 교재는 그러한 경험을 바탕으로 쓰여 졌으며, 일주일 4시간, 15주 수업을 염두에 두고 쓰여 졌다. 4시간 수업 중 2시간은 실습을 통하여 공학문제를 함께 풀어보고, 다른 2시간은 각 조별로 실제 공학문제를 해석해 온 결과를 발표하고 토론하는 것을 전제로 하고 있다. 본 교재는 2018년 홍릉과학출판사를 통하여 출판된 'ANSYS와 유한요소해석'을 개정한 것으로, 이 책이 사용되어 오면서 부족하다고 판단된 부분을 많이 보완하는 방향으로 쓰여 졌고, 특히 새로운 ANSYS 버전에 맞추어 입력과정을 일부 수정하였다. 또한 교재의 제목을 바꾸어 보다 다양한 분야뿐만 아니라 고급수준에서도 이 교재가 활용될 수 있도록 하였다.

본 교재를 준비하는데 있어서 한국기술교육대학교 학생들의 도움이 컸다. 실습시간이나 토론을 통해 많은 학생들이 좋은 아이디어를 제공해 주었고, 여기에 실린 내용 중 제11장은 대부분 학생들의 도움으로 이루어졌음을 밝힌다.

Contents

Contents

CHAPTER

01

개요

CHAPTER 01

개요

1.1 서론

오늘날 자동차, 선박, 비행기와 같은 공학 구조물을 설계하는 과정에는 컴퓨터를 활용한 해석이 매우 다양하게 사용되고 있다. 특히 유한 요소법은 복잡한 공학 구조물의 응력 및 변형 해석을 하는데 일반적인 해석도구로서 폭 넓게 사용될 수 있다. 유한요소법은 경계값 문제에 대한 해를 근사적으로 구하는 방법이다. 방법의 기조가 되는 아이디어가 보편성을 띠고 있어서, 공학과 수학의 분야에서 다양한 종류의 문제의 해를 구하는데 괄목할 만한 성공을 거두고 있다. 유한요소법의 기본 개념은 해를 구하고자 하는 영역을 유한요소라고 알려진 여러 개의 단순한 형태의 작은 영역으로 나누는 것이다. 각 유한요소에서 단순한 형태로 해를 가정하면 전체 영역에 대해서 근사해가 구해진다.

유한 요소법은 필수적으로 다음 5단계를 포함하고 있다.

(1) 영역의 분할
(2) 보간 함수 또는 형상함수의 선택
(3) 요소특성 행렬과 벡터의 유도
(4) 요소특성 행렬과 벡터의 조합
(5) 연립 방정식의 해

유한요소법은 기하하적 형상, 하중 및 경계조건 등에 제한이 없고, 여러 가지 복합 재료로 이루어진 연속체에도 적용이 가능하다. 또한 물성 값 및 거동의 비선형도 적용, 응력해석, 진동, 좌굴, 열전달, 유동해석 등 공학의 다양한 분야에서 활용이 가능하다. 현재 유한요소법에 관한 서적은 많이 출판되어 있으나, 이들 대부분은 유한요소법에 대하여 어느 정도 지식이 있는 분들을 위해 쓰여 져 있기 때문에 처음 유한요소법을 접하는 학습자가 접근할 수 있는 교재는 제한적이다. 이 교재는 그러한 어려움을 고려하여 국내에 많이 보급되어 있는 대표적인 범용 유한요소 프로그램인 ANSYS를 이용하여 활용 능력을 키우는데 목표를 두고 있다.

1.2 유한 요소법의 역사적 배경

유한요소법은 항공기 구조해석기술의 진보로 부터 유래하였다. 주요 발전 과정은 다음과 같다.

1941년	Hrenikoff	프레임 구성방법
1943년	Courant	비틀림 문제 (삼각형 소구간 사용)
1956년	Turner	트러스 요소, 보 요소 (강성행렬)
1960년	Clough	'유한요소' 용어 사용
1967년	Zienkiewicz, Cheung	유한요소에 대한 책 출판
1970년대		수학적 기반이 만들어짐

오늘날에 유한요소법은 컴퓨터 하드웨어의 발달로 항공기 설계, 원자력 발전 설비 설계, 자동차 설계, 전자 및 반도체 장비 설계 등 공학전반에 걸쳐 널리 응용되고 있고, 활용 사례들이 많이 발표되고 있다.

1.3 ANSYS 프로그램

ANSYS는 1970년 공학 분야의 제반 문제를 컴퓨터를 이용하여 해석하기 위해 J. Swanson 박사가 개발한 유한요소 프로그램으로 현재는 ANSYS, Inc.에서 개발과 유지보수를 진행하고 있다. 처음에는 주로 기계 산업과 전기 산업에 이용하기 위해 개발된 프로그램이었으나 현재에는 항공우주, 자동차, 조선, 전자, 반도체등에 이르는 다양한 분야에서 요구되는 해석에 사용되고 있다. ANSYS는 구조해석, 진동해석, 열전달, 전자기장, 음향, 유동해석, 연성 해석 등의 해석기능 뿐만 아니라 솔리드 모델링 등을 포함한 전처리기(Preprocessor), 후처리기(Postprocessor), 최적설계 등의 기능을 포함하고 있어 완벽한 CAE(Computer Aided Engineering) 시스템을 구축하고 있다.

ANSYS는 버전에 따라 그 외형이나 입력 메뉴가 다른데, 구조해석에 대해서는 버전에 따른 차이가 크지 않아 사용자들이 이 교재의 내용을 여러 버전의 ANSYS에 쉽게 적용할 수 있다.

1.3.1 ANSYS 그래픽 사용자 인터페이스(GUI)

ANSYS의 GUI는 6개의 주 영역(아래 그림에는 5개만 보이고 있음)으로 구성되어 있다.

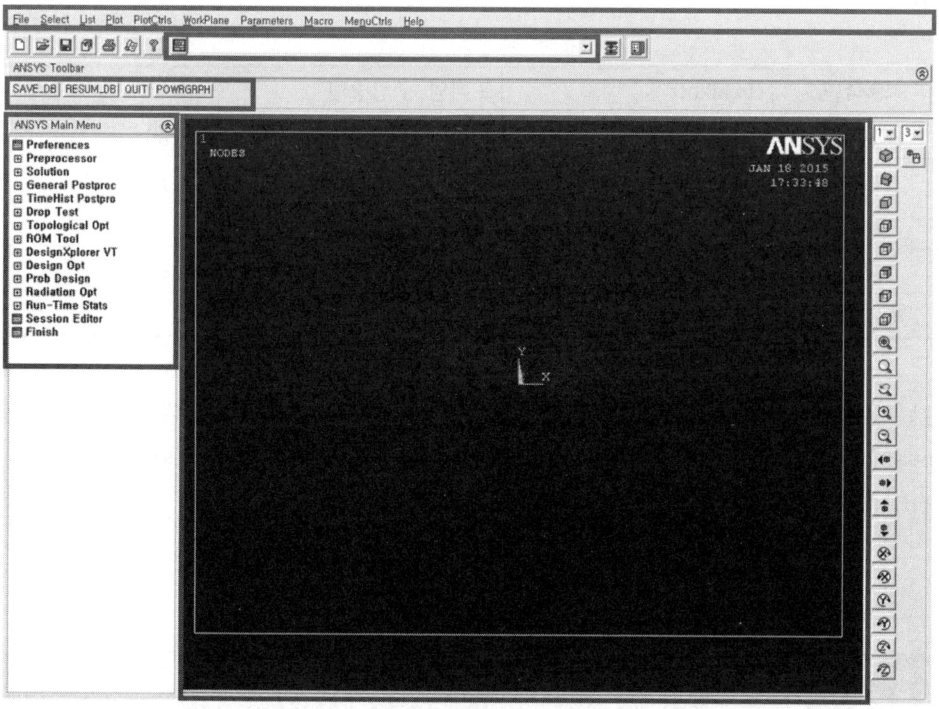

a) Utility Menu : 파일을 제어하고 그래픽을 제어하는 기능들을 수행한다.

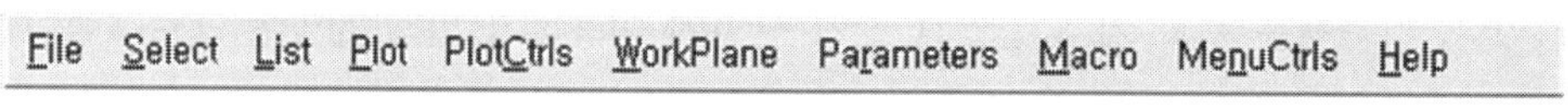

b) Main Menu : 전처리, 해석, 후처리에 대한 기능들로 구성되어 있다.

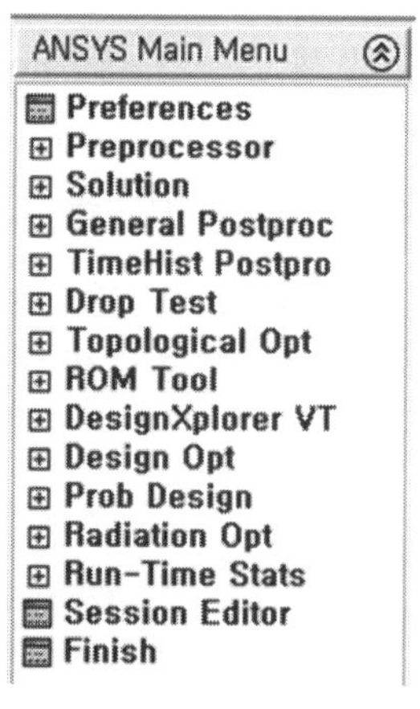

c) Toolbar : 일반적으로 사용되는 명령과 기능을 실행하는 버튼들로 구성되어 있는데, 필요하면 단축버튼을 추가할 수 있다.

d) Input Window : 필요한 명령어를 직접 입력할 수 있다.

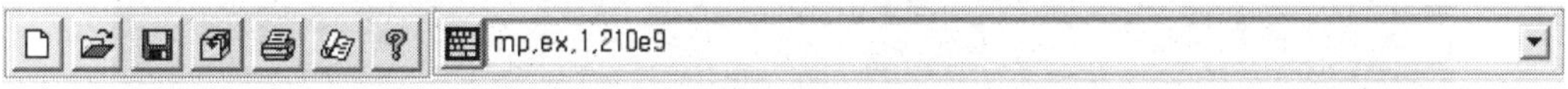

e) Graphic Window : 그래픽이 출력되는 창이다.

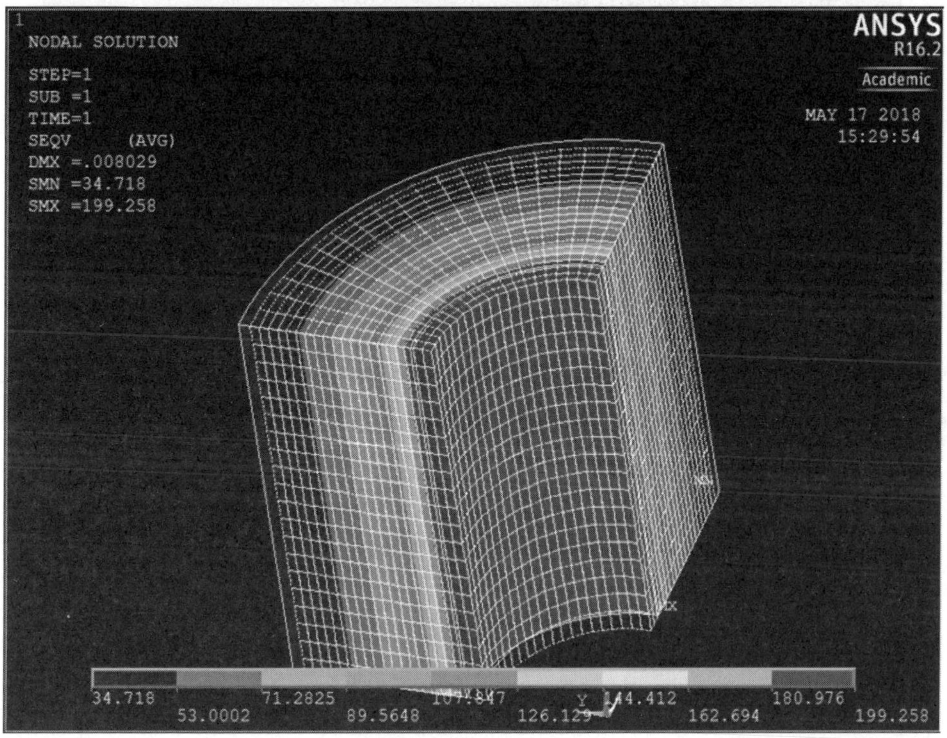

f) Output Window : 프로그램의 텍스트 출력이 나타나는데, 다른 창들에 가려져 있어서 필요할 때 앞으로 가져올 수 있다.

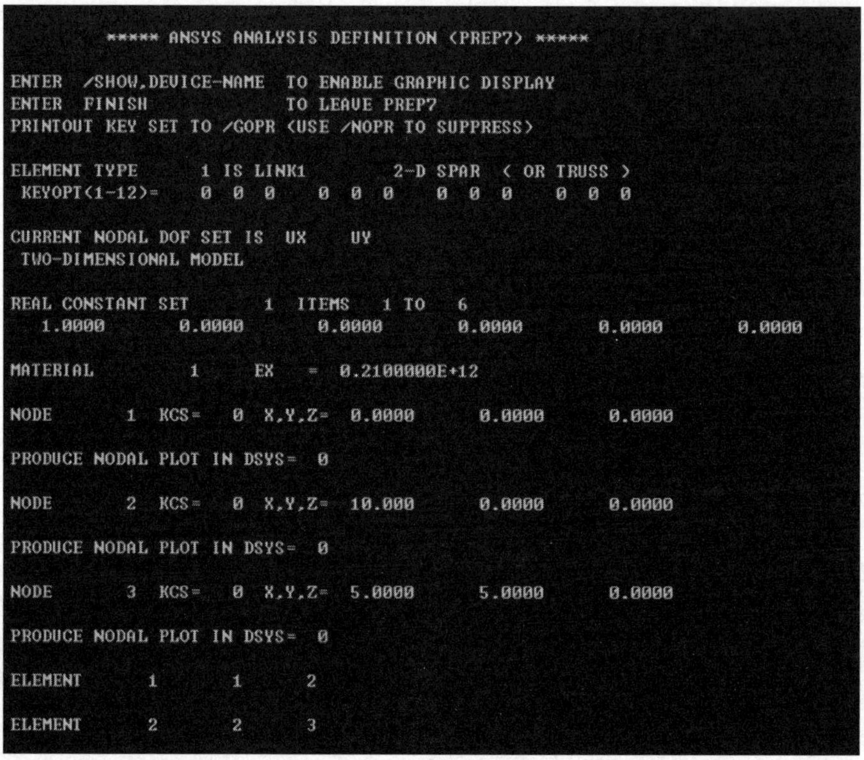

1.3.2 해석과정

ANSYS의 전형적인 해석은 3단계 – 전처리(Preprocessor), 해석(Solution), 후처리(General Postprocessor) – 로 나누어진다. 먼저 전처리과정을 시작하기 전에 Main Menu에서 Preference를 선택하여 작업내용을 설정한 후, 전처리, 해석, 후처리 과정으로 진행한다.

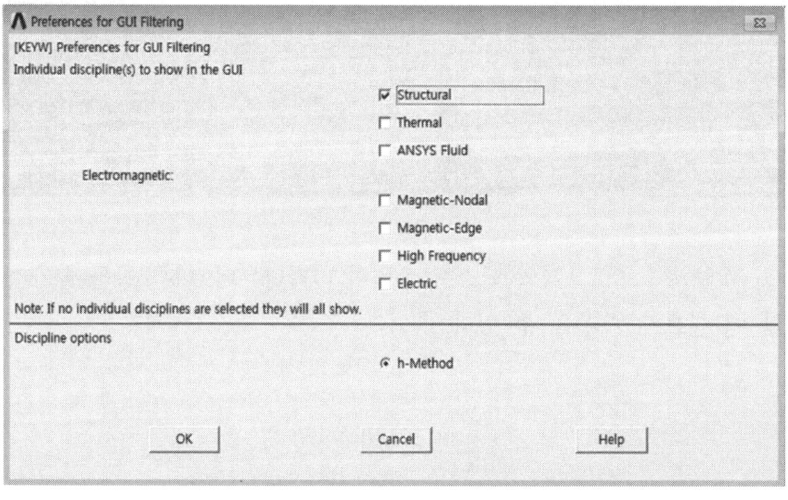

1 전처리 과정(preprocessing) : Preprocessor를 사용하여 요소의 종류(Element Type), 단면 데이터(Sections), 물성(Material Props) 등을 입력하고, 기하모델링과 유한요소 모델링을 수행한다.

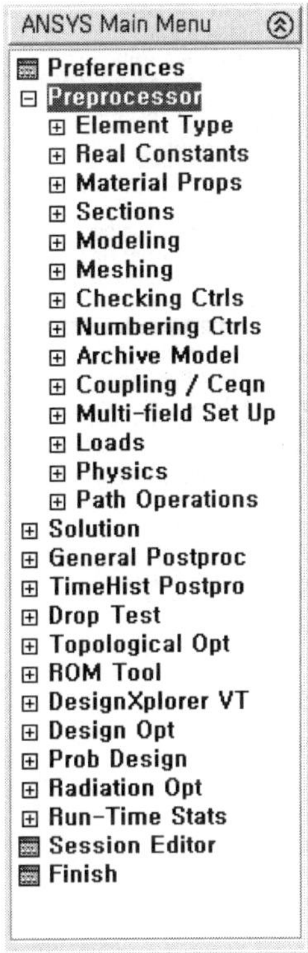

a) 솔리드 모델링(solid modeling)

ANSYS의 솔리드 모델러는 기하학적 프리미티브(geometric primitives)라 불리우는 기본 형상과 불리언 연산(boolean operation)이라 불리는 엔티티(entities)로 쌓아올리듯 하는 두 가지 방식이 있다.

b) 요소망 생성(mesh generation)

솔리드 모델에서 유한요소망의 생성기(mesh generator)는 자유 요소망(free mesh), 균일 요소망(mapped mesh), 천이 요소망(transition mesh)등의 기능을 이용하여 어떠한 형상의 구조물에 대해서도 빠르게 요소망을 생성할 수 있다.

c) h 적응요소

선형구조 요소로서 해석하는 경우, 반복적으로 요소의 개수를 늘려가며 최적조건의 요소량을 자동적으로 생성해 주는 요소망 생성법이다. 구조물의 해석 오차 크기를 계산하여 허용되는 오차 범위 내에서 최초의 요소를 생성해 준다.

2 해석(solution)

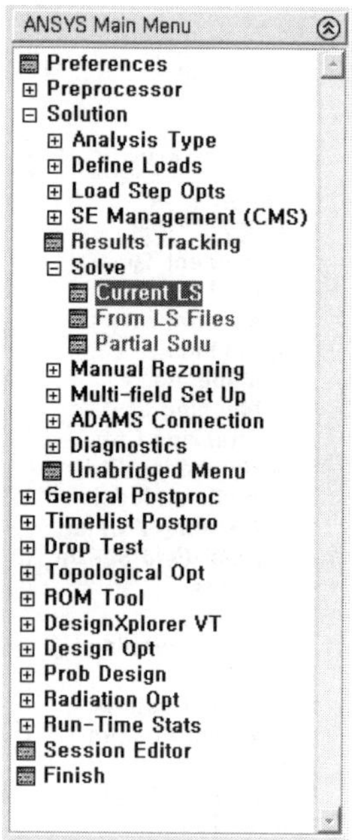

a) 정적해석(static analysis)

구조물에 정하중이 작용했을 때 응력, 변위, 변형률, 그리고 반력을 구한다.

b) 동적해석(dynamic analysis)

시간에 따라 변하는 하중에 대해 구조물의 거동을 해석한다.

c) 좌굴해석(buckling analysis)

구조물이 불안정하게 되는 순간의 하중 크기를 계산하여 구조물의 안정성을 판정한다.

d) 비선형 해석

비선형 탄성, 초탄성, 탄소성,swelling 포화자기특성(B-H 곡선)을 판정한다.

e) 기구 동력학 해석

대변형 해석기능을 응용하여 유연체(flexible body)의 3차원 운동을 해석한다.

f) 열전달 해석

열전도, 대류 및 복사에 의한 구조물의 온도분포 및 열류(heat flux)를 계산할 수 있으며 복사 형태계수를 산출하는 기능도 한다.

g) 자장 해석

전류 및 영구자석에 의한 자장, 자기력, inductance, flux density, force power loss 를 구한다.

그 밖에 유체 및 음향을 해석한다.

3 후처리 기능(postprocessing)

계산된 결과를 수치나 그래픽형태로 출력하고 분석한다.

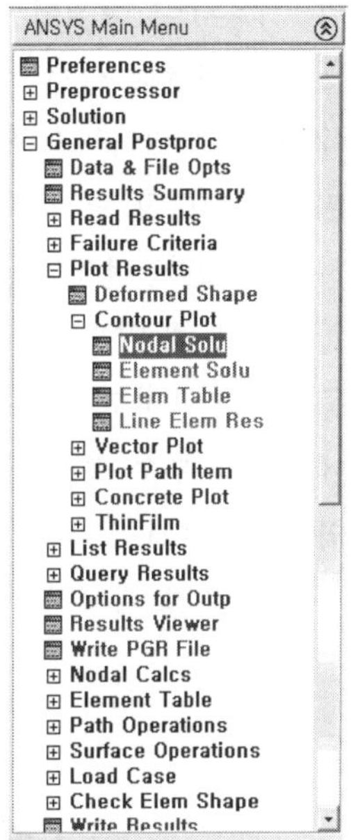

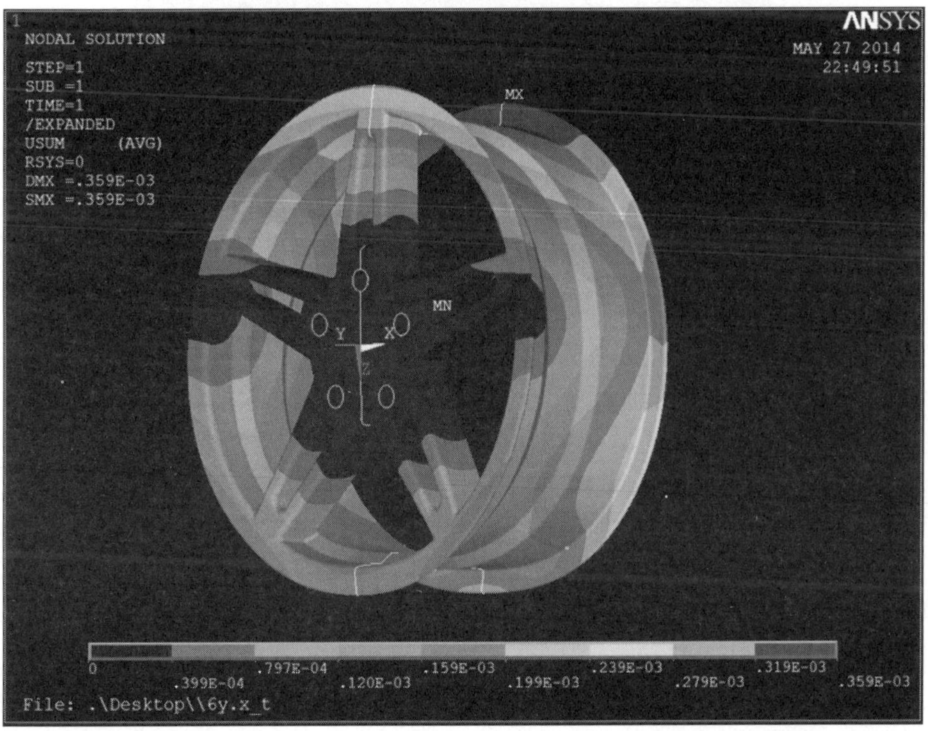

1.3.3 ANSYS를 활용한 해석 예제

그림 1.1은 현재 이탈리아 로마에 있는 판테온(Pantheon) 신전을 나타낸다. 판테온 신전은 아우구스투스 황제의 양아들 마르쿠스 아그리파에 의해 기원전 27~25년에 세워졌으며 7개 행성의 신들을 경배하기 위한 건축물이다. 서기 80년에 화재로 파손된 일이 있는데 118~125년 하드리아누스 황제에 의해 재건되었다. 로마제국의 현존하는 건축물 중 가장 보존이 잘되었다고 평가되는데 특히 이 건물의 청동문과 돔은 손상되지 않아 원형 그대로를 유지하고 있다. 판테온의 입구는 코린트식 화강암 원기둥으로 된 주랑 현관으로 되어 있고, 입구를 통해 안으로 들어가면 넓은 공간이 나온다. 내부에 기둥은 전혀 없고 무거운 돔의 중량을 지탱하고 있는 벽이 유일한데, 이 벽은 아치 공법에 의해 만들어져 두터운 벽제 안에 7개의 부수 공간을 확보하고 있다. 20세기에 판테온에서 균열들이 관찰되어 원인 조사와 함께 유지 보수에 대한 연구가 계속 진행되어 왔다.

ANSYS를 활용하여 이 건축물의 응력 및 변형을 해석하는 과정을 살펴보기로 한다.

그림 1.1 판테온 신전

그림 1.2는 신전의 단면을 나타낸다. 이 건축물은 콘크리트를 사용하고 있으며, 넓은 내부 공간과 돔을 지니고 있다. 원통의 지름과 바닥에서 돔형 천장까지의 높이가 똑같이 $43.2m$이다. 천장의 곡선을 바닥으로 연장시키면 정확히 바닥 중앙에 닿는 구 모양이 된다. 돔은 정상부까지 올라갈 때 원형 벽의 두께가 줄어드는 방식으로 건축되었다. 두꺼운 벽채 중간은 빈 공간으로 하여 콘크리트의 양생을 빠르게 하고 건물의 전체 하중을 감소시켰다.

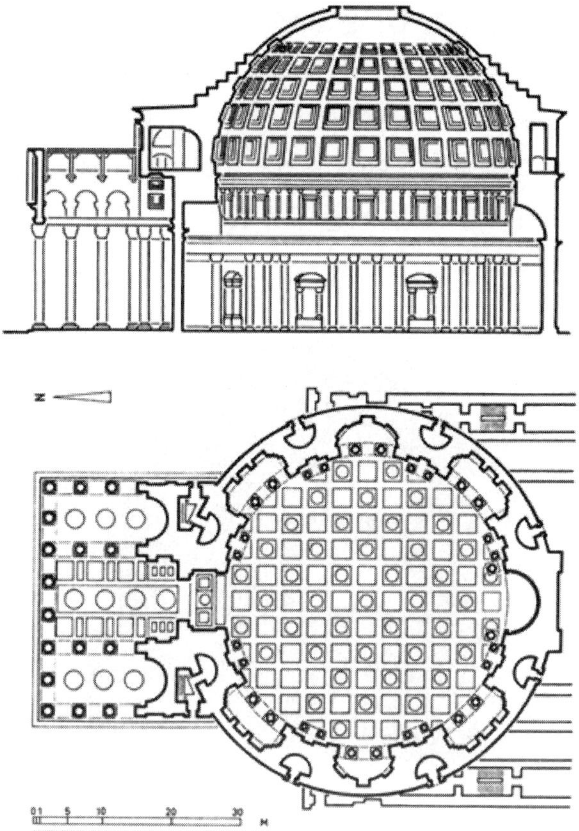

그림 1.2 신전의 단면

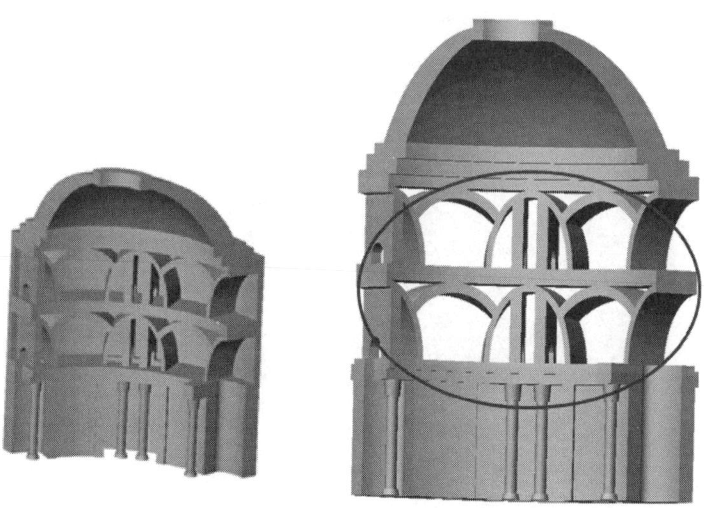

그림 1.3 해석을 위한 기하모델링 결과

그림 1.3은 해석을 위해 3차원 3D CAD인 SolidWorks를 활용하여 모델링한 결과이다. 이러한 기하모델을 ANSYS에서 불러와 유한요소로 모델링한 결과가 그림 1.4에 나타나 있다. 응력 및 변위 해석을 위해 탄성계수는 25 GPa, Poisson비는 0.2, 밀도는 1500 kg/m^3 그리고 중력가속도는 9.81 m/s^2을 사용하였다. 그림 1.5와 1.6은 각각 자중으로 인한 변위 및 응력을 해석한 결과를 보여주고 있다. 변위는 최대 약 0.004 m 발생하고 있다. 응력해석결과(von Mises stress)를 살펴보면 벽을 구성하고 있는 아치형 구조의 일부분에 응력이 집중되고 있음을 알 수 있다.

그림 1.4 해석을 위한 유한요소 모델링

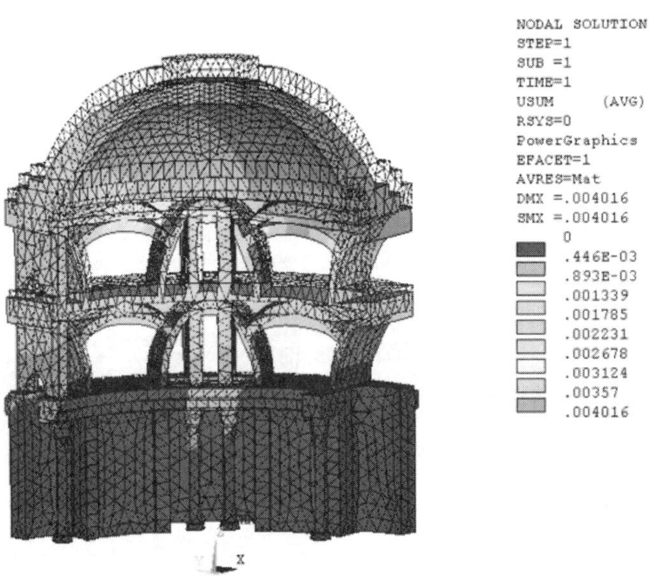

그림 1.5 자중으로 인한 변형 형상

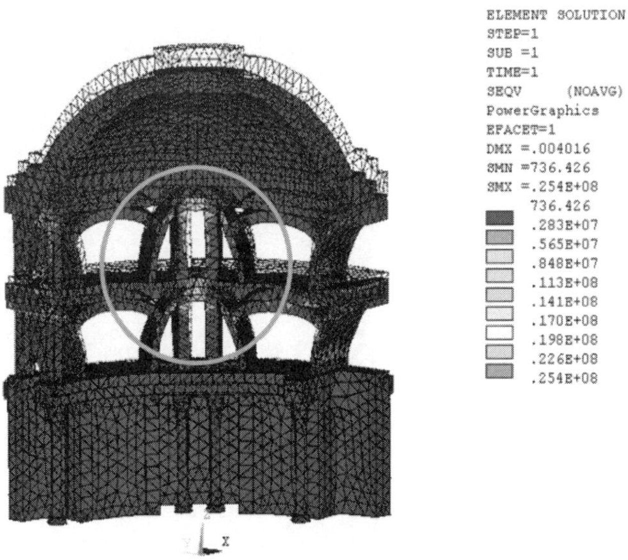

그림 1.6 자중으로 인한 응력해석 결과

그림 1.7은 구조진동해석(모드 해석)을 위한 기하모델을 나타낸다. 이 기하모델을 ANSYS에서 불러와 모드해석을 한 결과가 그림 1.8에 나타나 있다.

그림 1.7 구조진동 해석을 위한 기하모델

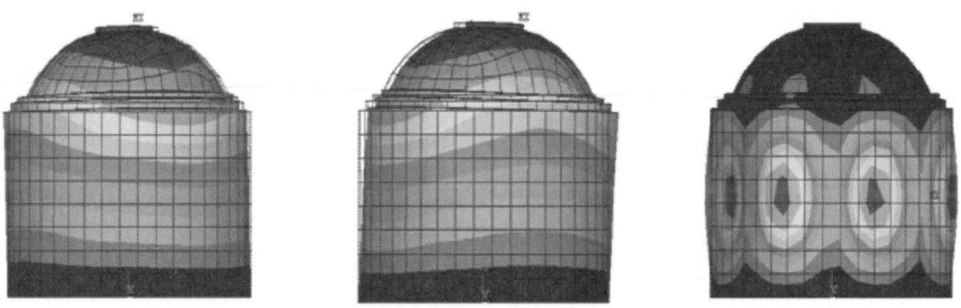

1차 모드 형상 2차 모드 형상 3차 모드 형상

그림 1.8 모드해석 결과

CHAPTER

02

트러스 문제

CHAPTER

02 트러스 문제

트러스는 공학적 구조물의 중요한 형태로 끝단이 볼트나 핀, 또는 용접 등으로 연결된 직선부재로 구성된다. 일반적으로, 트러스 부재들은 세장 부재로 횡하중을 지탱할 수 없으며, 부재들이 볼트나 용접으로 연결되어 있어도 부재는 핀으로 연결된다고 가정한다. 모든 하중은 절점에 작용해야하며 부재 그 자체에 작용해서는 안 된다. 각 부재는 2력 부재로 취급될 수 있으며, 전체 트러스는 핀들과 2력 부재들의 집합으로 취급될 수 있다. 따라서 트러스를 구성하는 각 부재들은 인장이나 압축상태에 있으며 굽힘 모멘트는 작용할 수 없다. 그림 2.1은 전형적인 트러스를 나타낸다.

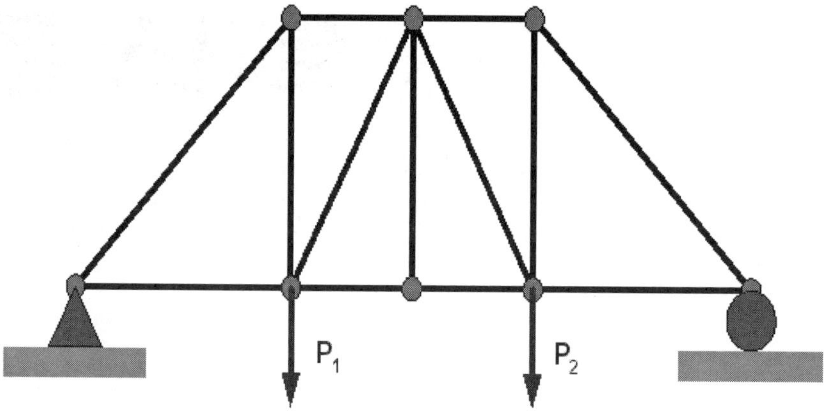

그림 2.1 트러스

정역학에서는 트러스 부재를 강체(rigid body)로 가정하고 절점법이나 단면법으로 각 부재에 발생하는 내력을 구한다. 이러한 접근방법으로는 부정정문제의 해는 구할 수가 없고 절점의 변위도 해석할 수 없다. 유한요소법에서는 트러스 부재를 탄성계수를 갖는 변형체로 가정하고 문제를 해석하므로, 정정문제 뿐만 아니라 부정정문제의 해도 구할 수 있고, 각 절점의 변위도 구할 수 있게 된다.

다음 예제들은 ANSYS의 트러스 요소(**Link**)를 사용하여 해석하는 과정을 설명하고 있다. ANSYS의 전형적인 해석은 3단계 – 전처리(preprocessing), 해석(solution), 후처리(postprocessing) – 로 나누어진다. 구조해석을 위해서는 **Main Menu**에서 **Preference**를 아래와 같이 **Structural**로 선택하여 작업내용을 설정한 후, 전처리, 해석, 후처리 과정으로 진행한다.

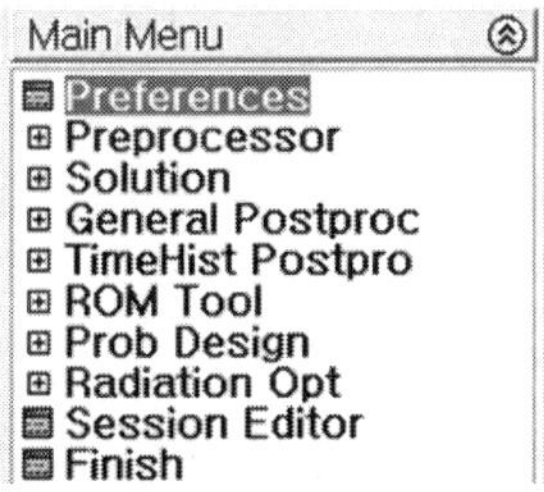

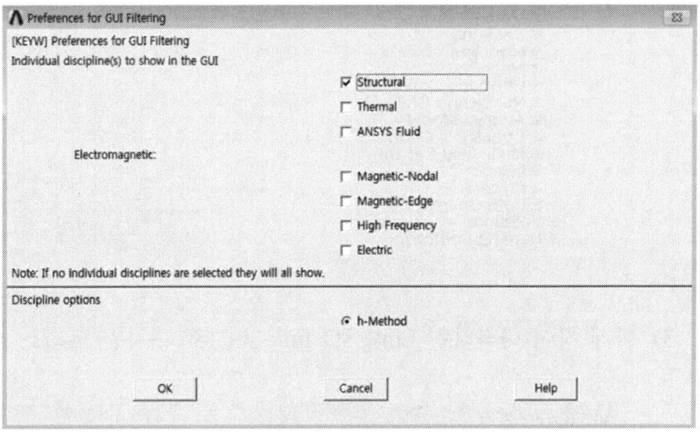

예제 2.1

$8{,}000\,lbs$의 집중하중이 절점 2(그림 2.2)에 작용하고 있다. 각 절점에서의 변위를 구하시오. 단, 단면적은 $A = 2\,in^2$, 탄성계수는 $E = 30 \times 10^6\,psi$임.

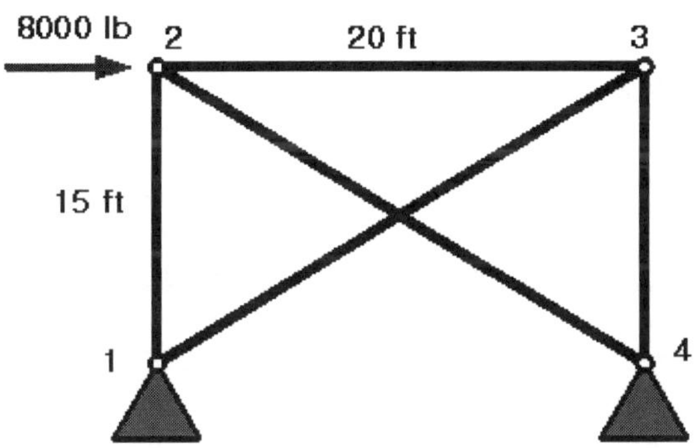

그림 2.2 트러스

해석과정

1단계 : 요소 정의, 요소 단면적 값, 재료 물성 값 입력

1) 요소의 종류 : (Structural Link-3D finit stn 180).

Preprocessor>Element Type>Add/Edit/Delete

2) 아래 창이 뜨면 Add 클릭.

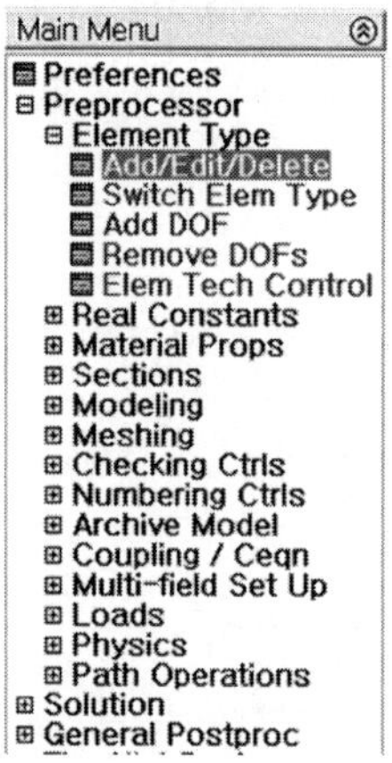

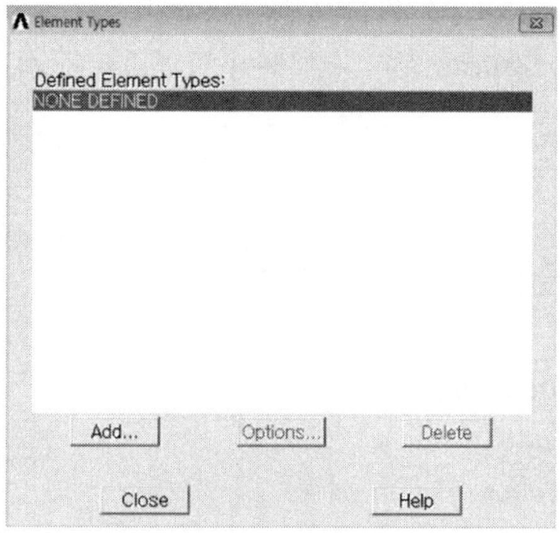

3) 아래 창이 나타나면 Link-3D finit stn 180 (3차원 트러스 요소)을 선택하고 OK를 클릭.

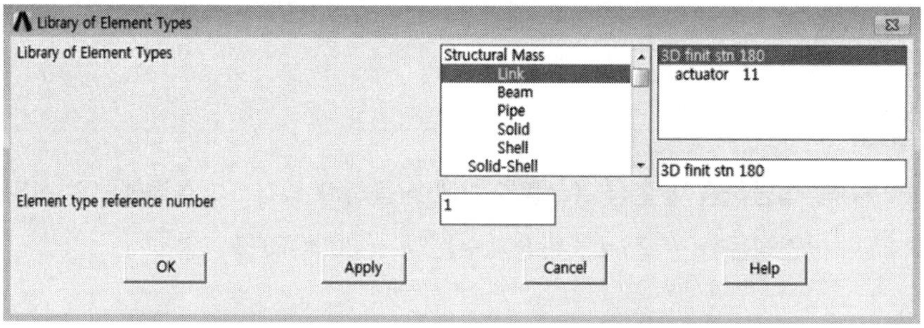

4) 아래 창이 뜨면 Close 클릭.

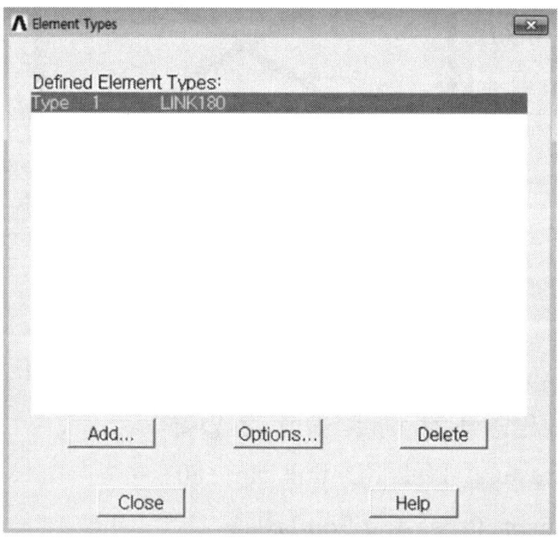

5) 요소 단면적 값 입력.

Preprocessor>Sections>Link>Add

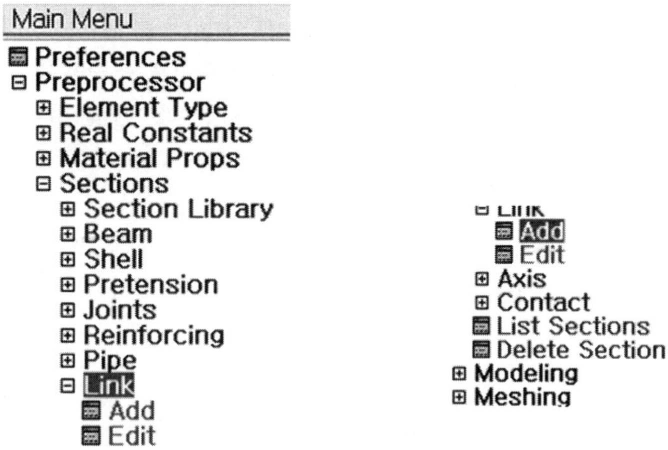

6) 다음과 같은 창이 뜨면 ID를 '1'로 입력한 후 OK를 클릭.

7) 아래 창이 뜨면 Section Name에는 사용자가 원하는 이름을 입력하고, 이어서 Link area에 예제에서 주어진 단면적 값 $2\,in^2$을 입력하고 OK 클릭.

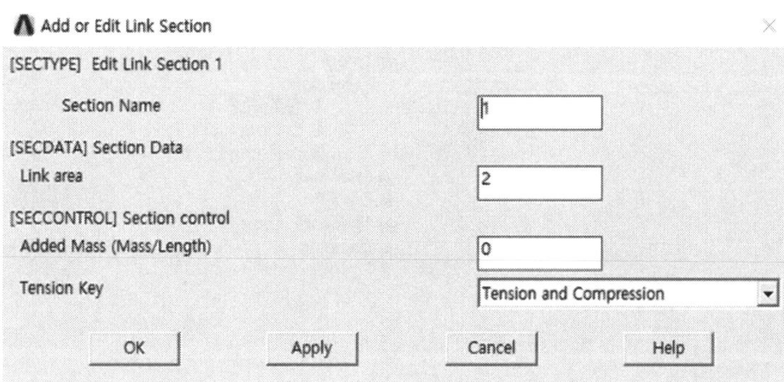

> ANSYS 데이터 입력 과정에서 단위를 통일하는 일이 중요하다. 응력해석의 경우 탄성계수를 기준으로 단위를 정리하면 편리하다. 주어진 예제에서 재료의 탄성계수 단위가 psi로 주어졌는데, 이 단위는 lb/in^2(pound per square inch)을 의미한다. 따라서 힘의 단위는, 'lb'(pound)로, 길이 단위는 '$inch$'를 사용한다. 예제에서 재료의 길이가 'ft'단위($1\,ft = 12\,in.$)로 주어졌는데, 길이를 입력할 때는 '$inch$'로 바꿔서 입력한다. 결과적으로 단면적 단위는 'in^2'이 된다.

8) 재료 물성 값(탄성계수) 입력.

Preprocessor>Material Props>Material Models

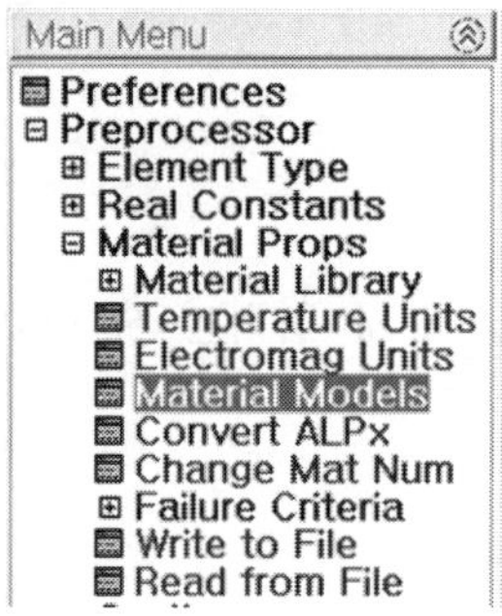

9) 다음과 같은 창이 뜨면

Structural>Linear>Elastic>Isotropic

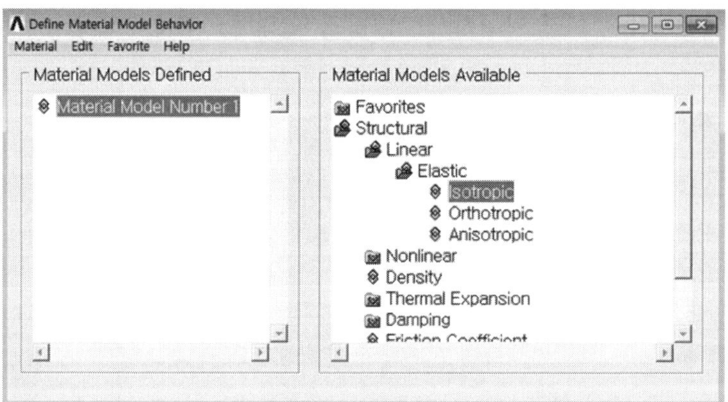

10) 탄성계수(EX)를 입력함. 축하중 부재나 트러스 해석의 경우에는 Poisson 비 (PRXY)는 입력하지 않아도 됨. OK 버튼을 클릭하면 아래 오른쪽 그림과 같은 작은 화면이 나타남. '확인'을 클릭하면 입력이 완료됨.

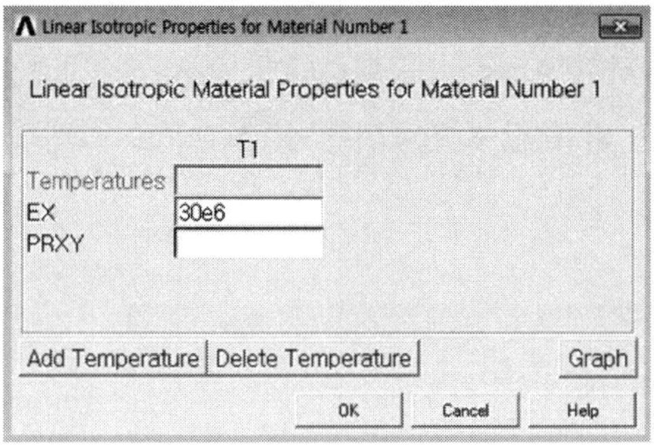

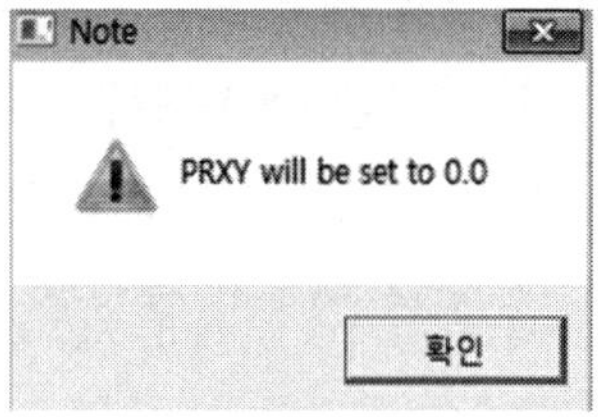

2단계 : 유한요소모델 생성

11) 네 개의 node 생성-1(0,0,0), 2(0,180,0), 3(240,180,0), 4(240,0,0).

Preprocessor>Modeling>Create>Nodes>In Active CS

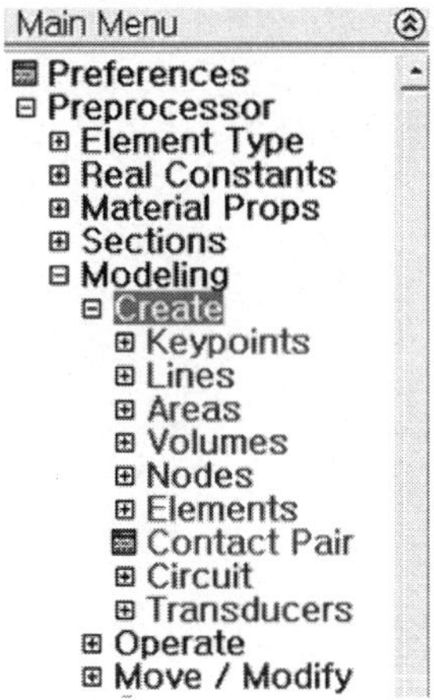

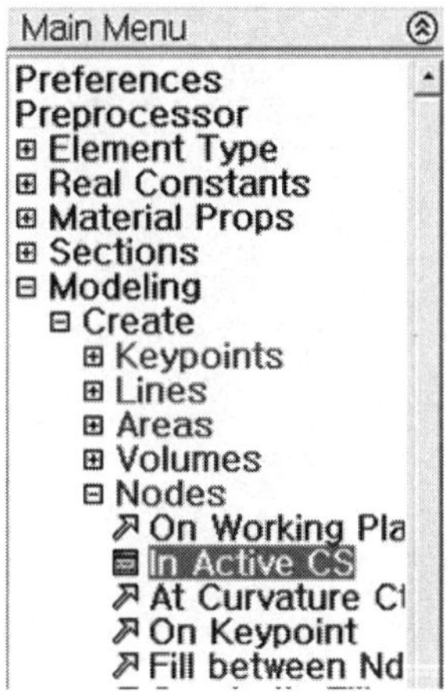

12) 아래 창이 뜨면, 첫 번째 절점 좌표 값을 입력하고 Apply 클릭. 이 때 Node number는 직접 입력하지 않아도 됨.

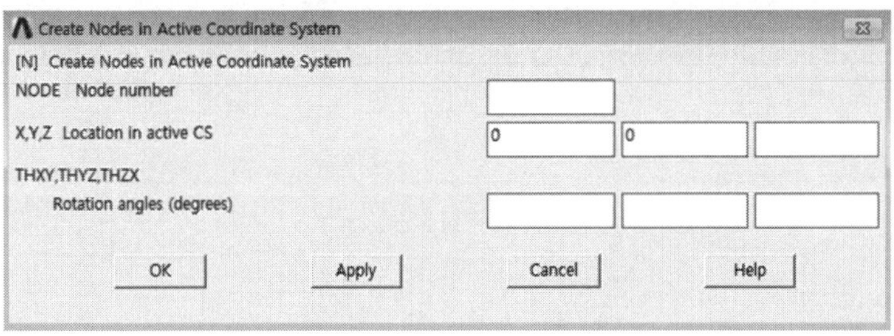

13) 두 번째 절점 좌표 값을 입력하고 Apply 클릭. Apply를 클릭하면 같은 작업 창이 계속 나타남. 계속해서 절점 값을 입력하고 Apply를 클릭하다가, 마지 막 입력창에서는 절점 값 입력 후 OK를 클릭. 절점 좌표 값이 입력되면 실 시간으로 그래픽 화면에 입력 내용이 출력됨.

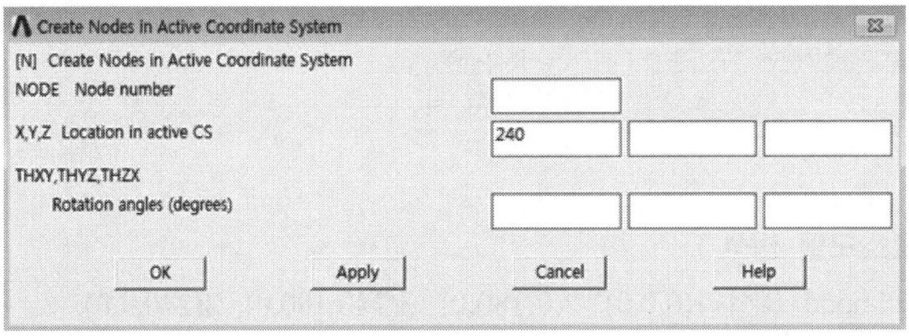

14) 1-2, 2-3 등 각각 두 개의 절점으로 연결된 트러스 요소 생성.

Preprocessor>Modeling>Create>Elements>Auto Numbered>Thru Nodes+

아래 오른쪽 그림과 같은 창이 뜨면, 그래픽 창에서 마우스로 절점 1과 절점 2를 선택하고 Apply를 선택함. 요소 1이 생성됨.

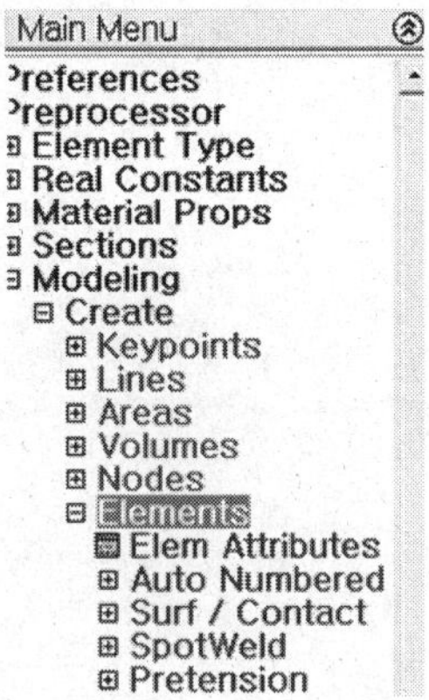

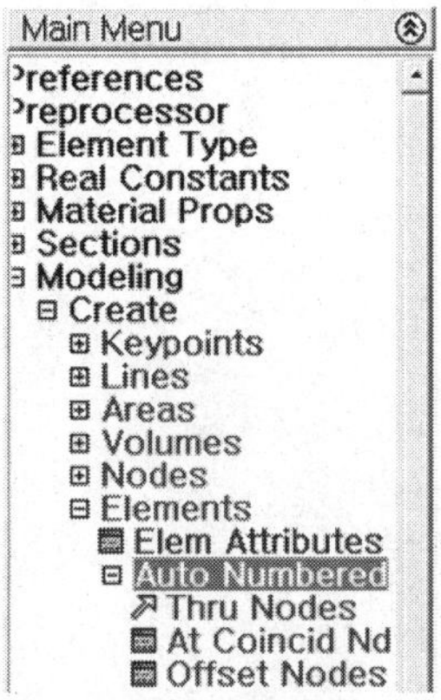

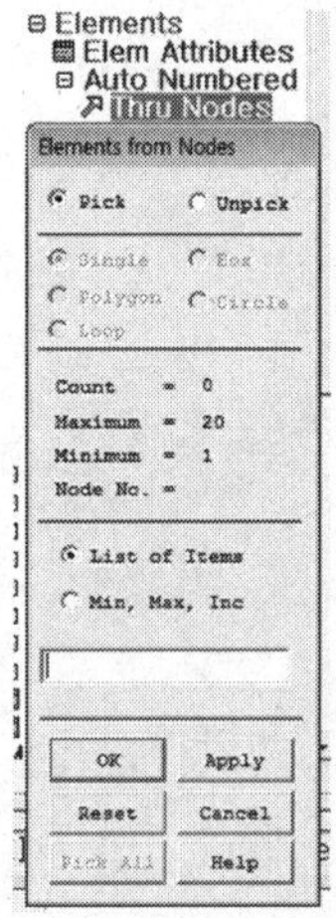

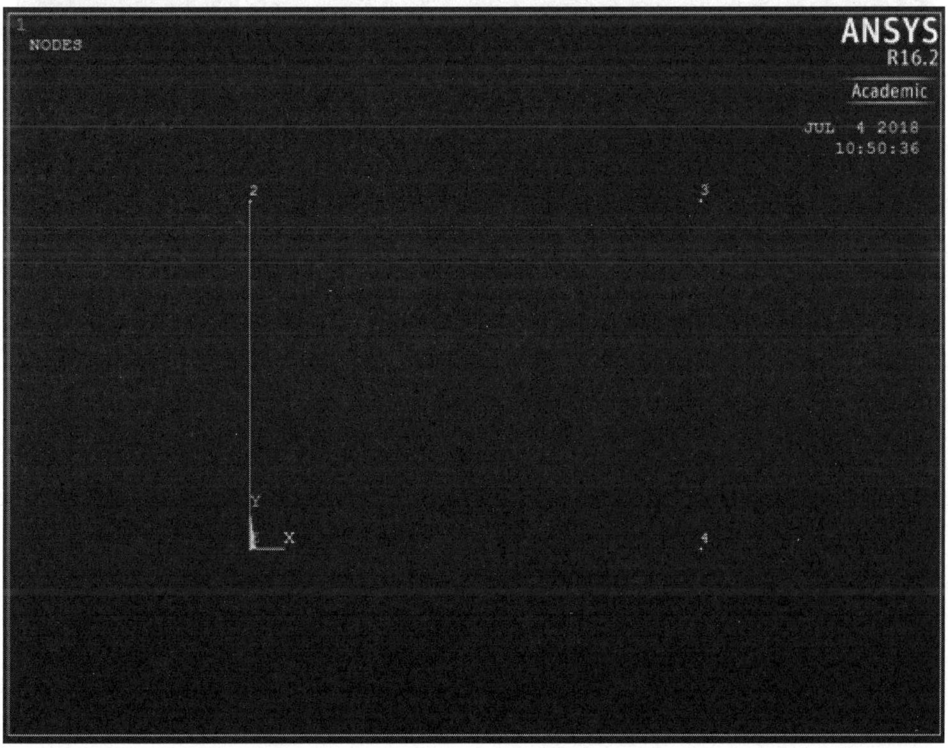

15) 계속해서 그래픽 창에서 마우스로 두 개의 절점들을 선택하고 Apply 버튼을 클릭하면 새로운 요소들이 생성됨. 마지막 요소를 생성할 때는 OK버튼 클릭.

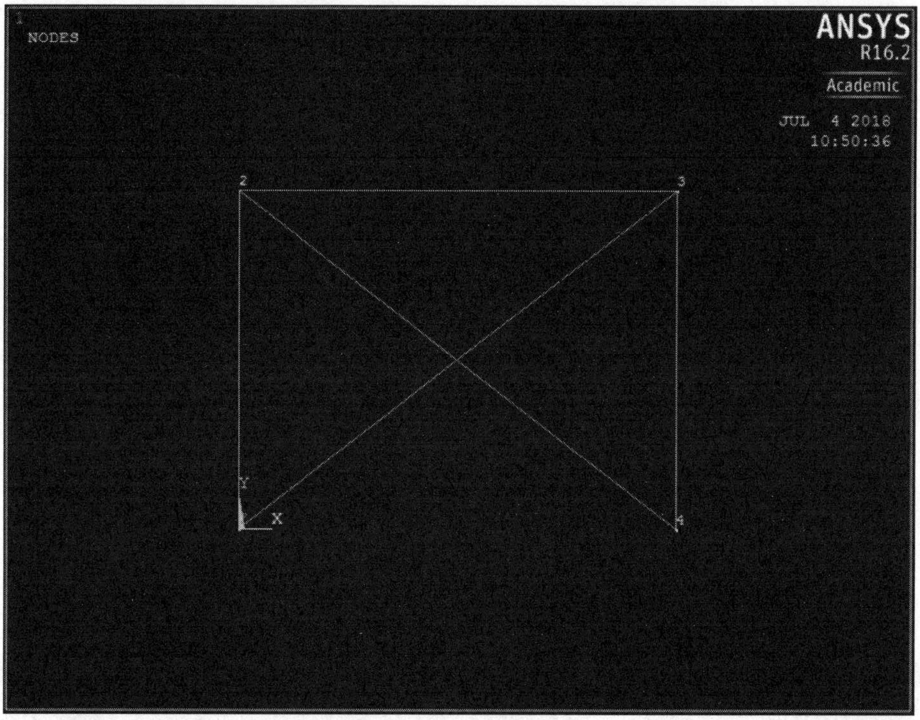

3단계 : 하중과 경계조건의 적용

16) 절점 1과 4에 경계조건 UX=UY=UZ=0 입력.

Solution>Define Loads>Apply>Structural>Displacement>On Nodes

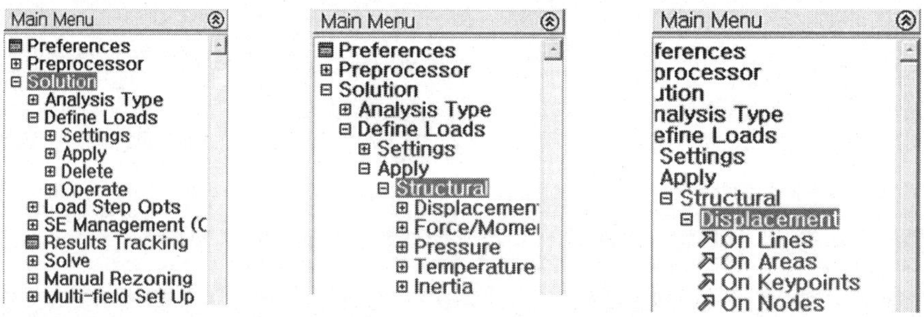

17) 아래 왼쪽 창이 뜨면, 그래픽 창에서 마우스로 절점 1을 선택하고 Apply를 선택함.

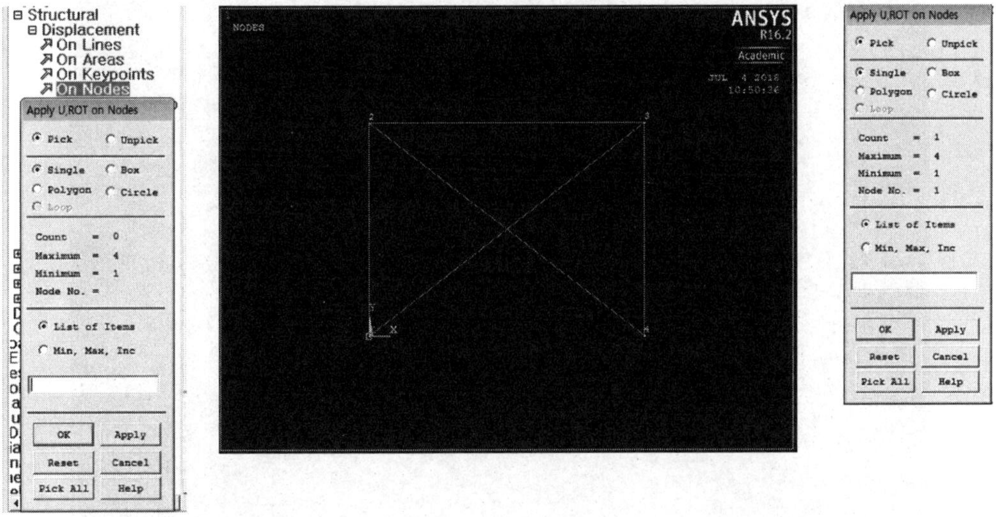

18) UX, UY, UZ(또는 All DOF)를 선택하고 Apply 클릭. 이 때 아래 창에서 VALUE는 입력하지 않아도 되는데, 입력하지 않으면 0으로 자동 입력됨. 그래픽 창에서 절점 4를 선택하고 OK(또는 Apply)를 클릭한 후 같은 과정을 반복함. 절점 1과 4의 경계조건이 동일하므로 절점 1과 4를 선택한 후 한 번에 경계조건을 입력해도 됨.

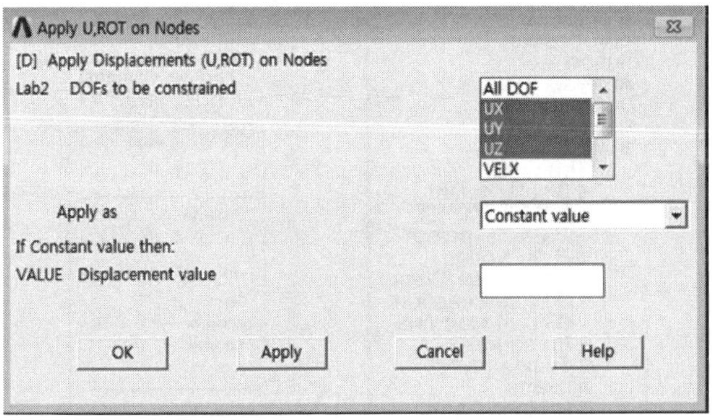

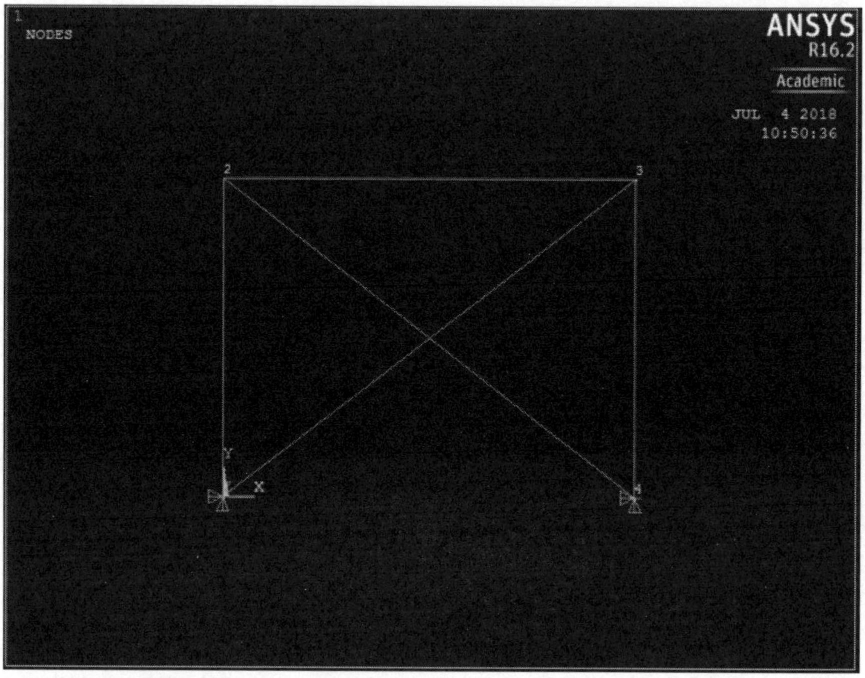

19) 절점 2에 FX = 8000 lbs를 입력함.

Solution>Define Loads>Apply>Structural>Force/Moment>On Nodes

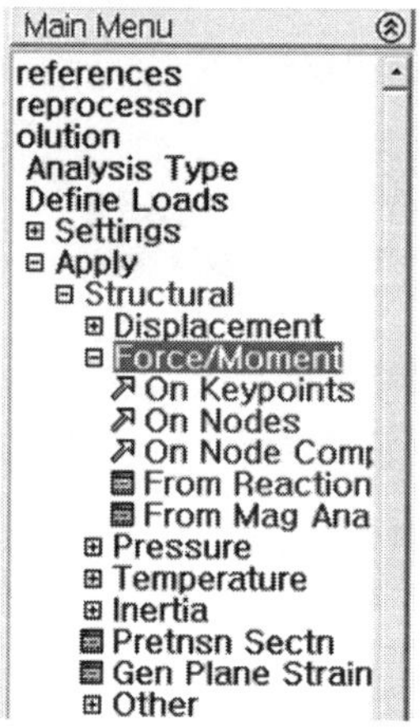

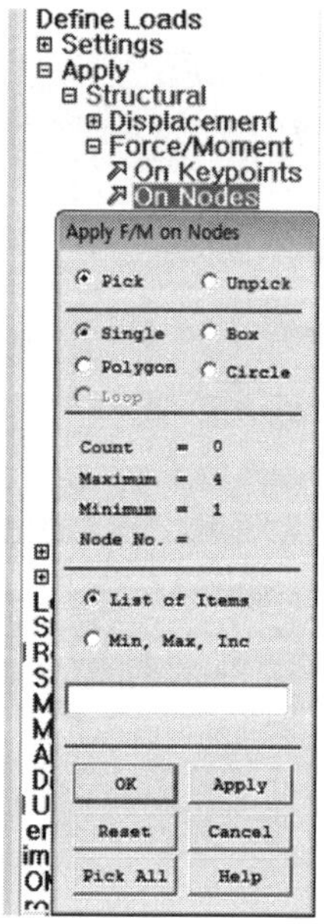

20) 그래픽 창에서 절점 2를 선택하고 Apply를 선택함.

21) 아래 창이 나타나면 Direction of force/mom을 FX로 선택한 후, VALUE에 8000을 입력함.

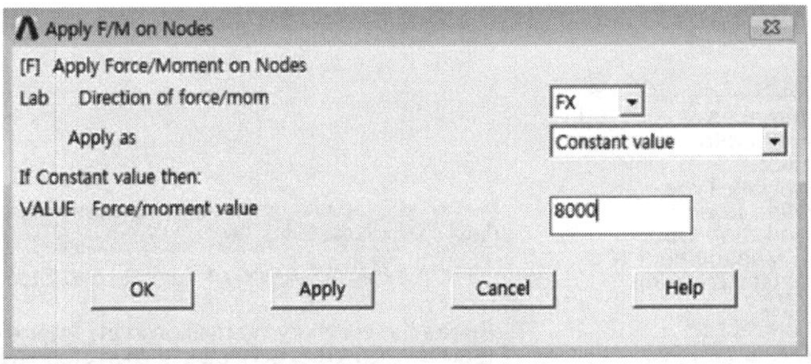

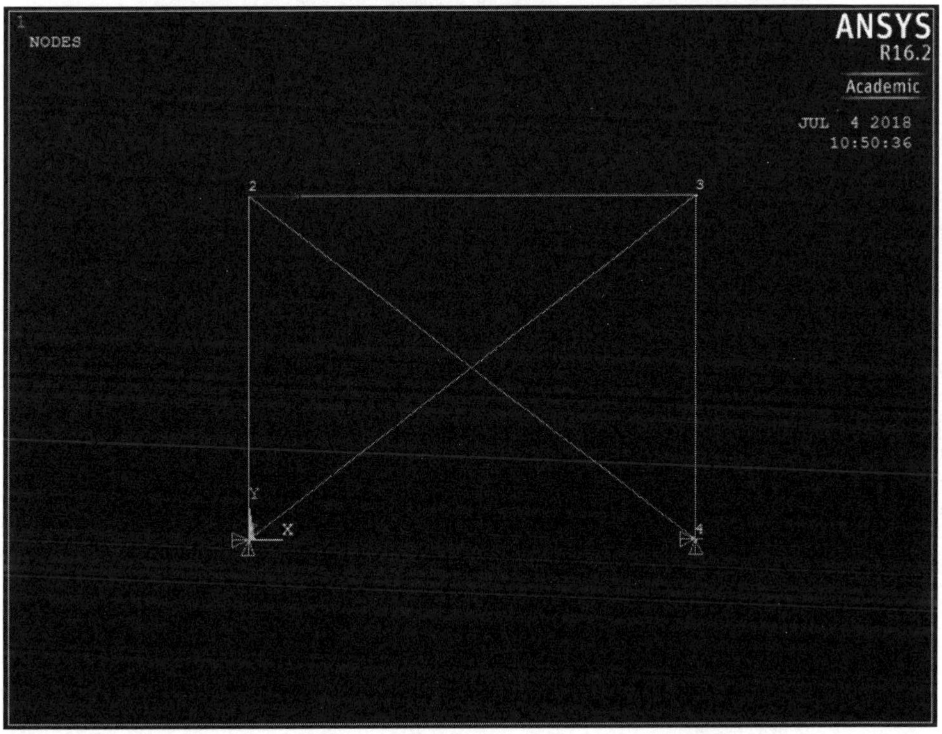

4단계 : 계산 실행

22) 경계조건과 하중 조건이 입력된 유한요소 모델을 해석함

Solution>Solve>Current LS (OK – Close)

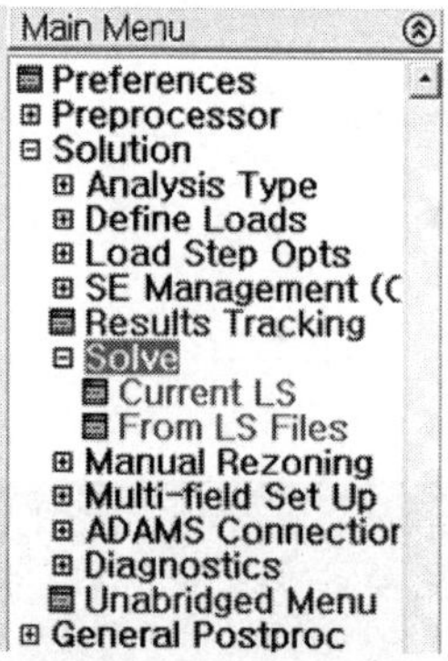

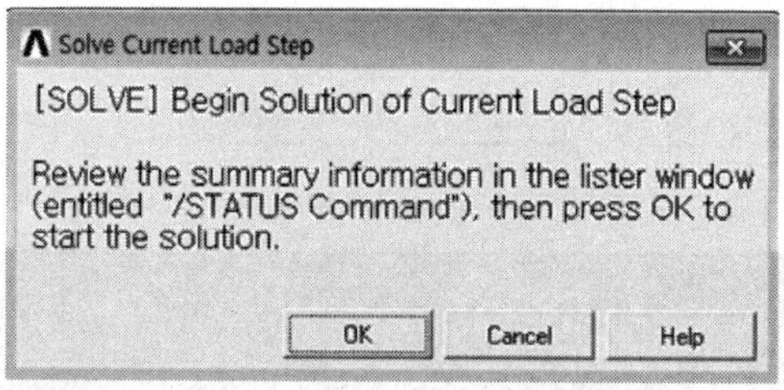

5단계 : 결과 출력

23) 해석 결과를 그래픽으로 확인.

General Postproc>Plot Results>Contour Plot>Nodal Solu

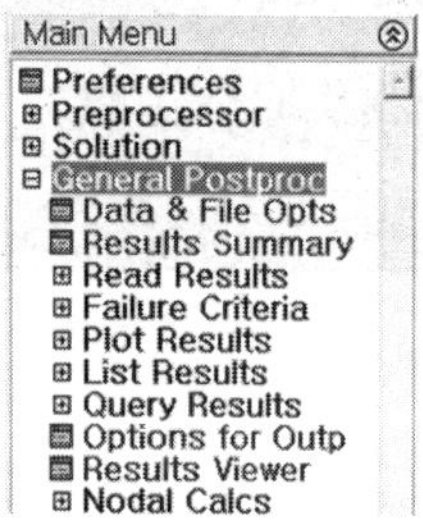

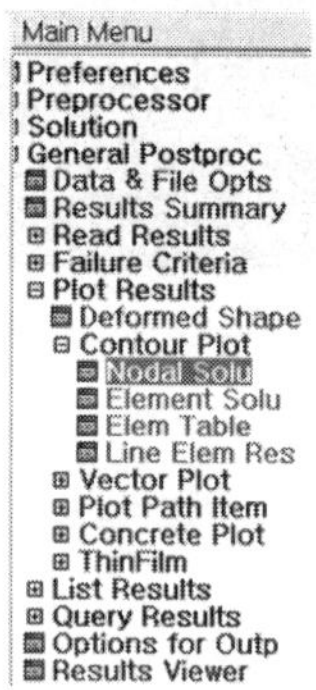

24) 아래 창이 뜨면, Nodal Solution>DOF Solution>Displacement vector sum을 선택함. Undisplaced shape key는 Deformed shape with undeformed model로 선택한 후 OK를 클릭.

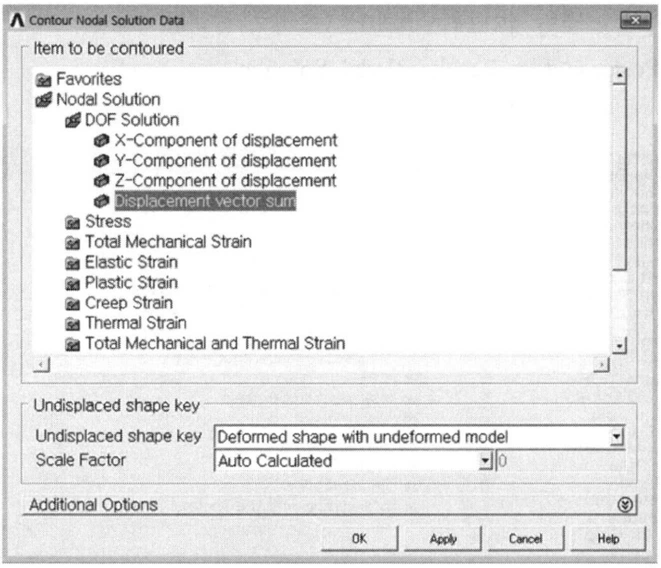

그림 2.3은 해석결과(변위)를 보여주고 있다. 그래픽 창에서 '컬러 바'는 색깔에 따른 변위의 크기(단위 : inch)를 나타낸다. 왼쪽 상단에 있는 'DMX'는 최대변위의 크기를 나타낸다. 여기서 'SMX'는 무시해도 된다.

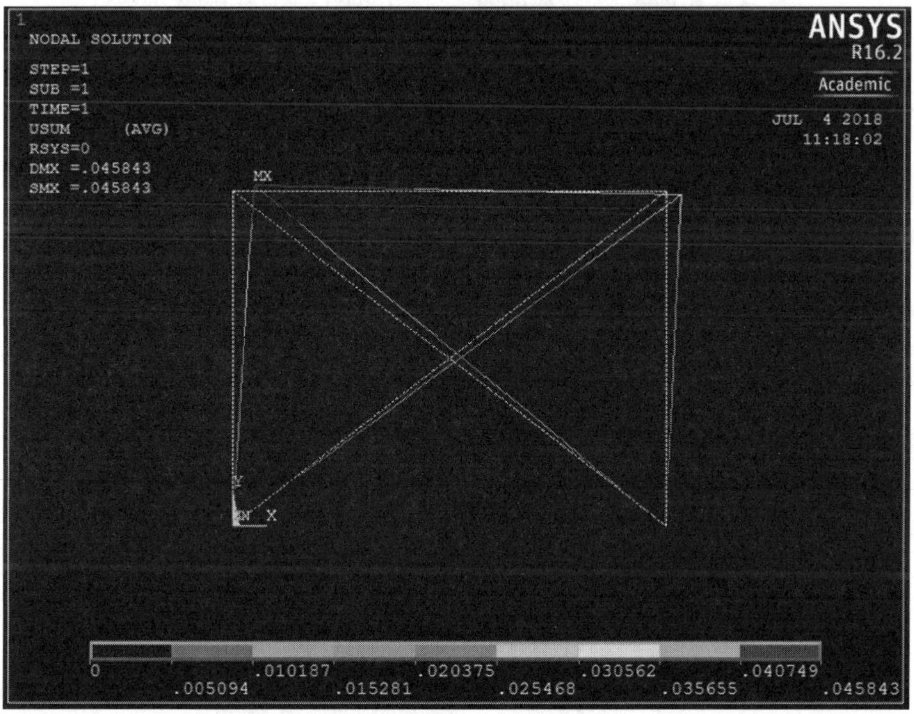

그림 2.3 예제 2.1의 해석 결과

25) 각 절점에서의 변위 값(단위 : inch)을 수치로 출력함.

General Postproc>List Results>Nodal Solution

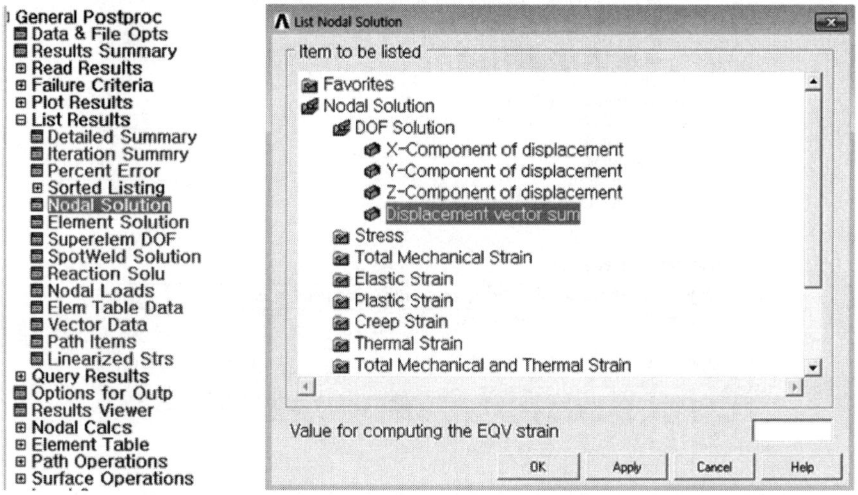

NODE	UX	UY	UZ	USUM
1	0.0000	0.0000	0.0000	0.0000
2	0.44609E-01	0.10565E-01	0.0000	0.45843E-01
3	0.31391E-01	-0.74348E-02	0.0000	0.32260E-01
4	0.0000	0.0000	0.0000	0.0000

26) 지지점에서의 반력 값(단위 : lbs)을 구할 수 있음.

General Postproc>List Results>Reaction Solu

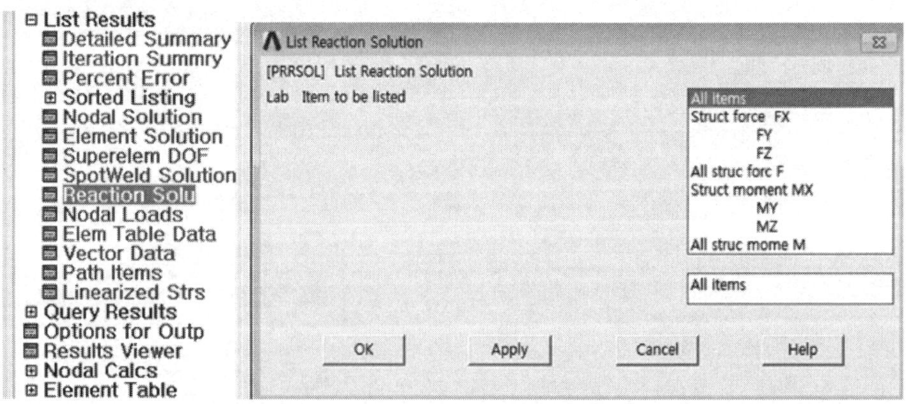

NODE	FX	FY	FZ
1	-3304.3	-6000.0	0.0000
4	-4695.7	6000.0	0.0000

예제 2.2

그림 2.4와 같이 강 봉($E_s = 210\,GPa$)과 알루미늄 합금 봉($E_a = 75\,GPa$)이 완전하게 부착되어 있다. 강체 벽과 봉의 자유단 사이에는 $\delta = 0.1\,mm$의 간격이 있다. 그림과 같이 작용된 축 하중들에 의해 각 절점에서 발생하는 변위와 점 A에서 발생하는 반력을 구하시오.

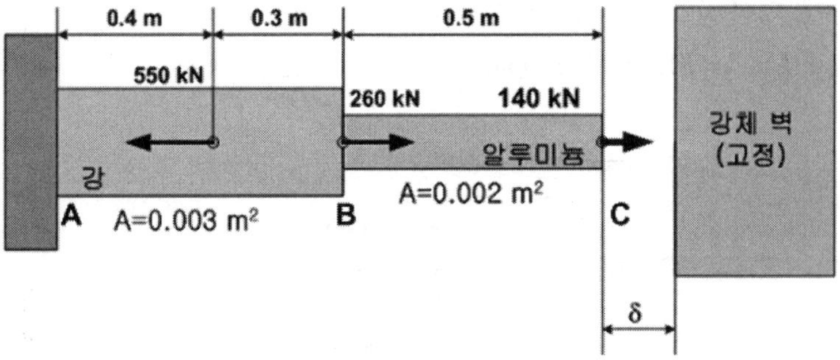

그림 2.4 강과 알루미늄 합금으로 구성된 봉

해석과정

1단계 : 요소 정의, 요소 단면적 값, 재료 물성 값 입력

1) 요소의 종류 : (Structural Link-3D finit stn 180).

Preprocessor>Element Type>Add/Edit/Delete

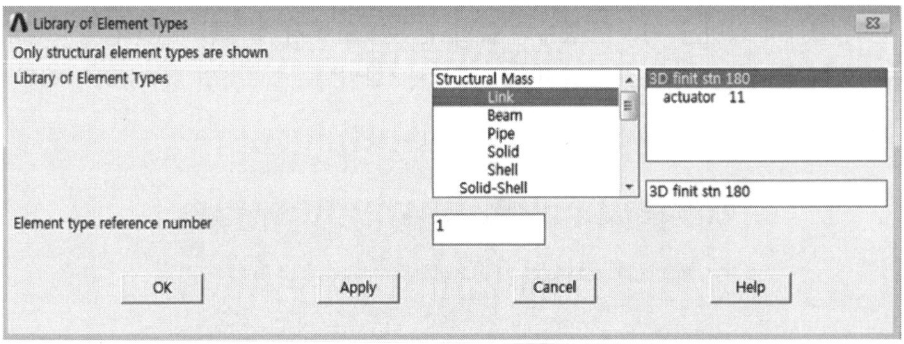

2) 요소 단면적 값 입력.

Preprocessor>Sections>Link>Add

단면적 값이 2개 이므로, ID를 2개 사용해야 함. 먼저 ID를 '1'로 설정한 후 강의 단면적 값 0.003을 입력함. 이어서 ID를 '2'로 설정한 후 알루미늄 합금의 단면적 0.002를 입력함.

앞 예제에서 설명한 것처럼 응력해석의 경우 탄성계수를 기준으로 단위를 정리하면 편리하다. 이 예제에서 강의 탄성계수가 210 GPa로 주어졌는데, 이 값은 $210 \times 10^9\ N/m^2$을 의미한다. 따라서 힘은 'N'으로, 길이는 'm'를 사용한다. 결과적으로 단면적 단위는 'm^2'이 된다.

3) 재료 물성 값(탄성계수) 입력.
   Preprocessor>Material Props>Material Models
4) 먼저 강에 대한 탄성계수 값을 입력함.
   Structural>Linear>Elastic>Isotropic

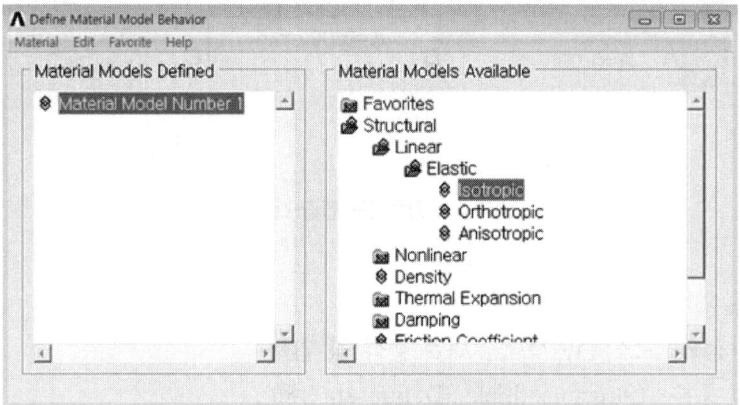

5) 탄성계수(EX)를 입력함. 축하중 부재나 트러스 해석의 경우에는 Poisson 비(PRXY)는 입력하지 않아도 됨. 탄성계수 값의 단위는 앞에서 설명한 바와 같이 'N/m^2'으로 고쳐서 입력함. OK를 클릭한 후, 이어서 '확인'을 클릭하면 강 재료에 대한 입력이 완료됨.

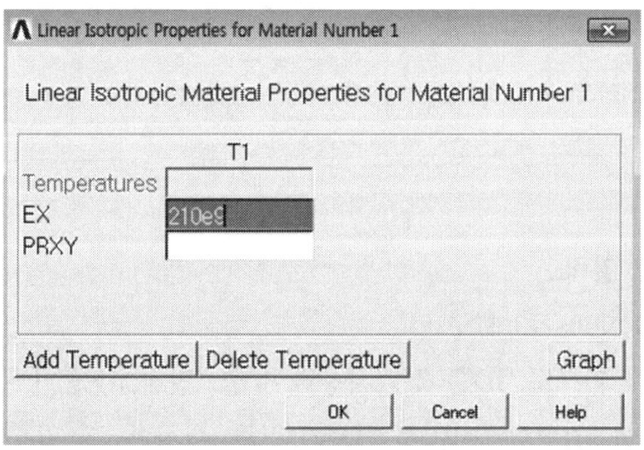

6) 알루미늄 합금에 대한 재료물성 값을 입력하기 위해서 아래 창 왼쪽 상단에 있는 Material 버튼을 클릭한 후 New Model을 선택함.

Material>New Model

Material ID를 '2'로 설정함.

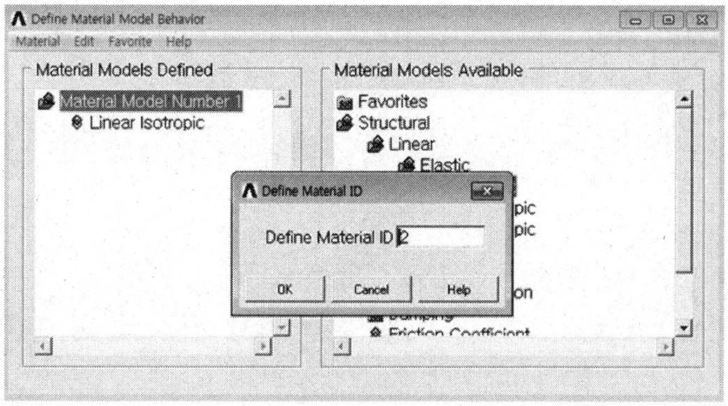

7) 탄성계수(EX) 입력.

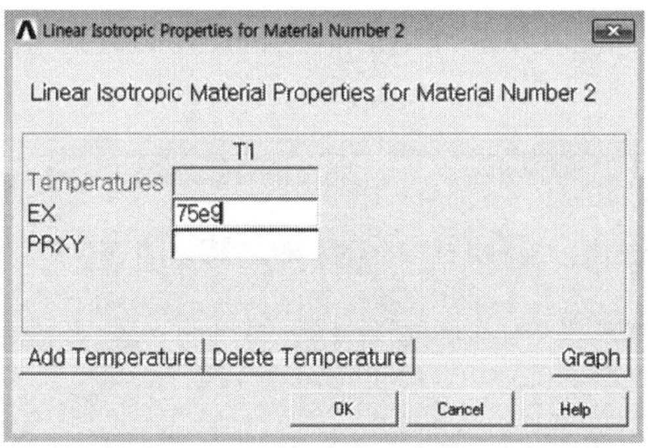

2단계 : 유한요소모델 생성

8) 4개의 절점(node)을 각각 생성함-1(0,0,0), 2(0.4,0,0), 3(0.7,0,0), 4(1.2,0,0).

Preprocessor>Modeling>Create>Nodes>In Active CS

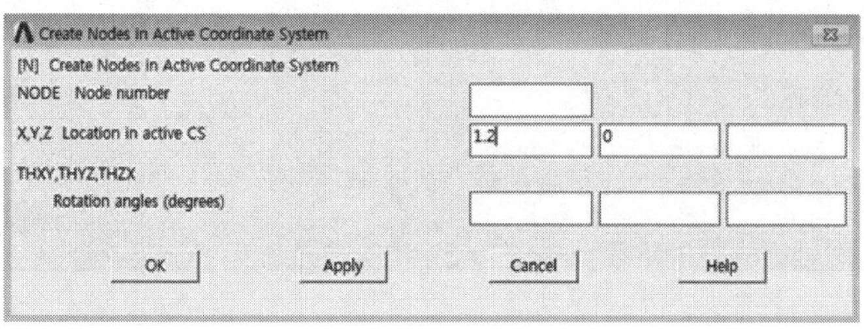

9) 1-2, 2-3 등 각각 두 개의 절점으로 연결된 2 개의 트러스 요소 생성.
Preprocessor>Modeling>Create>Elements>Auto Numbered>Thru Nodes+

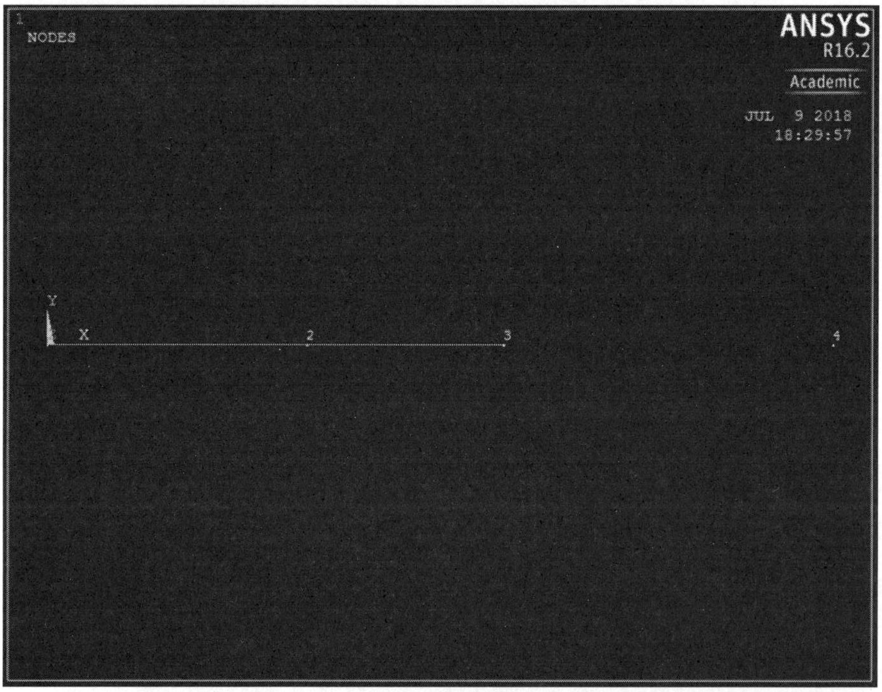

10) 절점 3과 4를 연결하는 요소의 경우, 재료가 알루미늄 합금으로 달라지므로 재료의 탄성계수와 단면적을 바꿔주기 위해 요소의 속성을 변경해야 함.

Preprocessor>Create>Elements>Elem Attributes

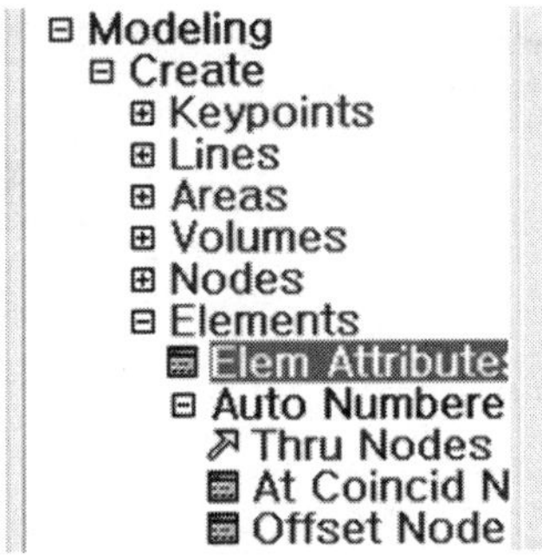

11) 요소의 속성을 변경하는 창이 나타나면 Material number와 Section number를 '1'에서 '2'로 변경함. 변경 후에 생성되는 요소는 알루미늄 합금에 대한 탄성계수와 단면적을 반영함.

12) 3-4 두 개의 절점으로 연결된 1 개의 트러스 요소 생성.

Preprocessor>Modeling>Create>Elements>Auto Numbered>Thru Nodes+

그래픽 창에서 절점 3과 절점 4를 선택하고 OK를 클릭. 요소 3이 생성됨.

3단계 : 하중과 경계조건의 적용

13) 절점 1에 경계조건 UX=UY=UZ=0을 입력.

Solution>Define Loads>Apply>Structural>Displacement>On Nodes

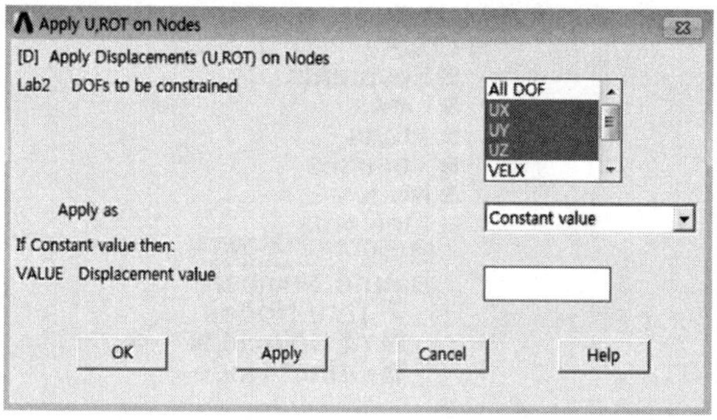

14) 절점 2,3,4에 각각 FX = −550000 N, 260000 N, 140000 N을 입력.

Solution>Define Loads>Apply>Structural>Force/Moment>On Nodes

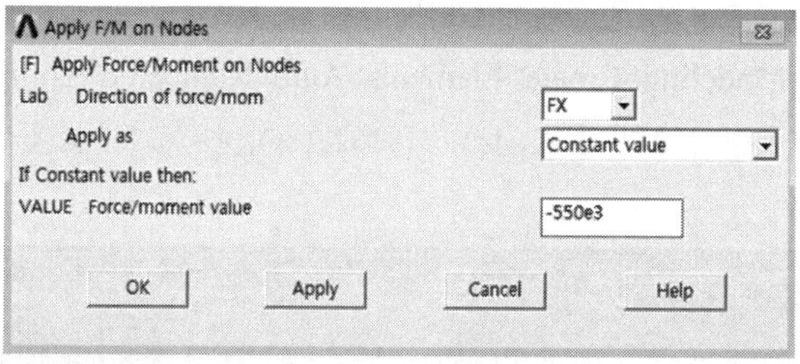

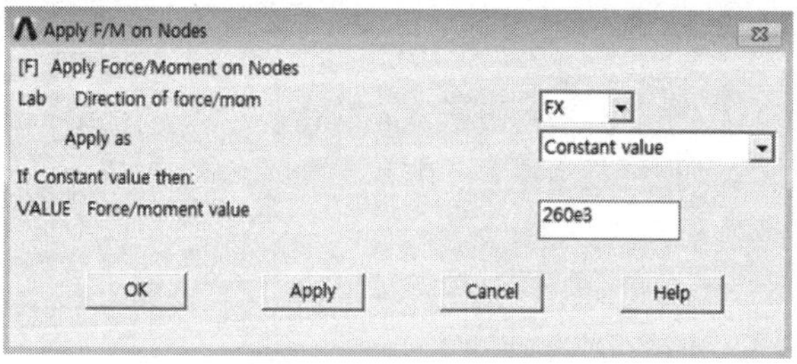

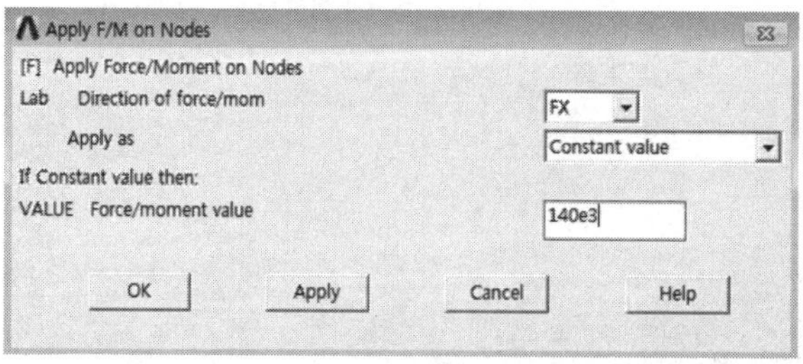

15) 그래픽 창에서 절점 4를 선택하고 OK를 클릭. 이 부분은 앞 13) 단계에 이어서 진행해도 됨.

    Solution>Define Loads>Apply>Structural>Displacement>On Nodes

16) 아래 그림과 같이 UX를 선택하고, VALUE에 0.0001(단위 : m)을 입력하고 OK를 클릭.

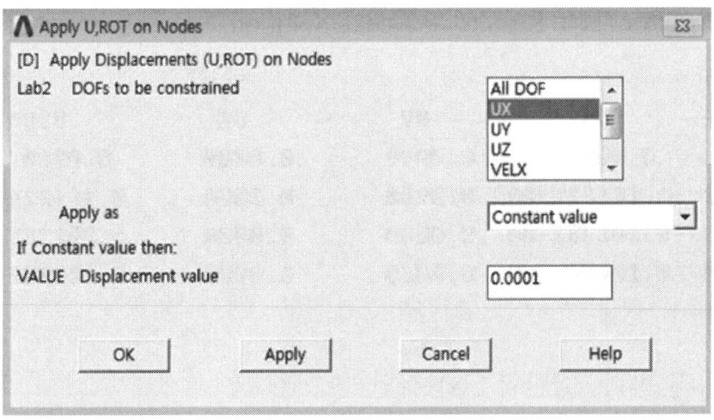

4단계 : 계산 실행

17) Solution> Solve>Current LS (OK – Close)

5단계 : 결과출력

18) 해석 결과를 그래픽으로 확인.

General Postproc>Plot Results>Contour Plot>Nodal Solu

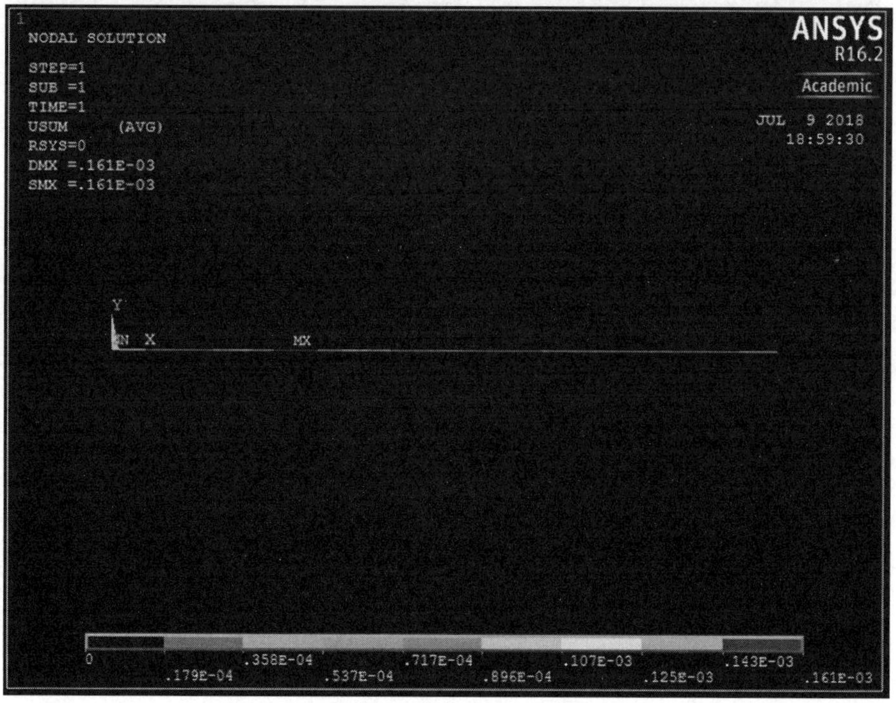

그림 2.5 예제 2.2의 해석 결과

19) 각 절점에서의 변위 값(단위 : m) 확인.

General Postproc>List Results > Nodal Solution

NODE	UX	UY	UZ	USUM
1	0.0000	0.0000	0.0000	0.0000
2	-0.16122E-03	0.0000	0.0000	0.16122E-03
3	-0.20238E-04	0.0000	0.0000	0.20238E-04
4	0.10000E-03	0.0000	0.0000	0.10000E-03

20) 지지점에서의 반력 값(단위 : N) 확인.

General Postproc>List Results > Reaction Solu

NODE	FX	FY	FZ
1	0.25393E+06	0.0000	0.0000
4	-0.10393E+06		

예제 2.3

절점 2가(그림 2.6) 아래방향으로 0.05 in. 이동하였다. 각 절점에서의 변위를 구하시오. 단, 단면적은 $A = 1\,in^2$이고 탄성계수는 $E = 30 \times 10^6\,psi$임.

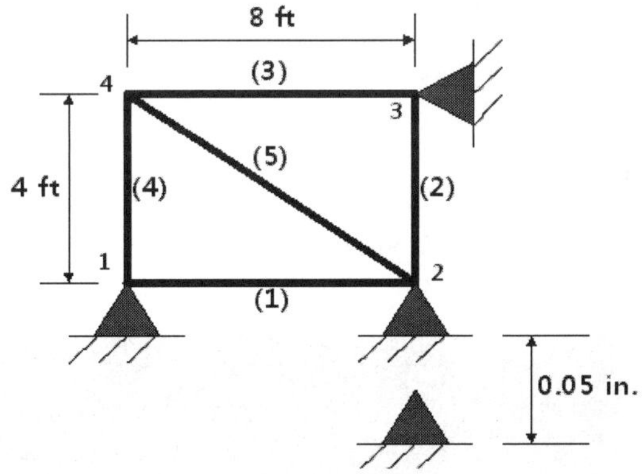

그림 2.6 트러스

해석과정

1단계 : 요소정의, 요소 단면적 값, 재료 물성 값 입력

1) 요소의 종류 : (Structural Link-3D finit stn 180).
   Preprocessor>Element Type>Add/Edit/Delete...
2) 요소 단면적 값 입력.
   Preprocessor>Sections>Link>Add
3) 재료 물성 값(탄성계수) 입력.
   Preprocessor>Material Props>Material Models
   Structural>Linear>Elastic-Isotropic

2단계 : 유한요소모델 생성

4) 네 개의 node 생성-1(0,0,0), 2(96,0,0), 3(96,48,0), 4(0,48,0).
   Preprocessor>Modeling-Create>Nodes>In Active CS
5) 1-2, 2-3, 3-4, 4-1, 2-4 등 각각 두 개의 절점으로 연결된 5 개의 트러스 생성.
   Preprocessor>Modeling>Create>Elements>Auto Numbered>Thru Nodes+

3단계 : 하중과 경계조건의 적용

6) Nodes 1,3에 UX=UY=UZ=0.
   Solution>Define Loads>Apply>Structural>Displacement>On Nodes

7) Node 2에 UX=UZ=0, UY=−0.05.

Solution>Define Loads>Apply>Structural>Displacement>On Nodes

4단계 : 계산 실행

8) Solution> Solve>Current LS

5단계 : 결과출력

9) 변위(단위 : in) 형상 출력

General Postproc>Plot Results>Contour Plot>Nodal Solu

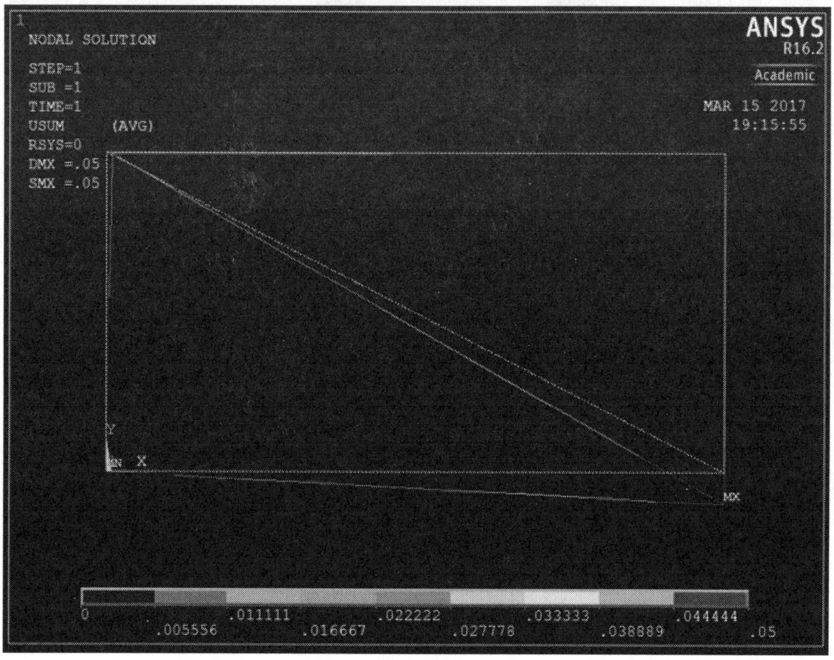

그림 2.7 예제 2.3의 해석 결과

10) 각 Node의 변형량(단위 : in) 출력.

General Postproc>List Results > Nodal Solution

NODE	UX	UY	UZ	USUM
1	0.0000	0.0000	0.0000	0.0000
2	0.0000	-0.50000E-01	0.0000	0.50000E-01
3	0.0000	0.0000	0.0000	0.0000
4	0.99106E-02	-0.24777E-02	0.0000	0.10216E-01

예제 2.4

3000 lbs의 집중하중(그림 2.8)이 $45°$ 경사면에 평행하게 작용하고 있다. 각 절점에서의 변위를 구하시오. 단, $L = 28\,in$이고, 단면적은 $3\,in^2$이며 탄성계수는 $E = 30 \times 10^6\,psi$임.

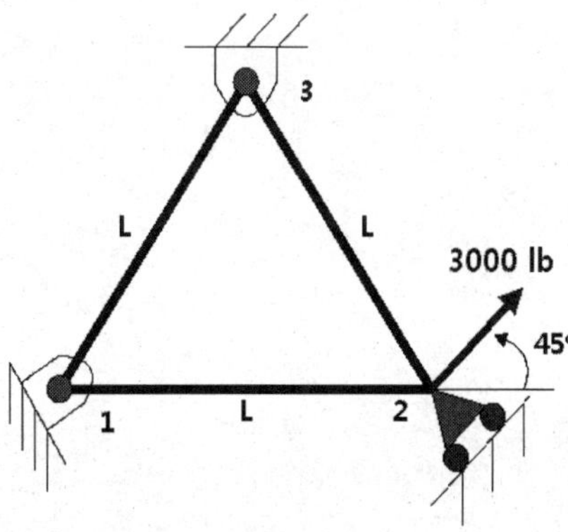

그림 2.8 트러스

해석과정

1단계 : 요소 정의, 요소 단면적 값 , 재료 물성 값 입력

2단계 : 유한요소모델 생성

1) 세 개의 절점 생성.

2) 각각 두 개의 절점으로 연결된 세 개의 요소 생성.

> 절점 2의 경우 경사면에서 경계 조건을 입력하기가 쉽지 않다. 한 가지 방법은 절점 2에서 좌표계를 회전시키는 것이다. 즉, 절점 2에서 좌표계를 반시계방향으로 $45°$ 회전하면, 하중과 경계조건 모두 입력하기가 쉬워진다. 좌표계를 회전시키는 방법은 절점 2 좌표를 입력하는 창에서 THXY 값을 $45°$(반시계 방향이 (+)임)로 입력해 주면 됨.

3단계 : 하중과 경계조건의 적용

3) 절점 1과 3에 UX=UY=UZ=0.

4) 절점 2에 UY=UZ=0 & FX=3000 입력.

4단계 : 계산 실행

5단계 : 결과출력과 분석

5) 변위(단위 : in) 형상 출력

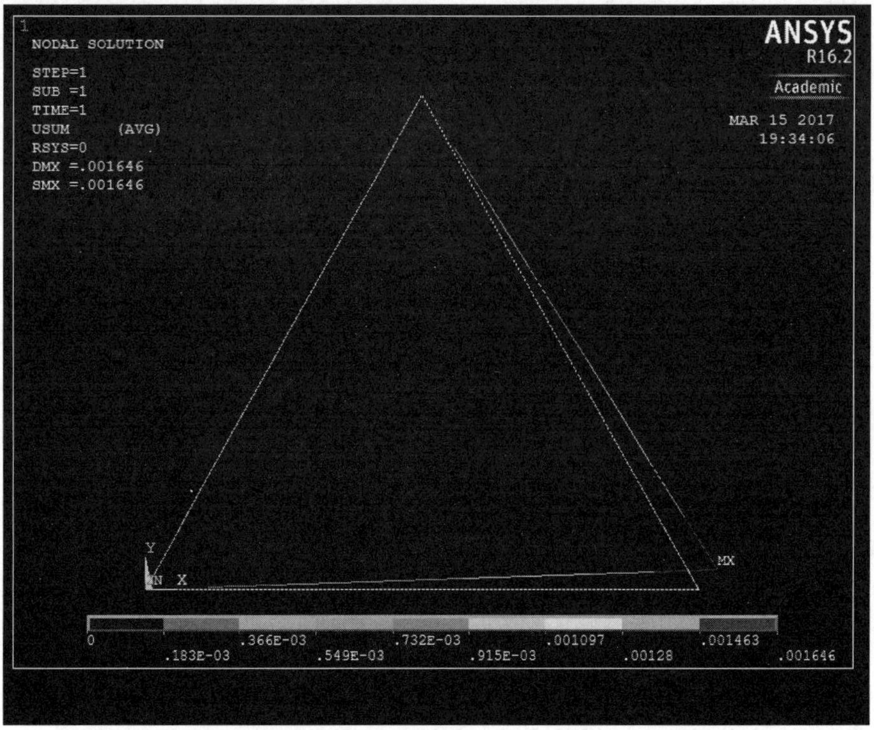

그림 2.9 예제 2.4의 해석 결과

6) 각 Node의 변형량(단위 : in) 출력

NODE	UX	UY	UZ	USUM
1	0.0000	0.0000	0.0000	0.0000
2	0.11640E-02	0.11640E-02	0.0000	0.16461E-02
3	0.0000	0.0000	0.0000	0.0000

예제 2.5

절점 1에 집중하중 100 kN(그림 2.10)이 작용하고 있다. 먼저, 주어진 형상에 대해 모델링하고 각 절점에서의 변위를 구하시오. 이 예제는 요소 (3)을 중심으로 좌우 대칭성을 가지고 있다. 대칭성을 고려하여 절반만 모델링하여 해석을 진행한 후, 전체 모델에 대해 해석한 결과와 비교하시오. 단, $L = 1\ m$이고 탄성계수는 $E = 210\ GPa$이다. 요소 (3)의 단면적은 $A_2 = 10 \times 10^{-4}\ m^2$, 나머지 요소들의 단면적은 $A_1 = 4 \times 10^{-4}\ m^2$이다.

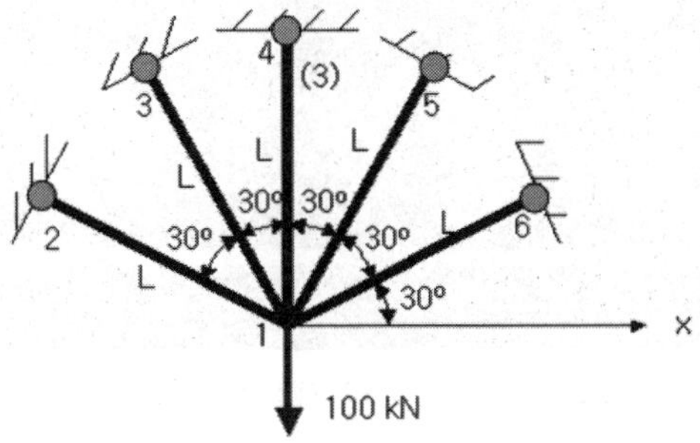

그림 2.10 5개의 봉으로 구성된 구조물

해석과정

1단계 : 요소 정의, 요소 단면적 값, 재료 물성 값 입력

1) 요소의 종류 : (Structural Link-3D finit stn 180).
2) 요소 단면적 값 입력.

2단계 : 유한요소모델 생성

3) 6개의 node 생성.
4) 1-2, 1-3, 1-5, 1-6 등 각각 두 개의 절점으로 연결된 4 개의 요소 생성.
5) 요소의 속성 변경.
6) 1-3 두 개의 절점으로 연결된 요소 생성.

3단계 : 하중과 경계조건의 적용

4단계 : 계산 실행

5단계 : 결과출력(변위 단위 : m)

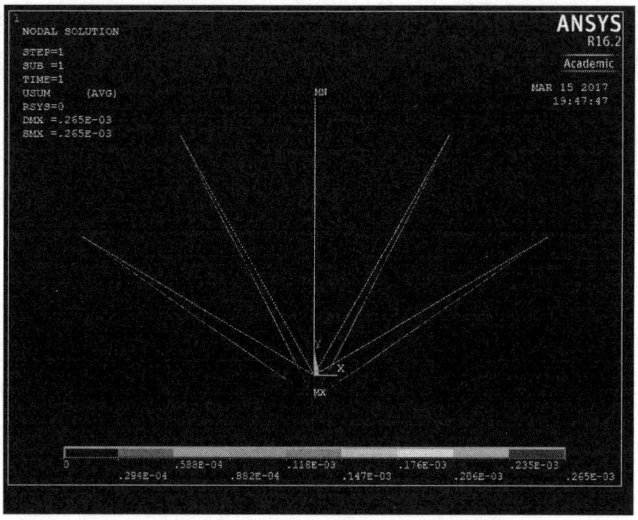

그림 2.11 예제 2.5의 해석(전체 형상) 결과

6단계 : 절반만 모델링하여 재해석한다.

대칭성을 고려하여 절반만 모델링하므로, 요소(3)의 단면적은 $A'_2 = 5\times 10^{-4}\,m^2$로 바꿔야 하며, 집중하중도 50 kN으로 변경하여 입력한다. 또한 대칭거동을 하므로, 절점 1에 UX=0 조건(요소(3)의 수평방향 변위가 0)을 추가한다. 해석한 결과는 아래와 같으며, 두 해석을 비교하면 결과는 동일함을 알 수 있다.

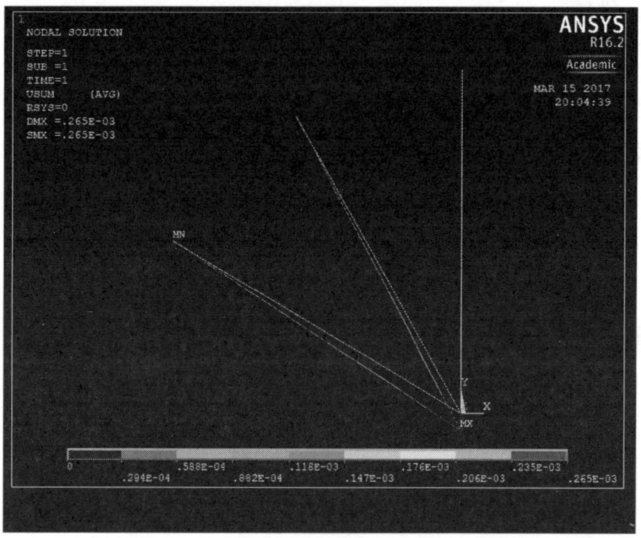

그림 2.12 예제 2.5의 해석(대칭 모델) 결과

도전문제 2.1

그림 2.13은 T-express 구조물의 일부분을 보여주고 있다. 사용되는 재료는 라미네이트 우드(탄성계수 $E = 42\,GPa$)이고 단면적은 $A = 4 \times 10^{-2}\,m^2$으로 균일하다고 가정한다. 그림에서 사람을 포함한 열차의 무게를 $9000\,kg$으로 가정하고, 3차원 트러스 요소를 사용하여 최대변위를 구하시오.

그림 2.13 T-express 구조물의 일부분

연습문제

2.1 그림 P2.1과 같은 트러스에서 점 2와 3에서 발생하는 변위와 지지점 1과 4에서 발생하는 반력을 구하시오.

$E = 200\,GPa$, 요소 1의 단면적 $A_1 = 0.01\,m^2$, 요소 1을 제외한 나머지 요소의 단면적 $A = 0.02\,m^2$

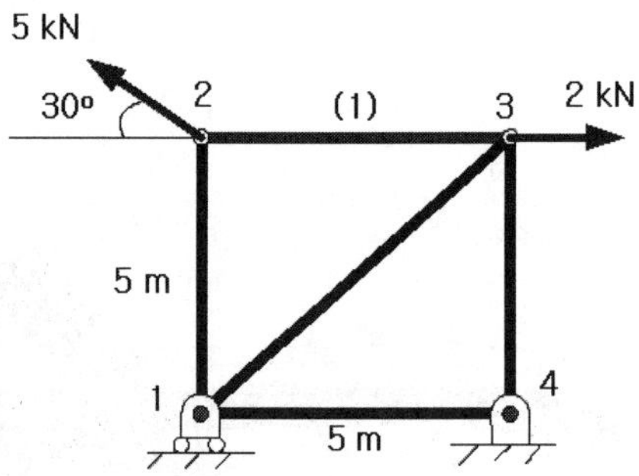

그림 P2.1 트러스

해 $u_{2x} = -0.24889 \times 10^{-4}\,m,\ u_{2y} = 0.31250 \times 10^{-5}\,m$

$u_{3x} = -0.14064 \times 10^{-4}\,m,\ u_{3y} = 0.29127 \times 10^{-5}\,m$

$F_{1x} = 0,\ F_{1y} = -169.87\,N$

$F_{4x} = 2330.1\,N,\ F_{4y} = -2330.1\,N$

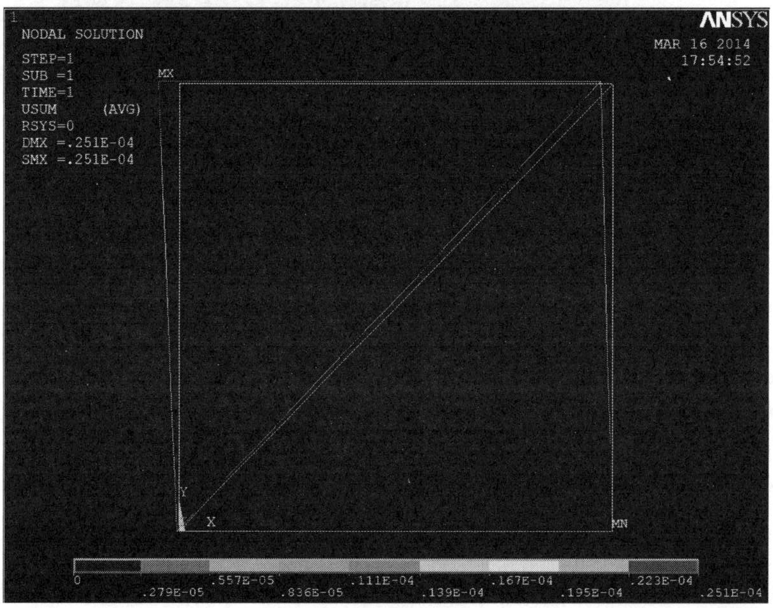

2.2 그림 P2.2와 같은 트러스에서 점 K에서 발생하는 변위와 지지점 B와 J에서 발생하는 반력을 구하시오.

$E = 200\,GPa$, 요소의 면적 $A = 0.02\,m^2$

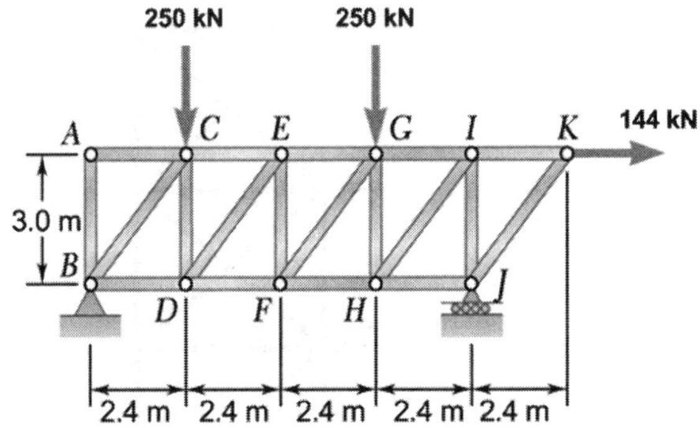

그림 P2.2 트러스

해 $u_{Kx} = 0.48558 \times 10^{-3}\,m$, $u_{Ky} = 0.32174 \times 10^{-5}\,m$

$F_{Bx} = -0.14400 \times 10^6\,N$, $F_{By} = 0.20500 \times 10^6\,N$

$F_{Jx} = 0$, $F_{Jy} = 0.29500 \times 10^6\,N$

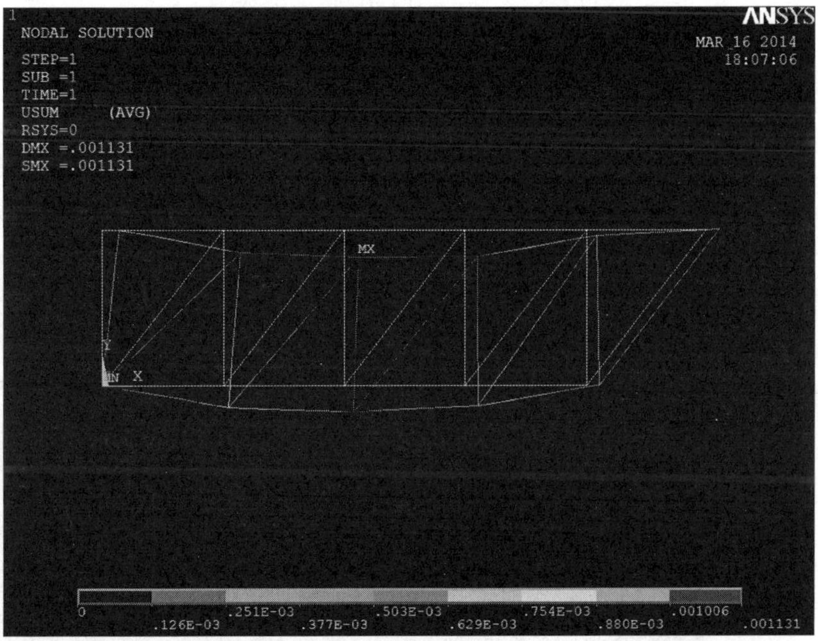

2.3 그림 P2.3과 같은 트러스에서 점 A에서 발생하는 변위와 각 지지점에서 발생하는 반력을 구하시오.

$E = 210\,GPa$, 요소의 면적 $A = 10 \times 10^{-4} m^2$

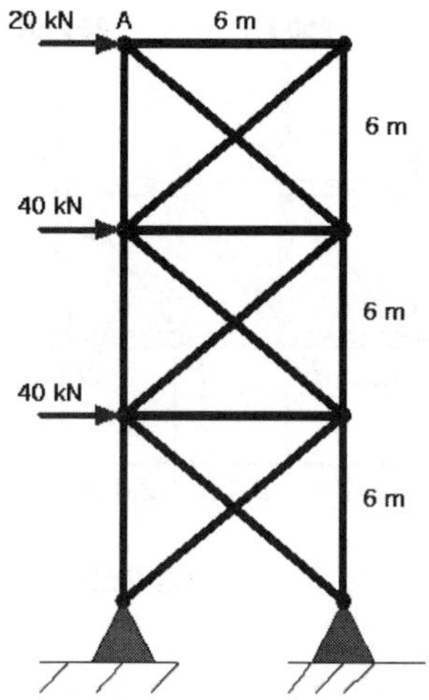

그림 P2.3 트러스

해 $u_{7x} = 0.30520 \times 10^{-1}\,m$, $u_{7y} = 0.56651 \times 10^{-2}\,m$

$F_{1x} = -48113\,N$, $F_{1y} = -0.18000 \times 10^6\,N$

$F_{2x} = -51887\,N$, $F_{2y} = 0.18000 \times 10^6\,N$

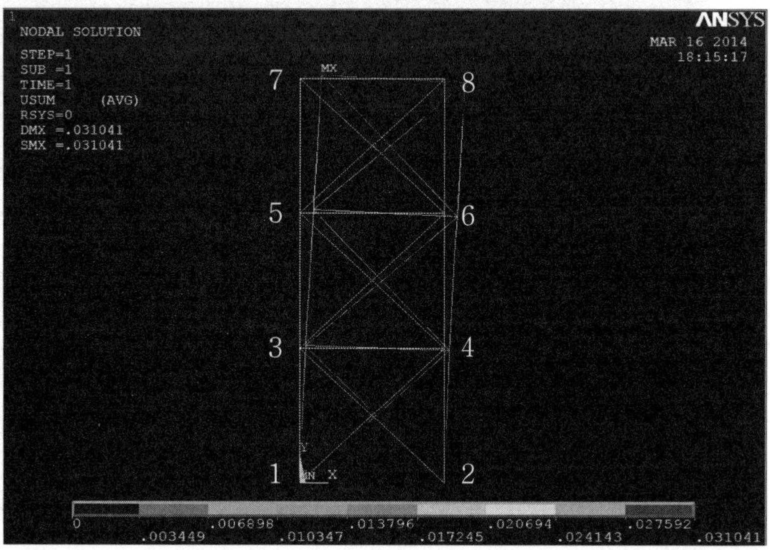

2.4 그림 P2.4와 같은 구조물에서 하중이 작용하는 점에서 발생하는 변위와 각 지지점에서 발생하는 반력을 구하시오.

$E = 2 \times 10^6 psi$, 요소의 면적 $A = 4\ in^2$, $L = 150\ in.$

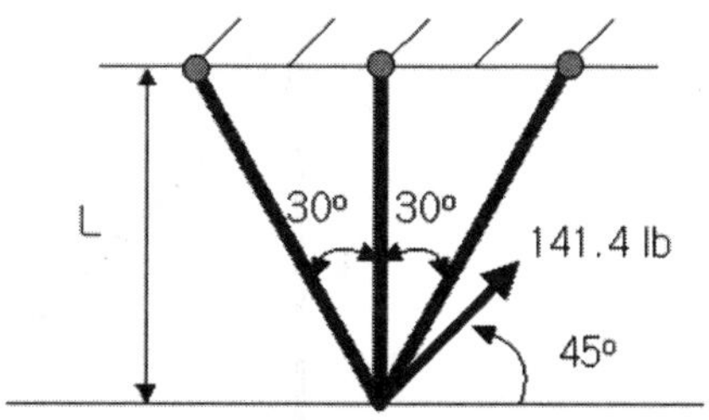

그림 P2.4 3개의 봉으로 구성된 구조물

해 $u_x = 0.43295 \times 10^{-2}\ in,\ u_y = 0.81544 \times 10^{-3}\ in$

$F_{2x} = -33.684\ lb,\ F_{2y} = 58.342\ lb$

$F_{3x} = 0,\ F_{3y} = -43.490\ lb$

$F_{2x} = -66.301\ lb,\ F_{2y} = -114.84\ lb$

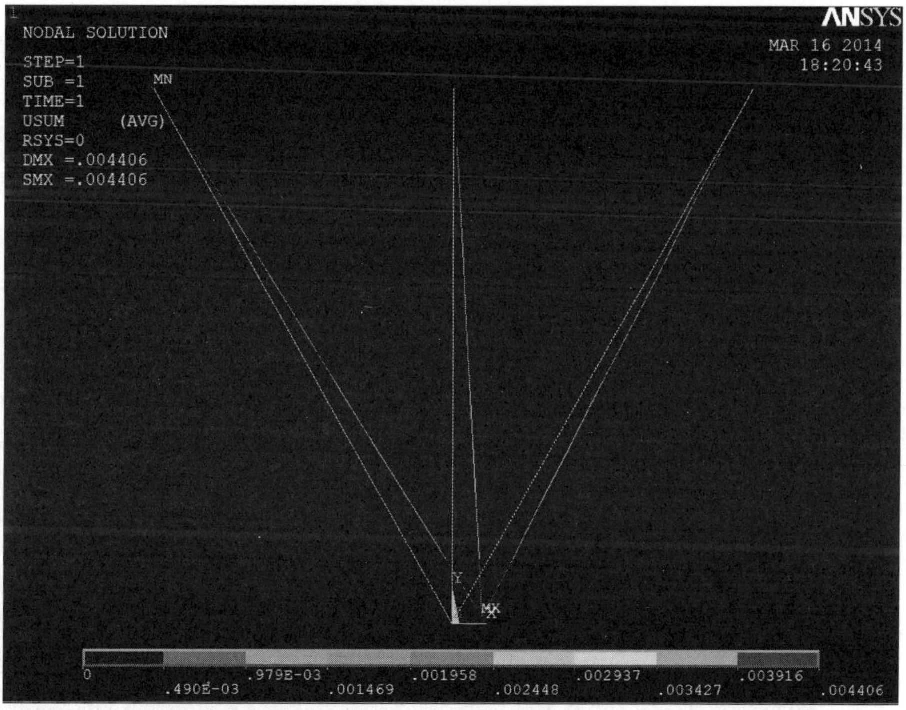

2.5 그림 P2.5와 같은 구조물에서 점 2에서 발생하는 변위와 지지점 3에서 발생하는 반력을 구하시오.

$E = 30 \times 10^6 psi$, 요소의 면적 $A = 3\ in^2$, $L = 20\ in.$

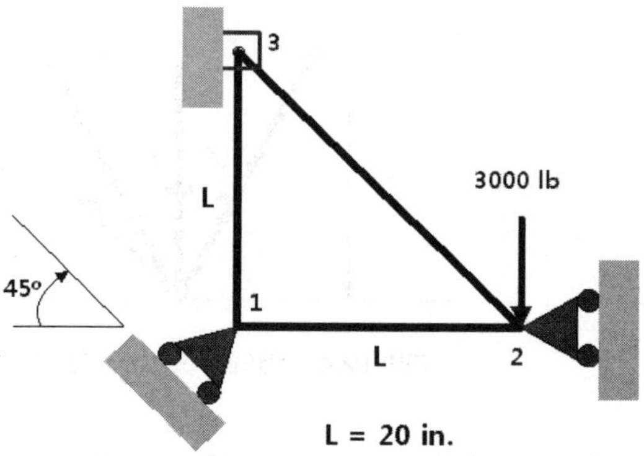

그림 P2.5 트러스

해 $u_{2x} = 0$, $u_{2y} = -0.18856 \times 10^{-2}\ in$

$F_{3x} = -3000\ lb$, $F_{3y} = 3000\ lb$

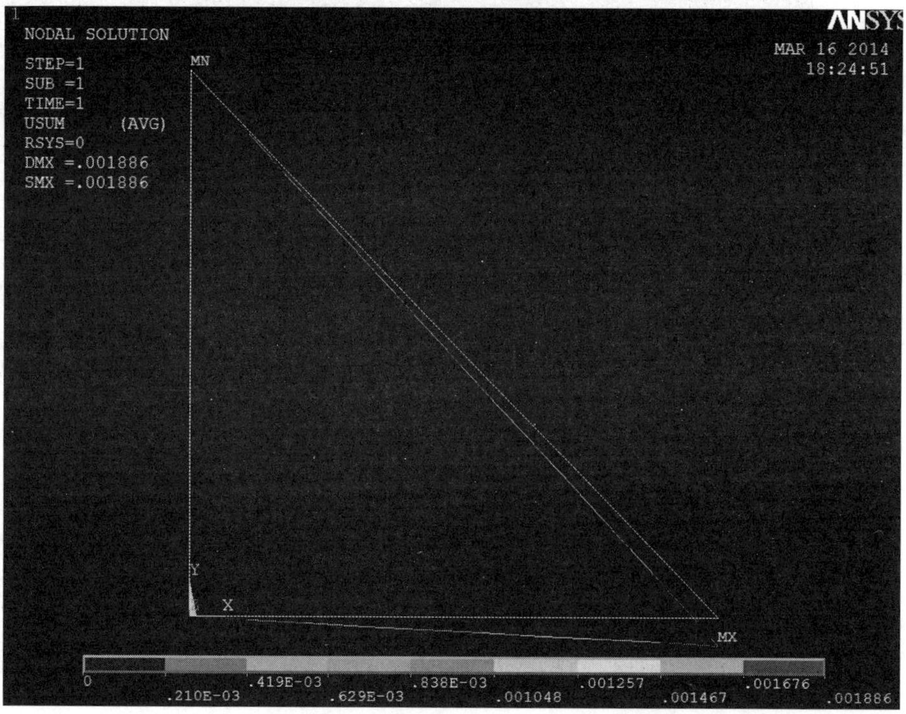

2.6 각 절점(그림 P2.6)에서의 변위를 구하시오. 대칭 모델을 사용하여 해를 구하시오.

$A = 30 \times 10^{-4} m^2$, (요소 (7)를 제외한 모든 요소에 대해서)

$A_7 = 60 \times 10^{-4} m^2$ (요소 (7))

$E = 210 \ GPa$

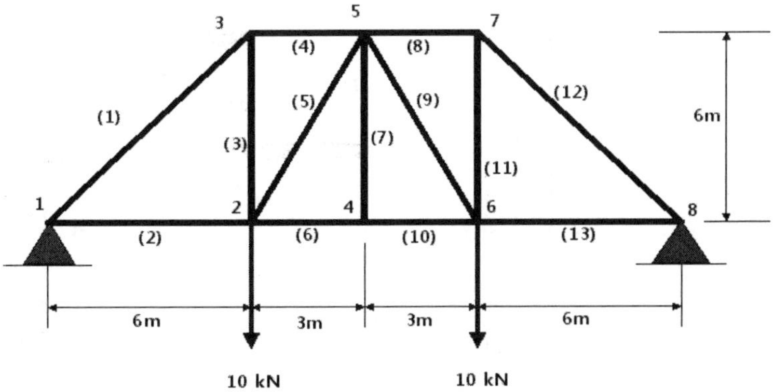

그림 P2.6 트러스

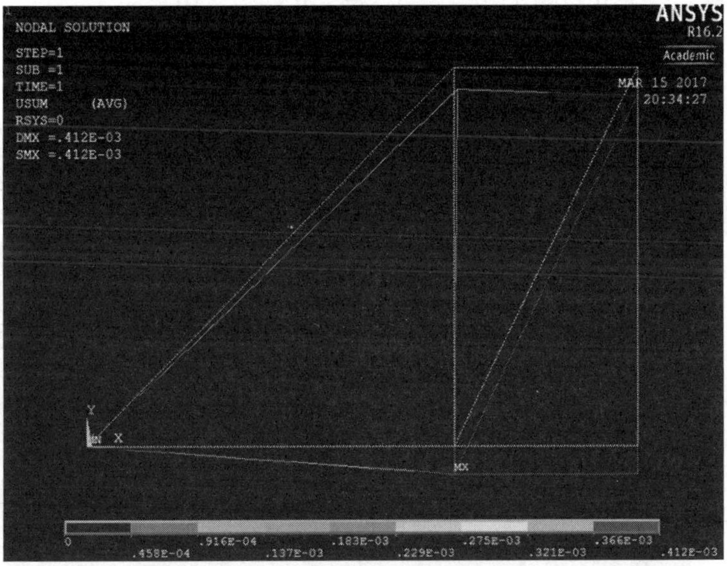

NODE	UX	UY	UZ	USUM
1	0.0000	0.0000	0.0000	0.0000
2	0.0000	-0.41223E-03	0.0000	0.41223E-03
3	0.0000	-0.41223E-03	0.0000	0.41223E-03
4	0.47619E-04	-0.31699E-03	0.0000	0.32055E-03
5	0.0000	-0.41223E-03	0.0000	0.41223E-03

2.7 트러스 구조물이 그림 P2.7과 같은 하중을 받고 있다. A점에서의 반력과 C점에서의 변위의 크기를 구하시오. $E = 210\ GPa, A = 0.01\ m^2$

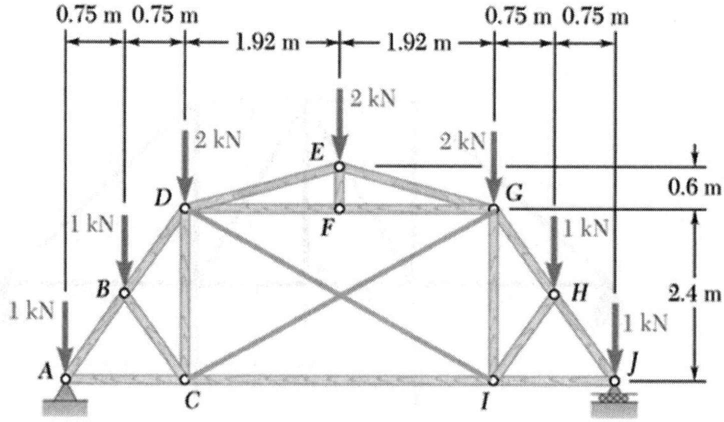

그림 P2.7 트러스

해 $u_{Cx} = 0.1786 \times 10^{-5} m,\ u_{Cy} = -0.8942 \times 10^{-5}\ m$

$F_{Ax} = 0,\ F_{Ay} = 5\ kN$

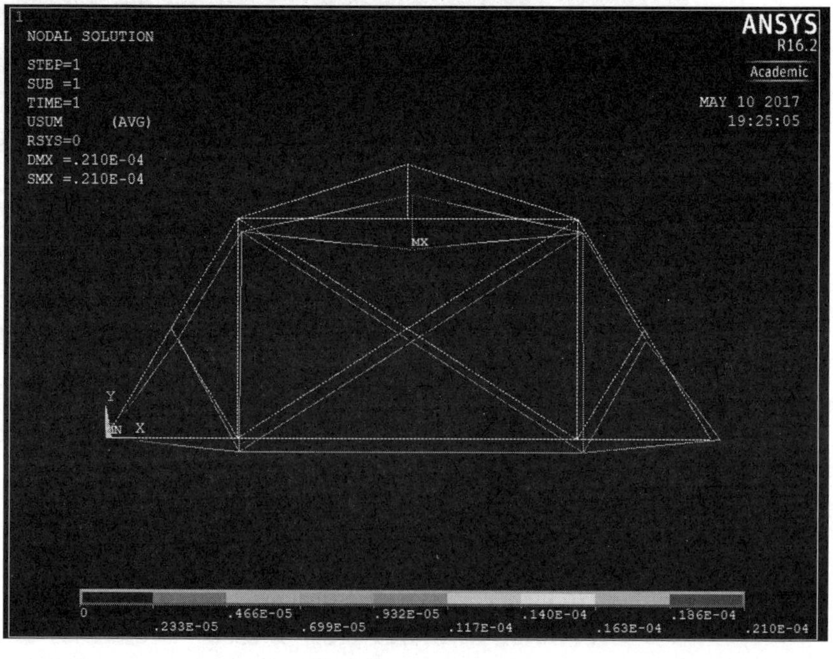

2.8 다음 트러스 구조물(그림 P2.8)의 반력(지지점 Q)과 점 P에서의 변위의 크기를 구하시오. $E = 210\,GPa$, $A = 10 \times 10^{-4}\,m^2$. 점 Q와 R의 구속 조건은 All DOF=0.

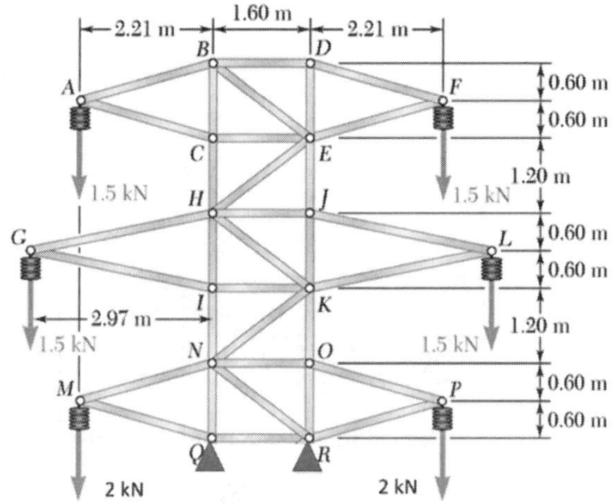

그림 P2.8 트러스

해 $F_{Qx} = -3{,}683\,N$, $F_{Qy} = 5{,}000\,N$

$u_{Px} = 0.85631 \times 10^{-5}\,m$, $u_{Py} = -0.19039 \times 10^{-3}\,m$

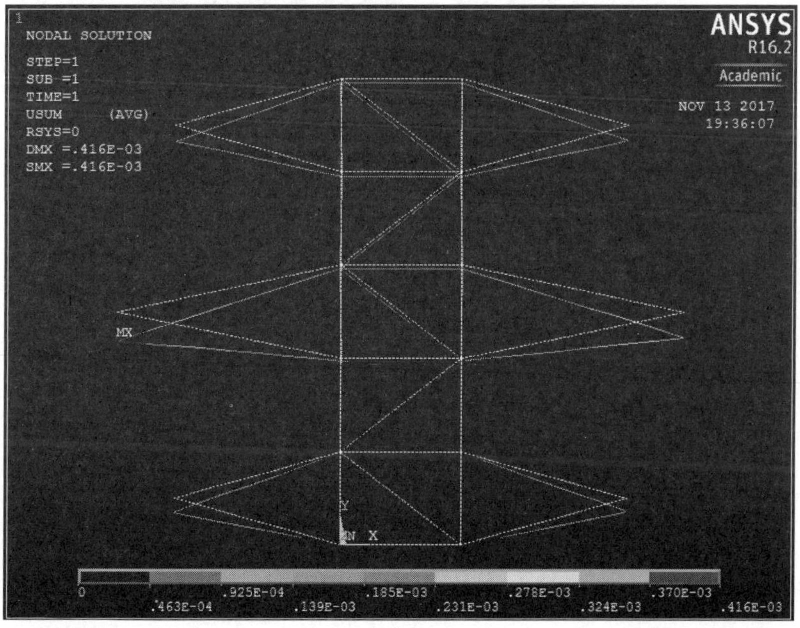

2.9-2.10

다음 트러스 구조물에서 발생하는 변위와 반력의 크기를 구하시오.

$E = 210\ GPa,\ A = 0.01\ m^2$

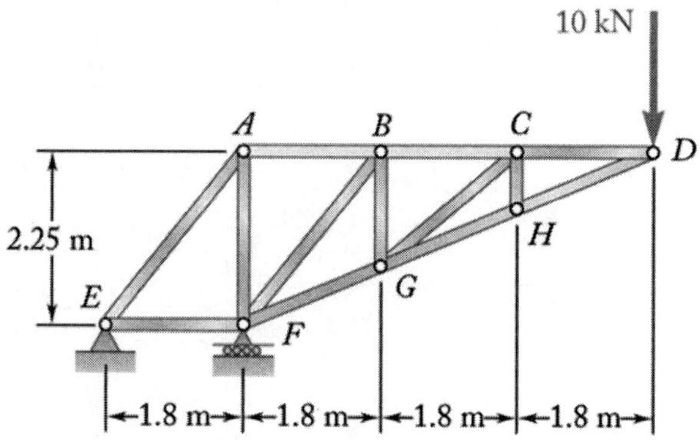

그림 P2.9

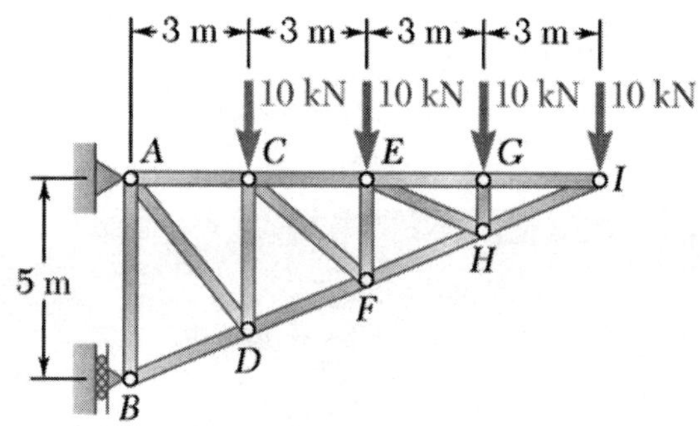

그림 P2.10

2.11 다음 트러스 구조물(그림 P2.11)의 반력(지지점 S와 T)과 점 B와 D에서의 변위의 크기를 구하시오. $E = 210\,GPa$, $A = 10 \times 10^{-4}\,m^2$. 점 S와 T의 구속 조건은 All DOF=0.

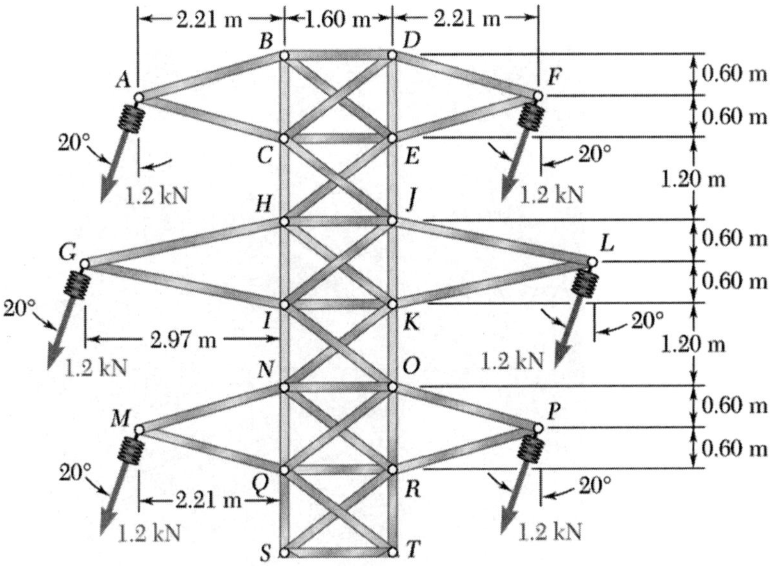

그림 P2.11

프로젝트

2.1 그림 P2.12와 P2.13은 T-express 구조물을 보여주고 있다. 사용되는 재료는 라미네이트 우드(탄성계수 $E = 42\,GPa$)이고 단면적은 $A = 4 \times 10^{-2}\,m^2$으로 균일하다고 가정한다. 그림에서 사람을 포함한 열차의 무게를 $9000\,kg$으로 가정하고, 3차원 트러스 요소를 사용하여 변위를 해석 하시오.

그림 P2.12 T-express 구조물

그림 P2.13 T-express 구조물

2.2 그림 P2.14는 2회선 사각 송전탑 구조물의 일부분을 보여주고 있다. 사용되는 재료는 구조용 강(탄성계수 $E = 210\ GPa$)이다.

1) 가능하면 정확한 단면적을 사용하고 3차원 트러스 요소를 사용하여 자중과 풍하중에 의한 변위를 구하시오.
2) 또한 구조물의 일부를 보강하여 보다 효율적인 트러스 구조물을 설계하시오.

그림 P2.14 사각 송전탑 구조물

2.3 그림 P2.15는 프랑스에 있는 에펠탑을 보여주고 있다. 3차원 트러스 요소를 사용하여 자중과 풍하중에 의한 변위를 구하시오.

그림 P2.15 에펠탑

2.4 그림 P2.16은 Dish형 태양열 발전시스템의 구조물을 보여주고 있다. 3차원 트러스 요소를 사용하여 자중과 풍하중에 의한 변위를 구하시오.

그림 P2.16 Dish형 태양열 발전시스템의 구조물

CHAPTER

03

보(Beam) 해석

CHAPTER

03 보(Beam) 해석

긴 막대가 그 축에 대하여 횡 방향으로 하중을 받고 있을 때 이를 보(beam)라고 한다. 보는 자동차, 항공기, 교량 등에서 널리 사용된다. 보는 보통 지지되어 있는 방법에 따라 분류된다. 아래 그림 3.1 – 3.6은 일반적으로 사용되는 몇 가지 보를 보여주고 있다.

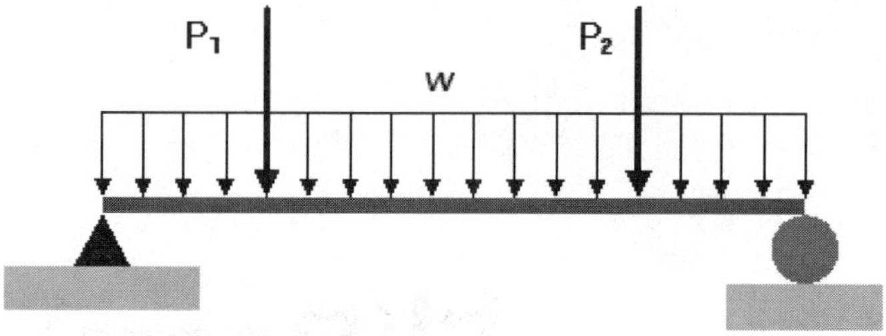

그림 3.1 단순지지보, 단순보(simple beam)

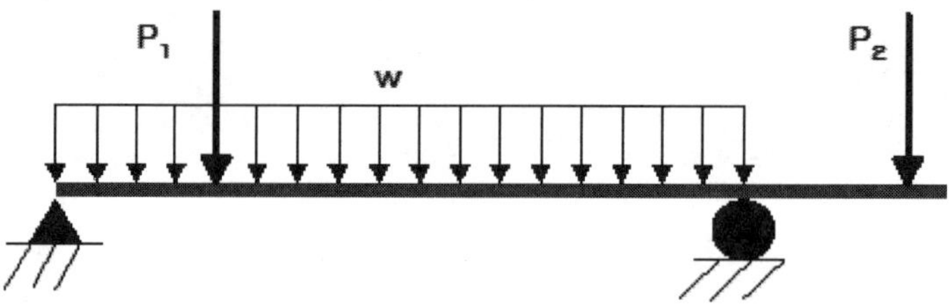

그림 3.2 돌출된 단순지지보(simple beam with overhang)

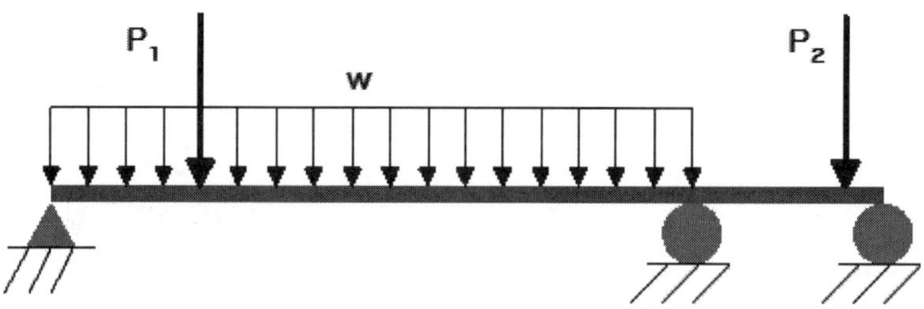

그림 3.3 연속보(continuous beam)

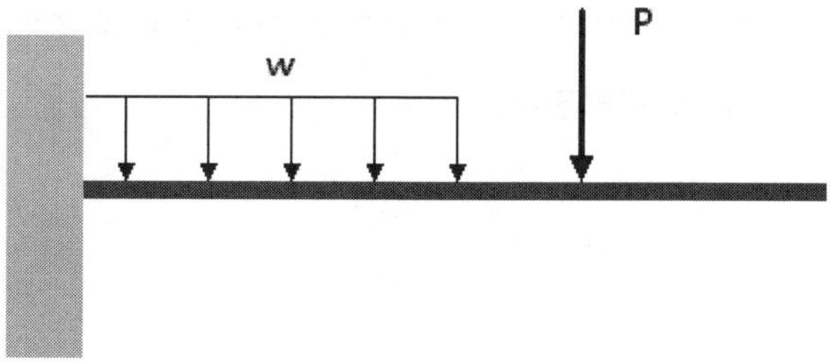

그림 3.4 외팔보(cantilever beam)

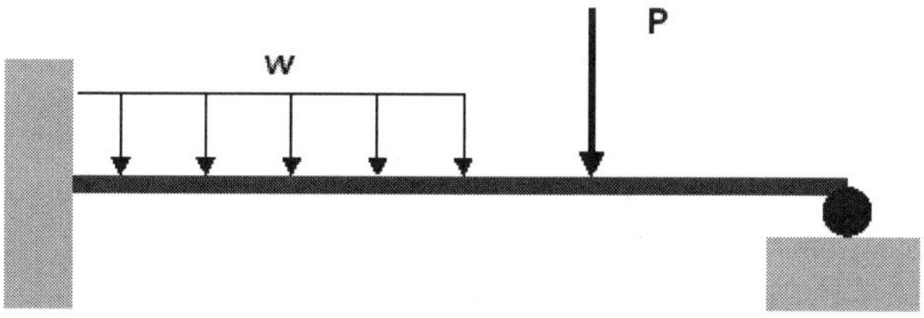

그림 3.5 고정-단순보(fixed-simple beam)

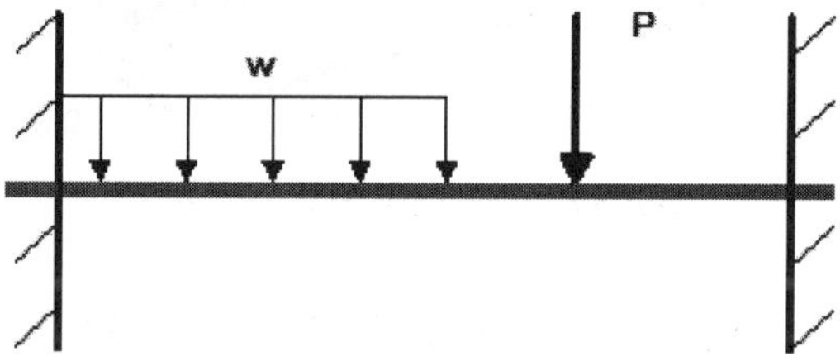

그림 3.6 양단고정보(clamped beam)

앞 절에서 다룬 트러스 모델은 해석할 때 모든 하중이 트러스의 절점에 작용한다고 가정하였고 부재의 굽힘은 고려되지 않았다. 보에서는 임의의 지점에서 하중이 작용할 수 있고 굽힘이 발생할 수 있다. 예로서, 집중하중을 받고 있는 보가 그림 3.7에 나타나 있다. 중립축의 수직변위 v는, 보의 위쪽으로 발생하는 변위를 양으로 가정하면, 보에 발생하는 굽힘 모멘트 $M(x)$와 2차 면적 모멘트(관성모멘트) I, 그리고 탄성계수 E와 다음과 같이 연관된다.

$$EI\frac{d^2v}{dx^2} = M(x) \tag{3.1}$$

식 (3.1)을 두 번 적분하고, 경계조건을 대입하면 다음과 같은 탄성곡선 식이 얻어진다.

$$v = -\frac{Px^2}{6EI}(3L - x) \tag{3.2}$$

식 (3.2)에서 L은 보의 길이를 나타낸다. 식 (3.2)로부터 보에 발생하는 최대 기울기 θ_{max}와 변위 v_{max}는 다음과 같이 구해진다.

$$\theta_{max} = -\frac{PL^2}{2EI} \tag{3.3}$$

$$v_{max} = -\frac{PL^3}{3EI} \tag{3.4}$$

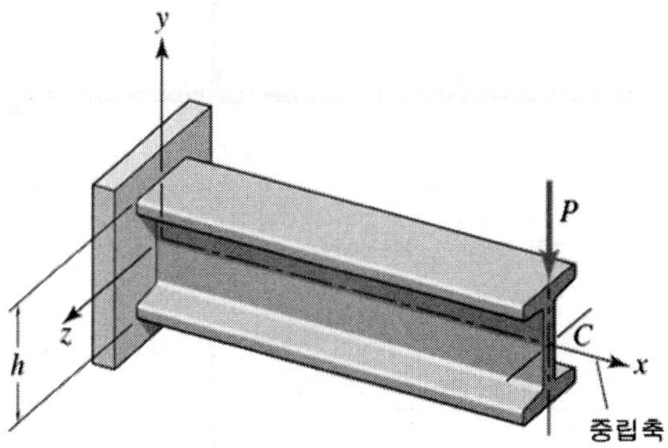

그림 3.7 집중하중을 받고 있는 보

다음 예제들은 ANSYS를 사용하여 보다 복잡한 보 문제를 해석하는 과정을 설명하고 있다. 보 문제를 해석하기 위해서는 Main Menu에서 Preference를 Structural로 선택하여 작업내용을 설정한 후, 전처리, 해석, 후처리 과정으로 진행한다.

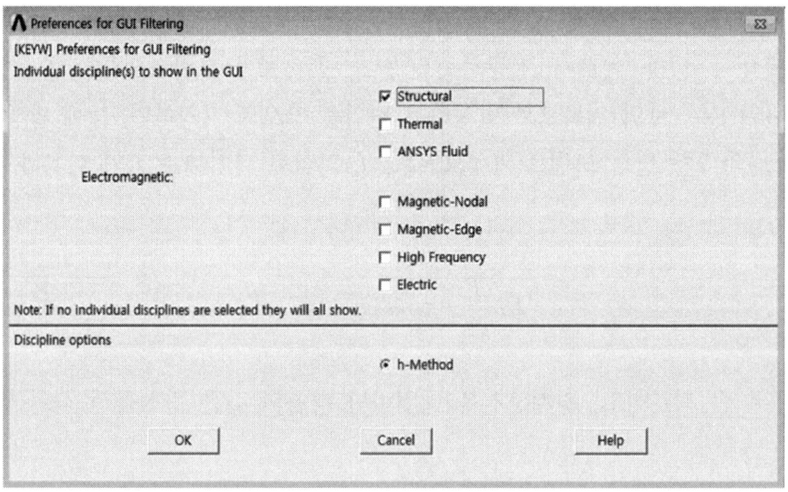

예제 3.1

그림 3.8과 같이 양단이 고정된 보($E = 210\,GPa$)의 중앙에 집중하중과 집중 모멘트가 작용하고 있다. 절점을 21개 사용하여 모델링하고, 보에서 발생하는 변위를 구하시오. 보 옆의 사각형은 보 단면 형상임.

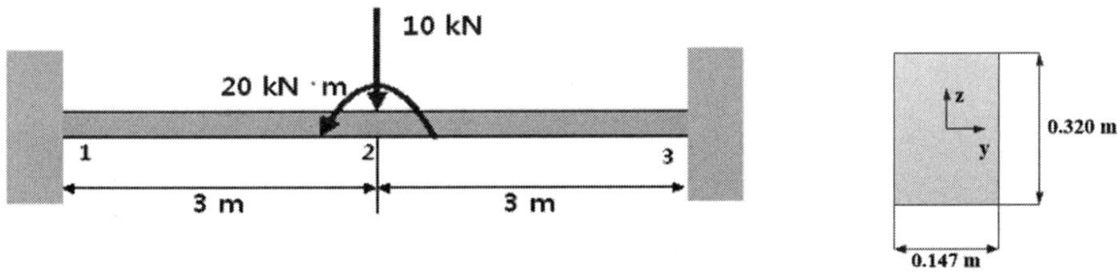

그림 3.8 보

해석과정

1단계 : 요소 정의, 요소 단면 데이터, 재료 물성 값 입력

1) 요소의 종류 : (Structural BEAM188).

Preprocessor>Element Type>Add/Edit/Delete

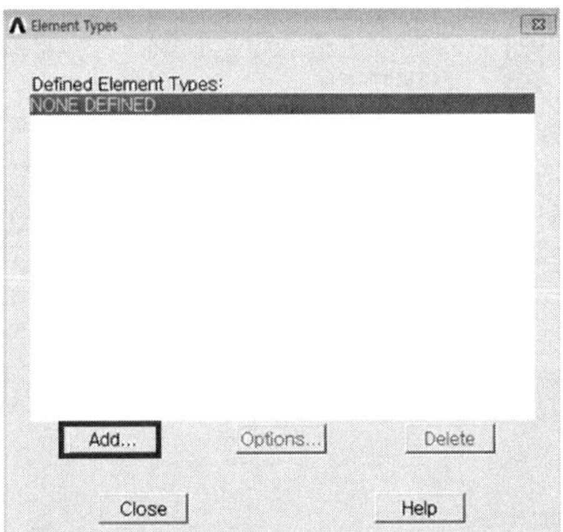

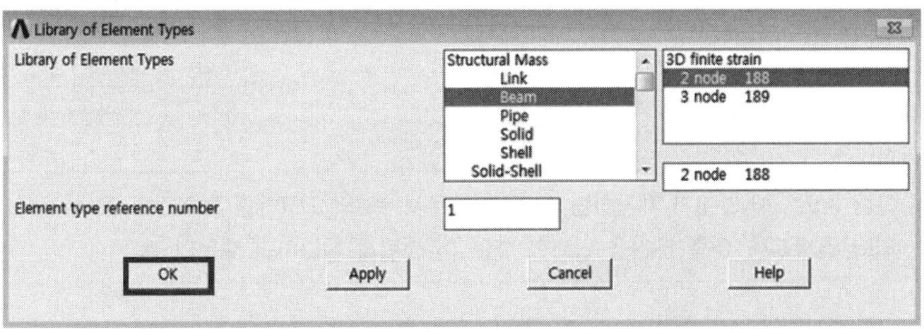

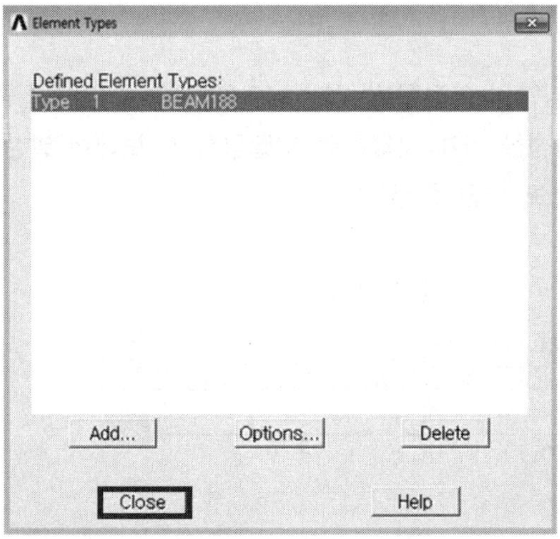

ANSYS 버전에 따라 요소 종류나 선택할 수 있는 옵션이 조금씩 달라지나, 기본 내용은 큰 차이 없음.

2) 요소 단면적 데이터 입력.

Preprocessor>Sections>Beam>Common Sections

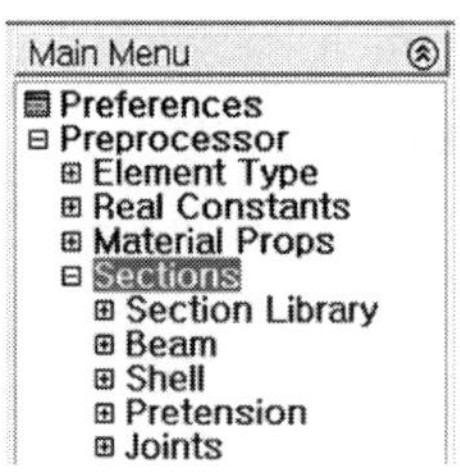

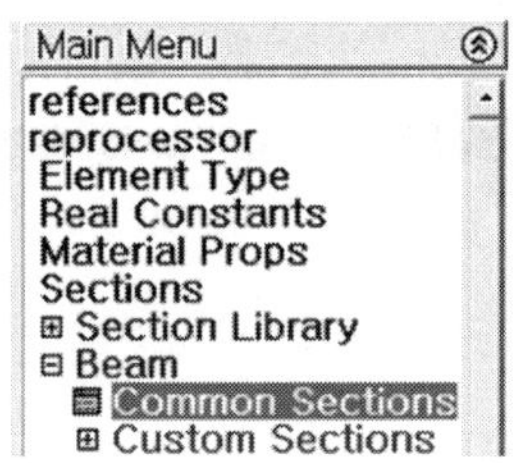

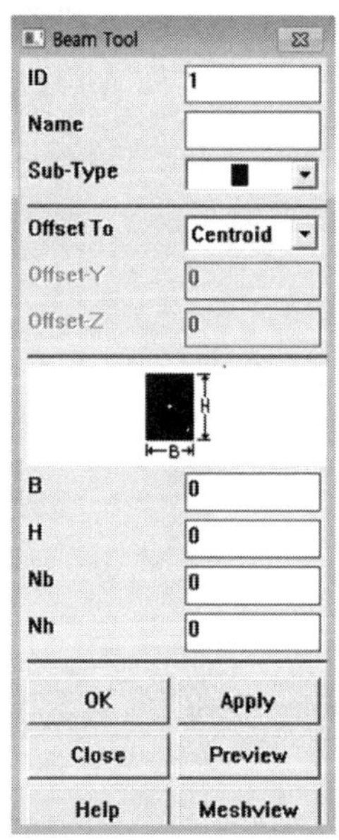

그림 3.9는 ANSYS가 제공하는 보 요소(BEAM188)의 좌표계를 보여주고 있다. 단면 데이터와 경계조건, 하중 조건을 입력할 때는 이 그림을 참고하면 도움이 됨.

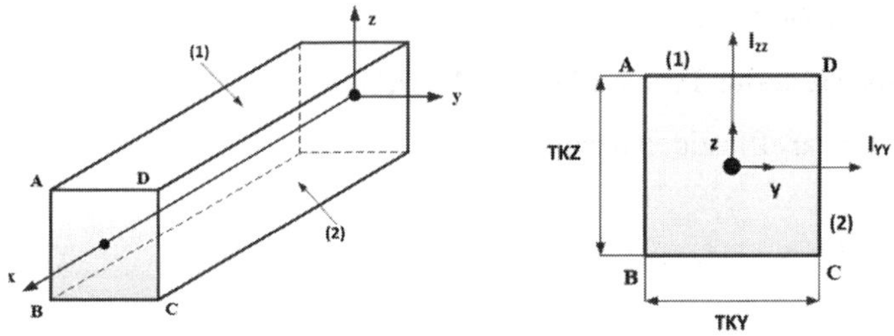

그림 3.9 BEAM188의 좌표계

예제에서 주어진 단면 형상에 대한 데이터 값을 입력함.

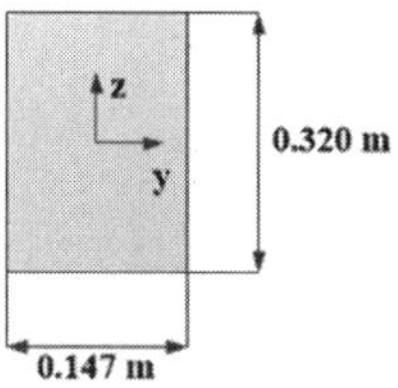

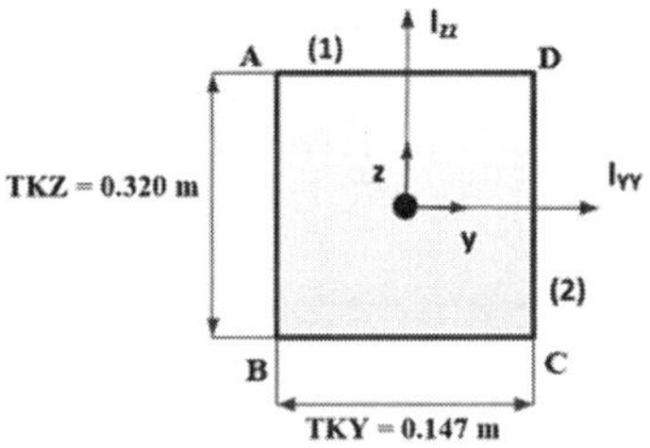

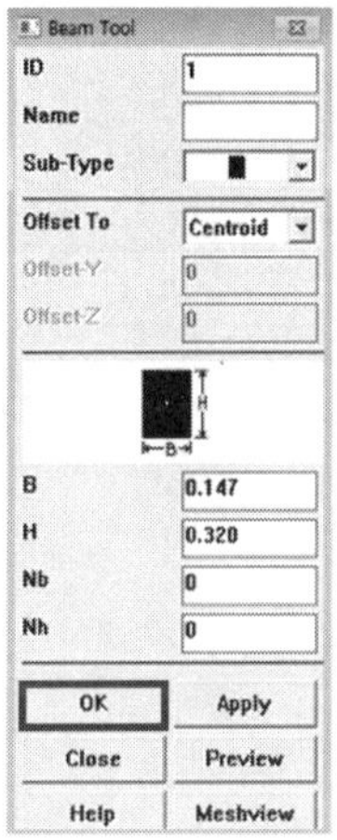

Beam Tool 창에서 '**Preview**'를 선택하면 아래와 같은 창이 나타나는데, 단면 형상에 대한 면적, 2차 면적 모멘트(관성모멘트)등의 데이터를 보여준다.

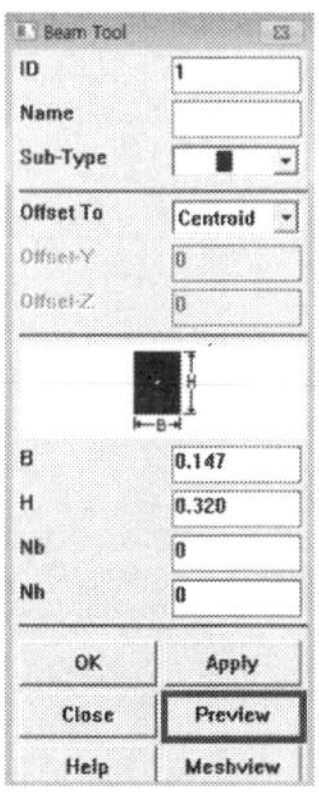

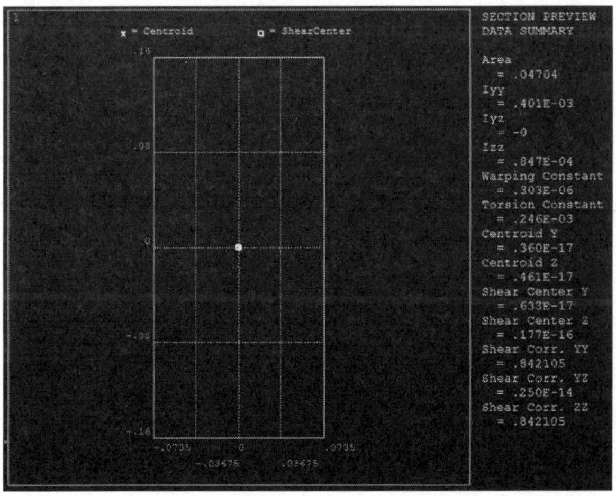

3) 재료 물성(탄성계수) 입력.

Preprocessor>Material Props>Material Models

Structural>Linear>Elastic-Isotropic

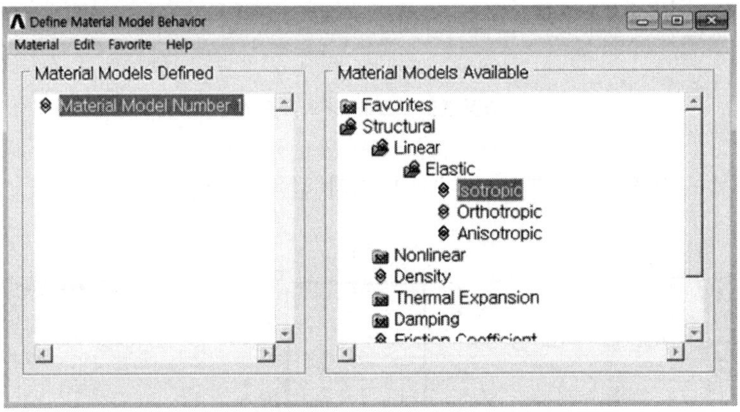

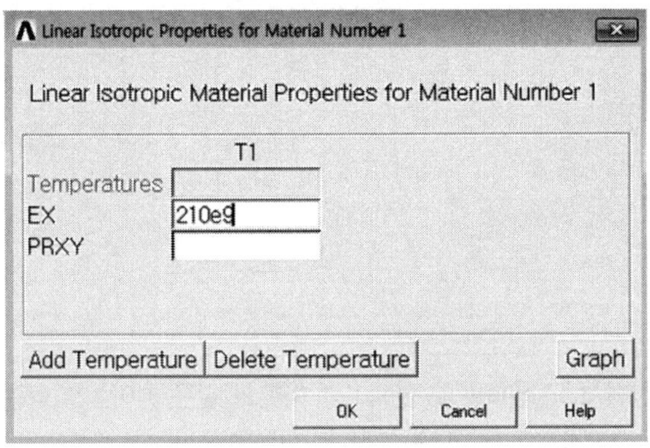

보 해석의 경우에는 Poisson 비(PRXY)는 입력하지 않아도 됨.

2단계 : 유한요소모델 생성 : 20개의 보 요소를 생성함.

4) 먼저 두 개의 node 생성 - 1(0,0,0), 21(6,0,0).

Preprocessor>Modeling>Create>Nodes>In Active CS

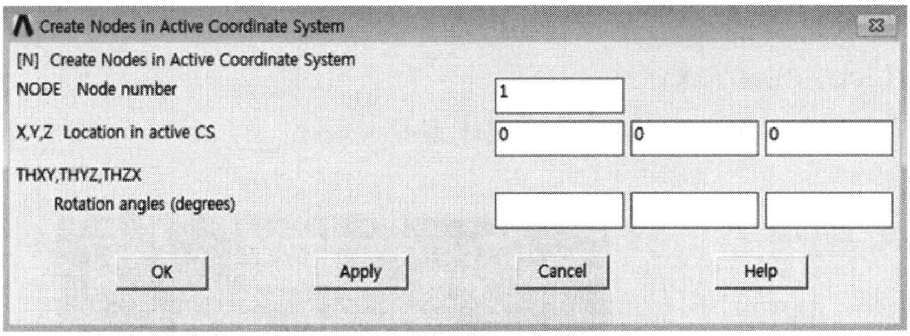

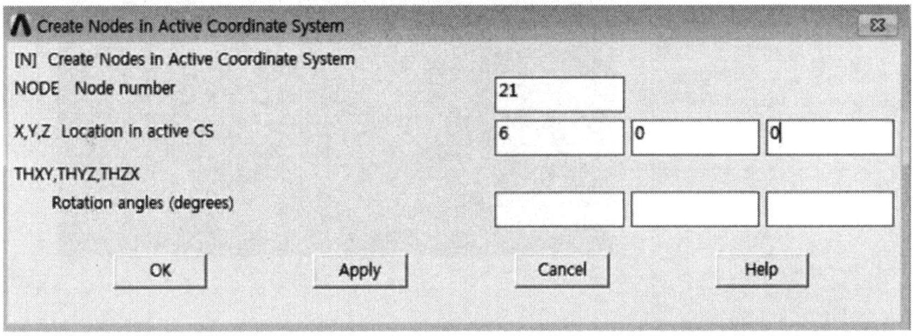

5) 두 nodes사이에 다른 nodes를 채워 넣는 방법을 이용하여 nodes를 생성.

Preprocessor>Modeling>Create>Nodes>Fill between Nds

- 그래픽 창에서 Node 1과 Node 21을 선택한 후 OK 클릭
- 새로운 입력 창(Create Nodes Between 2 Nodes)이 뜨면

  NFILL=19

  SPACE=1 (OK)

를 입력함. 21개의 절점들이 그래픽 창에 나타남.

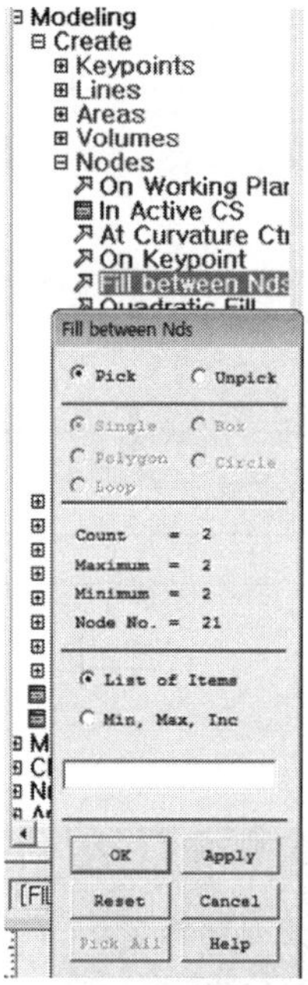

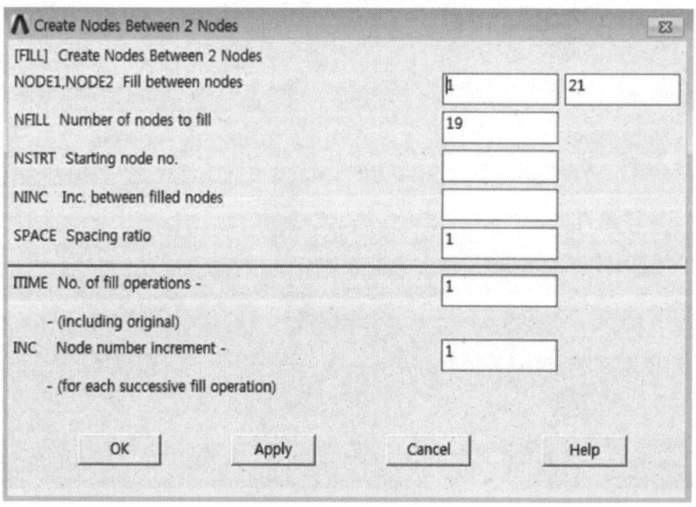

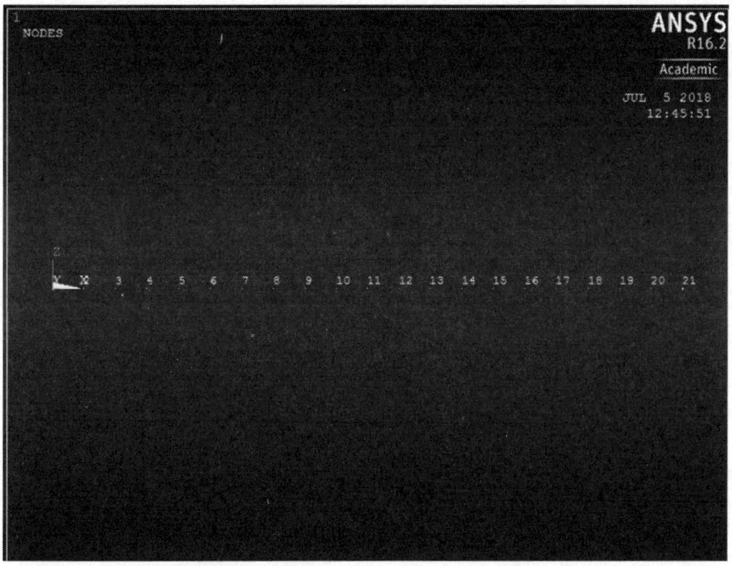

6) 20개의 요소를 생성하기 위해서 먼저 하나의 요소를 생성한다. 1-2 두 개의 절점으로 연결된 요소 생성.

Preprocessor>Modeling>Create>Elements>Auto Numbered>Thru Nodes+

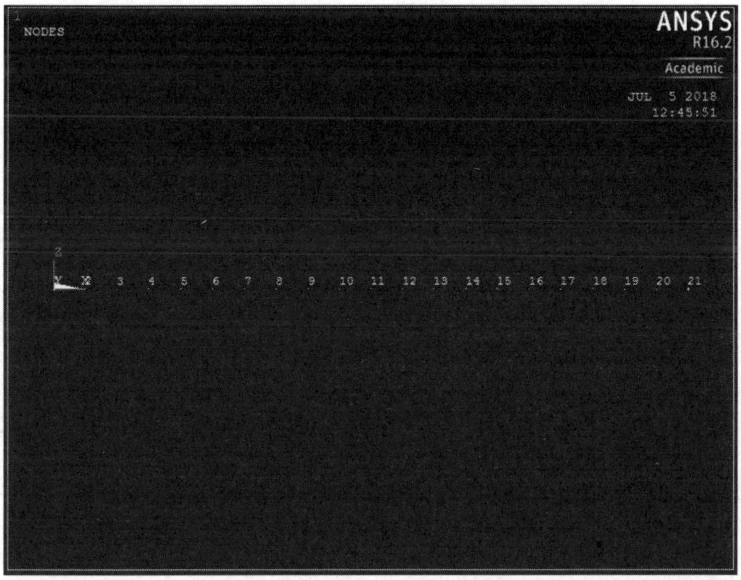

7) 생성된 요소를 복사한다.

Preprocessor>Modeling>Copy>Elements>Auto Numbered

- 1번 요소 선택 (OK)
- ITIME=20
- NINC=1 (OK)

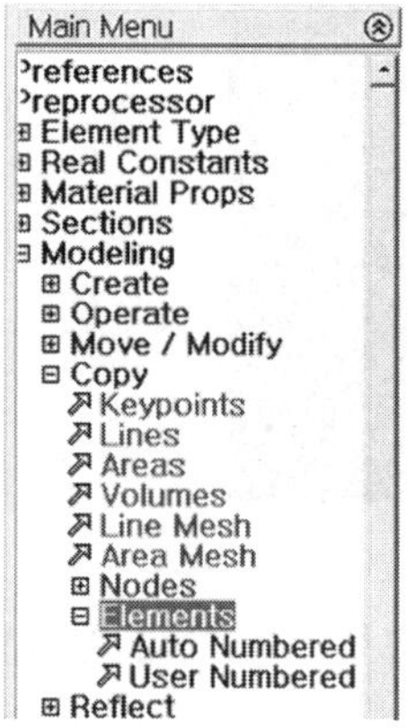

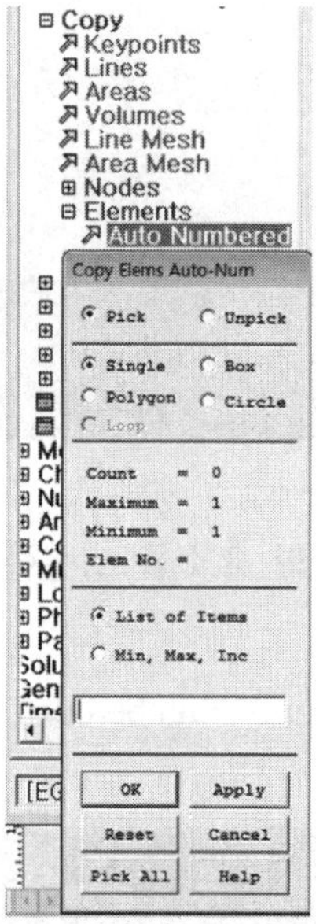

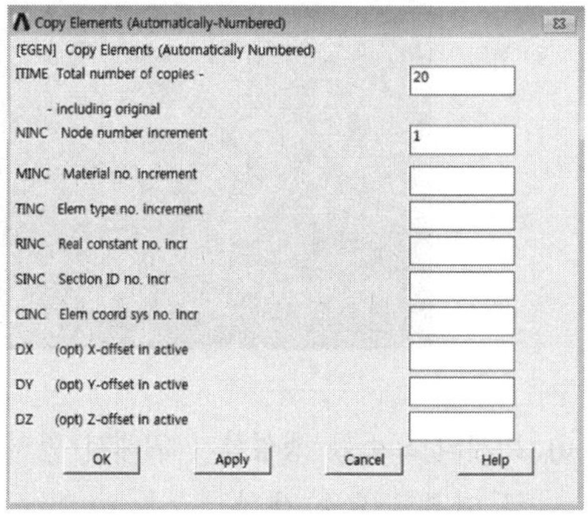

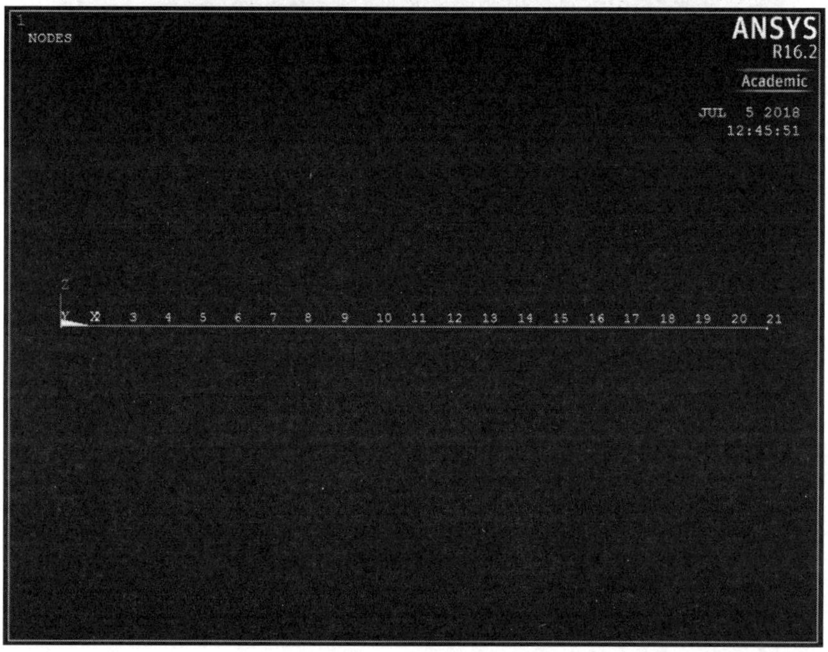

3단계 : 하중과 경계조건의 적용

8) 절점 1과 21을 선택한 후 UX=UY=UZ=ROTX=ROTY=ROTZ=0 (또는 All DOF=0)

Solution>Define Loads>Apply>Structural>Displacement>On Nodes

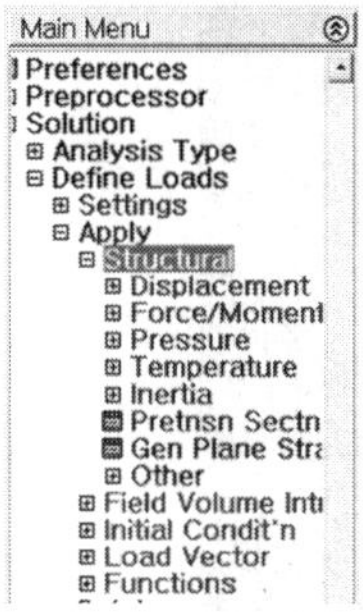

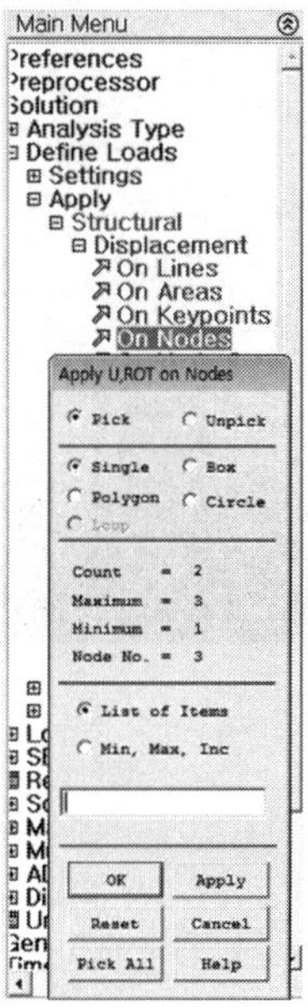

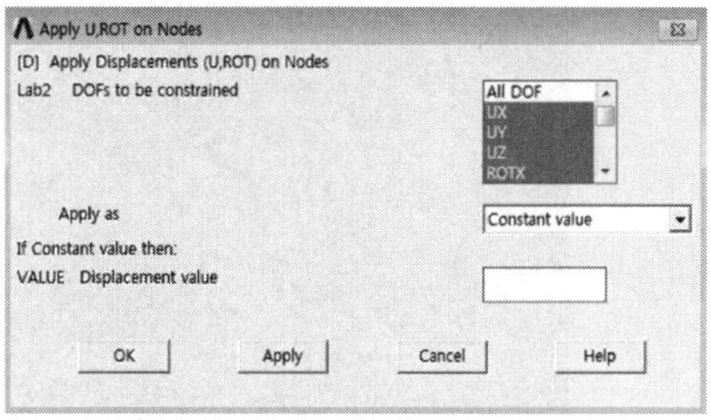

9) 절점 11을 선택한 후 $F_z = -10 \times 10^3 N$, $M_y = -20 \times 10^3 N \cdot m$ 입력.

Solution>Define Loads>Apply>Structural>Force/Moment>On Nodes

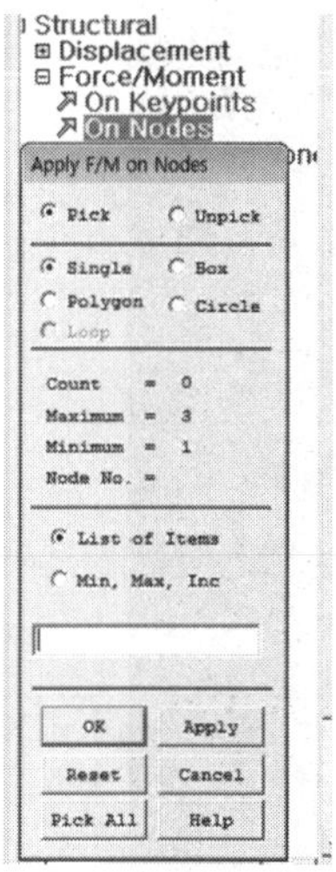

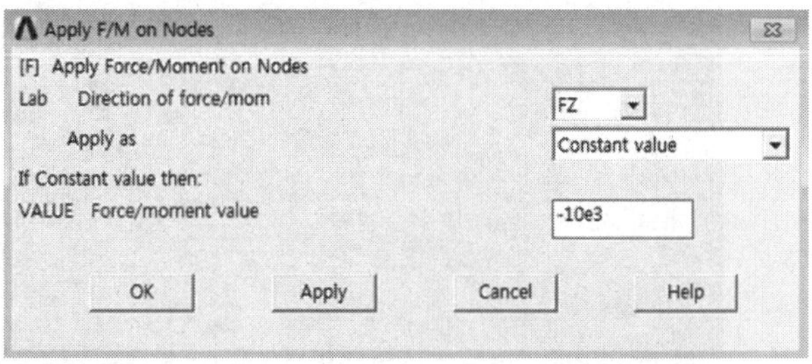

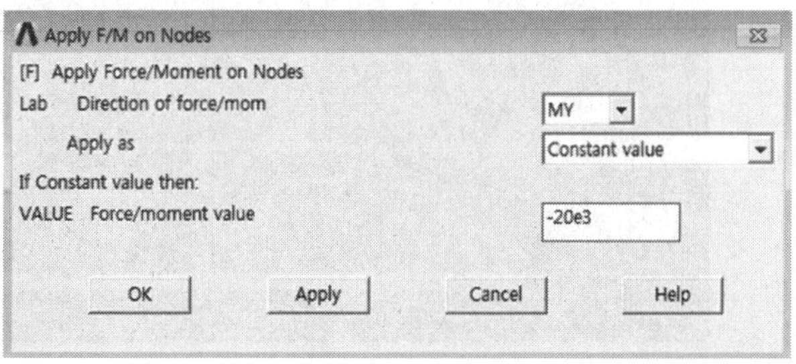

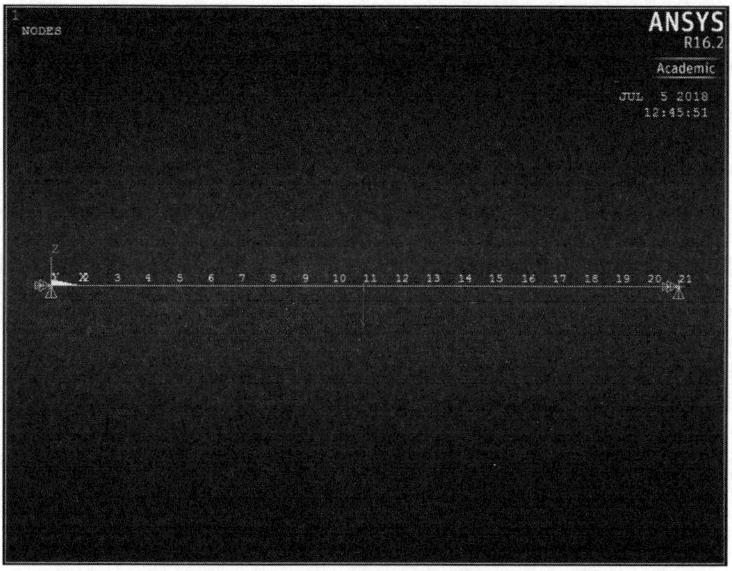

4단계 : 계산 실행

10) Solution> Solve>Current LS (OK – Close)

5단계 : 결과출력

11) 변위(단위 : m)를 그래픽 창에서 확인.

General Postproc>Plot Results>Contour Plot>Nodal Solu

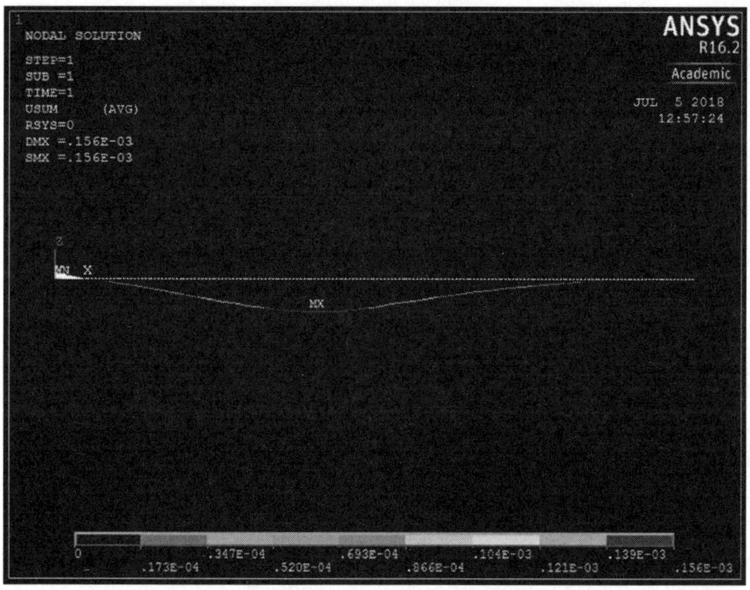

그림 3.10 예제 3.1 해석결과

12) 각 절점에서의 변위 값(단위 : m)과 지지점에서의 반력 값(단위 : N) 확인.

General Postproc>List Results > Nodal Solution

General Postproc>List Results > Reaction Solu

예제 3.2

그림 3.11은 스프링(스프링 상수 : $k = 300\,kN/m$)이 연결된 보를 나타내고 있다. 보에서 발생하는 변위를 구하시오. $E = 110\,GPa$

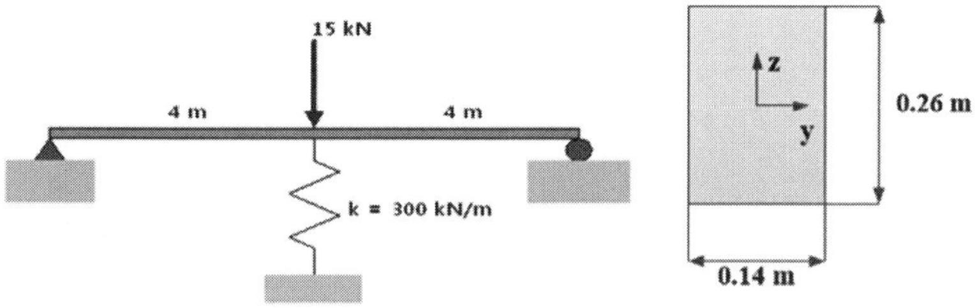

그림 3.11 스프링이 연결된 보

해석과정

1단계 : 요소 정의, 요소 물성과 단면 데이터, 재료 물성 입력

1) 요소의 종류.

- 보요소 : Structural BEAM188
- 스프링요소 : Combination-Spring-Damper; Combin14

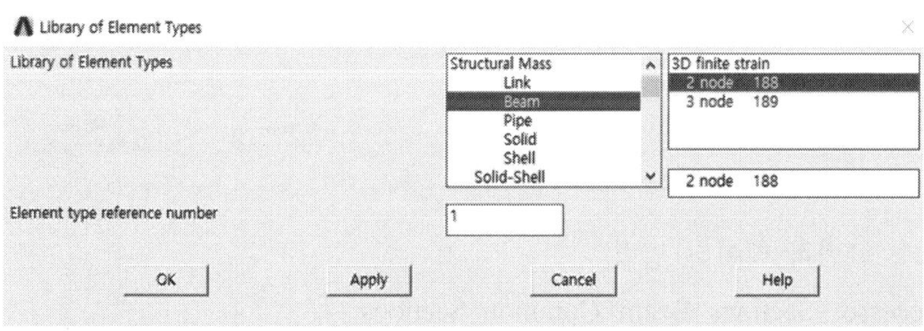

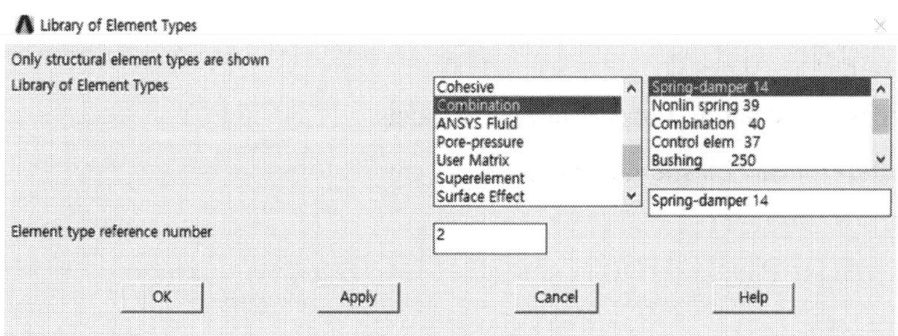

2) 요소 물성 값 : 스프링 상수 $k = 300 \times 10^3\ N/m$ 입력.

Preprocessor>Real Constants>Add/Edit/Delete-Add-OK

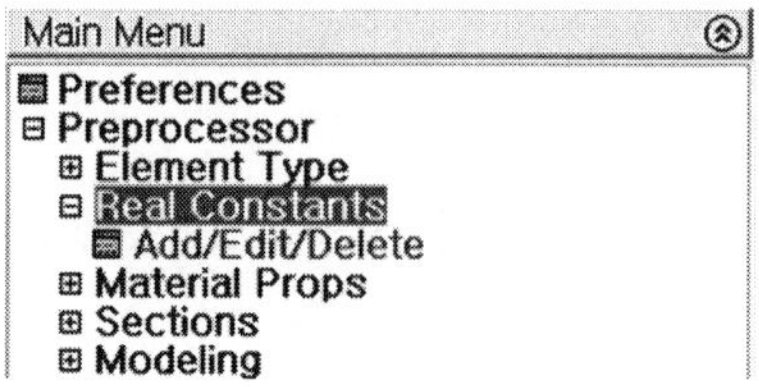

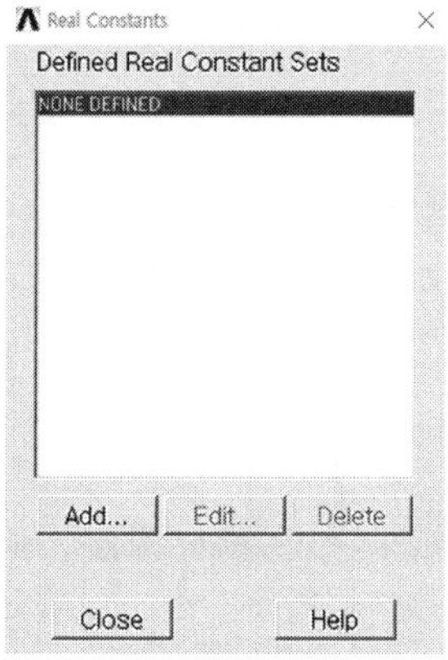

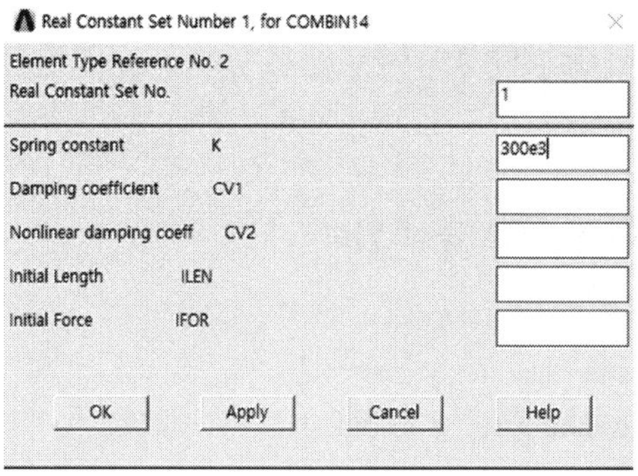

3) 보 요소 단면적 데이터 입력.

Preprocessor>Sections>Beam>Common Sections

4) 보의 탄성계수 입력.

Preprocessor>Material Props>Material Models

Structural>Linear>Elastic-Isotropic

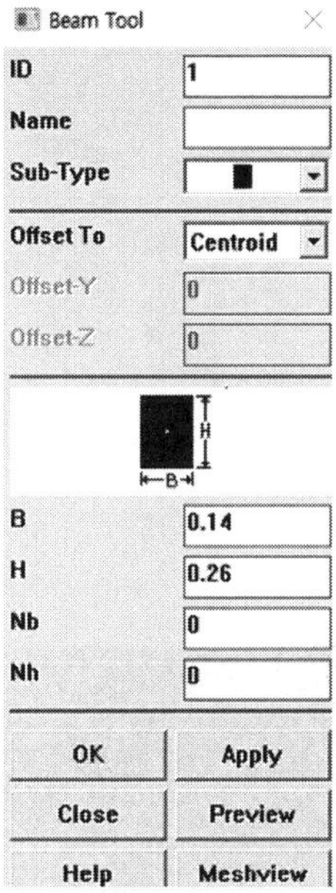

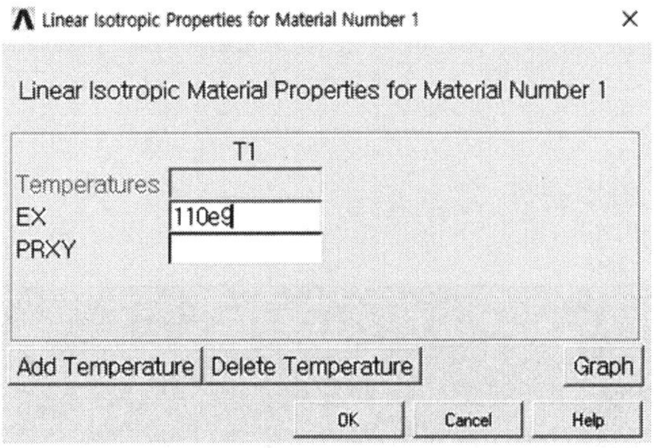

2단계 : 유한요소모델 생성

5) 21개의 절점 생성.

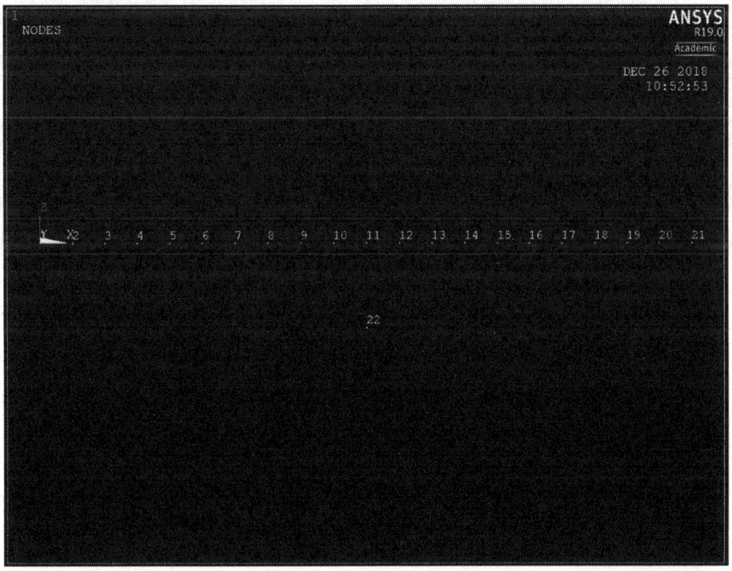

> 해석 과정에서 스프링의 길이는 중요하지 않음. 여기에서는 스프링의 길이를 1로 가정함. 보에 대해서 예제 1에서와 같이 21개의 절점을 생성한 후, 절점 22의 좌표를 (4,0,−1)로 입력함.

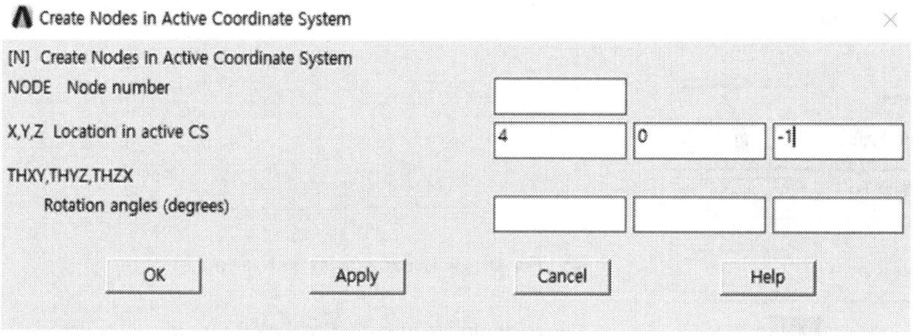
Create Nodes in Active Coordinate System
[N] Create Nodes in Active Coordinate System
NODE Node number
X,Y,Z Location in active CS
4
0
-1
THXY,THYZ,THZX
Rotation angles (degrees)
OK
Apply
Cancel
Help

6) 보 요소 생성.

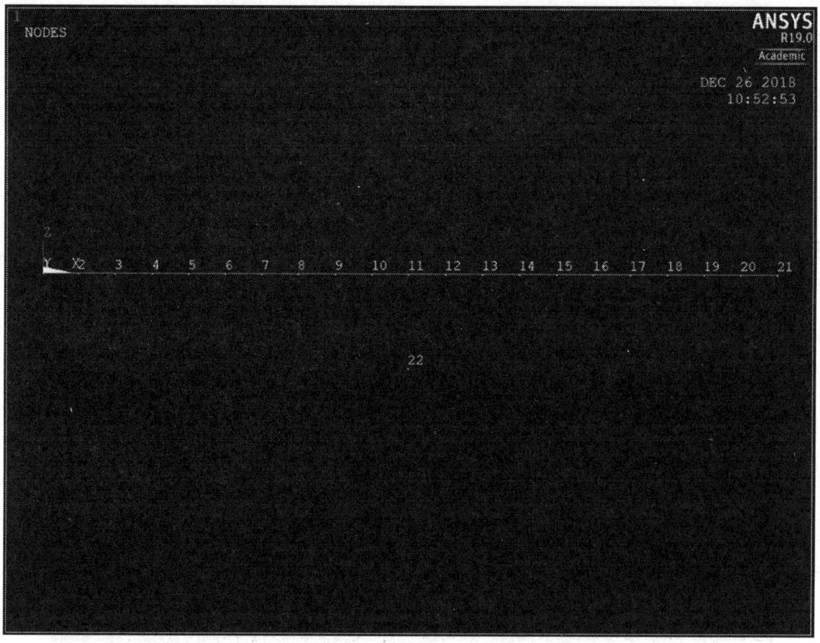
NODES
ANSYS
R19.0
Academic
DEC 26 2018
10:52:53
Z
Y X
2 3 4 5 6 7 8 9 10 11 12 13 14 15 16 17 18 19 20 21
22

7) 스프링 요소를 생성하기 위해 요소의 속성 변경.

Preprocessor>Modeling>Create>Elements>Elem Attributes

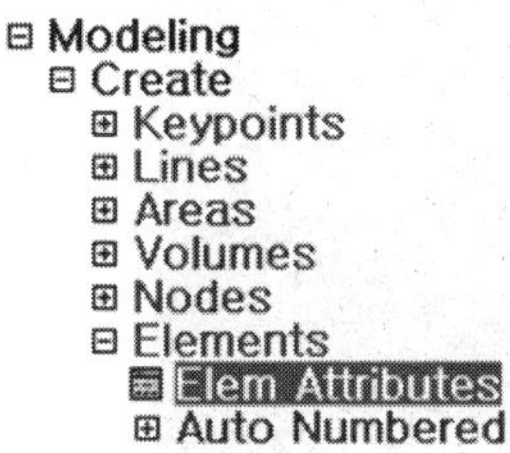

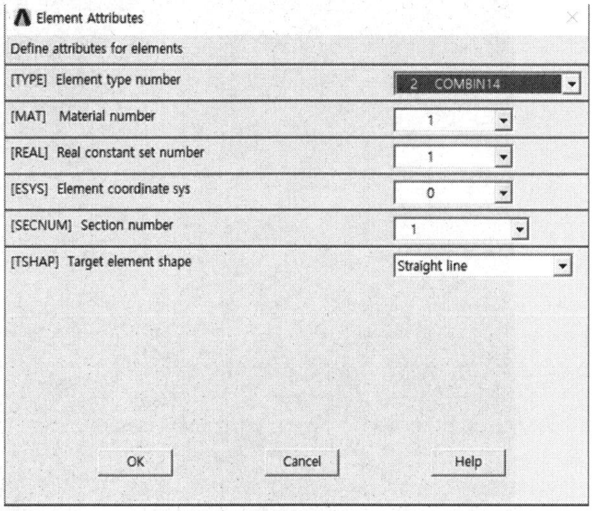

8) 두 개의 절점으로 연결된 한 개의 스프링 요소 생성.

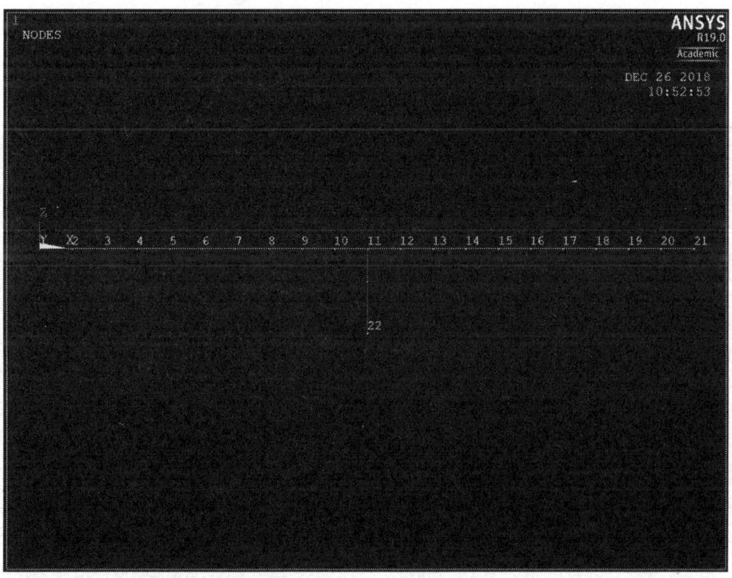

3단계 : 하중과 경계조건의 적용

9) 절점 1을 선택한 후 UX=UY=UZ=ROTX=ROTZ=0을 입력하고, 절점 21에 대해서는 UY=UZ=ROTX=ROTZ=0을 입력함. 절점 22에 대해서는 All DOF=0을 입력함.

10) 절점 11에는 $F_z = -15 \times 10^3\ N$을 입력함.

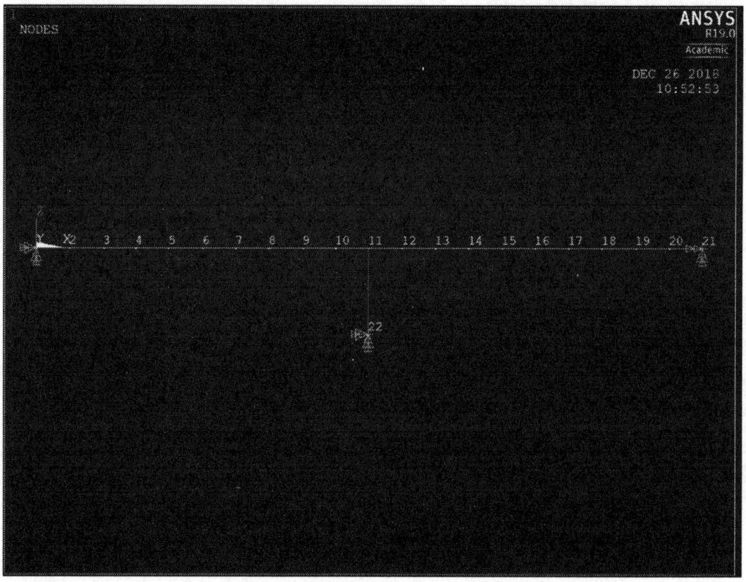

4단계 : 계산 실행

5단계 : 변위(단위 : m) 출력

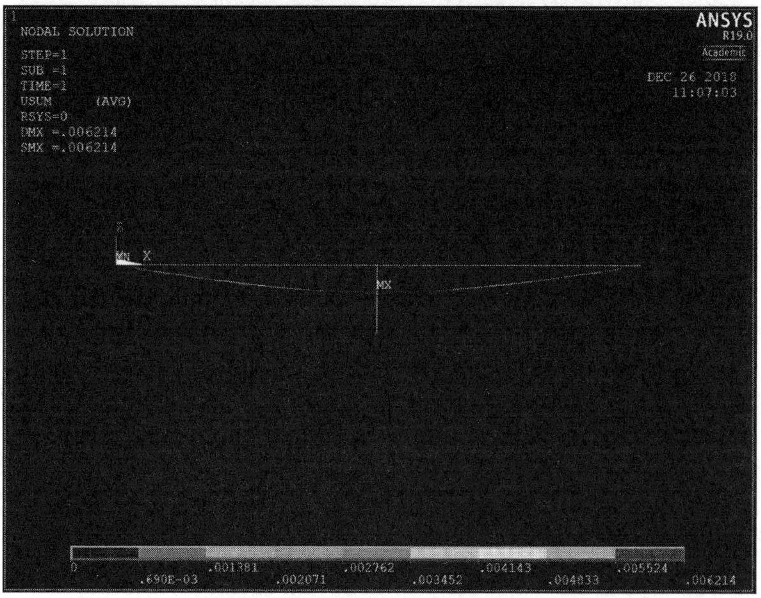

그림 3.12 예제 3.2 해석결과

예제 3.3

그림 3.13은 양단이 고정되어 있고, A점에 힌지가 있는 보를 나타낸다. 먼저 4개의 절점을 사용하여 변위를 구하시오. 이어서 22개의 절점을 사용하여 변위를 구하시오.
$E = 210 \ \ GPa$

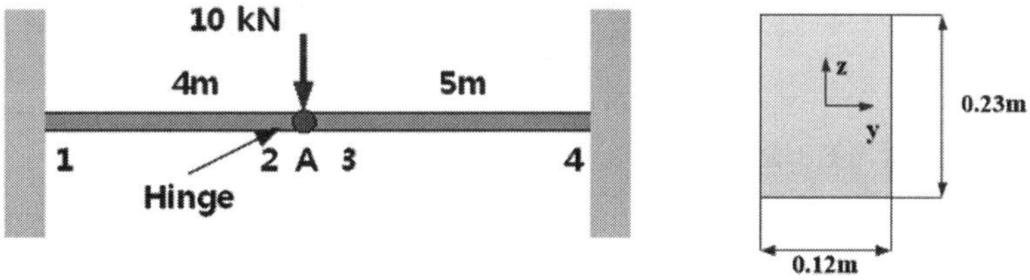

그림 3.13 보

해석과정

1단계 : 요소 정의, 요소 단면 데이터, 재료 물성 입력

2단계 : 유한요소모델 생성

1) 네 개의 nodes 생성 - 1(0,0,0), 2(4,0,0), 3(4,0,0), 4(9,0,0).

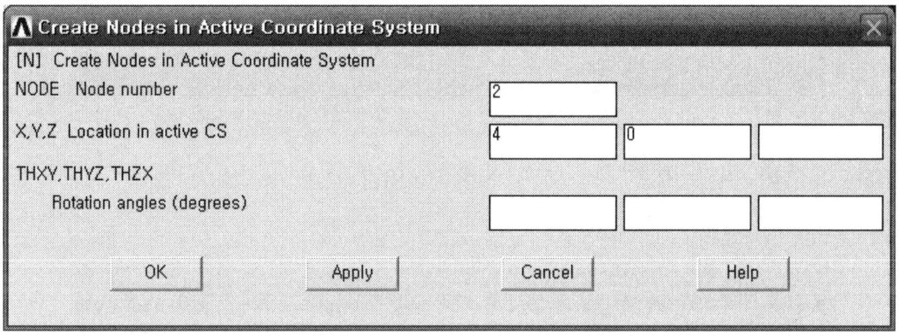

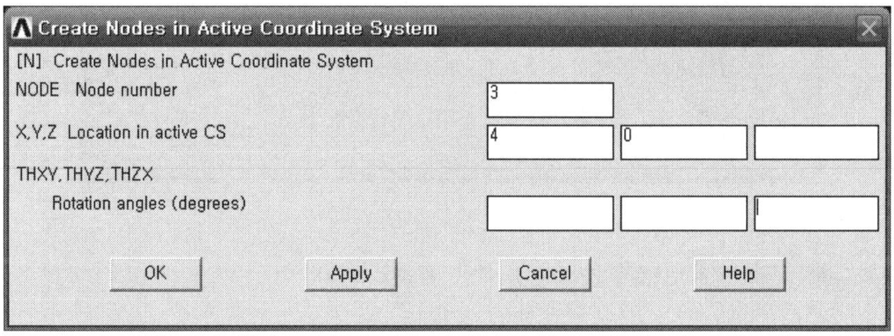

2) 1-2, 3-4등 두 요소 간에 절점을 공유하지 않는 두 개의 보 요소 생성.

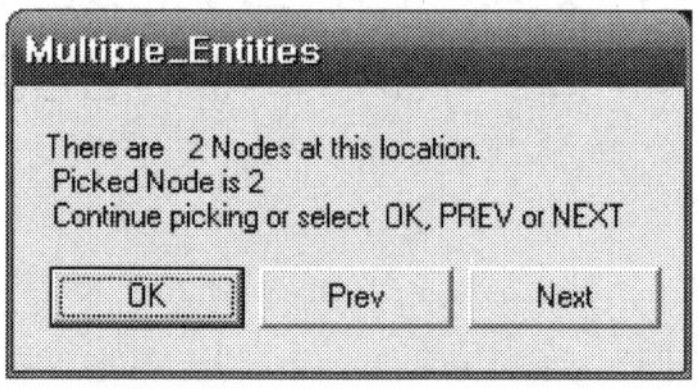

3단계 : 하중과 경계조건의 적용

3) Nodes 1,4에 All DOF=0.

4) Node 2와 3에 커플링($U_{2x} = U_{3x}$) 적용 (NSET=1).

Preprocessor>Coupling/Ceqn>Couple DOFs

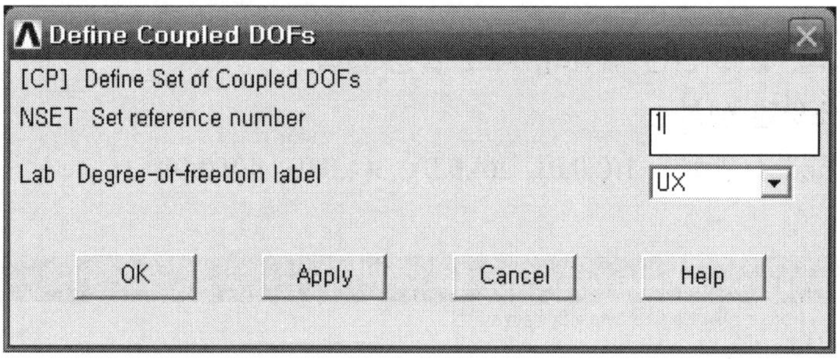

5) Node 2와 3에 커플링($U_{2y} = U_{3y}$) 적용 (NSET=2).

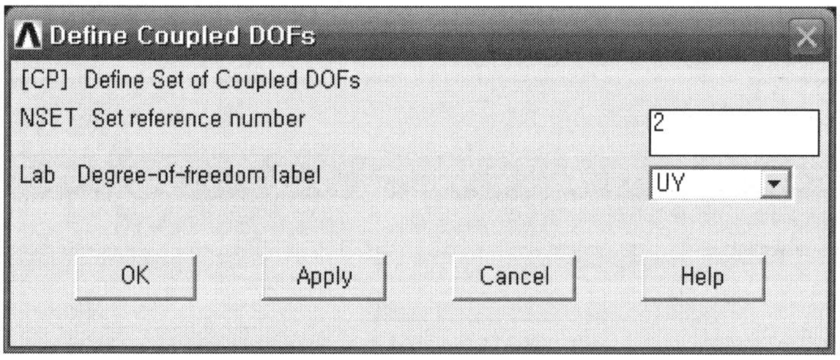

6) Node 2와 3에 커플링($U_{2z} = U_{3z}$) 적용 (NSET=3).

7) Node 2 또는 3에 $F_z = -10,000\ N$의 하중 적용.

4단계 : 계산 실행

5단계 : 결과출력 – 변위(단위 : m)

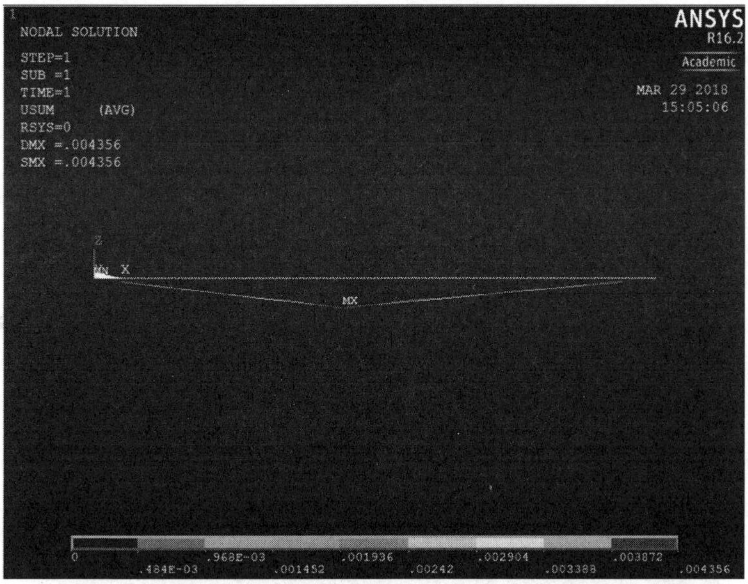

그림 3.14 예제 3.3 해석결과 – 4개의 절점 사용

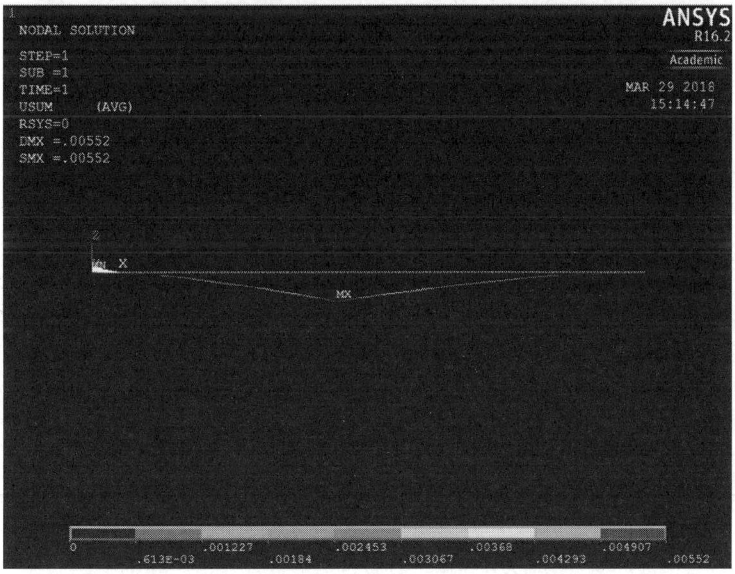

그림 3.15 예제 3.3 해석결과 – 22개의 절점 사용

예제 3.4

그림 3.16은 분포하중을 받고 있는 보를 나타내고 있다. 변위를 구하시오. $E = 110\,GPa$

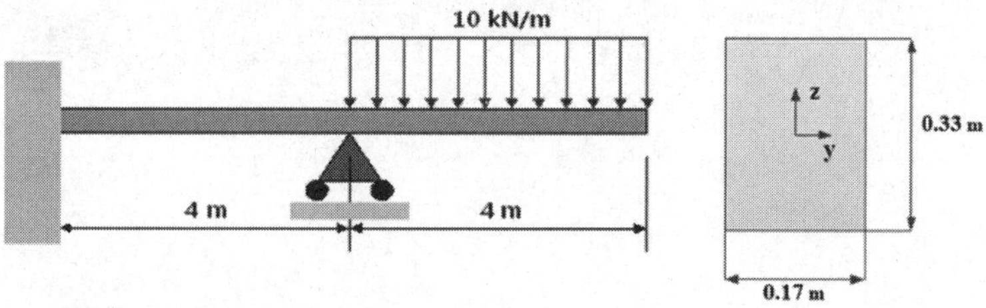

그림 3.16 보

해석과정

1단계 : 요소 정의, 요소 단면 데이터, 재료물성 입력

2단계 : 유한요소모델 생성

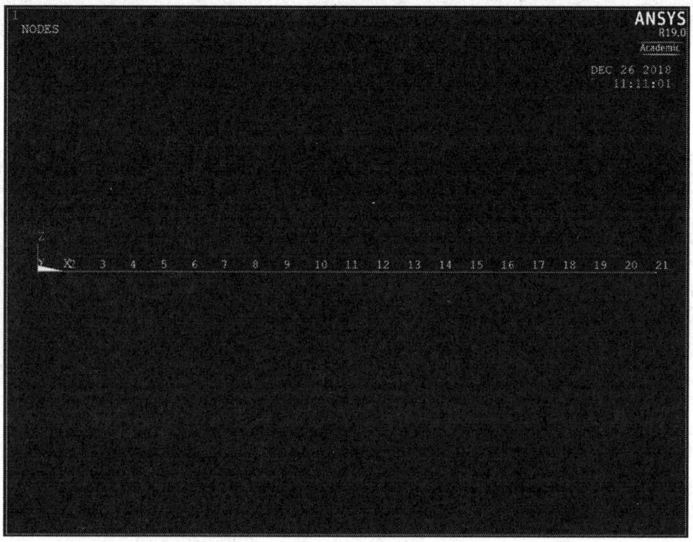

3단계 : 하중과 경계조건의 적용

1) 경계조건 적용

절점 1을 선택한 후 All DOF=0을 입력하고, 절점 11에 대해서는 UY=UZ=ROTX=ROTZ=0을 입력함.

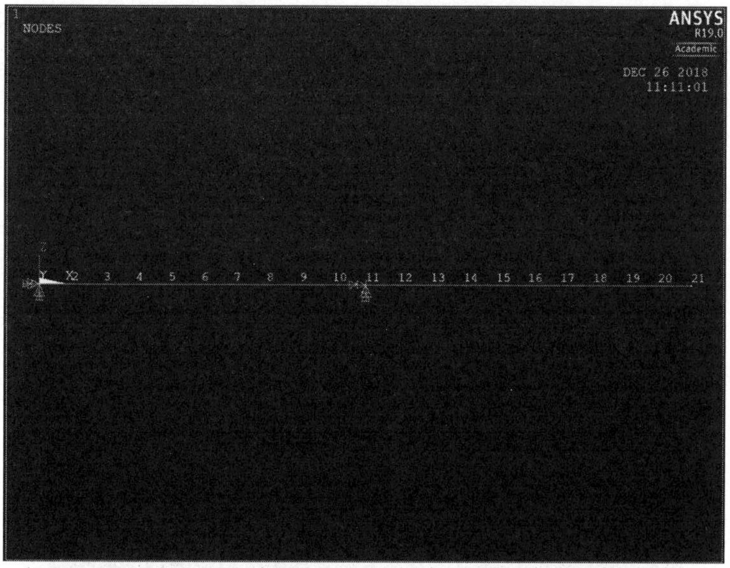

2) 10,000의 분포하중(pressure)적용.

Solution>Define Loads>Apply>Structural>Pressure>On beams

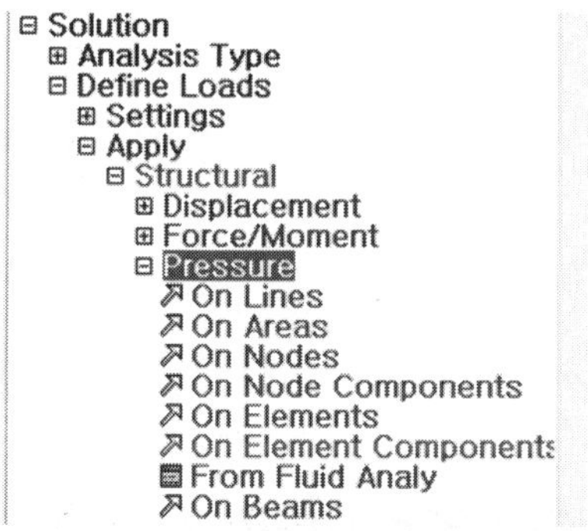

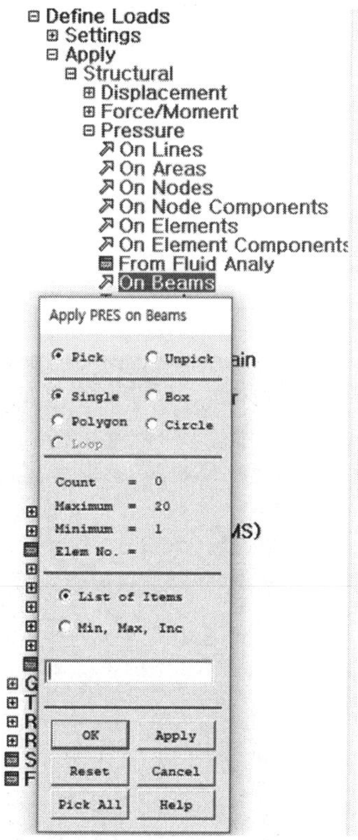

먼저 압력이 작용하는 요소 중에서 첫번째 요소만 선택하여 압력 값을 입력하는 과정을 살펴본다.

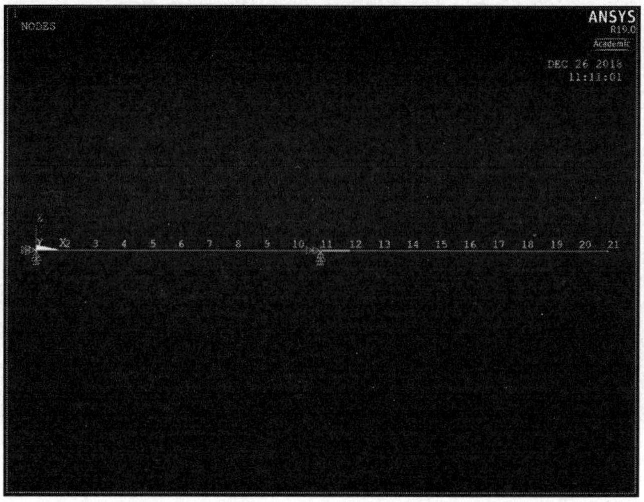

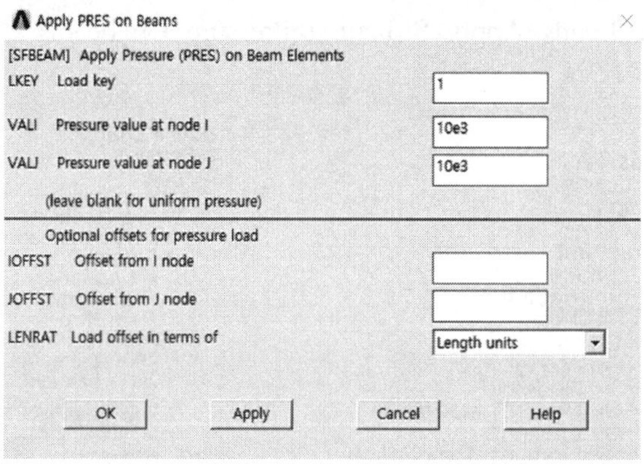

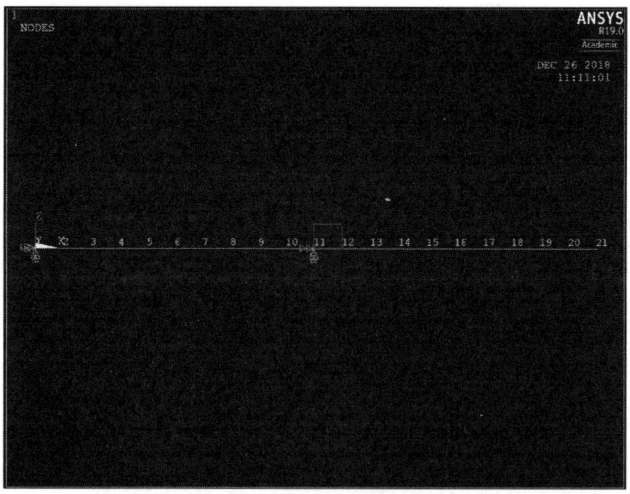

> VALI에는 요소가 시작하는 절점에서의 분포하중 값을 입력하고, VALJ는 요소가 끝나는 절점에서의 분포하중 값을 입력함. 위 화면에서 '11'은 시작하는 절점에 해당하고 '12'는 끝나는 절점에 해당함. 균일한 압력인 경우 VALJ는 입력하지 않아도 됨.

압력이 균일하므로 압력이 작용하는 나머지 요소 전체를 선택하여 한번에 입력한다.

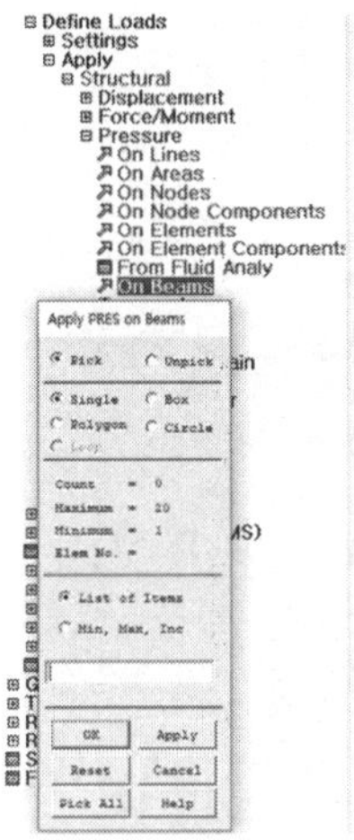

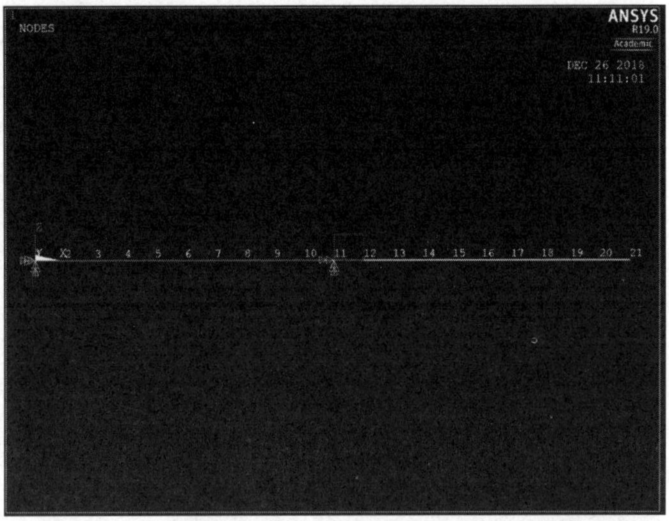

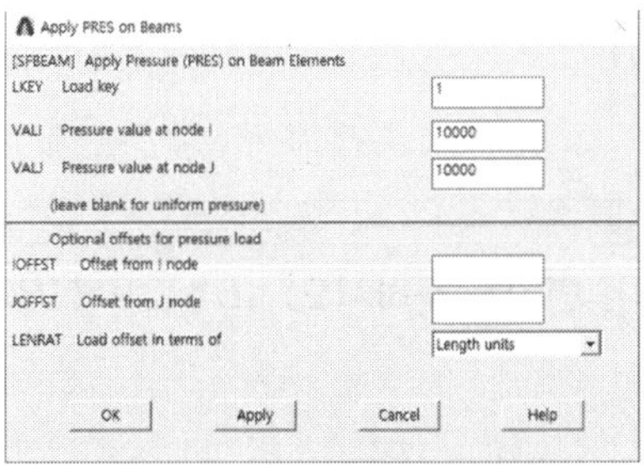

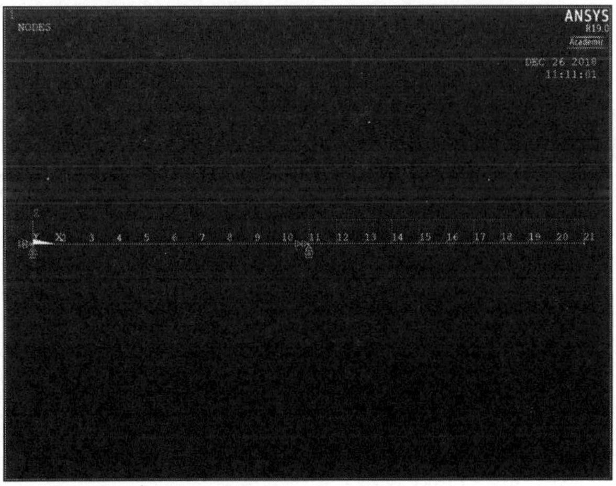

> 압력(Pressure)은 작용하는 면을 누르는 방향으로 작용할 때를 (+)로, 작용하는 면을 잡아당기는 방향으로 작용할 때를 (−)로 함. 주어진 예제에서는 압력이 면을 누르는 방향으로 작용하므로 (+) 값으로 입력함.

4단계 : 계산 실행

5단계 : 결과출력-변위(단위 : m)

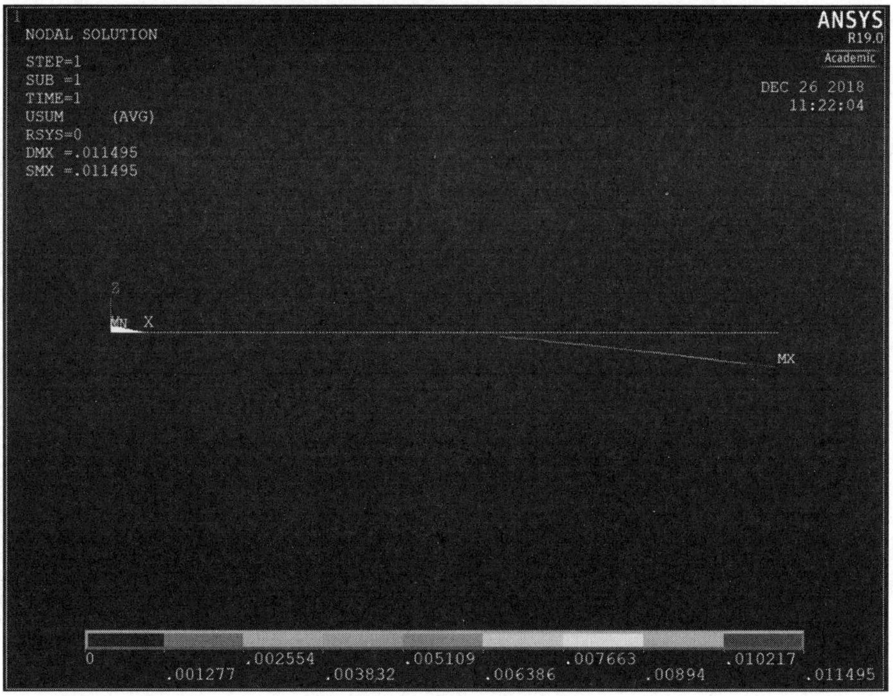

그림 3.17 예제 3.4 해석결과

예제 3.5

그림 3.18은 분포하중을 받고 있는 보를 나타내고 있다. 변위를 구하시오. $E = 210\ GPa$

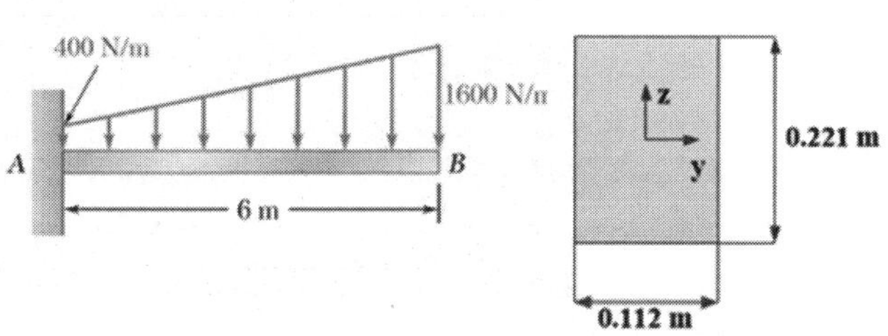

그림 3.18 보

해석과정

1단계 : 요소 정의, 요소 단면 데이터, 재료물성 입력

2단계 : 유한요소모델 생성

3단계 : 하중과 경계조건의 적용

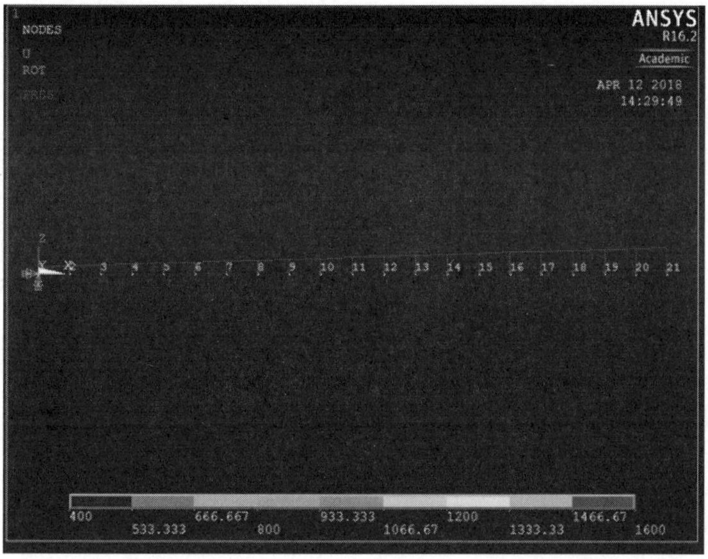

4단계 : 계산 실행

5단계 : 결과 출력-변위(단위 : m)

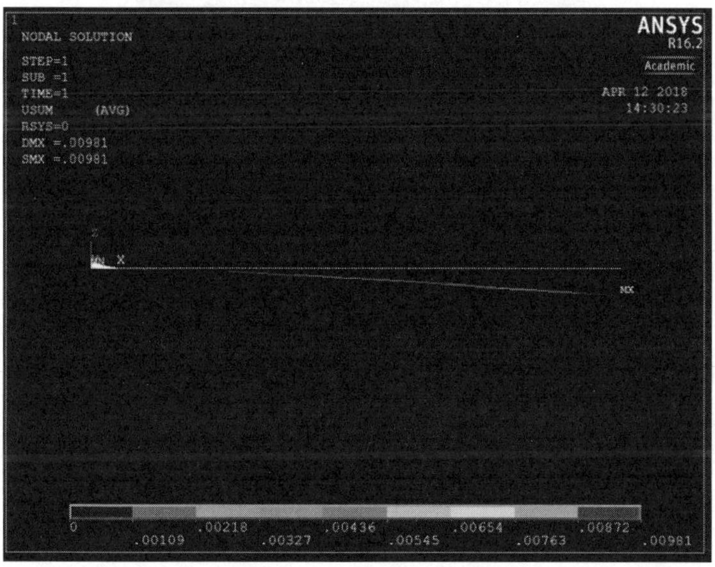

그림 3.19 예제 3.5 해석결과

예제 3.6

그림 3.20의 보에서 발생하는 변위을 구하시오.

보에 대해 $E= 100\,GPa$; $b= 0.3\,m$

와이어에 대해 $E= 200\,GPa$; $A= 667.5\times 10^{-8}\,m^2$

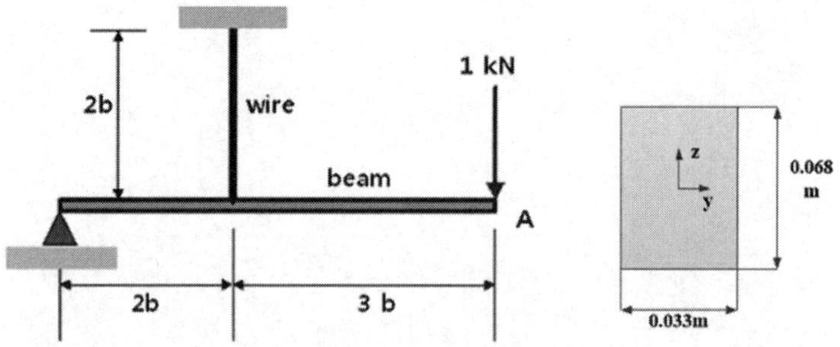

그림 3.20 와이어와 연결된 보

해석과정

1단계 : 요소정의, 요소 단면 데이터, 재료물성 입력

1) BEAM188과 LINK180(와이어에 대한 요소)을 차례로 선택함.

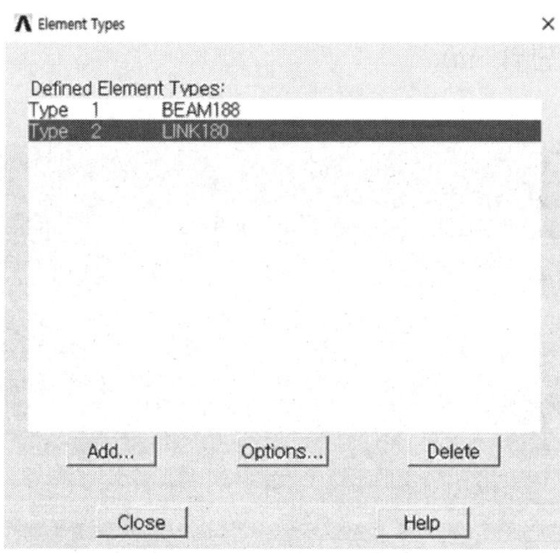

2) BEAM188과 LINK180 요소 단면 데이터를 순서대로 입력.

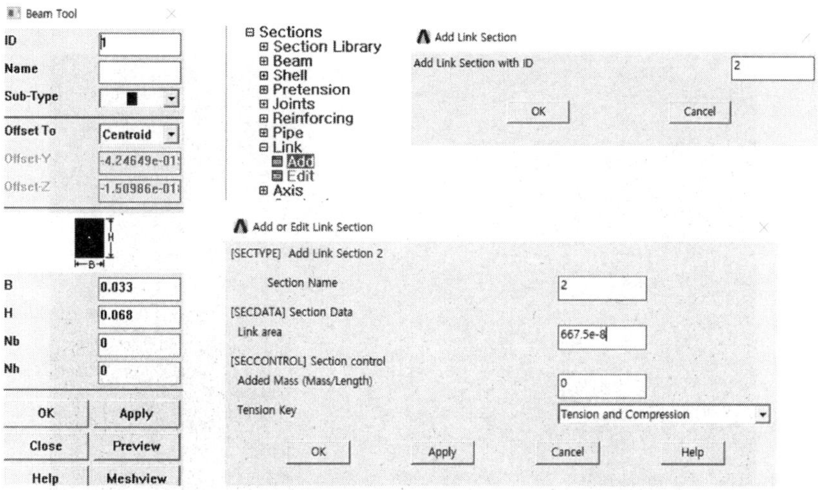

3) 재료의 탄성계수 순서대로 입력.

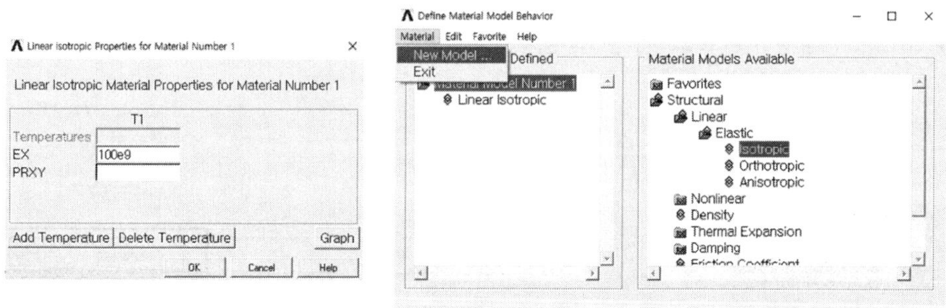

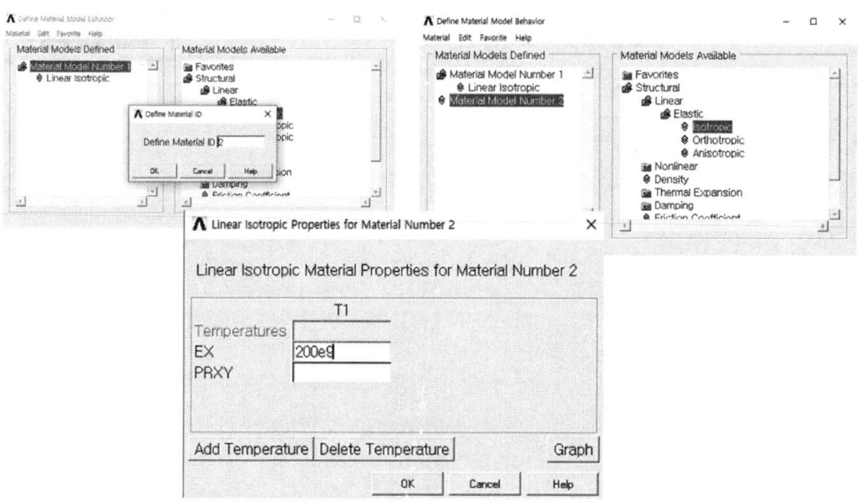

2단계 : 유한요소모델 생성

4) 절점 22개 생성.

5) 보 요소 생성 후 요소 속성 변경.

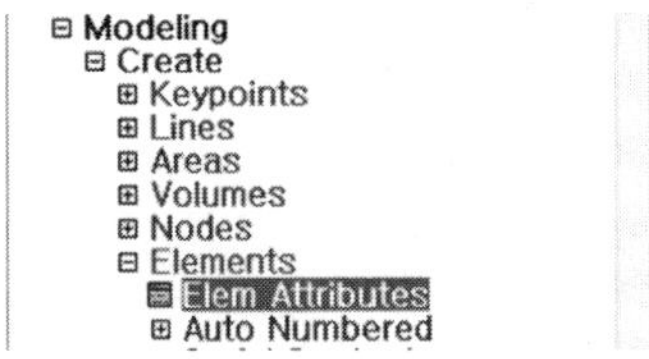

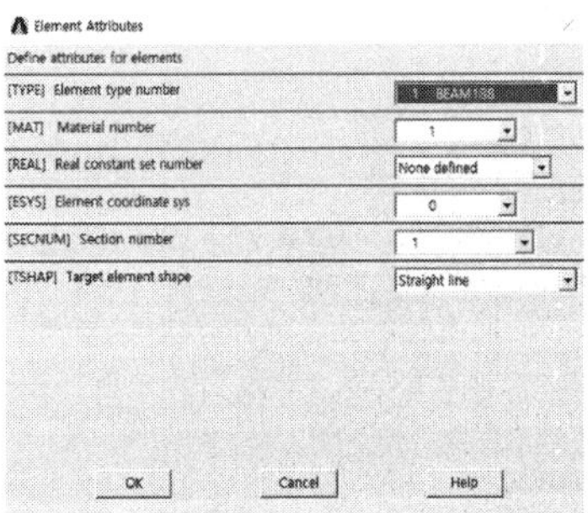

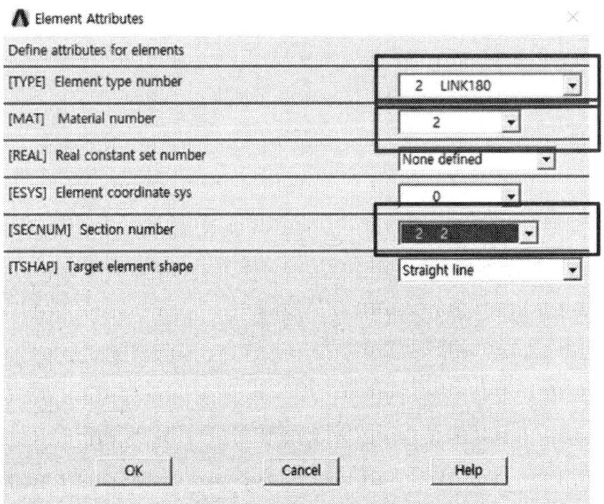

6) 와이어 요소 생성

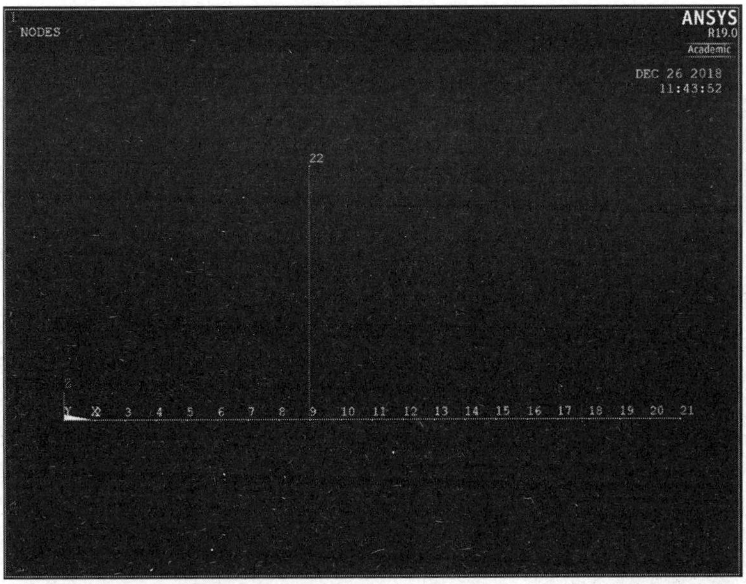

3단계 : 하중과 경계조건의 적용

7) 절점1에는 경계조건 UX=UY=UZ=ROTX=ROTZ=0을 적용하고, 절점 22에는 All DOF=0 입력.

8) 절점 21에 $F_z = -1000N$ 입력.

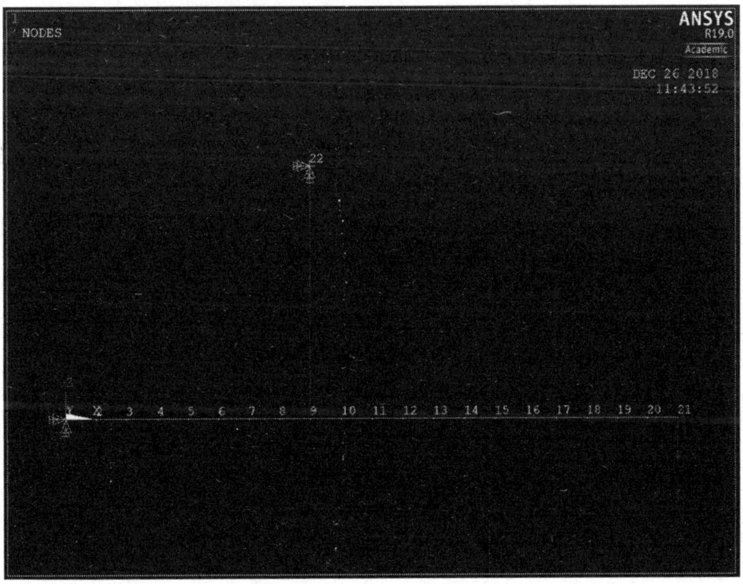

4단계 : 계산 실행

5단계 : 결과 출력-변위(단위 : m)

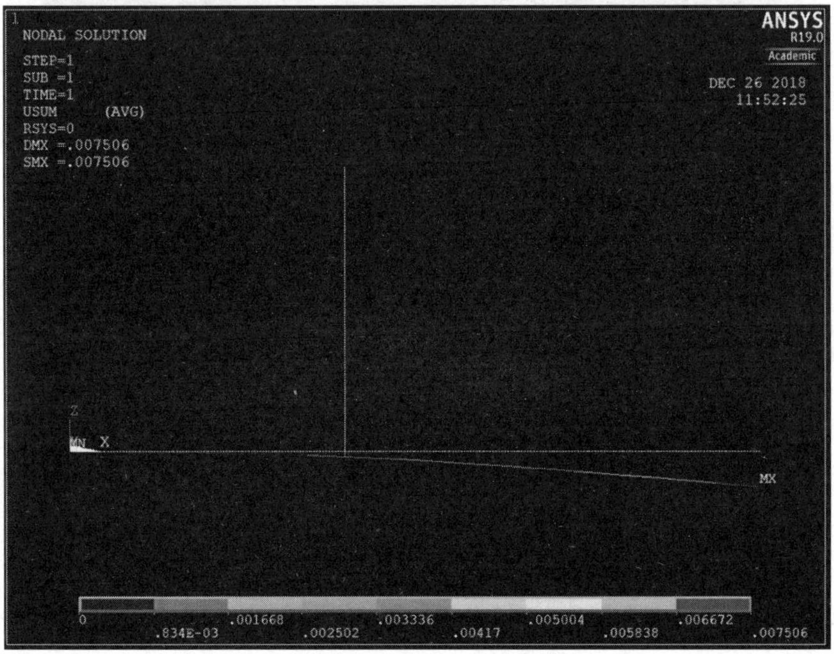

그림 3.21 예제 3.6 해석결과

연습문제

3.1 그림 P3.1의 보에서 발생하는 변위(단위 : in)를 구하시오. $E = 30 \times 10^6 psi$

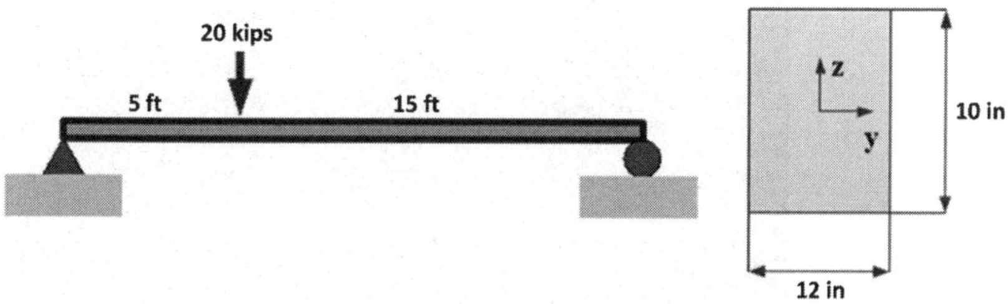

그림 P3.1 보

해

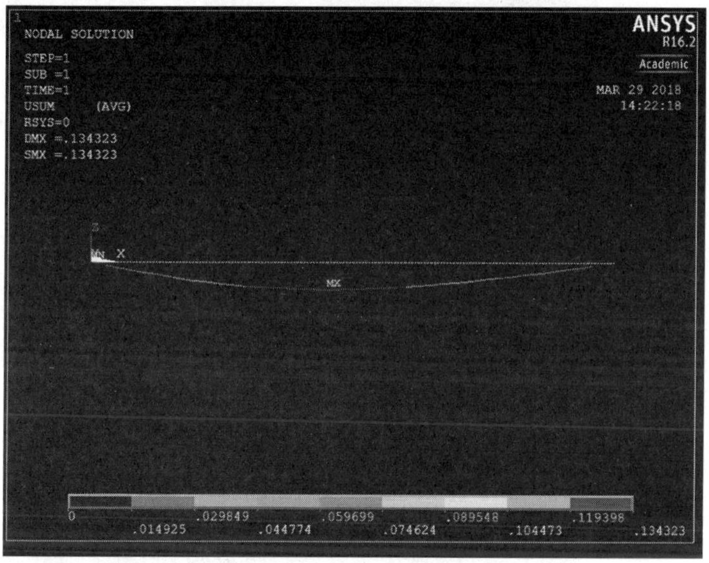

3.2 그림 P3.2의 보에서 발생하는 변위(단위 : m)를 구하시오.

$E = 210\ GPa;\ L = 10\ m$

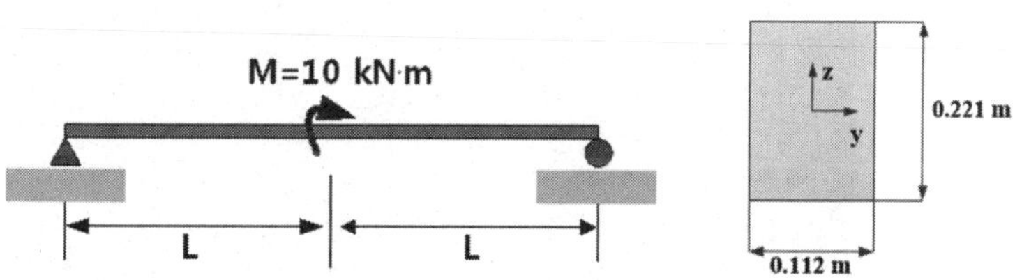

그림 P3.2 보

해

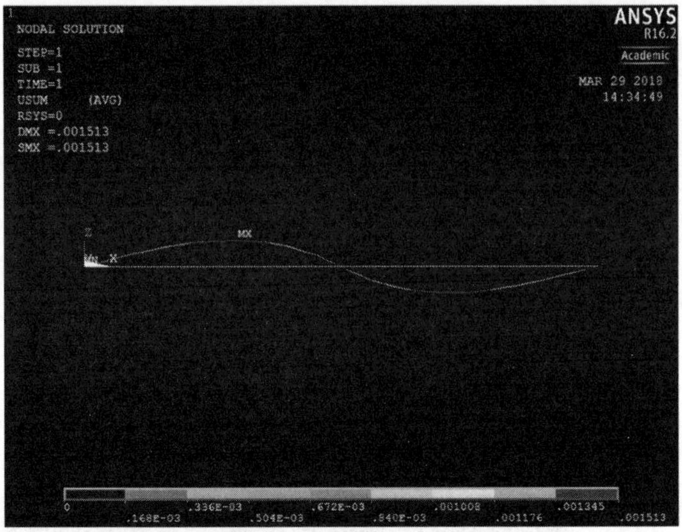

3.3 그림 P3.3의 보에서 변위(단위 : in)를 구하시오. $E = 30 \times 10^6\ psi$

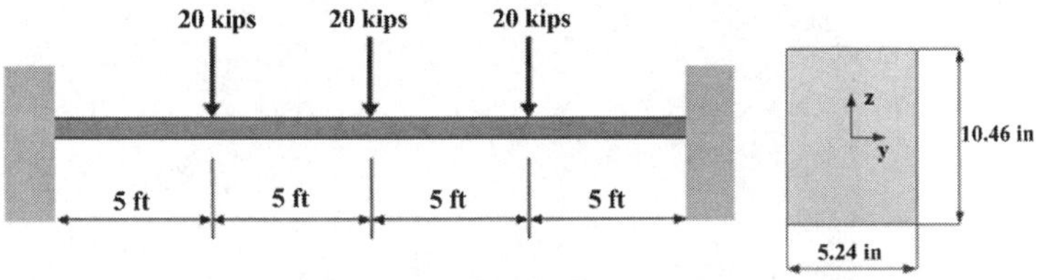

그림 P3.3 보

해

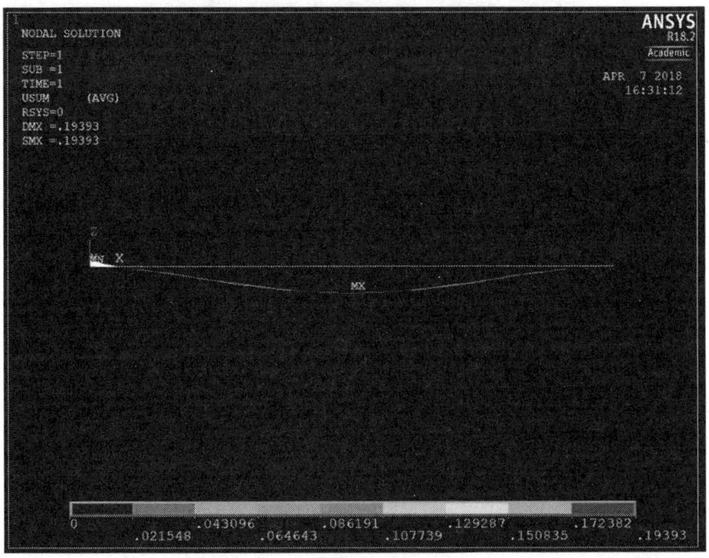

3.4 그림 P3.4는 선형적으로 변하는 분포하중과 집중하중을 받고 있는 보를 나타낸다. 균일한 간격의 절점을 사용하여 변위(단위 : m)를 구하시오.

$E = 210\ GPa$

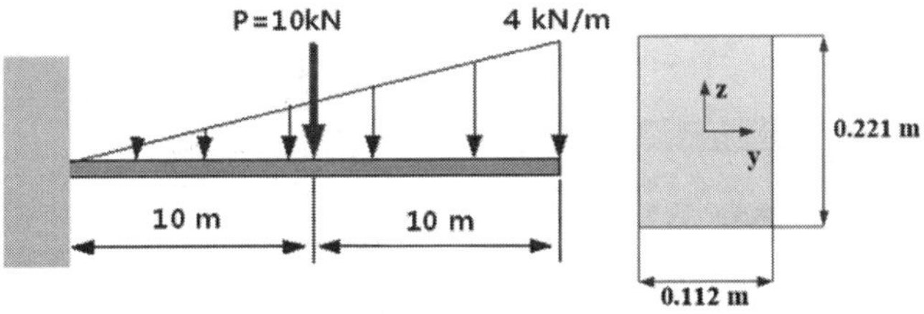

그림 P3.4 보

해

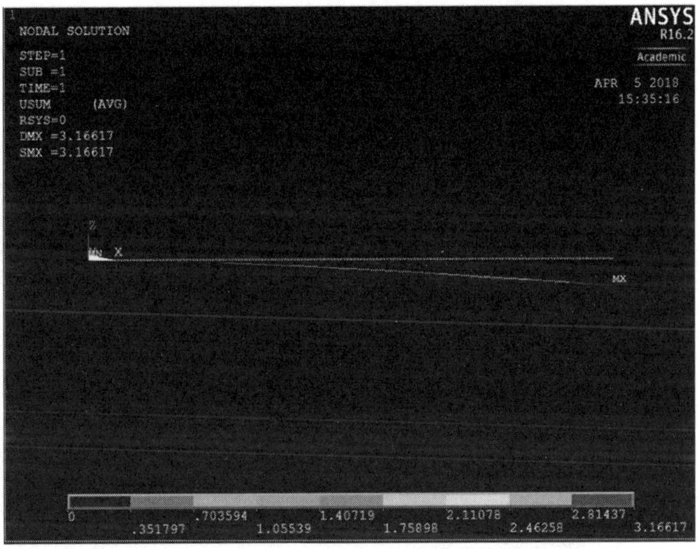

3.5 그림 P3.5는 선형적으로 변하는 분포하중을 받고 있는 보를 나타낸다. 균일한 간격의 절점을 사용하여 최대 변위(단위 : m)를 구하시오.

$E = 110 \ GPa$

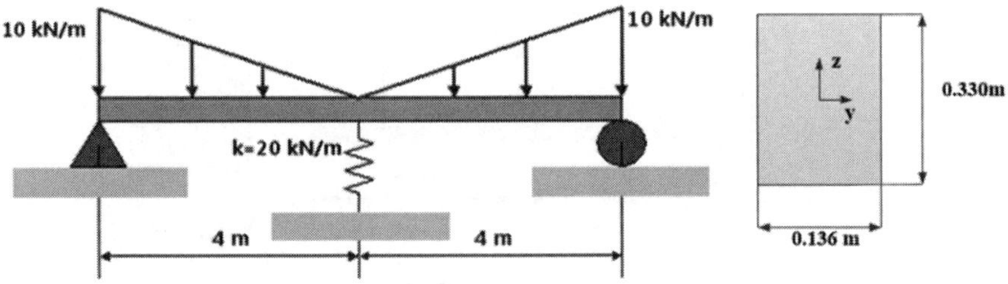

그림 P3.5 보

해

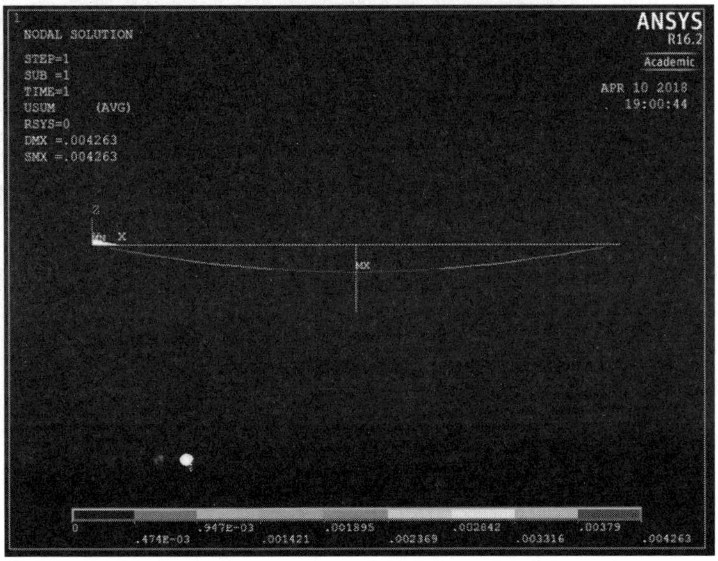

3.6 그림 P3.6에서 점 A에서의 변위(단위 : m)와 보의 지지점에서의 반력(단위 : N)을 구하시오.

보에 대해 $E = 210\,GPa$; $b = 0.2\,m$

와이어에 대해 $E = 210\,GPa$; $A = 667.5 \times 10^{-8}\,m^2$

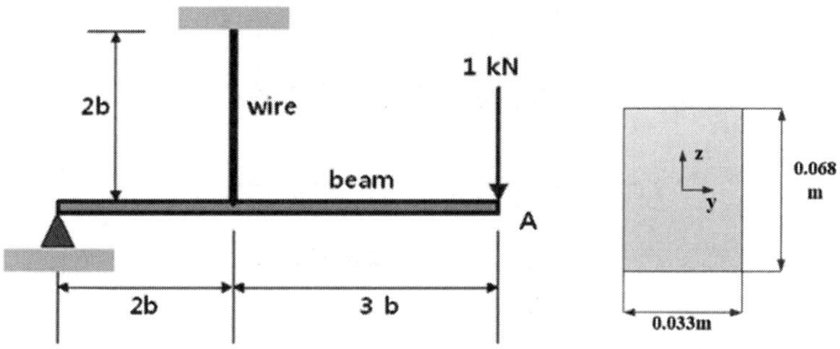

그림 P3.6 보

3.7 그림 P3.7의 점 A에서의 반력(단위 : lb)과 전체 변위(단위 : in)을 구하시오.

$E = 30 \times 10^6\,psi$

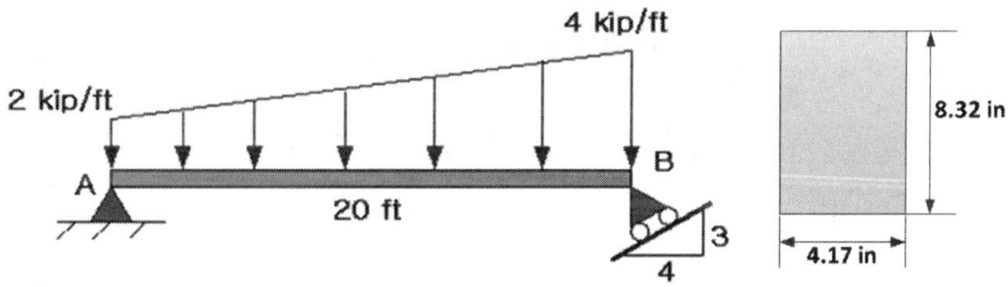

그림 P3.7 보

3.8 그림 P3.8의 보 오른쪽 끝단에서의 변위(단위 : m)와 지지점에서의 반력(단위 : N)을 구하시오.

$E = 200\,GPa$; $L = 12\,m$

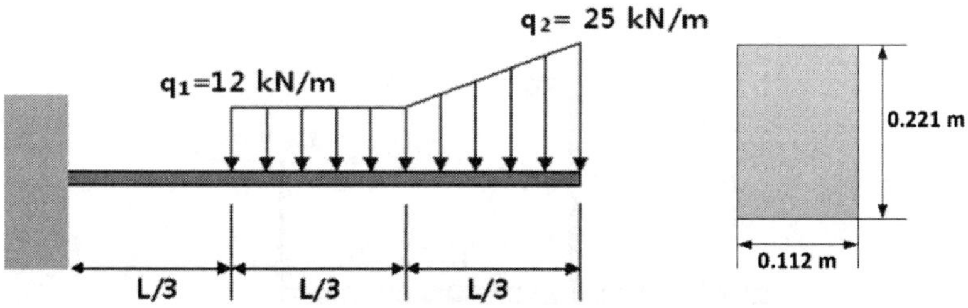

그림 P3.8 보

3.9 그림 P3.9에서 최대 변위(단위 : m)와 왼쪽 지지점에서의 반력(단위 : N)을 구하시오.

$E = 200\ \ GPa;\ L = 12\ \ m$

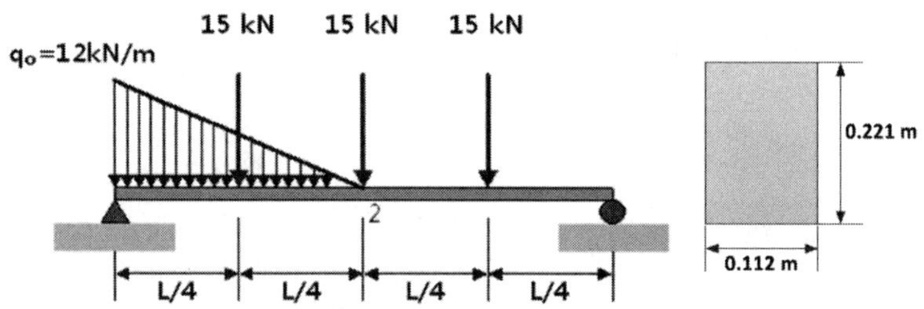

그림 P3.9 보

3.10 그림 P3.10의 보에서, 하중이 작용하는 점에서의 변위(단위 : m)와 왼쪽 지지점에서의 반력(단위 : N)를 구하시오. 또한 보에서 발생하는 최대 수직 변위를 구하시오.

$E = 210\,GPa$

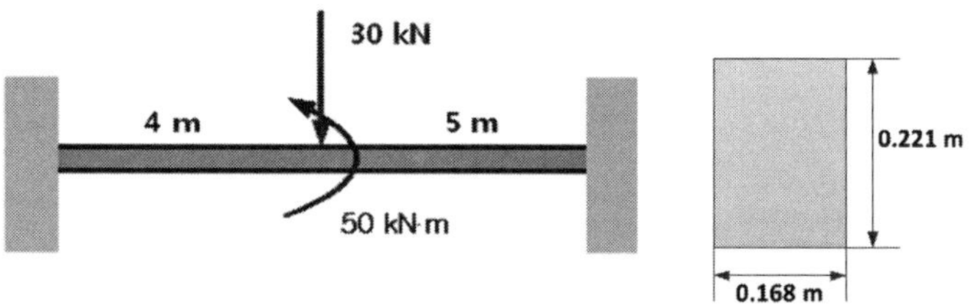

그림 P3.10 보

3.11 그림 P3.11의 점 A에서의 반력(단위 : N)과 점 D에서의 변위(단위 : m)를 구하시오.

$E = 200\ GPa$

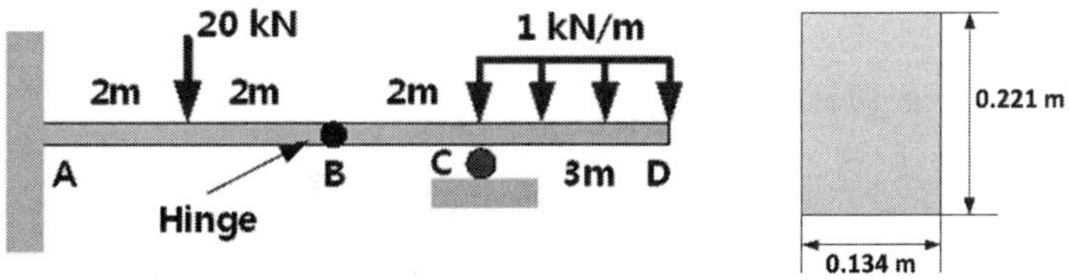

그림 P3.11 보

3.12 그림 P3.12에서 최대 수직방향 변위(단위 : m)를 구하시오.

$E = 110\ GPa$; $L = 14\ m$

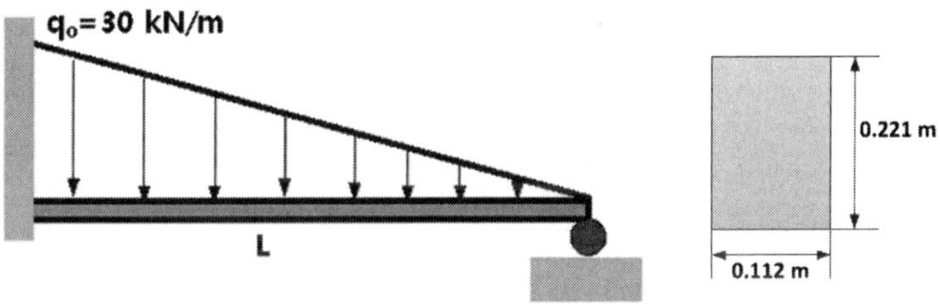

그림 P3.12 보

3.13 그림 P3.13에서 최대 수직방향 변위(단위 : m)를 구하시오.

$E = 110\ GPa$; $L = 12\ m$

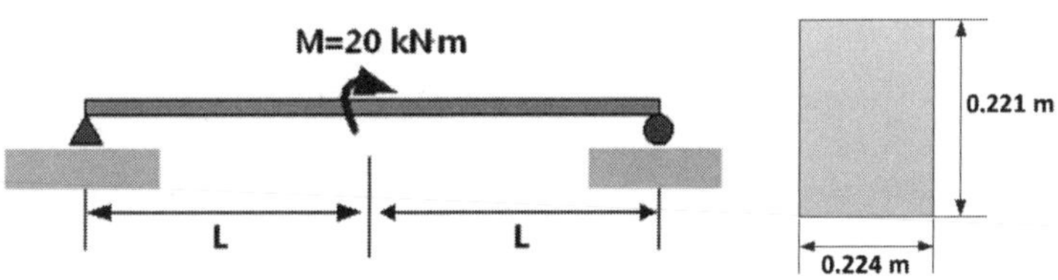

그림 P3.13 보

3.14 힌지된 보에 그림 P3.14와 같이 하중이 작용하고 있다. 각 지지점 A와 D에서의 반력(단위 : N)을 구하시오.

$E = 200\ GPa$

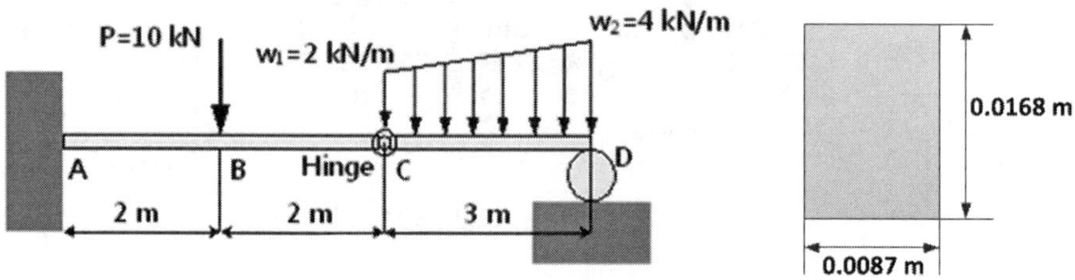

그림 P3.14 힌지가 있는 보

3.15 그림 P3.15와 같은 보와 하중에서, 보의 지지점 A와 B에서의 반력(단위 : N)과 최대 처짐(단위 : m)을 구하시오. 단, $E = 200\ GPa$임.

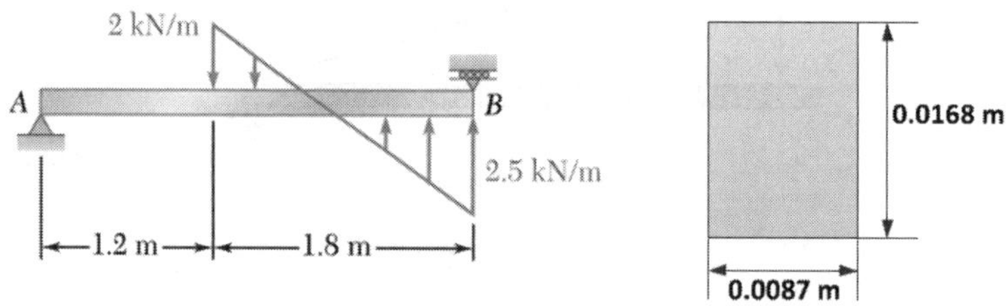

그림 P3.15 보

3.1 그림 P3.16은 평판형 태양광 발전시스템의 구조물을 보여주고 있다. 보 요소를 사용하여 풍하중에 의한 변위를 구하시오.

그림 P3.16 평판형 집광판을 사용한 가로등 구조물

CHAPTER

04

프레임 해석

CHAPTER

04 프레임 해석

제 2장에서 다룬 트러스와는 달리 프레임(frame)은 다력부재를 포함하는 구조물이다. 이 힘들은 일반적으로 부재의 길이 방향으로 작용하지 않는다. 이런 구조물에 있어서, 회전과 가로방향 변위 이외에 축방향의 변위도 고려할 필요가 있다. 다음 예제들은 ANSYS를 사용하여 프레임 문제를 해석하는 과정을 설명하고 있다.

예제 4.1

그림 4.1에서 발생하는 변위를 구하시오. $E = 200\ GPa$

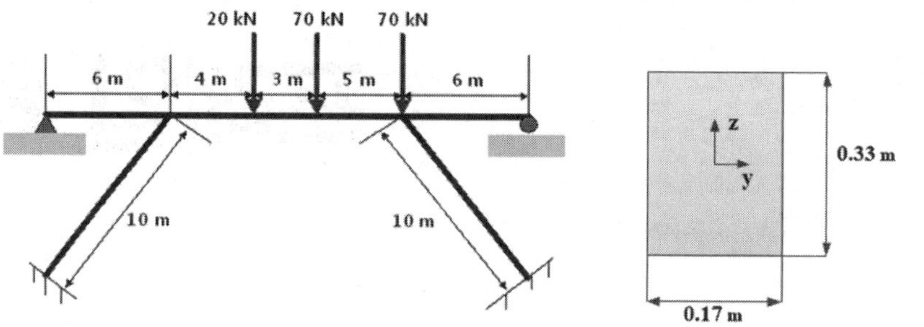

그림 4.1 프레임

해석과정

1단계 : 요소 정의, 요소 단면 데이터, 재료물성 입력

1) 요소의 종류 : (Structural BEAM188).

Preprocessor>Element Type>Add/Edit/Delete

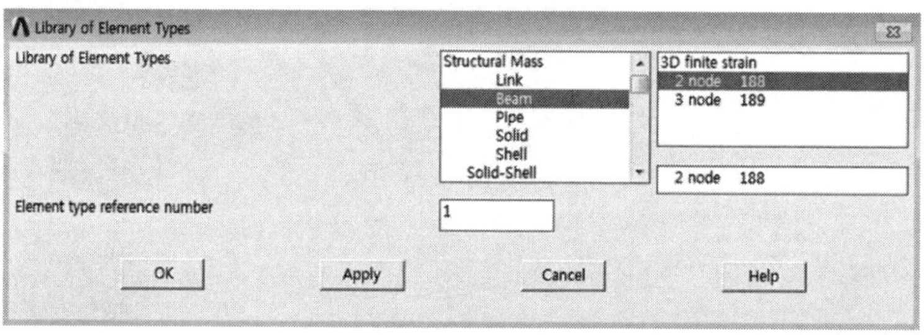

2) 요소 단면 데이터 입력.
   Preprocessor>Sections>Beam>Common Sections
3) 재료 물성(탄성계수) 입력.
   Preprocessor>Material Props>Material Models
   Structural>Linear>Elastic-Isotropic

2단계 : 유한요소모델 생성

4) 절점 생성
5) 보 요소 생성

3단계 : 하중과 경계조건의 적용

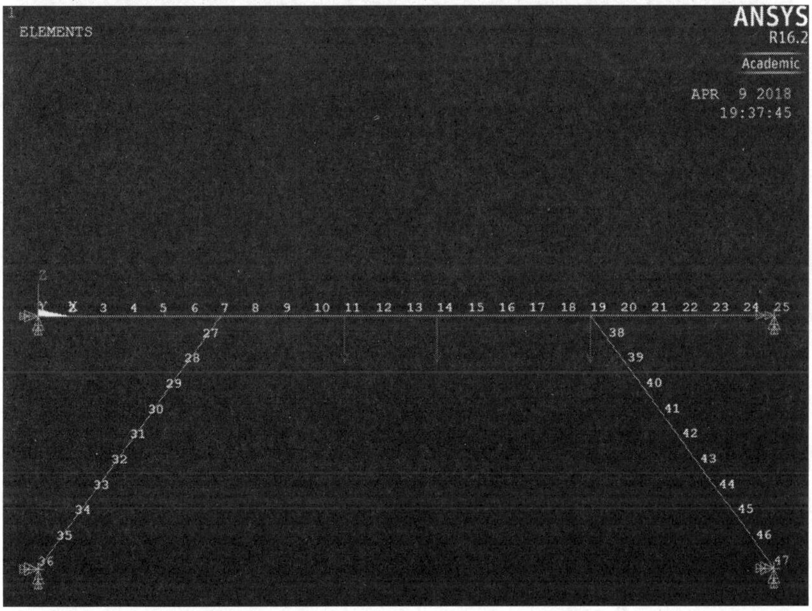

4단계 : 변위와 응력의 계산

5단계 : 결과 출력 – 변위(단위 : m)

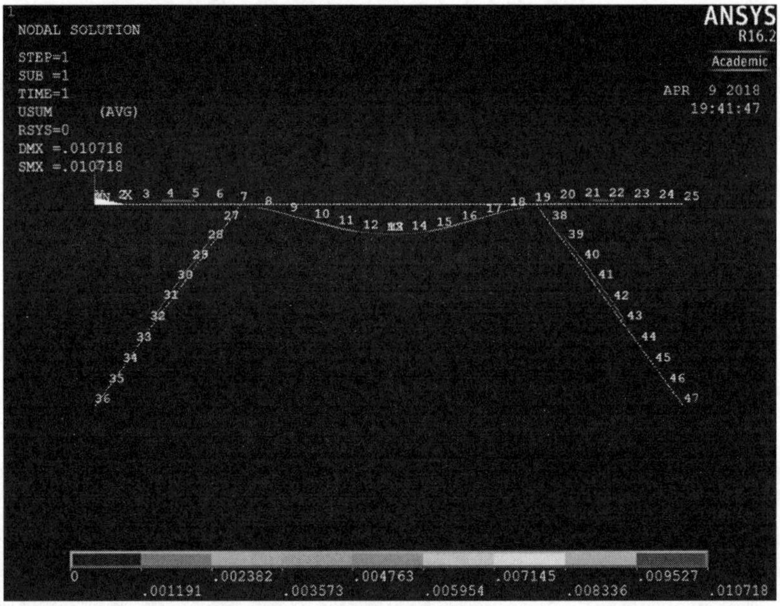

그림 4.2 예제 4.1 해석결과

예제 4.2

그림 4.3에 대한 유한요소 모델을 나타내고 변위 형상을 구하시오.

$E = 200\,GPa$

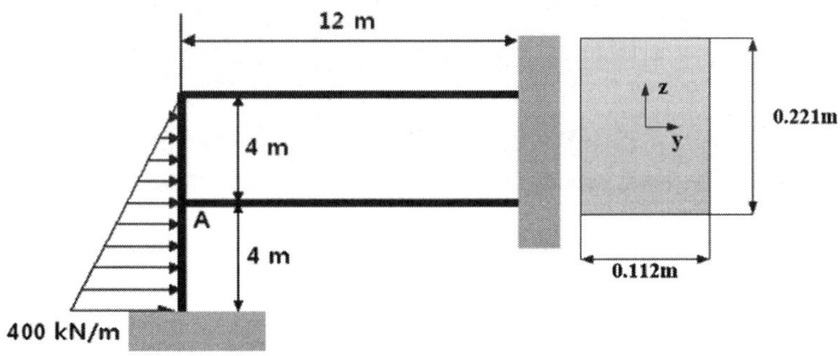

그림 4.3 프레임

해석과정

1단계 : 요소 정의, 요소 단면 데이터, 재료물성 입력

1) 요소의 종류 : (Structural BEAM188).

Preprocessor>Element Type>Add/Edit/Delete

2) 요소 단면 데이터 입력.

Preprocessor>Sections>Beam>Common Sections

3) 재료 물성(탄성계수) 입력.

Preprocessor>Material Props>Material Models

Structural>Linear>Elastic-Isotropic

2단계 : 유한요소모델 생성

4) 절점 생성

5) 보 요소 생성

3단계 : 하중과 경계조건의 적용

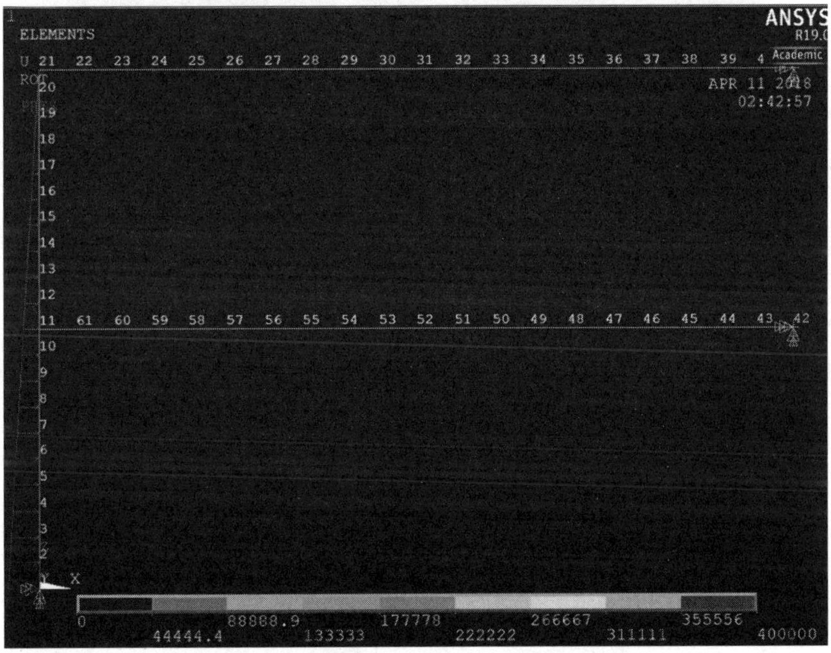

그림 4.4 예제 4.2 유한요소 모델링 결과

4단계 : 변위와 응력의 계산

5단계 : 결과 출력 – 변위(단위 : m)

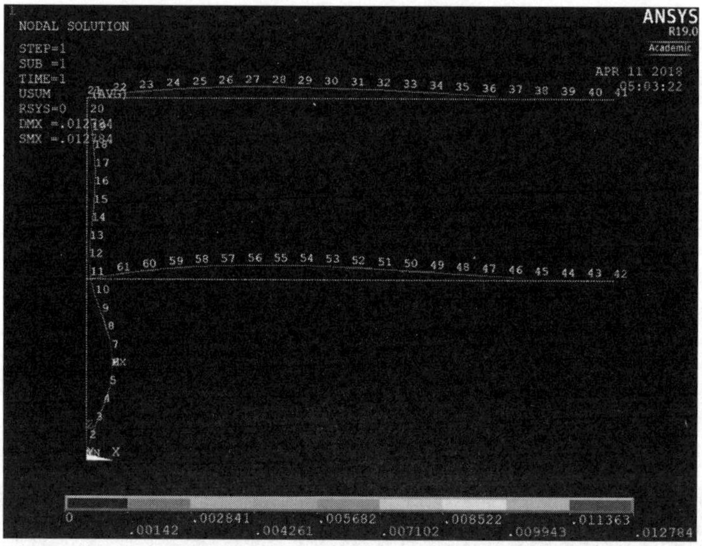

그림 4.5 예제 4.2 해석결과

도전문제 4.1

그림 4.6은 길이가 긴 9개의 보(beam)가 여러 개의 격자에 의해 지지되어 있는 형상을 나타낸다. 그림 4.7은 단면 형상을 보여 주고 있다. 보와 격자의 물성은 서로 다르다. 구조물 아래에서 6번째 격자에 수평방향으로 $2mm$의 변위가 가해질 때, ANSYS를 사용하여 구조물의 변형 형상을 구하시오. (물성과 치수는 각 학생이 선택하여 해석함.)

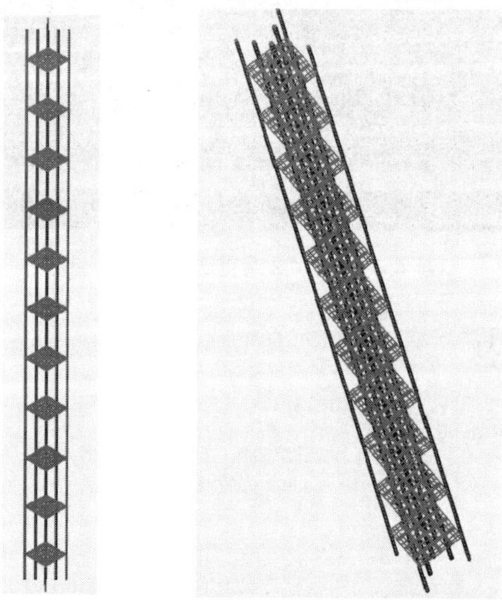

그림 4.6 여러 개의 지지격자에 의해 지지되고 있는 9개의 보 구조물

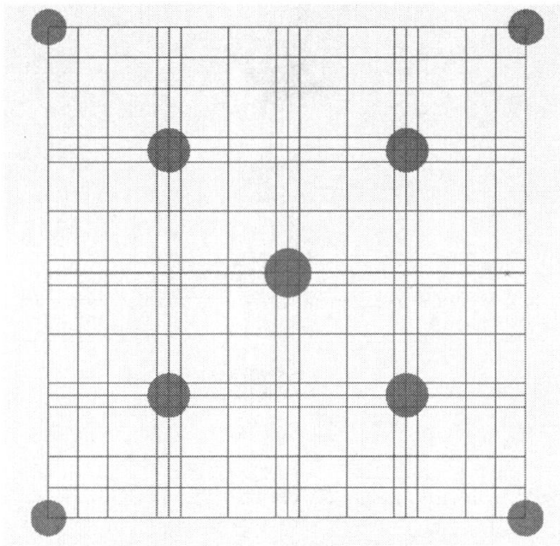

그림 4.7 보 구조물의 단면 형상

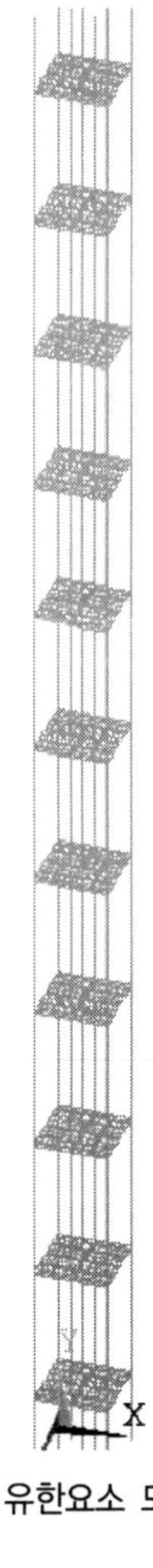

그림 4.8 유한요소 모델링 결과

그림 4.9 도전문제 4.1의 변위 해석 결과

4.1 그림 P4.1의 변위와 A점에서의 반력을 구하시오.

$E = 30 \times 10^6\ psi$

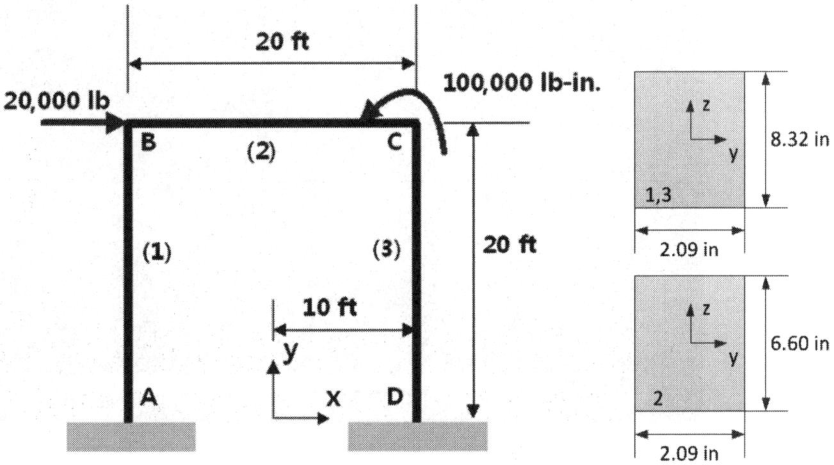

그림 P4.1 프레임

4.2 그림 P4.2는 Hinge를 갖는 2차원 프레임을 나타낸다. 유한요소 모델을 나타내고 변위 형상을 구하시오.

$E = 100\ GPa$

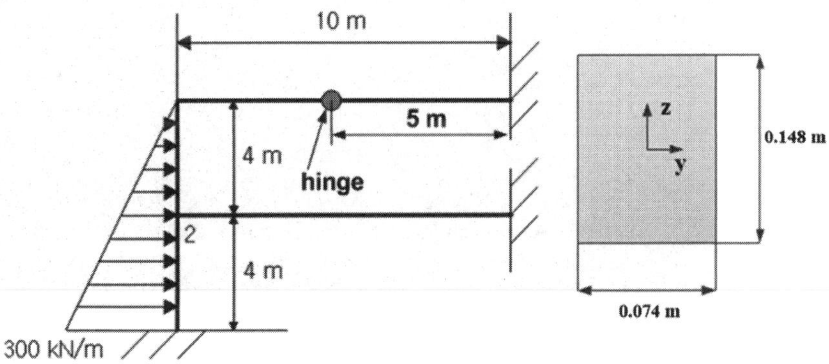

그림 P4.2 힌지를 갖는 프레임

해

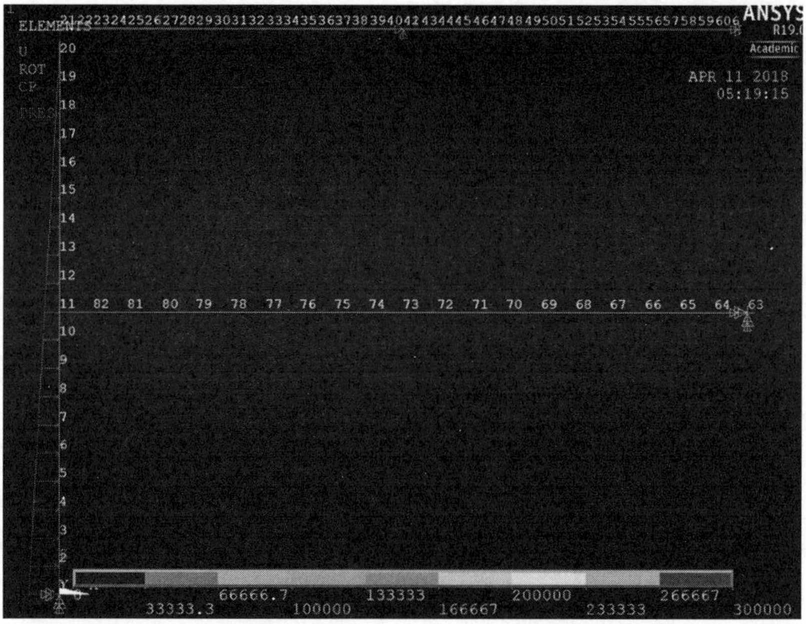
ELEMENTS
U
ROT
CP
PRES
ANSYS
R19.0
Academic
APR 11 2018
05:19:15
11 82 81 80 79 78 77 76 75 74 73 72 71 70 69 68 67 66 65 64 63
0
33333.3
66666.7
100000
133333
166667
200000
233333
266667
300000

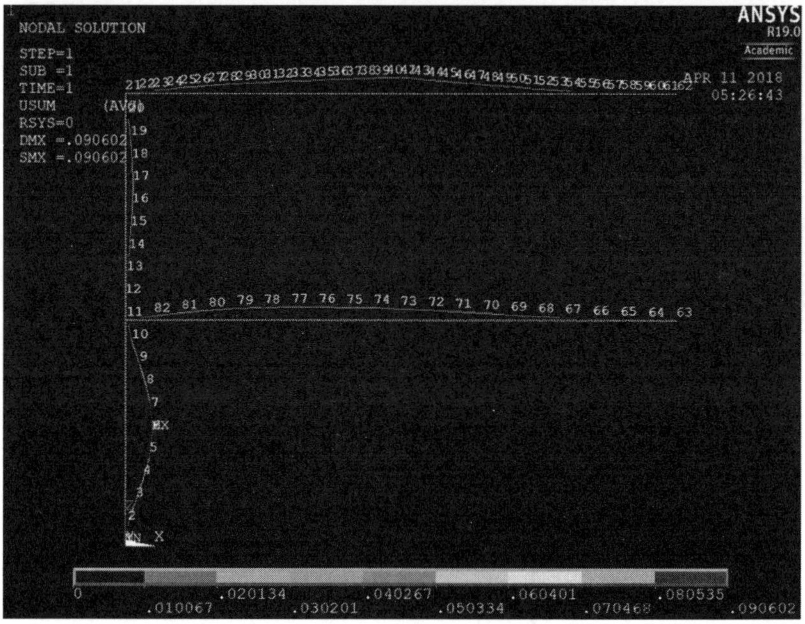
NODAL SOLUTION
STEP=1
SUB =1
TIME=1
USUM (AVG)
RSYS=0
DMX =.090602
SMX =.090602
ANSYS
R19.0
Academic
APR 11 2018
05:26:43
11 82 81 80 79 78 77 76 75 74 73 72 71 70 69 68 67 66 65 64 63
MX
0
.010067
.020134
.030201
.040267
.050334
.060401
.070468
.080535
.090602

4.3 그림 P4.3에 대한 유한요소 모델을 나타내고 발생하는 변위를 구하시오.

$E = 210\ GPa$

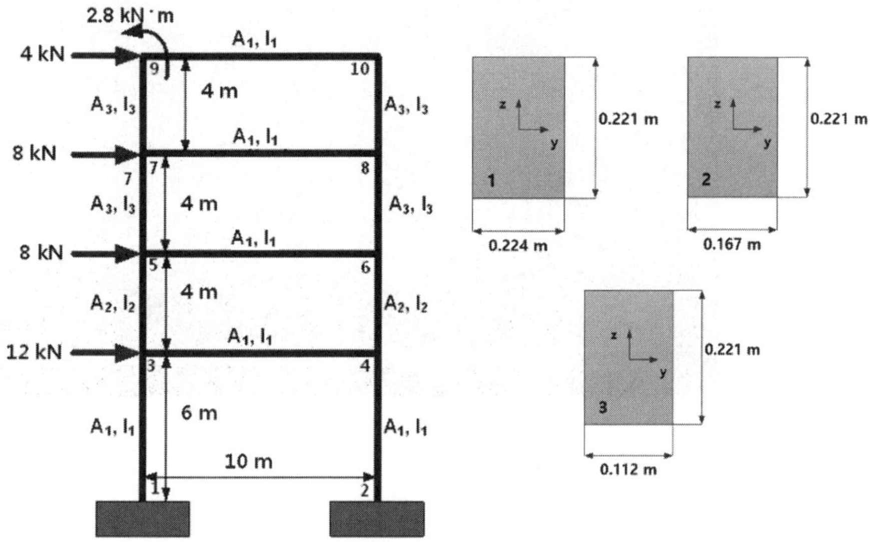

그림 P4.3 프레임

해

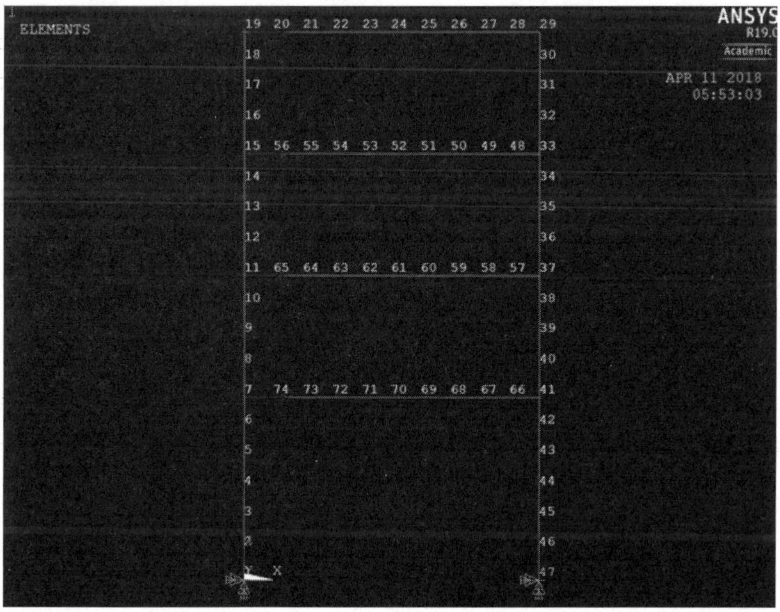

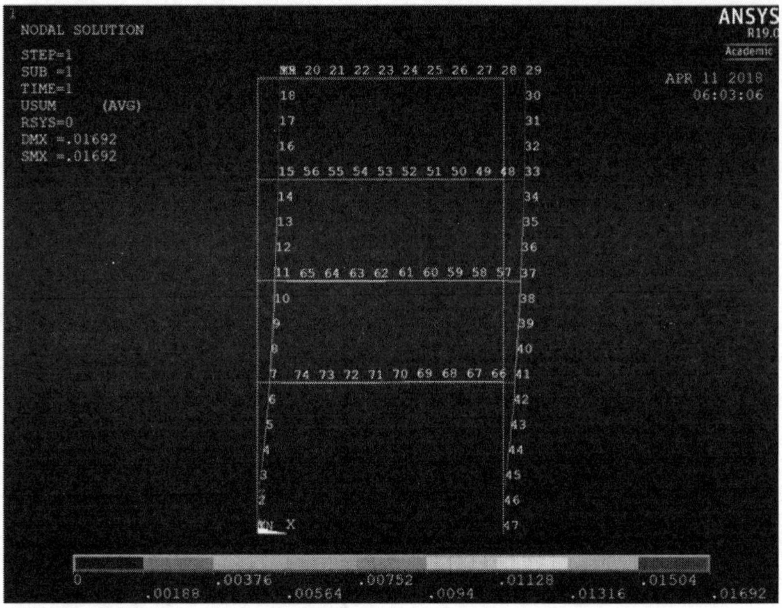
NODAL SOLUTION
STEP=1
SUB =1
TIME=1
USUM (AVG)
RSYS=0
DMX =.01692
SMX =.01692
ANSYS
Academic
APR 11 2018
06:03:06
0
.00188
.00376
.00564
.00752
.0094
.01128
.01316
.01504
.01692

프로젝트

4.1 그림 P4.4는 Dish형 태양열 발전시스템의 구조물을 보여주고 있다. 3차원 프레임 모델을 사용하여 자중과 풍하중에 의한 변위를 구하시오.

그림 P4.4 Dish형 태양열 발전시스템의 구조물

4.2 그림 P4.5는 평판형 태양광 발전시스템의 지지 구조물을 보여주고 있다. 3차원 프레임 모델을 사용하여 자중과 풍하중에 의한 변위를 구하시오.

그림 P4.5 평판형 태양광 발전시스템의 지지 구조물

CHAPTER

05

2차원 응력해석

CHAPTER

05 2차원 응력해석

앞 절들에서는 선 요소(line element)만을 고려하여 해석을 진행하였다. 선 요소들은 절점에서만 연결되며, 트러스, 보, 프레임과 같은 구조물을 형성한다. 선 요소는 단면적과 2차 면적모멘트(관성 모멘트)와 같은 기하학적 특성을 갖는다.

이 장에서는 2차원 고체역학 문제, 즉 2차원 응력 상태를 다루게 된다. 2차원 문제는 평면 응력과 평면 변형률의 두 가지 종류가 있다. 이러한 내용을 설명하기에 앞서 일반 하중하에서의 응력을 살펴보기로 한다.

5.1 일반 하중에서의 응력과 변형률

물체에 작용하는 외부 힘 또는 하중으로 인해 물체 내부에는 내력이 발생한다. 이러한 내력으로부터 응력이 발생하는데, 그림 5.1은 물체로부터 분리된 한 요소에 작용하는 3차원 응력 상태를 보여주고 있다. 그림에서 σ_x, σ_y, σ_z는 수직 응력을 나타내고, τ_{xy}, τ_{xz}, τ_{yx}, τ_{yz}, τ_{zx}, τ_{zy}는 전단응력을 나타낸다.

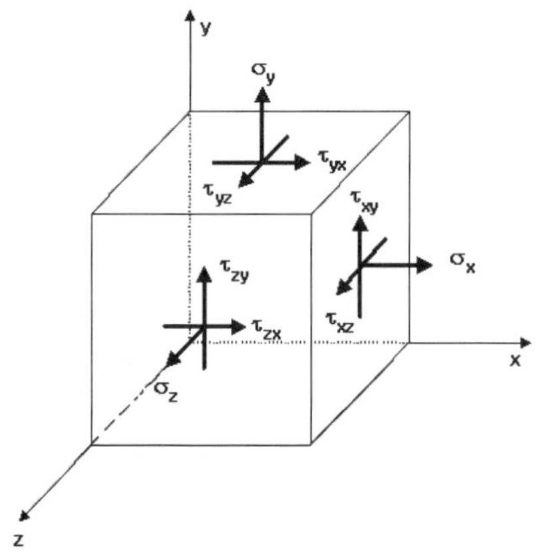

그림 5.1 3차원 응력 상태

3차원 응력 상태에서 응력은 모두 9개의 응력성분을 갖지만, 모멘트 평형조건을 적용하면,

$$\tau_{yx} = \tau_{xy},\ \tau_{zx} = \tau_{xz},\ \tau_{zy} = \tau_{yz} \tag{5.1}$$

가 되어 실제로는 6개의 독립된 응력성분을 갖는다.

물체에 외부 하중이 작용하면 응력뿐만 아니라 변형률이 발생하는데, 변형률은 3차원 응력의 경우처럼 6개의 독립된 변형률 성분을 갖는다. 즉, 수직 변형률 세 성분($\epsilon_x, \epsilon_y, \epsilon_z$)과 전단변형률 세 성분($\gamma_{xy}, \gamma_{xz}, \gamma_{yz}$)을 갖는다.

응력과 변형률은 일반화된 후크의 법칙에 의하여 다음과 같이 표현될 수 있다.

$$\begin{aligned}
\epsilon_x &= \frac{1}{E}\left[\sigma_x - \nu(\sigma_y + \sigma_z)\right] \\
\epsilon_y &= \frac{1}{E}\left[\sigma_y - \nu(\sigma_x + \sigma_z)\right] \\
\epsilon_z &= \frac{1}{E}\left[\sigma_z - \nu(\sigma_x + \sigma_y)\right] \\
\gamma_{xy} &= \frac{\tau_{xy}}{G},\ \gamma_{yz} = \frac{\tau_{yz}}{G},\ \gamma_{xz} = \frac{\tau_{xz}}{G}
\end{aligned} \tag{5.2}$$

식 (5.2)에서 E와 ν는 탄성계수와 Poisson비를 나타내고, G는 전단탄성계수를 나타낸다. E와 ν, 그리고 G 사이에는 다음과 같은 관계식이 존재한다.

$$G = \frac{E}{2(1+\nu)} \tag{5.3}$$

5.2 평면 응력과 평면 변형률 상태

그림 5.2a처럼 두께에 걸쳐서 균일하게 분포하며 판이 놓여있는 평면과 평행한 하중을 받는 얇은 판에서 발생하는 응력은 평면 응력 상태의 전형적인 예이다. 판의 두께가 얇기 때문에 2차원 응력 성분들이 두께 방향으로 일정하며 다른 응력성분들의 크기는 0이라 할 수 있다. 따라서 응력요소를 그림 5.2c처럼 2차원으로 표현할 수 있다.

평면 응력 상태는 다음과 같은 식에 의하여 정의된다.

$$\sigma_z = \tau_{xz} = \tau_{yz} = 0 \tag{5.4}$$

평면 응력 상태에서의 변형률과 응력 관계식은 다음과 같다.

$$\epsilon_x = \frac{1}{E}(\sigma_x - \nu\sigma_y)$$

$$\epsilon_y = \frac{1}{E}(\sigma_y - \nu\sigma_z) \tag{5.5}$$

$$\gamma_{xy} = \frac{\tau_{xy}}{G}$$

다른 변형률 값들은 다음과 같다.

$$\gamma_{xz} = \gamma_{yz} = 0,\ \epsilon_z = -\frac{\nu}{E}(\sigma_x + \sigma_y) = -\frac{\nu}{1-\nu}(\epsilon_x + \epsilon_y) \tag{5.6}$$

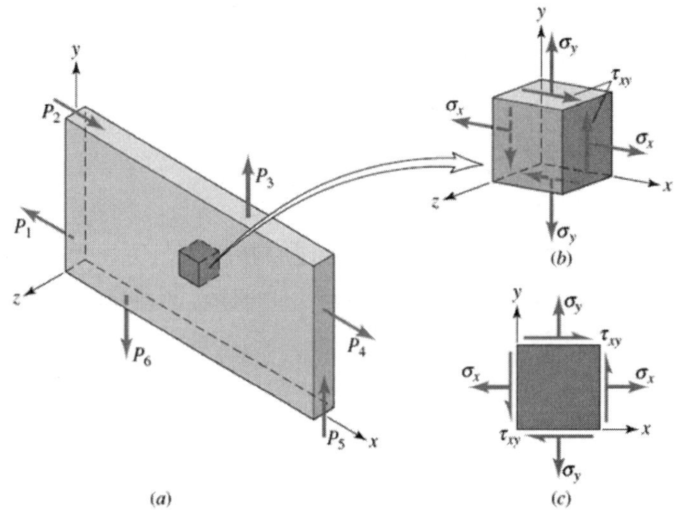

그림 5.2 (a) 평면 하중을 받는 얇은 판, (b) 평면 응력 상태에 놓인 요소 (c) 평면 응력의 2차원 표현방법

평면 변형률 상태의 경우 전단응력 τ_{xz}와 τ_{yz}의 값은 모두 0이 되지만 수직응력 σ_z값은 0이 아니고 수직응력 σ_x와 σ_y로 표현된다. 평면 변형률 상태는 다음 조건식으로 정의된다.

$$\epsilon_z = \gamma_{xz} = \gamma_{yz} = 0 \tag{5.7}$$

일반화된 후크의 법칙으로부터

$$\tau_{xz} = \tau_{yz} = 0,\ \sigma_z = -\nu(\sigma_x + \sigma_y) \tag{5.8}$$

5.3 주응력과 최대전단응력

물체 내의 주어진 점에서 2차원 또는 평면 응력 상태를 생각하고, 그림 5.3에서와 같이 응력요소에 대한 응력 성분을 σ_x, σ_y 및 τ_{xy}라 하면, x축에 대하여 각도 θ만큼 기울어진 평면에서의 수직 및 전단응력은 각각 다음과 같이 주어진다.

$$\sigma_{x'} = \frac{\sigma_x + \sigma_y}{2} + \frac{\sigma_x - \sigma_y}{2}\cos 2\theta + \tau_{xy}\sin 2\theta \tag{5.9}$$

$$\sigma_{y'} = \frac{\sigma_x + \sigma_y}{2} - \frac{\sigma_x - \sigma_y}{2}\cos 2\theta - \tau_{xy}\sin 2\theta \tag{5.10}$$

$$\tau_{x'y'} = -\frac{\sigma_x - \sigma_y}{2}\sin 2\theta + \tau_{xy}\cos 2\theta \tag{5.11}$$

최대 수직응력과 최소 수직응력에 대응하는 회전각 θ_P 값은 다음과 같다.

$$\tan 2\theta_P = \frac{2\tau_{xy}}{\sigma_x - \sigma_y} \tag{5.12}$$

여기서 얻어지는 두 개의 θ_P값은 서로 90°를 이루며, 주어진 점에서의 주평면(principle plane)을 정의한다. 이에 대응하는 수직응력 값을 그 점에서의 주응력(principle stress)이라고 하며 다음과 같이 표현된다.

$$\sigma_{1,2} = \frac{\sigma_x + \sigma_y}{2} \pm \sqrt{\left(\frac{\sigma_x - \sigma_y}{2}\right)^2 + \tau_{xy}^2} \tag{5.13}$$

주평면에서 전단응력은 0이다.

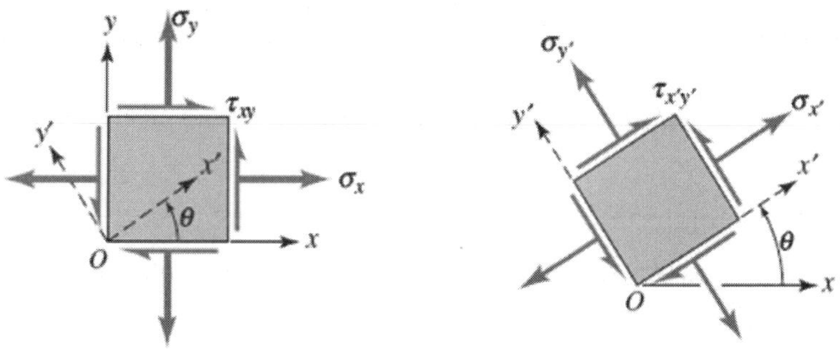

그림 5.3 평면 응력 상태에서의 응력요소

최대 전단응력이 발생하는 각도θ 값인 θ_s는 다음과 같이 표현된다.

$$\tan 2\theta_s = -\frac{\sigma_x - \sigma_y}{2\tau_{xy}} \tag{5.14}$$

여기서 얻어지는 두 개의 θ_s 값은 서로 90°를 이룬다. 또한 최대 전단응력 평면은 주평면과 45°를 이룬다. 전단응력의 최대 값은 다음과 같다.

$$\tau_p = \sqrt{\left(\frac{\sigma_x - \sigma_y}{2}\right)^2 + \tau_{xy}^2} \tag{5.15}$$

식 (5.15)로 표현된 τ_p를 평면 내 최대전단응력이라고 한다. τ_p는 주응력으로부터 구할 수 있다.

$$\tau_p = \frac{\sigma_1 - \sigma_2}{2} \tag{5.16}$$

위 식을 달리 표현하면, 평면 내 최대전단응력은 주응력 값 차이의 절반과 같다.

일반적으로, 3차원 응력 상태에서 응력이 세 방향으로 작용할 때는 전단응력이 0인 세 개의 직교평면이 존재한다. 이들 평면을 주평면이라고 하며 이들 평면에서 작용하는 응력(주응력)은 세 가지 값을 갖는다. 최대 값, 최소 값, 그리고 이들 값 사이의 어떤 값을 갖는다. 어떤 점을 지나는 평면상의 최대 전단응력 $\tau_{\max}$는 최대 및 최소 주응력 차이의 절반이며 최대 및 최소 수직응력이 작용하는 평면사이의 각도를 양분하는 평면에 작용한다.

$$\tau_{\max} = \frac{\sigma_{\max} - \sigma_{\min}}{2} \tag{5.17}$$

5.4 von Mises 응력

응력을 해석하는 이유는 구조물이 주어진 외부 하중 하에서 파손 없이 안정된 상태를 유지하는지 확인하기 위해서이다. von Mises 응력은 구조물의 파손여부를 예측할 때 많이 사용되는 응력중의 하나이다. 3차원 응력 상태에서는 3개의 주응력이 나타나는데, 그러한 주응력을 $\sigma_1, \sigma_2, \sigma_3$라고 하면 von Mises 응력 σ_e는 다음과 같이 표현된다.

$$\sigma_e = \sqrt{\frac{1}{2}\left[(\sigma_1 - \sigma_2)^2 + (\sigma_2 - \sigma_3)^2 + (\sigma_3 - \sigma_1)^2\right]} \tag{5.18}$$

평면 응력 상태에서는 2개의 주응력 σ_1, σ_2이 나타나므로, von Mises 응력 σ_e는 다음과 같이 표현된다.

$$\sigma_e = \sqrt{\sigma_1^2 - \sigma_1\sigma_2 + \sigma_2^2} \quad (5.19)$$

식 (5.18) 또는 식(5.19)로 계산된 σ_e값이 재료의 항복응력보다 작으면 구조물은 파손 없이 안정된 거동을 한다고 예측할 수 있다.

5.5 해석 예제

ANSYS에서 고체 구조물 해석에 사용되는 2차원 요소로는, 선형 사변형 요소(Plane182), 2차 사변형 요소(Plane183), 그리고 2차 삼각형 요소가 있다.

a) Plane182 : 그림 5.4에 표현된 것처럼 4절점을 갖는 사변형 요소이다. 각 절 점은 2개의 자유도(U_x, U_y)를 갖는다.

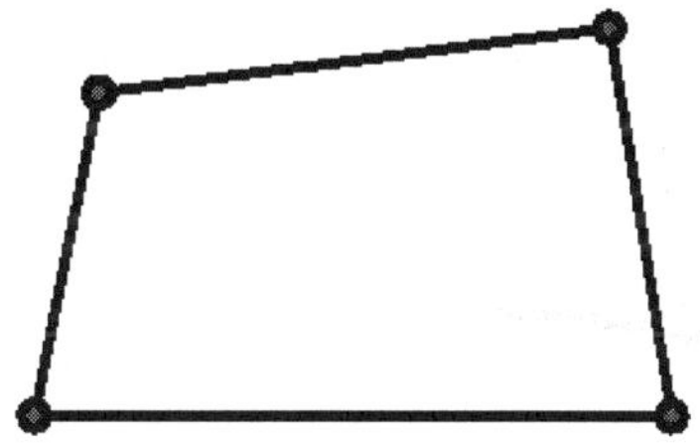

그림 5.4 Plane182

b) Plane183 : 그림 5.5에 표현된 것처럼 8절점을 갖는 사변형 요소이다. 이 요소는 Plane182의 고차요소에 해당한다. 각 절점은 2개의 자유도(U_x, U_y)를 갖는다.

그림 5.5 Plane183

c) 그림 5.6은 6절점을 갖는 삼각형 요소를 나타내고 있다. 각 절점은 2개의 자유도 (U_x, U_y)를 갖는다.

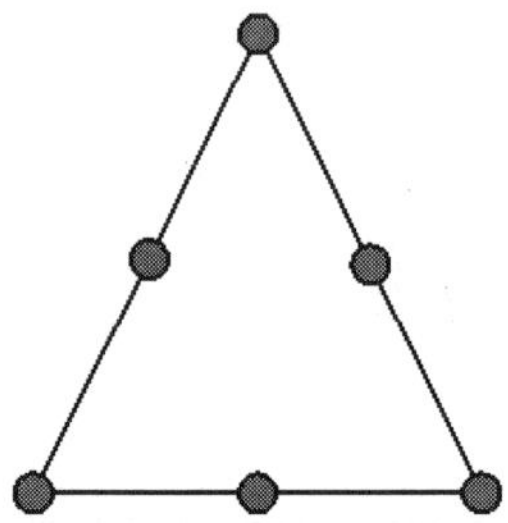

그림 5.6 삼각형 요소

다음 예제들은 ANSYS를 사용하여 평면 응력과 평면 변형률 문제를 해석하는 과정을 설명하고 있다. 해석을 위해서는 Main Menu에서 Preference를 선택하여 작업 내용을 설정한 후, 전처리, 해석, 후처리 과정으로 진행한다.

예제 5.1

상단에 균일한 분포하중을 받고 있는 평판(그림 5.7)에 나타나는 응력분포를 구하시오. 평판은 단위 두께를 가지며 평면 응력(plane stress)상태에 있음.

단 $E = 30 \times 10^6 psi$, $\nu = 0.3$.

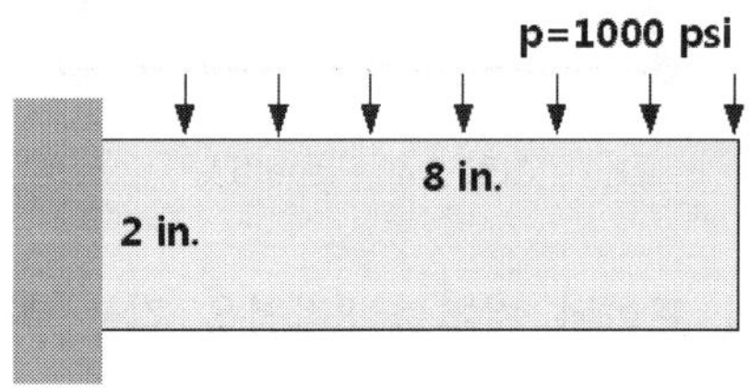

그림 5.7 균일한 분포하중을 받고 있는 평판

해석과정

1) 요소의 선택 : Structural Solid-Quad 4 node 182 (Plane182).

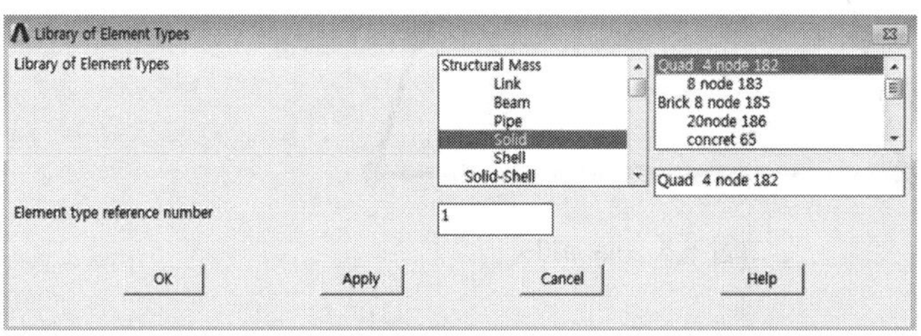

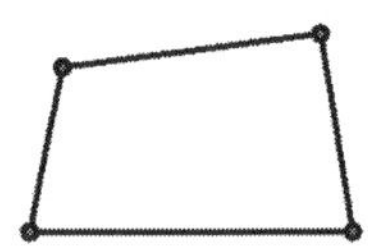

ANSYS는 **단위 두께의 평면 응력 상태**를 기본거동으로 설정하고 있음. 두께가 1이 아닌 평면 응력 상태 문제나, 평면 변형률 문제를 해석할 때는 아래 그림처럼 Options을 클릭하여 Element behavior (K3)에서 해당 항목을 선택함. **단위두께의 평면 응력 상태**인 경우에는 Options대신 Close를 클릭함.

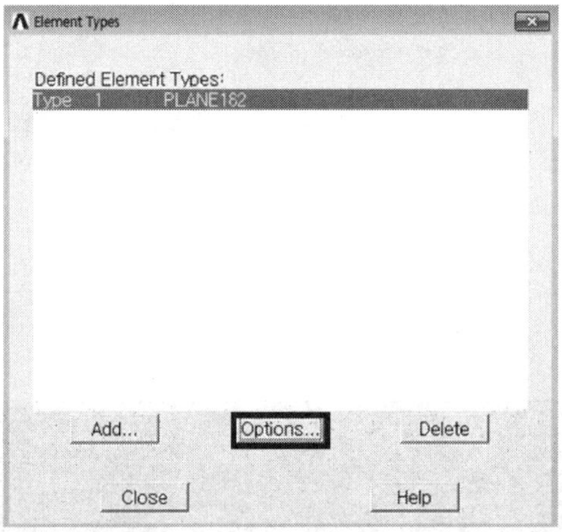

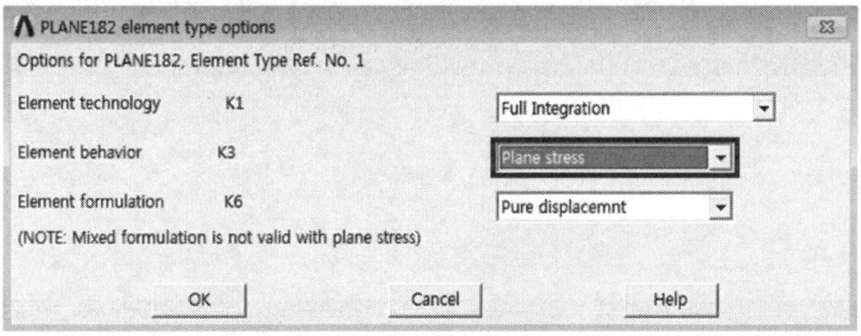

2) 요소 물성치(Real Constants)는 필요 없음.
   두께가 1이 아닌 평면 응력 문제의 경우 두께를 입력.
3) 재료물성(탄성계수, 프와송 비)입력.

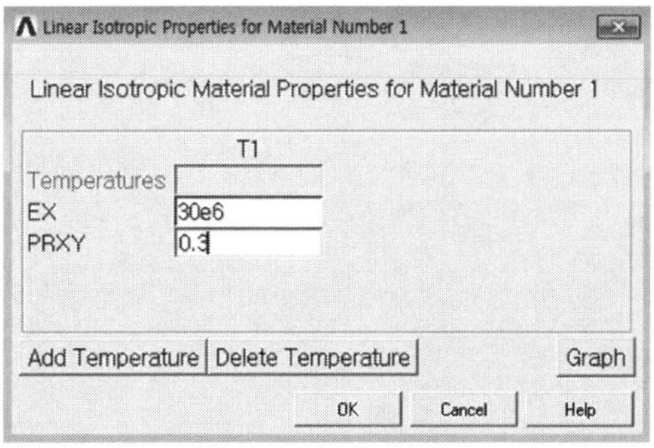

4) 기하모델 생성 - 사각형.

Preprocessor>Modeling>Create>Areas>Rectangle>By Dimensions

X1, X2(0,8), Y1,Y2(0,2)

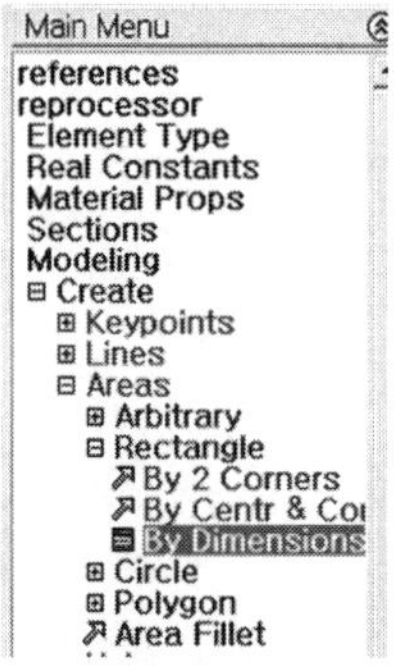

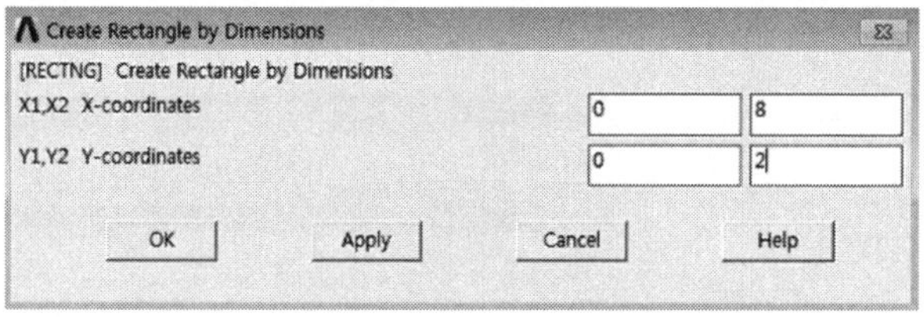

5) 생성될 요소의 크기.

Preprocessor>Meshing>Size Cntrls>Manual Size>Global>Size

(Global Size 0.4)

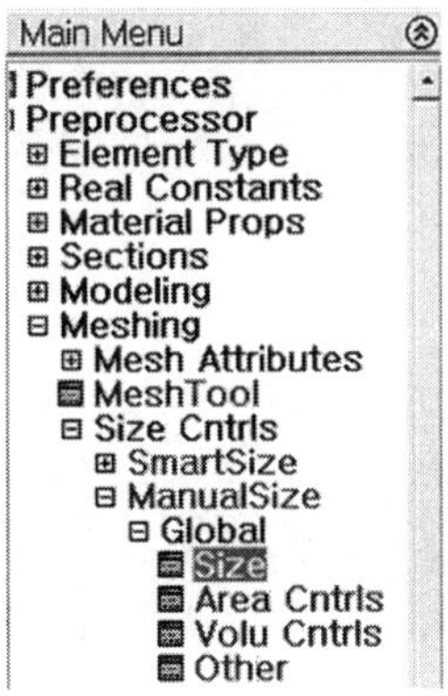

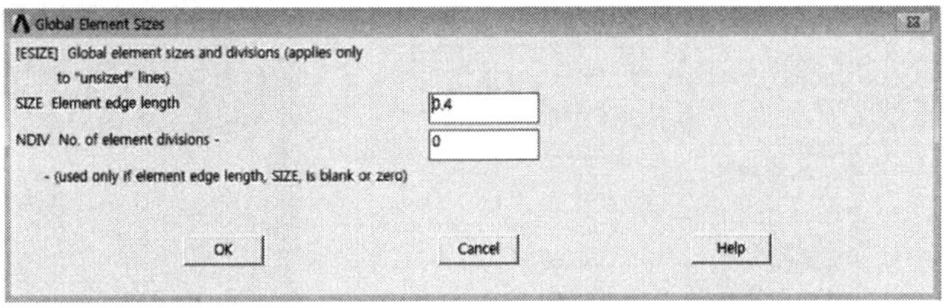

6) 사각형 면상에 평면요소의 자동생성.

Preprocessor>Meshing>Mesh>Areas>Mapped>3 or 4 sided+

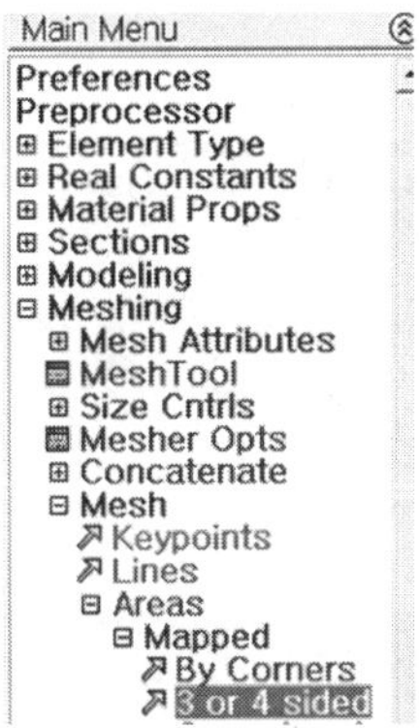

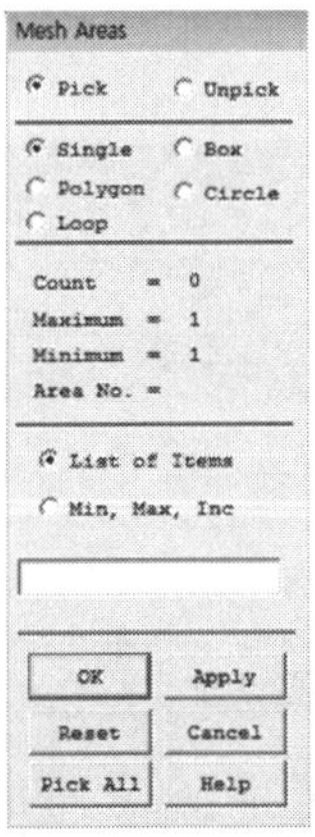

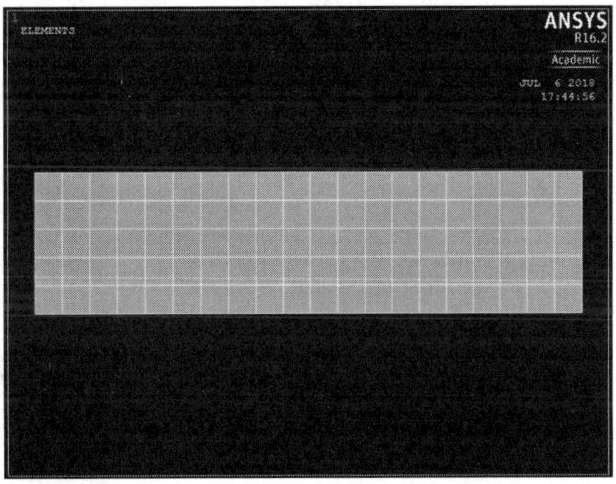

7) 왼쪽면에 경계조건을 적용하기 위해 X좌표가 0인 모든 절점 선택.

Solution>Define Loads>Apply>Structural>Displacement>On Nodes

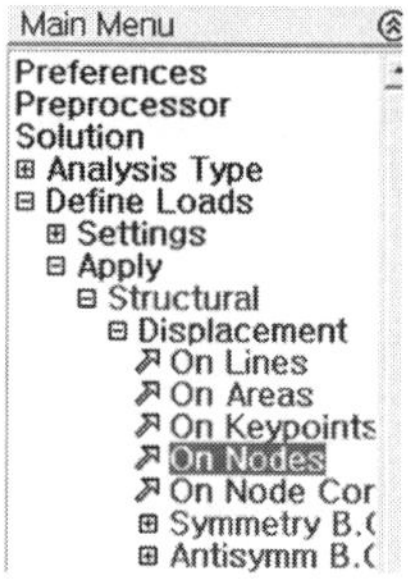

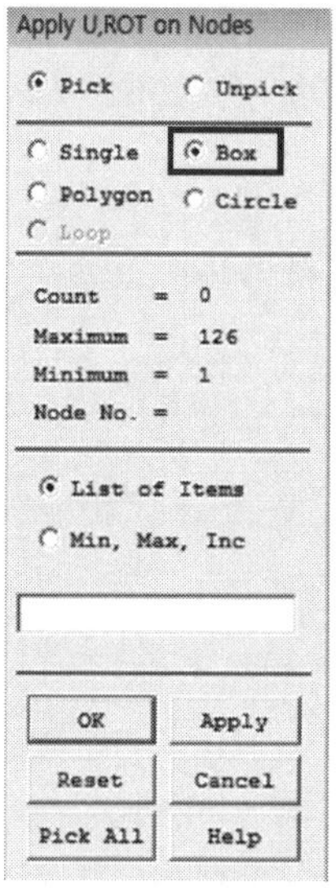

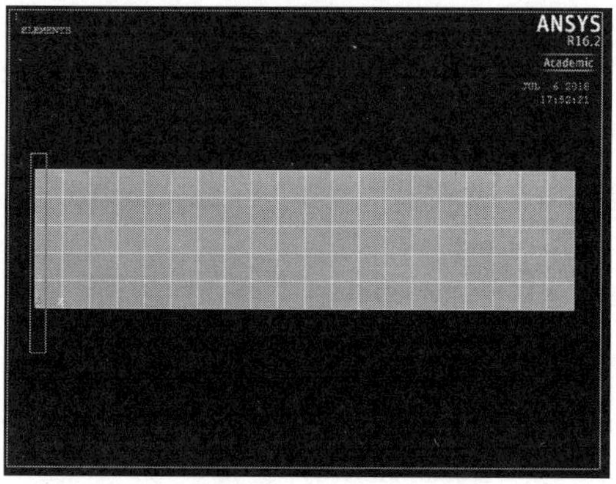

8) 선택된 절점에 All DOF=0 (또는 UX=UY=0) 적용.

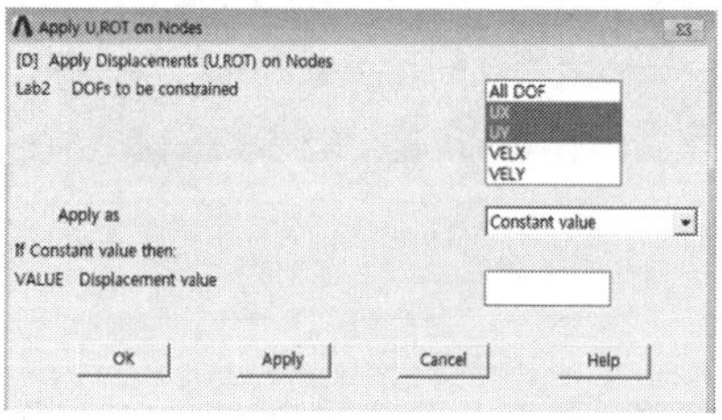

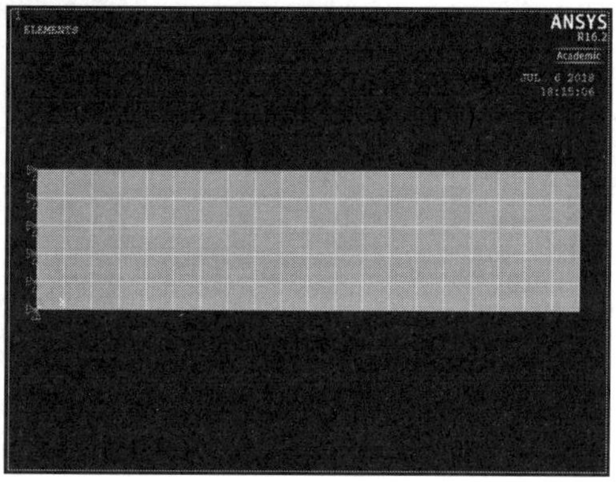

9) 위쪽 면에 하중조건 적용하기 위해 y좌표가 2인 절점들 선택.

10) 선택된 모든 절점에 Pressure=1000 적용.

Solution>Define Loads>Apply>Structural>Pressure>On Nodes

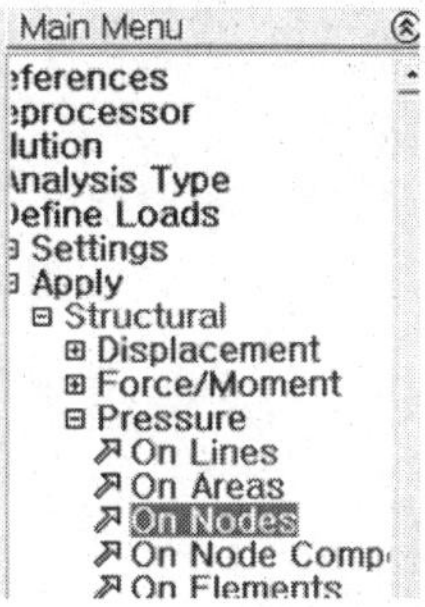

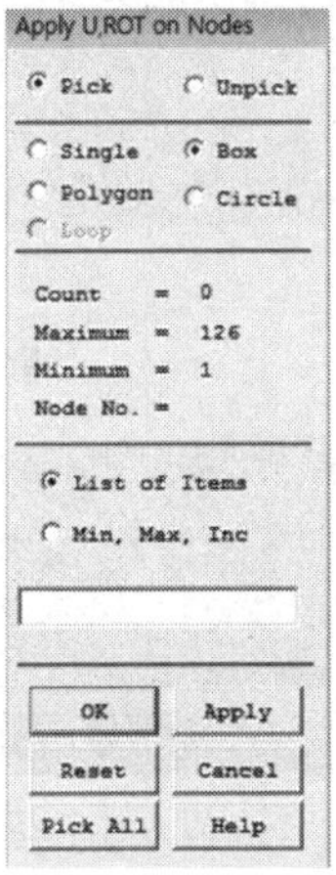

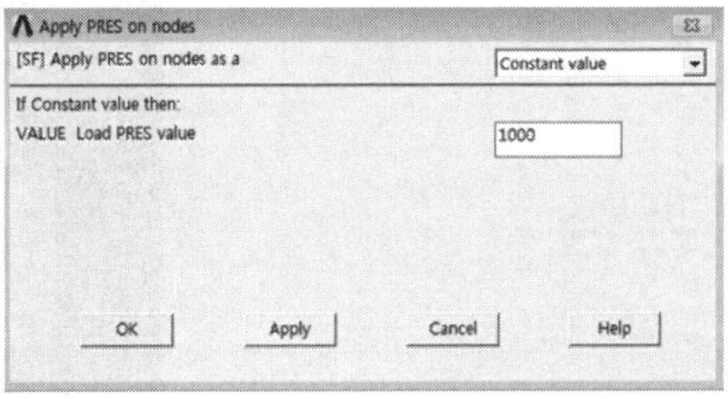

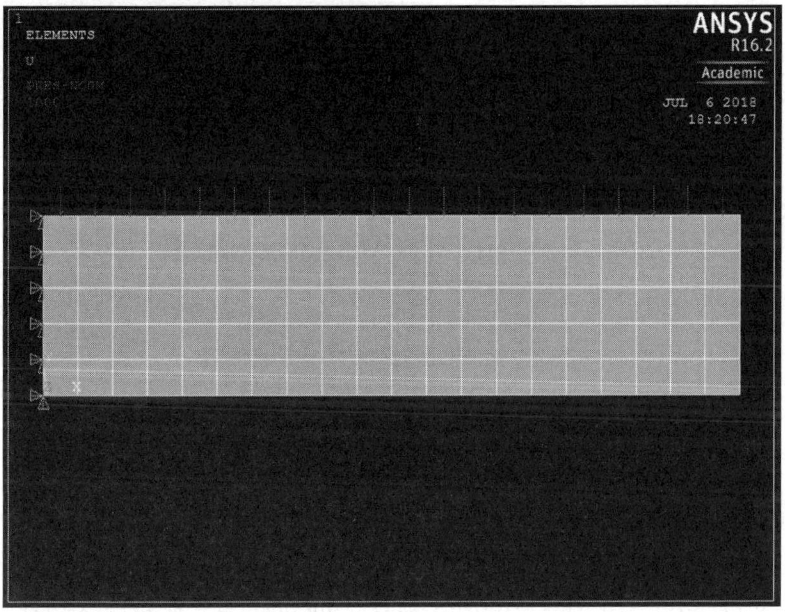

11) 변위와 응력의 계산.

Solution>Solve>Current LS

12) 결과 출력 - 응력(단위 : psi)의 출력.

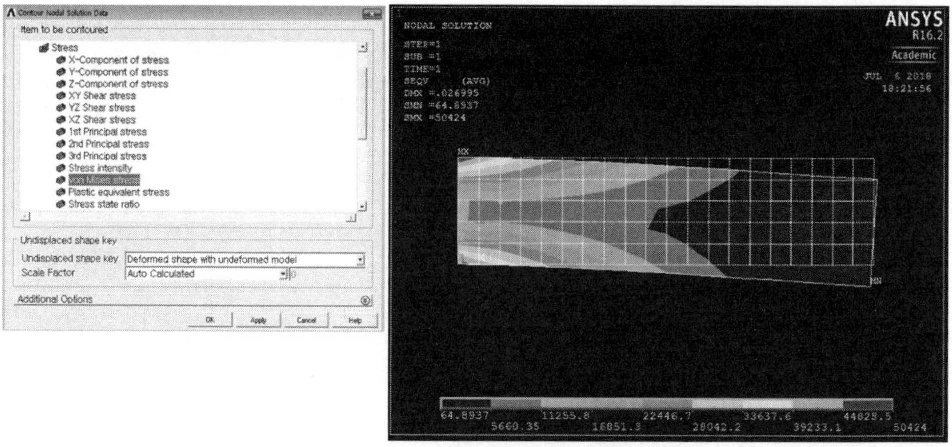

그림 5.8 예제 5.1의 해석결과 - von Mises응력

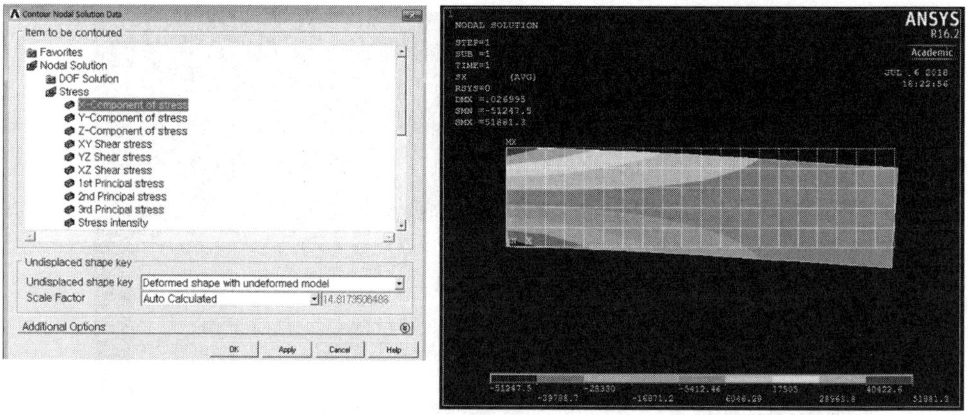

그림 5.9 예제 5.1의 해석결과 - 응력의 x 방향 성분

그림 5.8과 그림 5.9의 해석결과를 보면 왼쪽 모서리 부분에서 응력 집중이 발생하고 있다. 왼쪽 모서리의 모든 자유도가 구속되었다고 가정하였으므로 응력집중이 발생한다. 이런 경우에는 응력해석 결과가 mesh의 밀도에 따라 차이가 난다. 적절한 mesh밀도를 잘 선택하는 것이 중요하다고 볼 수 있다. 변위 결과는 상대적으로 mesh의 밀도에 덜 민감하다. 그림 5.8에서 왼쪽 상단에 있는 'DMX'는 최대변위를 나타내며, 'SMN'은 최소 응력 값을, 'SMX'는 최대 응력값을 나타낸다.

예제 5.2

내압을 받고 있는 실린더(그림 5.10)의 응력 분포를 구하시오. 평면 변형률 상태로 가정함.

$P = 100\ N/mm^2$; $r_1 = 10\ mm$; $r_2 = 25\,mm$

$E = 200{,}000\,N/mm^2$; $\nu = 0.25$

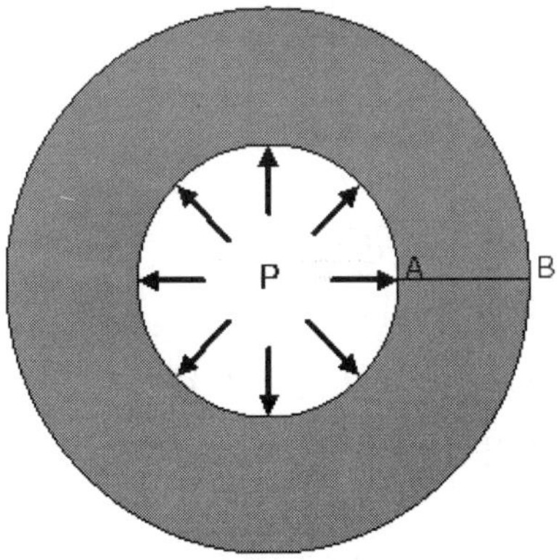

그림 5.10 내압을 받고 있는 실린더

해석과정

1) 요소의 선택 : Structural Solid-Quad 4 node 182 (Plane182).
   평면 변형률 상태이므로 아래 그림처럼 Options을 클릭하여 Element behavior (K3)에서 평면 변형률(Plane strain)을 선택함.

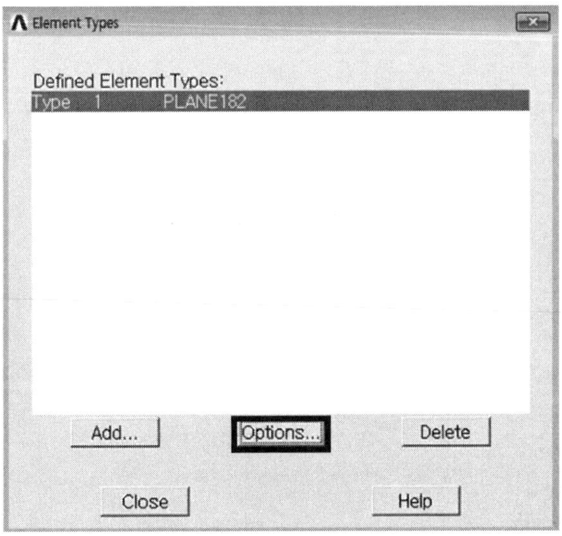

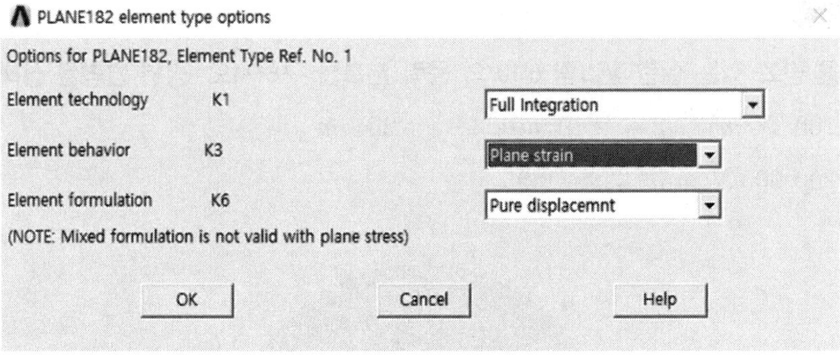

2) 요소 물성치(Real Constants)는 필요 없음.

3) 재료물성(탄성계수, 프와송 비)입력.

탄성계수의 단위가 $N/mm^2 (= MPa)$으로 주어져 있으므로, 입력과정에 힘은 ‘N’, 길이는 ‘mm’ 단위를 사용함.

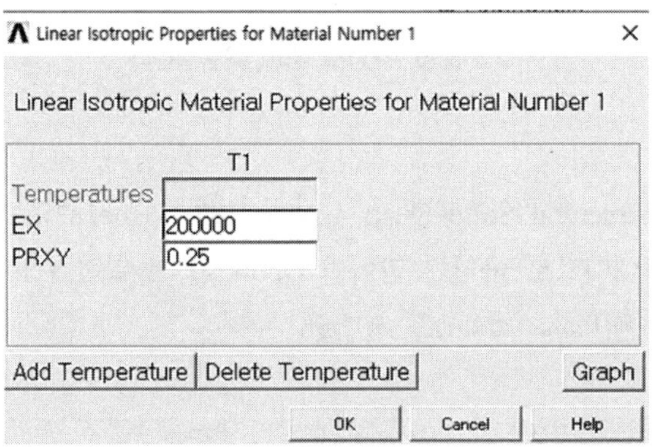

4) 기하모델 생성.

Preprocessor>Modeling>Create>Areas>Circle>By Dimensions

주어진 예제의 대칭성을 고려하여 1/4만 모델링 함.

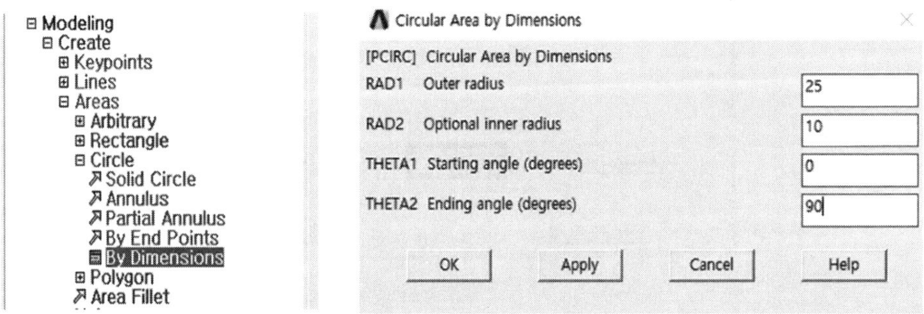

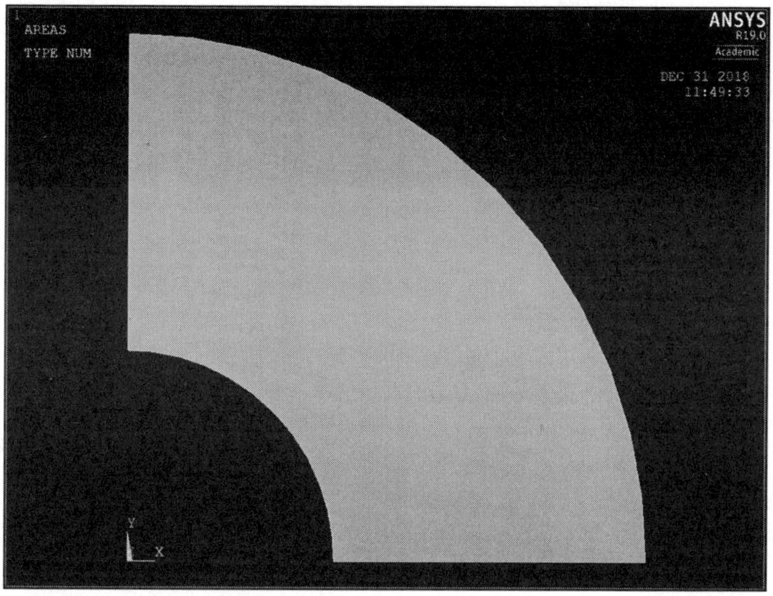

5) 생성될 요소의 크기.

Preprocessor>Meshing>Size Cntrls>Manual Size>Global>Size (Global Size 0.6)

6) 기하모델에 유한요소의 자동생성.

Preprocessor>Meshing>Mesh>Areas>Mapped>3 or 4 sided+

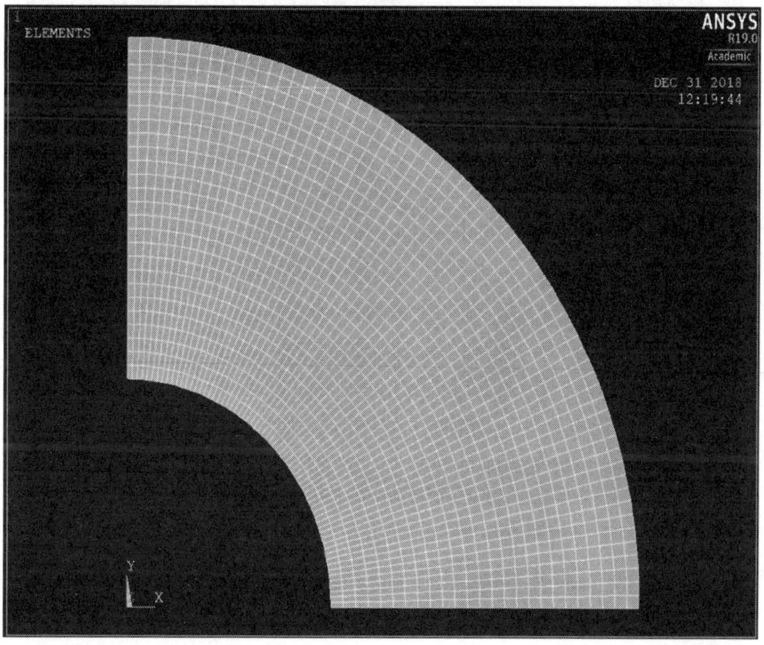

7) 대칭 경계조건을 적용하기 위해 X좌표가 0인 Line과 Y좌표가 0인 Line 선택하여 대칭경계조건 입력(Apply SYMM on Lines 창에서 OK 클릭).
   Solution>Define Loads>Apply>Structural>Displacement>Symmetry B.C.>On Lines

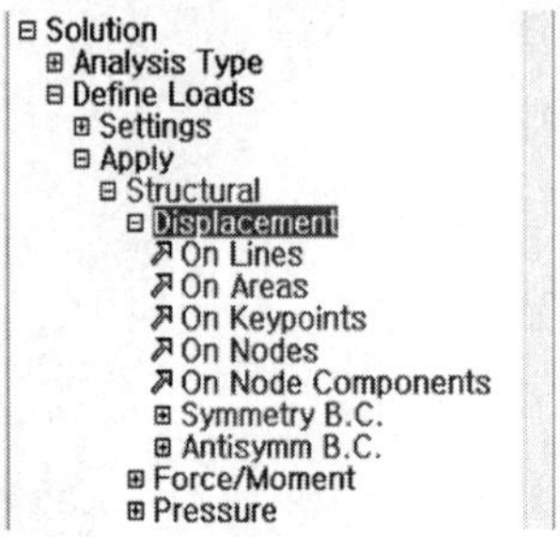

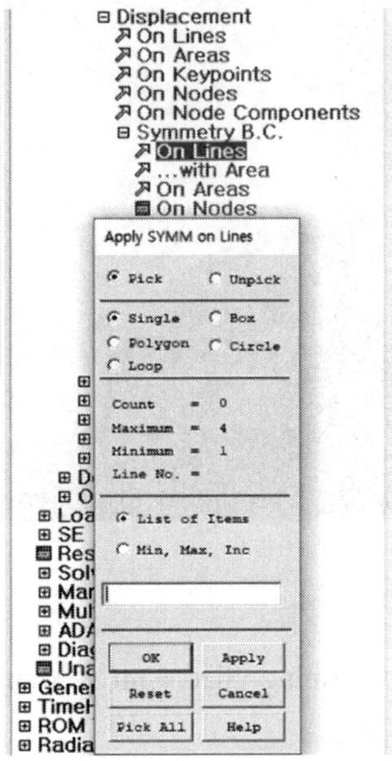

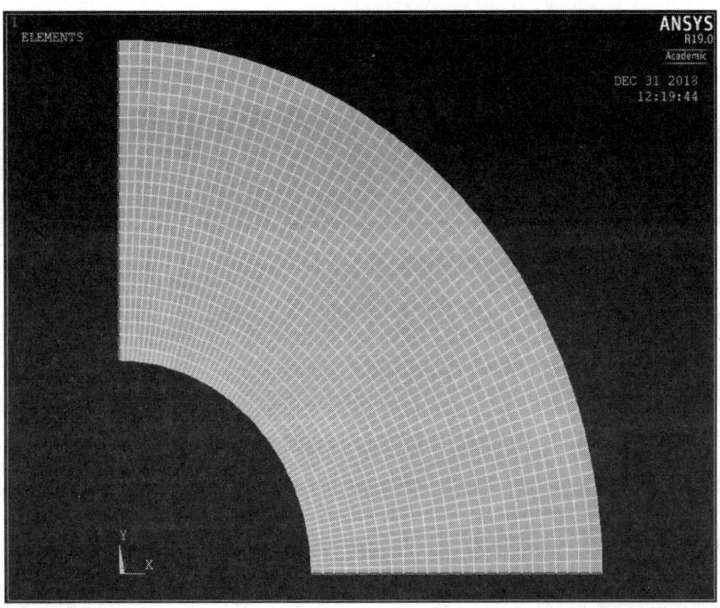

대칭 경계조건이 입력되면 해당되는 Line에 기호 'S'들이 표시됨.

8) 압력이 작용하는 Line을 선택하여 압력 값을 입력함.

Solution>Define Loads>Apply>Structural>Pressure>On Lines

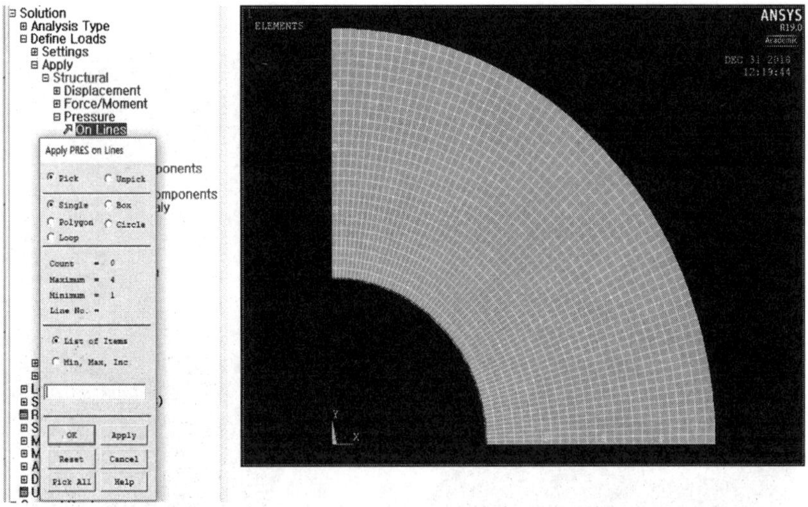

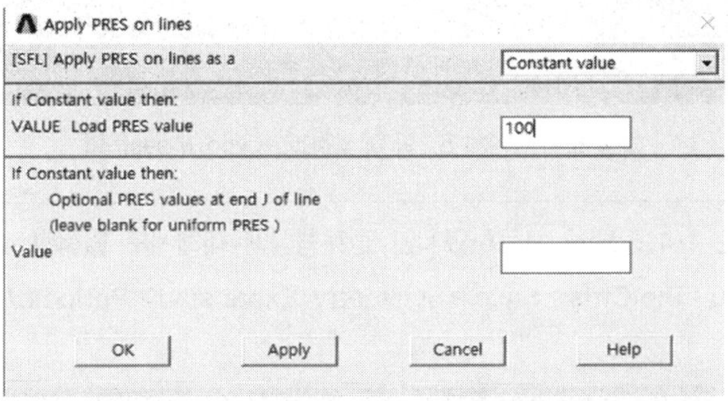

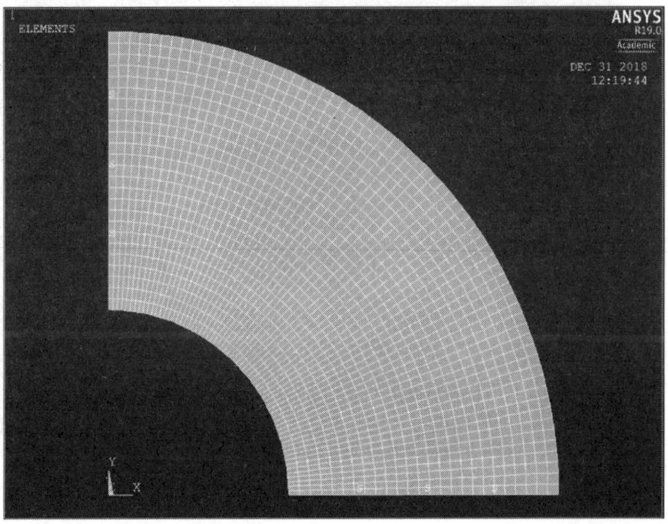

9) 변위와 응력의 계산.

Solution>Solve>Current LS

10) 결과 출력 – 응력(단위 : MPa)의 출력

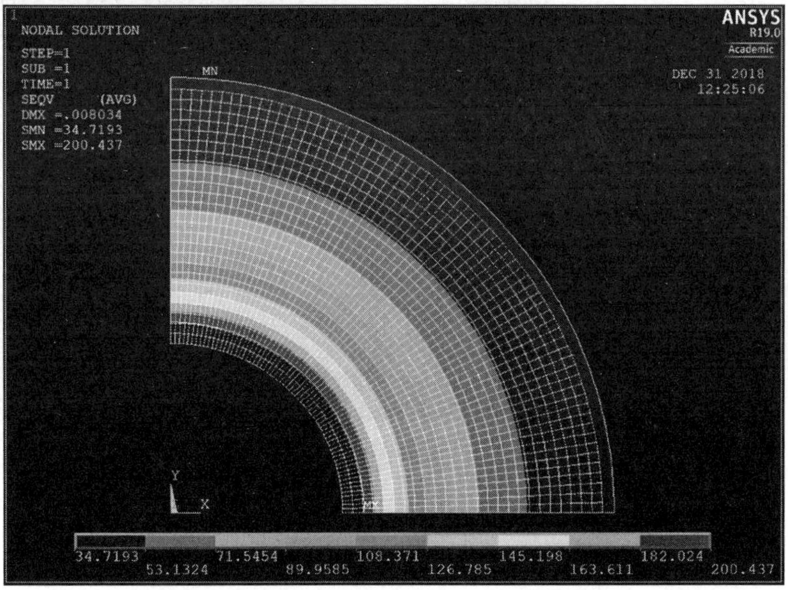

그림 5.11 예제 5.2의 해석결과 – von Mises응력

해석과정에는 1/4 모델을 사용하였지만 전체형상에 대해서도 출력할 수 있다.

Utility Menu : PlotCtrls>Style>Symmetry Expansion>Periodic/Cyclic Symmetry

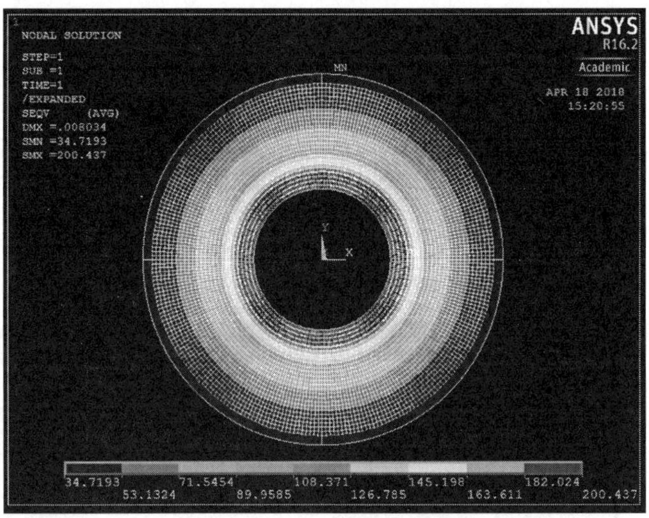

그림 5.12 전체형상 출력결과

예제 5.3

그림 5.13은 외부표면에 균일한 압력이 작용하는 2차원 복합 실린더(안쪽 반지름 = 15 in, 바깥쪽 반지름 = 30 in)를 보여주고 있다. 응력분포를 구하시오.

단, $E_{Al} = 10 \times 10^6\, psi$, $\nu_{Al} = 0.3$, $E_{steel} = 30 \times 10^6\, psi$, $\nu_{steel} = 0.28$이고 평면 변형률(plane strain) 조건임.

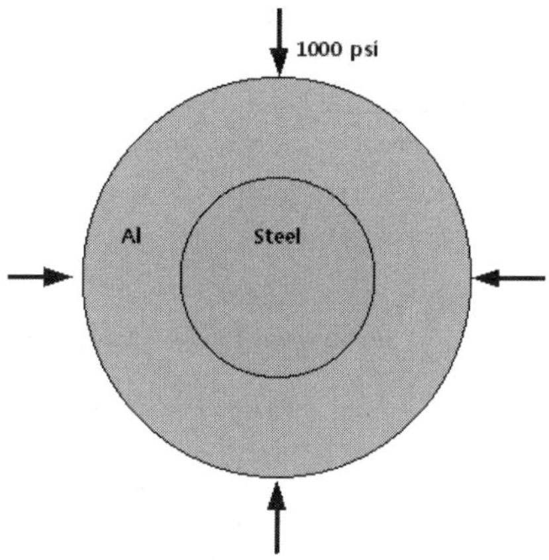

그림 5.13 외압을 받는 복합 실린더

해석과정

대칭성을 이용하여 1/4만 모델링하여 해석한다.

1) 요소의 선택 : Structural Solid-Quad 4 node 182 (Plane182).
평면 변형률 문제이므로 아래 그림처럼 Element behavior (K3)에서 평면 변형률(Plane strain)을 선택함.

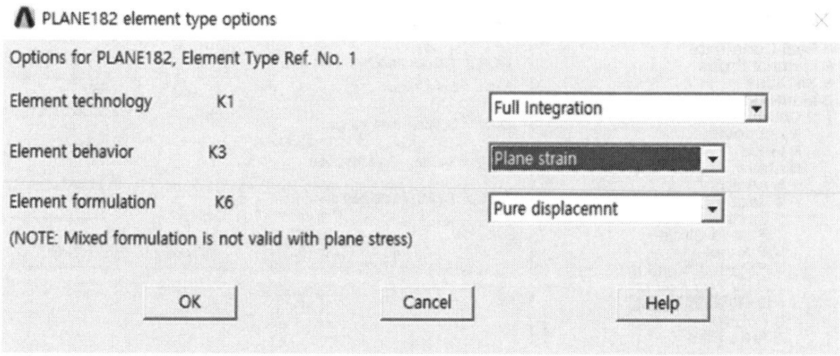

2) 요소 물성치(Real Constants)는 필요 없음.

3) 두 재료에 대한 재료물성(탄성계수, 프와송 비)입력.

탄성계수의 단위가 '*psi*'이므로, 입력과정에서 힘은 '*lb*', 길이는 '*in*' 단위를 사용함.

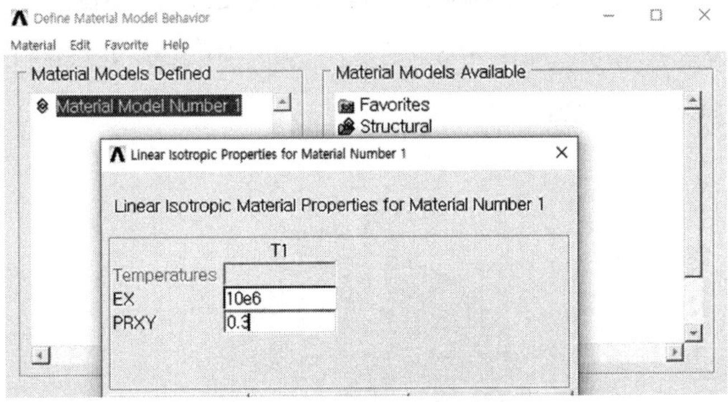

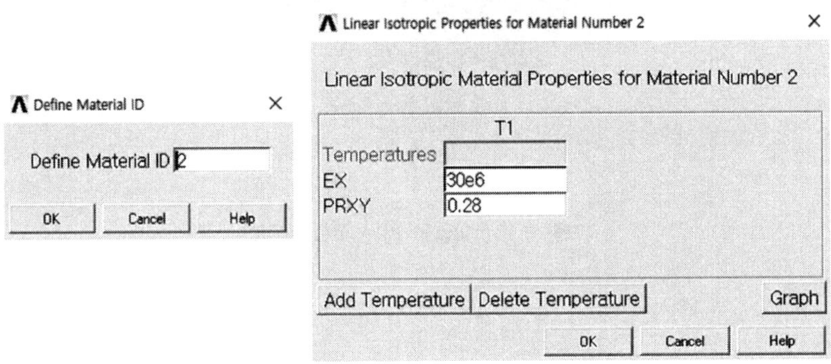

4) 기하모델 생성 - 2개의 실린더.

Preprocessor>Modeling>Create>Areas>Circle>By Dimensions

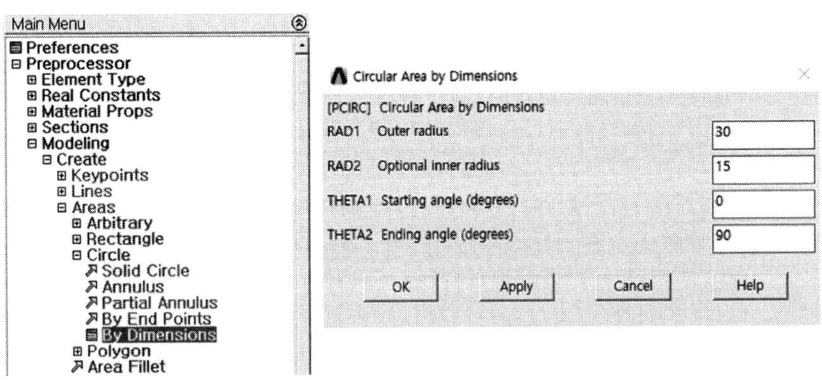

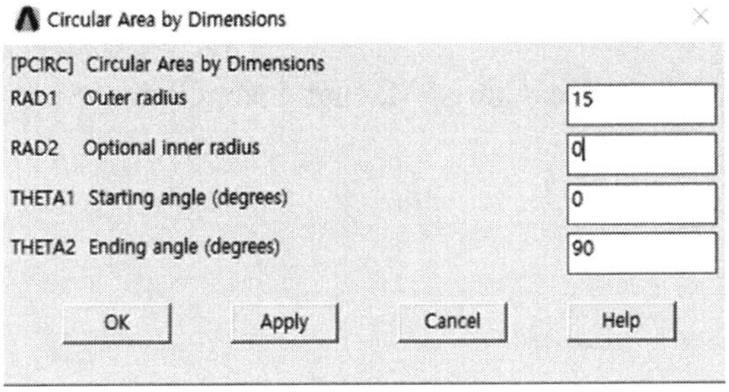

5) 2개의 실린더를 접착(glue)시켜서 복합실린더를 완성함.

Preprocessor>Modeling>Operate>Booleans>Glue>Areas

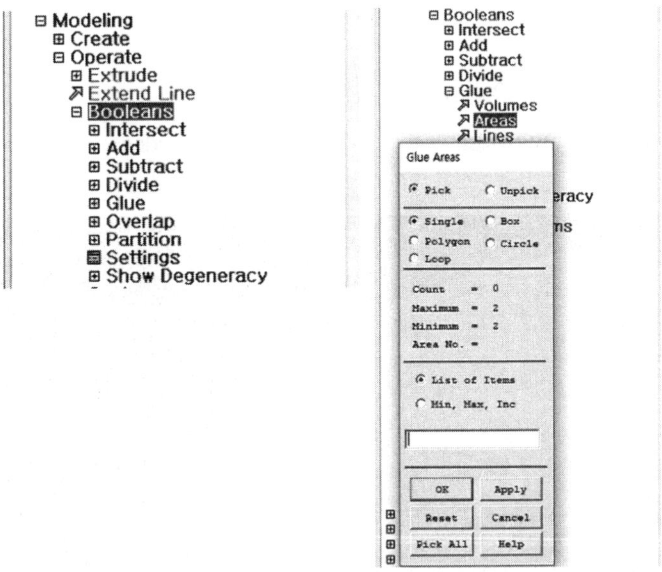

6) 생성될 요소의 수 설정.

Preprocessor>Meshing>Size Cntrls>Manual Size>Global>Size (NDIV 30)

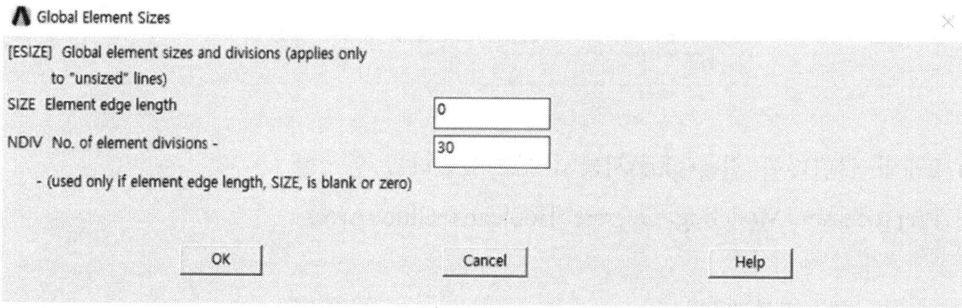

7) 바깥쪽 실린더 모델에 유한요소의 자동생성.

Preprocessor>Meshing>Mesh>Areas>Mapped>3 or 4 sided+

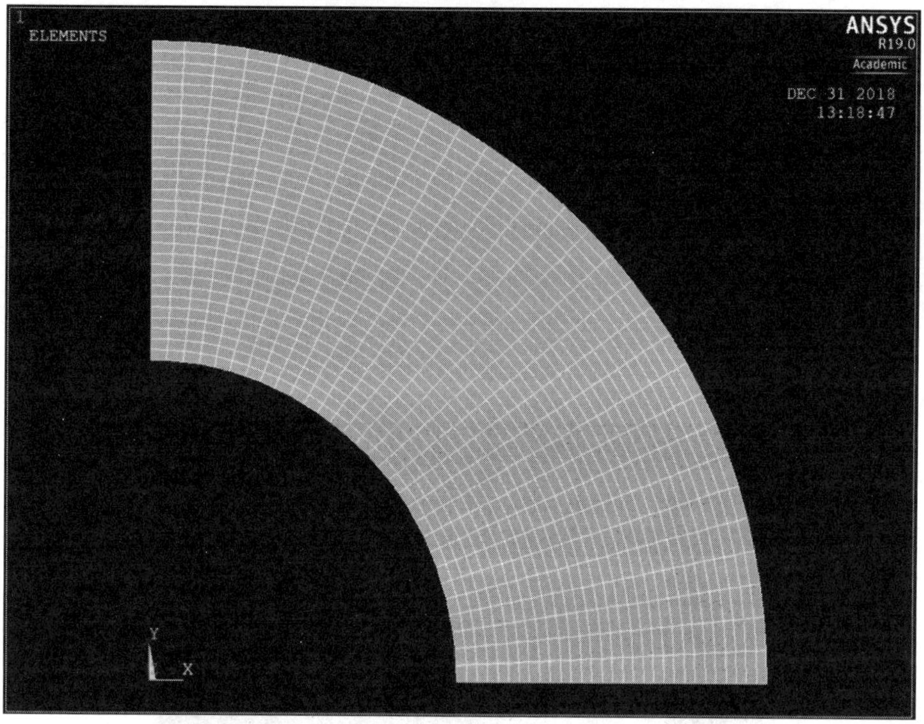

8) 요소 속성을 변경함.

Preprocessor>Meshing>Mesh Attributes>Default Attribs

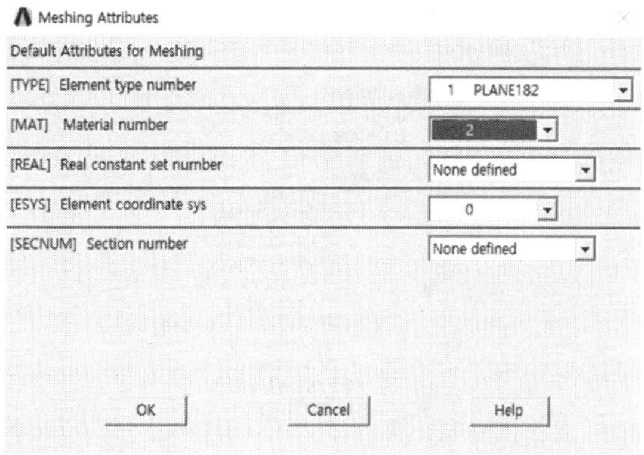

9) 안쪽 실린더 모델에 유한요소의 자동생성.

Preprocessor>Meshing>Mesh>Areas>Mapped>3 or 4 sided+

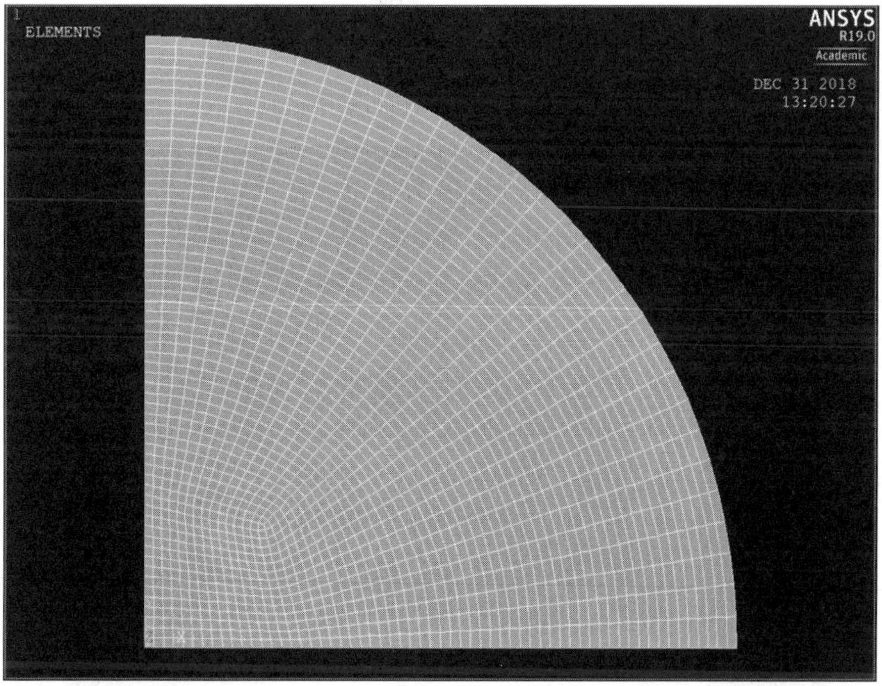

10) 대칭 경계조건을 적용하기 위해 X좌표가 0인 Lines와 Y좌표가 0인 Lines들을 선택하여 대칭경계조건 입력(Apply SYMM on Lines 창에서 OK 클릭).

Solution>Define Loads>Apply>Structural>Displacement>Symmetry B.C.>On Lines

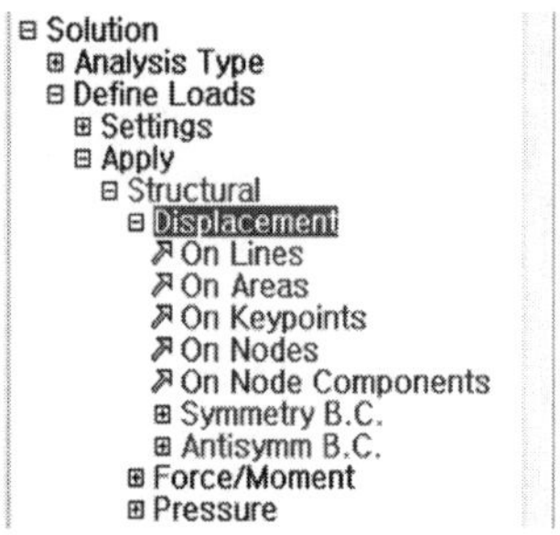

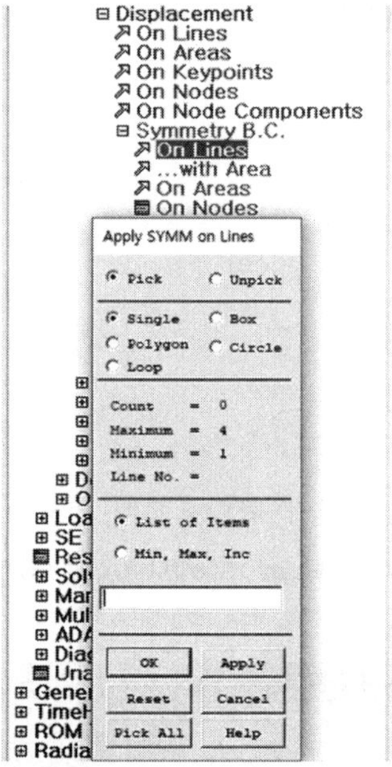

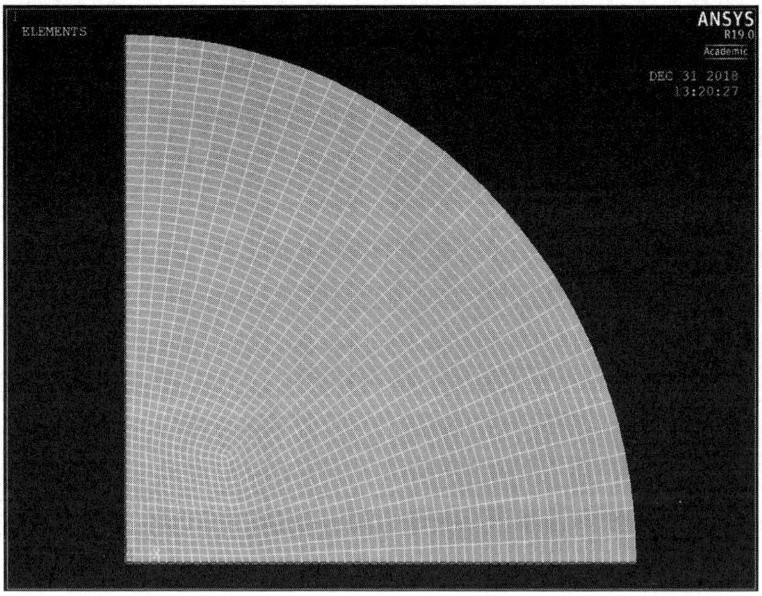

대칭 경계조건이 입력되면 해당되는 Lines에 기호 'S'들이 표시됨.

11) 압력이 작용하는 Line을 선택하여 압력 값을 입력함.

Solution>Define Loads>Apply>Structural>Pressure>On Lines

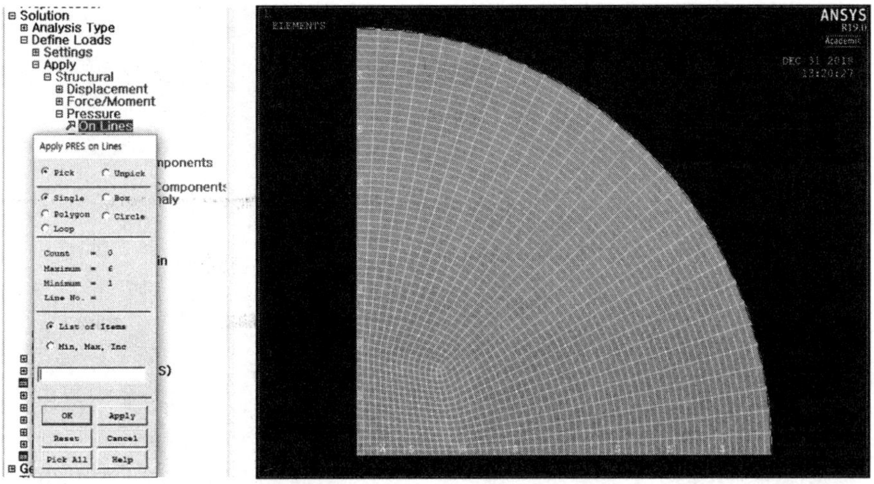

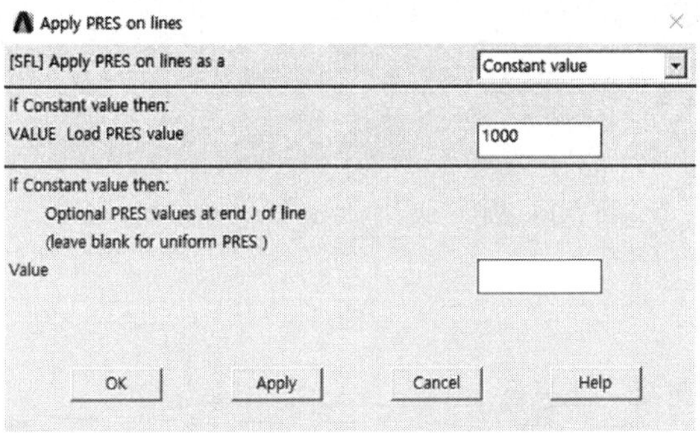

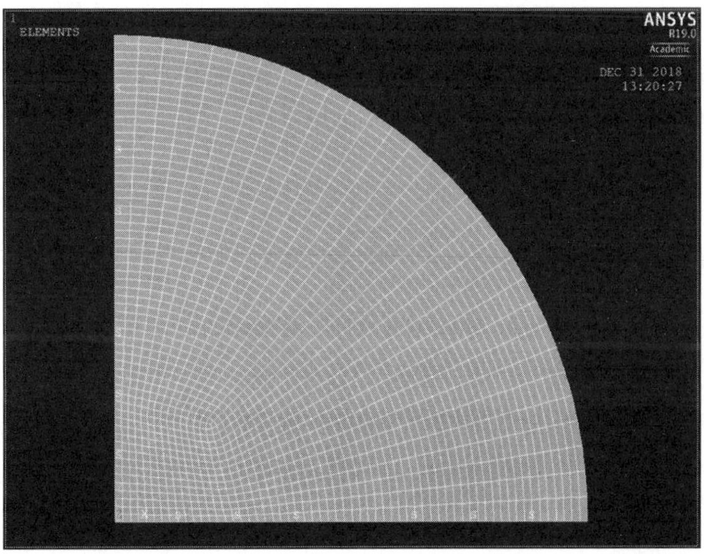

12) 변위와 응력의 계산.

13) 결과 출력 – von Mises 응력(단위 : psi)의 출력

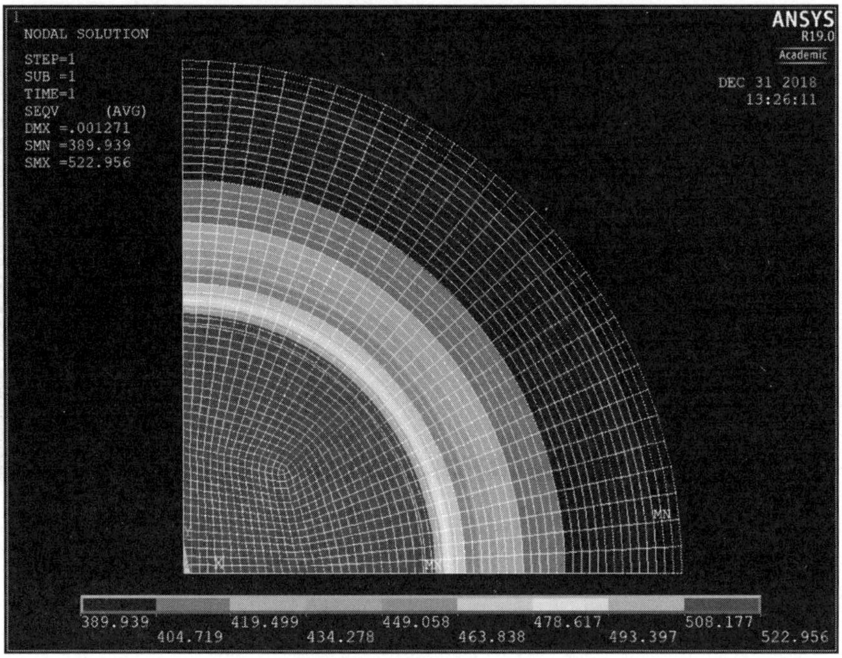

그림 5.14 예제 5.3의 해석결과 – von Mises응력

예제 5.4

그림 5.15는 2중 아치 구조물을 보여주고 있다. 자중으로 인한 응력분포와 변위를 구하시오. 단, 탄성계수 $E = 70\,GPa$, 푸아송 비 $\nu = 0.25$, 밀도 $\rho = 2800\,kg/m^3$, 중력가속도 $g = 9.8\,m/s^2$임. 구조물의 두께는 $t = 1\,m$이고 평면 응력(plane stress) 조건임. 구조물 하단은 완전히 고정되어 있다고 가정함.

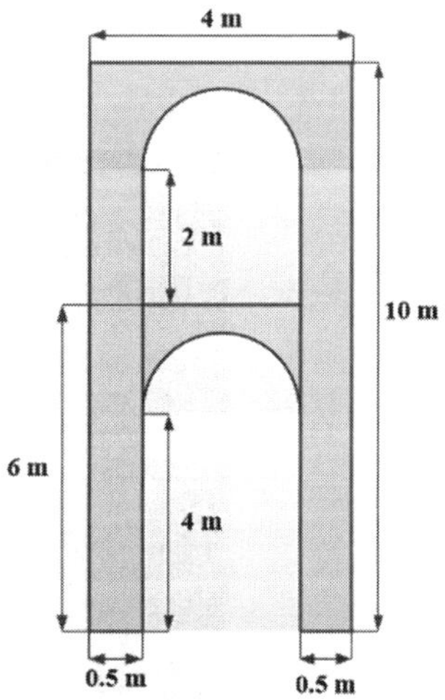

그림 5.15 2중 아치 구조물

해석과정

1) 요소의 선택 : Structural Solid–Quad 4 node 182 (Plane182).
2) 요소 물성치(Real Constants)는 필요 없음.
3) 재료에 대한 재료물성(탄성계수, 프와송 비, 밀도)입력.

탄성계수 $E = 70 \times 10^9\ N/m^2$이므로, 입력과정에서 힘은 '$N$', 길이는 '$m$' 단위를 사용함.

4) 기하모델 생성.

4.1) 2개의 사각형 생성.

Preprocessor>Modeling>Create>Areas>Rectangle>By Dimensions

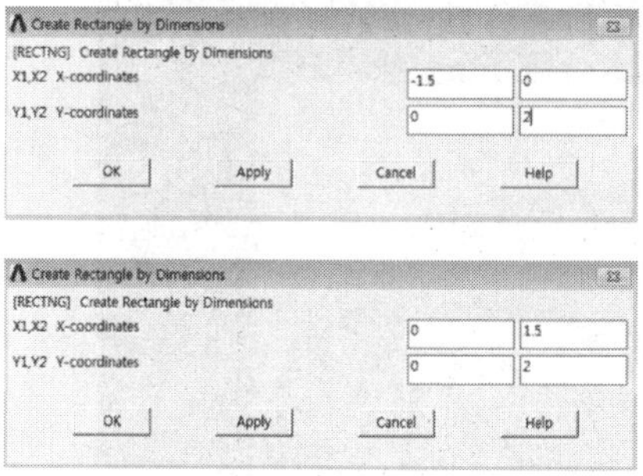

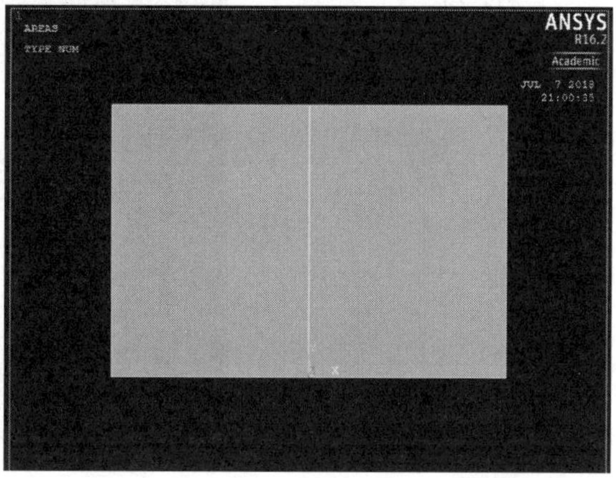

4.2) 아치형상을 만들기 위해 반원 생성.

Preprocessor>Modeling>Create>Areas>Circle>By Dimensions

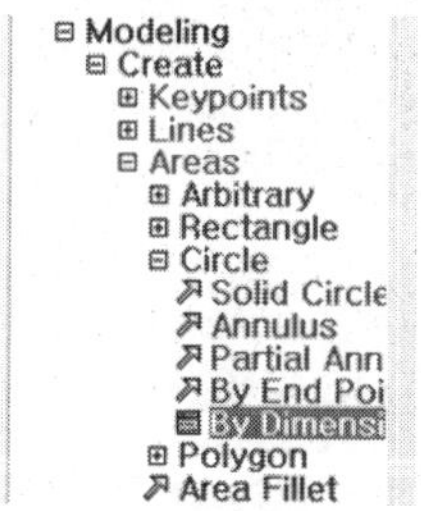

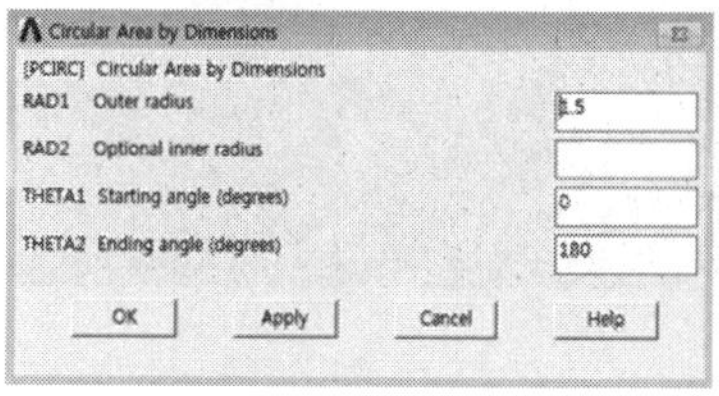

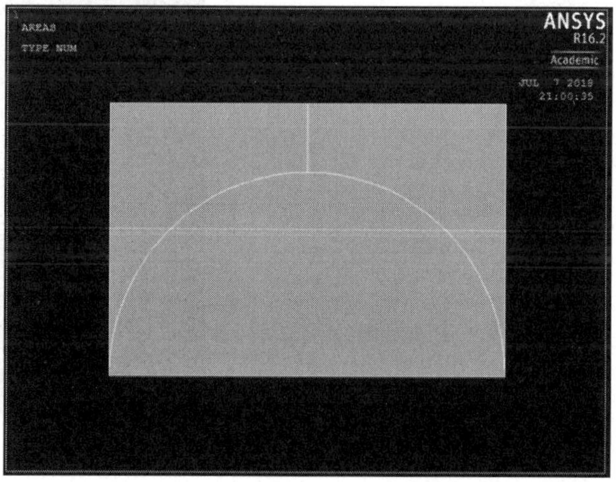

4.3) 2개의 사각형에서 반원을 제거함.

Preprocessor>Modeling>Operate>Booleans>Subtract>Areas

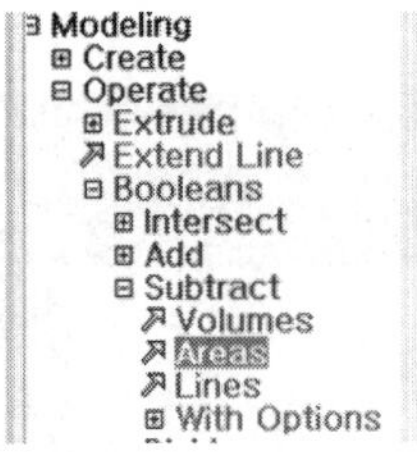

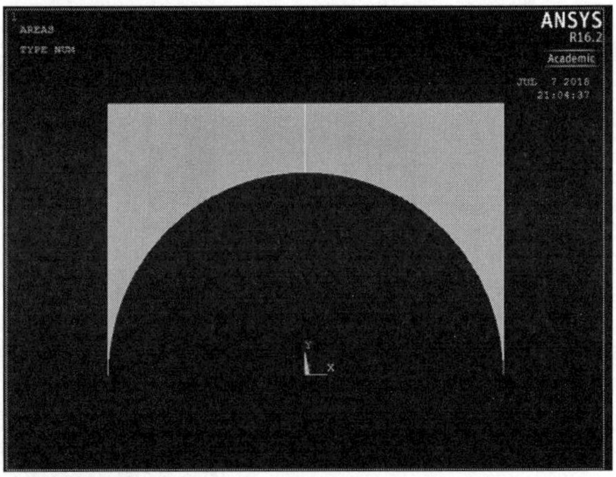

4.4) 첫 번째 아치를 Y좌표 방향으로 4m 만큼 이동시킴.

Preprocessor>Modeling>Move/Modify>Areas

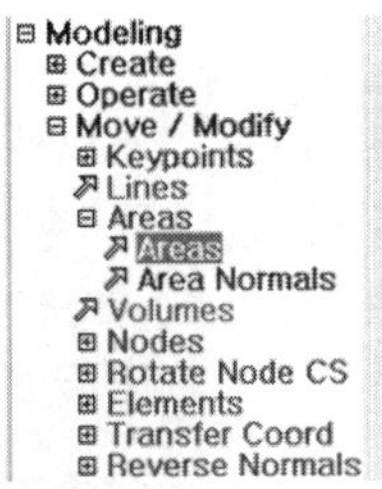

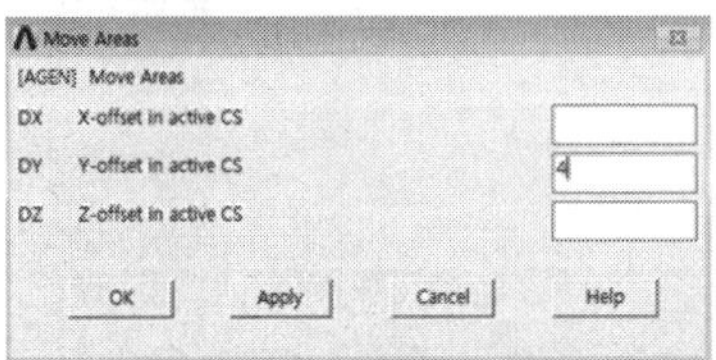

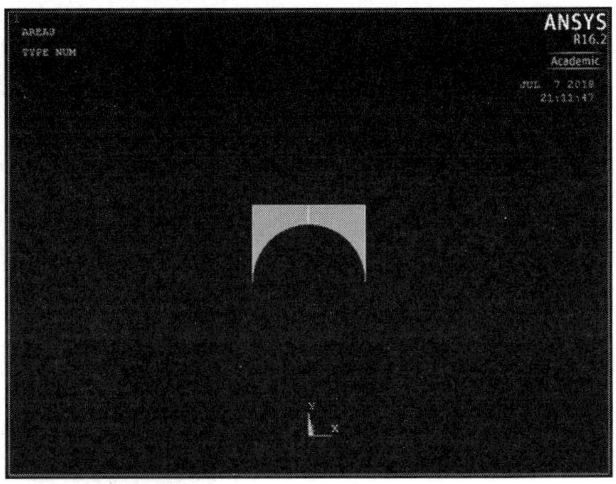

4.5) 앞에서 진행한 방법에 따라 두 번째 아치를 생성하여 Y좌표 방향으로 8m 만큼 이동시킴. 또는 Modeling>Copy를 이용하여 첫 번째 아치를 복사하여 이동시켜도 됨.

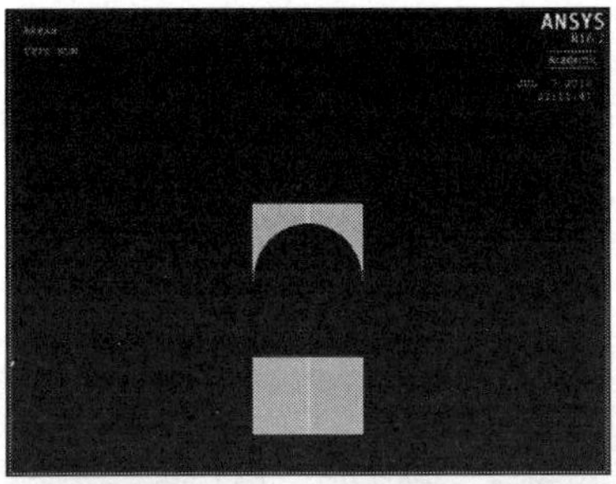

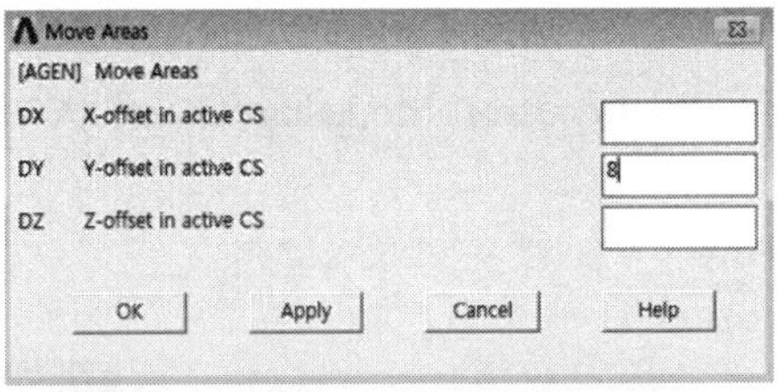

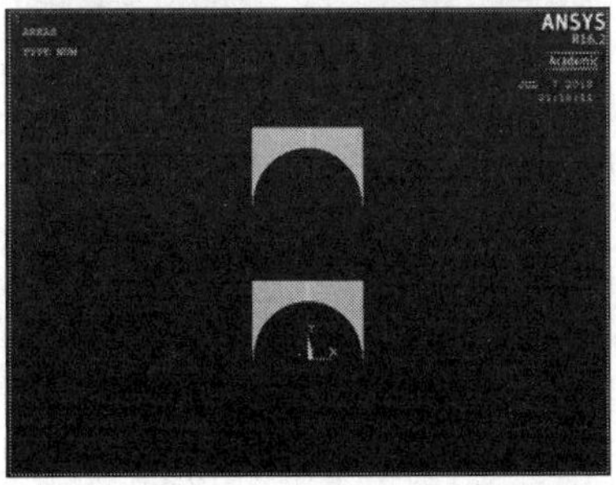

4.6) 2중 아치 구조물의 왼쪽 부분을 4개로 나누어 생성함.

Preprocessor>Modeling>Create>Areas>Rectangle>By Dimensions

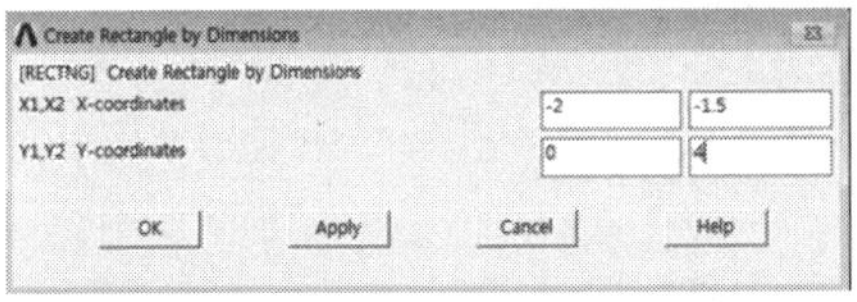

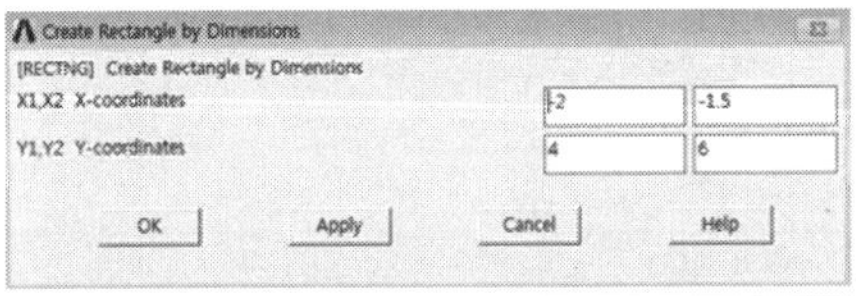

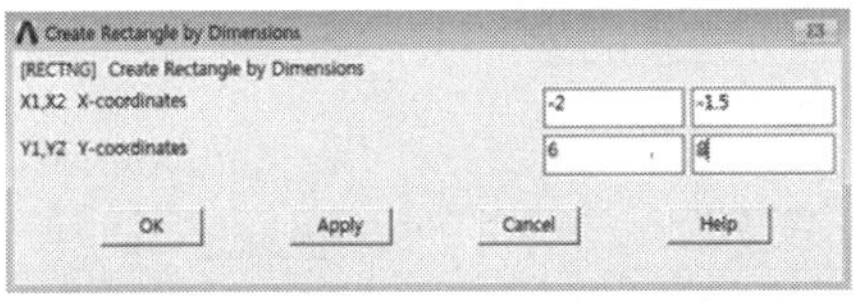

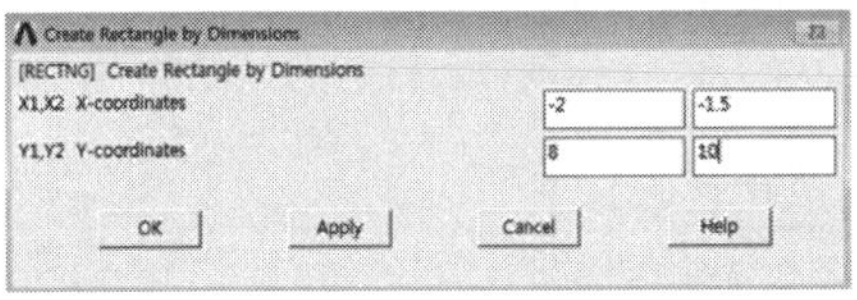

4.7) 2중 아치 구조물의 오른쪽 부분을 4개로 나누어 생성함.

Preprocessor>Modeling>Create>Areas>Rectangle>By Dimensions

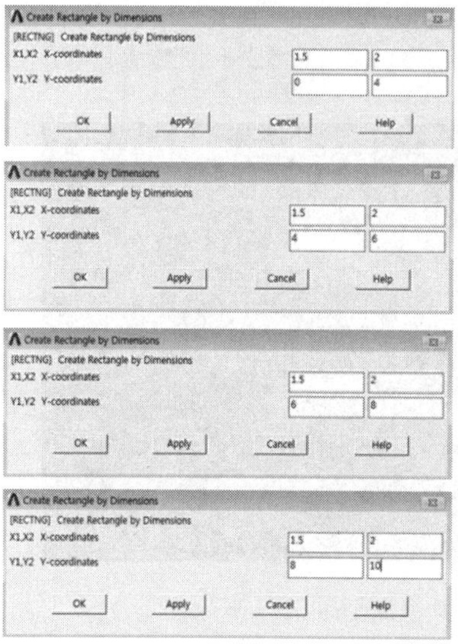

5) 12개의 기하모델을 접착(glue)시켜서 2중 아치 구조물을 완성함.

Preprocessor>Modeling>Operate>Booleans>Glue>Areas

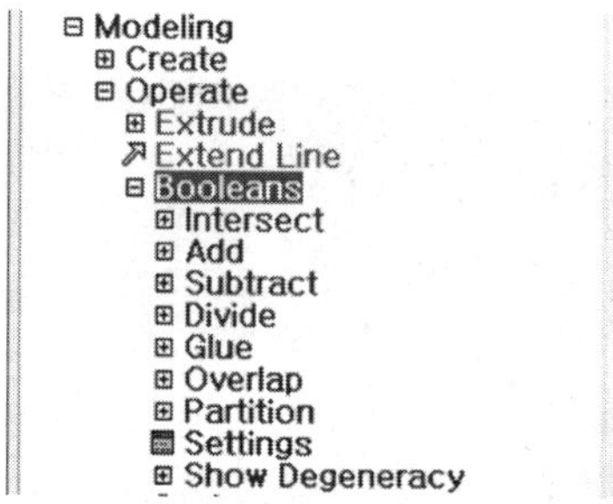

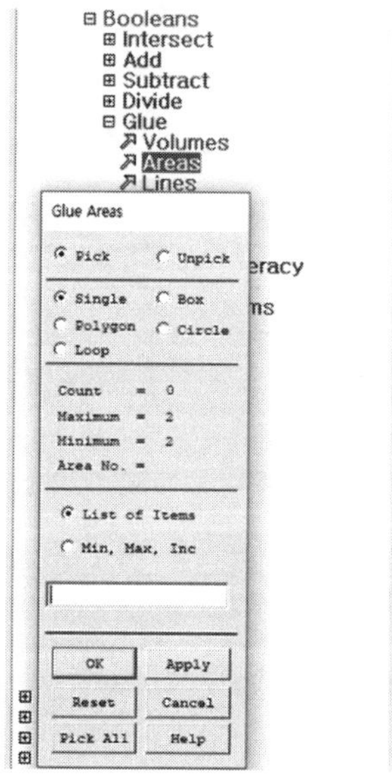

6) 생성될 요소의 수 설정.

Preprocessor>Meshing>Size Cntrls>Manual Size>Global>Size

(NDIV 10)

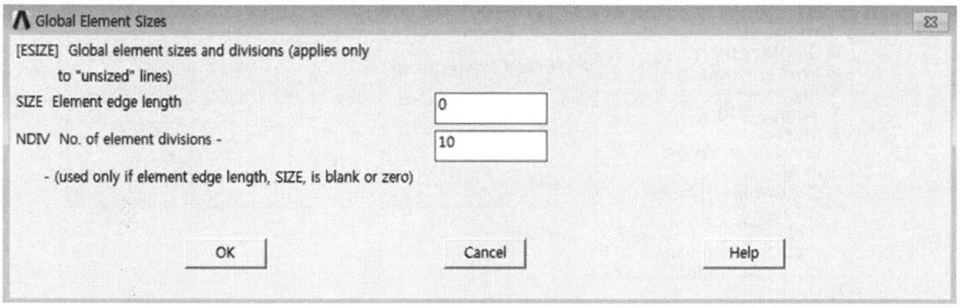

7) 유한요소의 자동생성.

Preprocessor>Meshing>Mesh>Areas>Mapped>3 or 4 sided+

8) 아래 하단에 있는 2개의 Line에 대해 All DOF=0 입력함.

Solution>Define Loads>Apply>Structural>Displacement>On Lines

9) 자중을 계산하기 위해서 중력가속도를 입력함.

Solution>Define Loads>Apply>Structural>Inertia>Gravity>Global

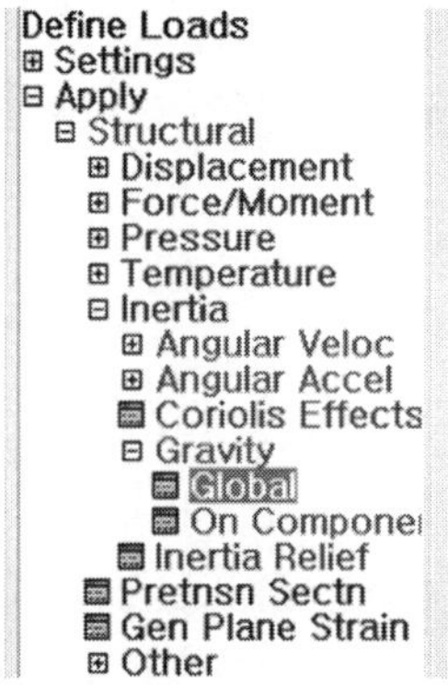

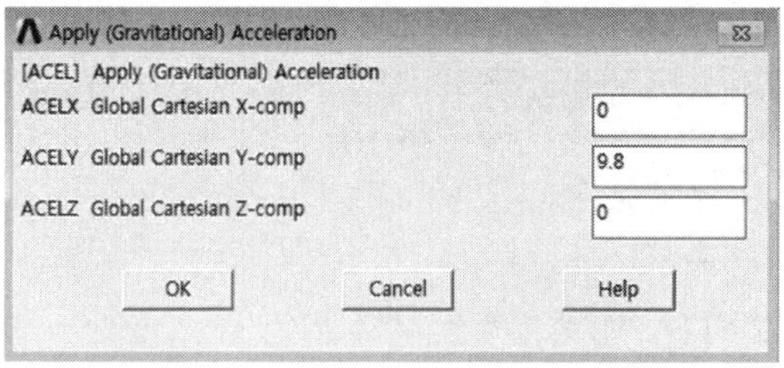

10) 변위와 응력의 계산.

11) 결과 출력 - 응력(단위 : Pa)의 출력

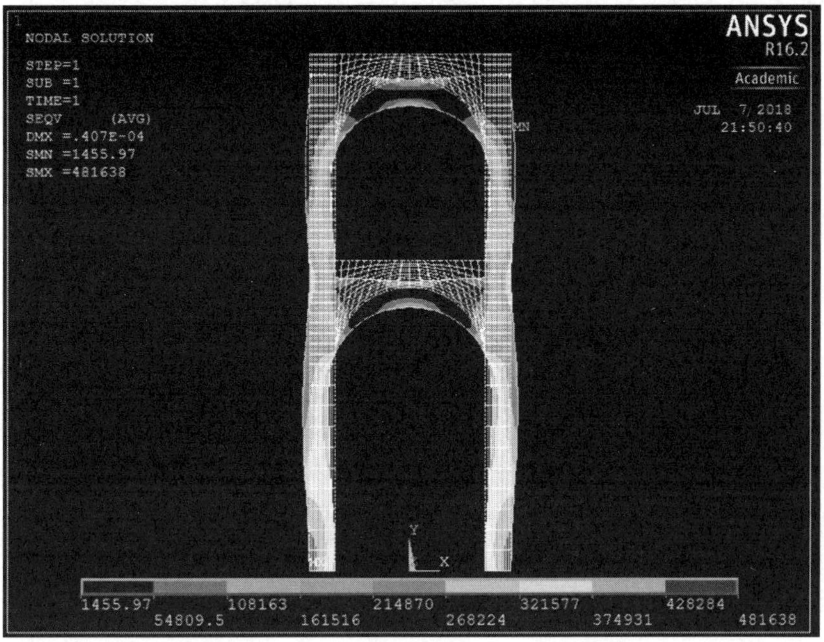

그림 5.16 예제 5.4의 해석결과 - von Mises응력

12) 결과 출력 - 변위(단위 : m) 출력

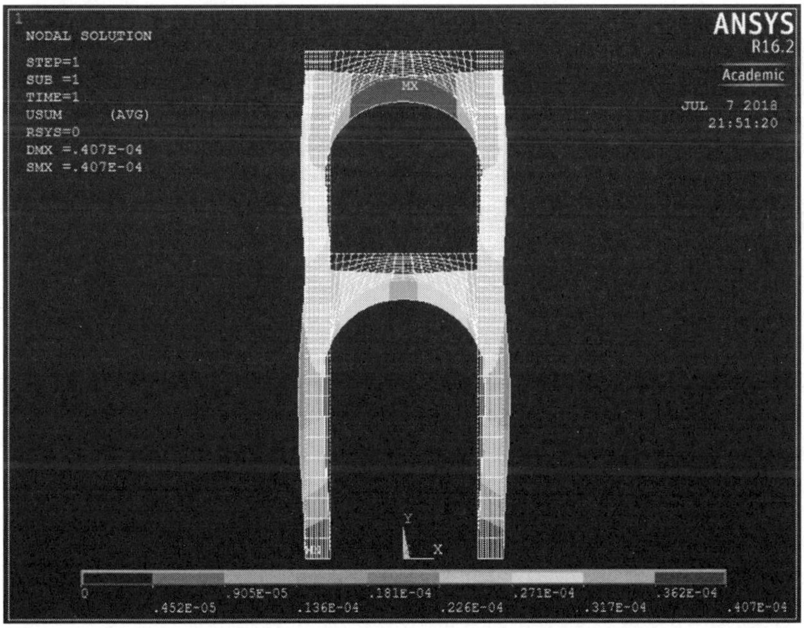

그림 5.17 예제 5.4의 해석결과 - 변위

예제 5.5

그림 5.18과 같이 중앙에 구멍이 나 있는 평판에 인장 응력이 작용하고 있다. 평판에 나타나는 응력 분포를 구하시오. 평면 응력 상태임.

$E = 30 \times 10^6 psi,\ \nu = 0.3$

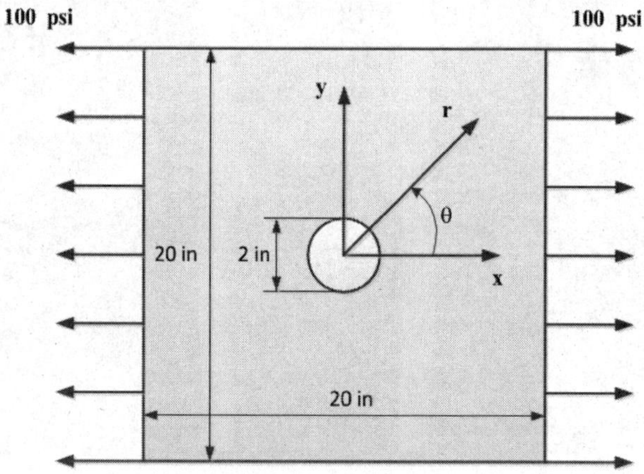

그림 5.18 중앙에 구멍이 나 있는 평판

해석과정

대칭성을 고려하여 1/4 형상만 선택한다.

1) 요소의 선택 : Structural Solid-Quad 4 node 182 (Plane182).
2) 요소 물성치(Real Constants)는 필요 없음.
3) 재료에 대한 재료물성(탄성계수, 프와송 비)입력.
   탄성계수의 단위가 'psi'이므로, 입력과정에서 힘은 'lb', 길이는 'in' 단위를 사용함.
4) 기하모델 생성 - 사각형.
   Preprocessor>Modeling>Create>Areas>Rectangle>By Dimensions
   X1, X2(0,10), Y1,Y2(0,10)

5) 사각형 안에 대각선 생성.

Preprocessor>Modeling>Create>Lines>Lines>Straight Line

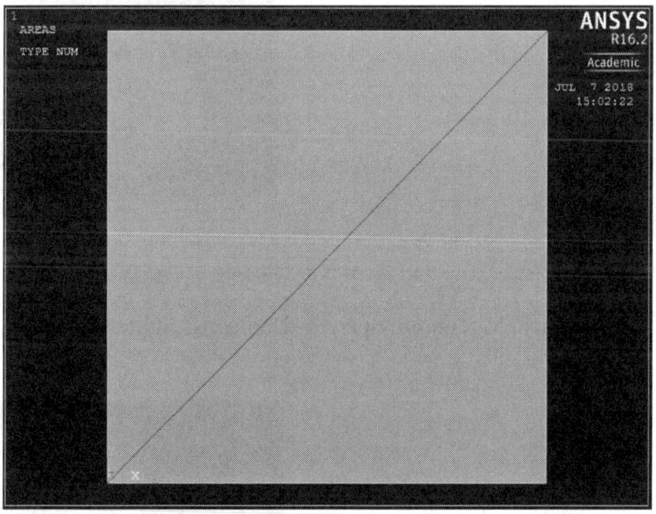

6) 대각선을 기준으로 사각형을 2개의 삼각형으로 분할함.

Preprocessor>Modeling>Operate>Booleans>Divide>Area by Line

그래픽 창에 있는 사각형 클릭 - Apply 버튼 클릭 - 라인(그래픽 창) 클릭 - OK 버튼 클릭

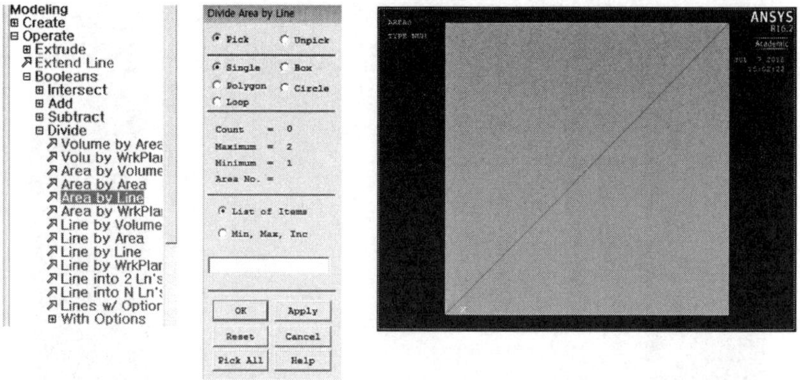

7) 반지름이 2.5 in인 원 생성.

Preprocessor>Modeling>Create>Areas>Circle>By Dimensions

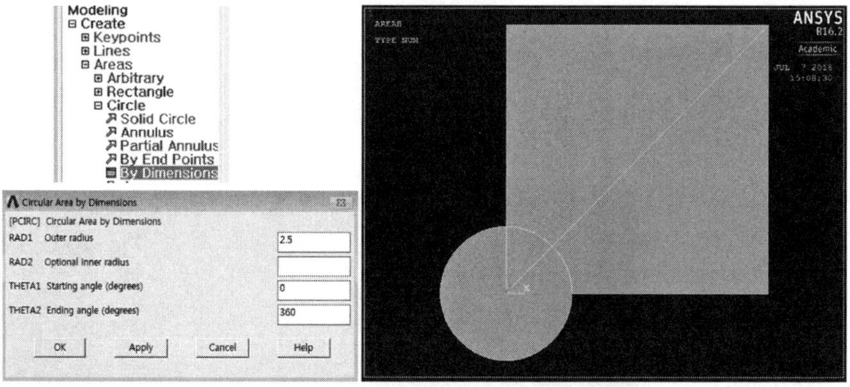

8) 2개의 삼각형에서 반지름이 2.5 in인 원을 빼줌.

Preprocessor>Modeling>Operate>Booleans>Subtract>Area

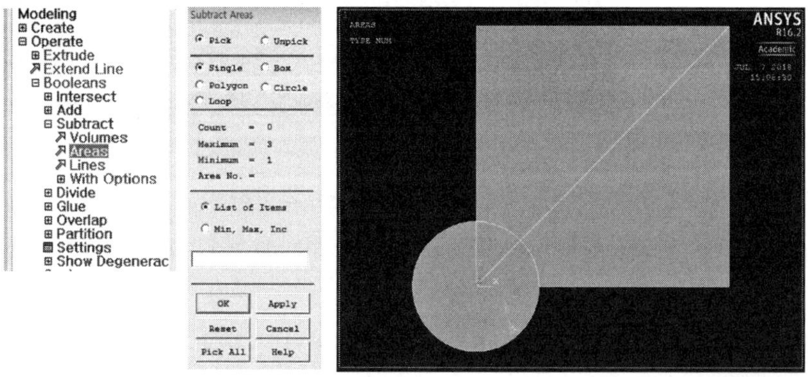

2개의 삼각형(그래픽 창) 클릭 - Apply 버튼 클릭 - 원(그래픽 창) 클릭 - OK 버튼 클릭

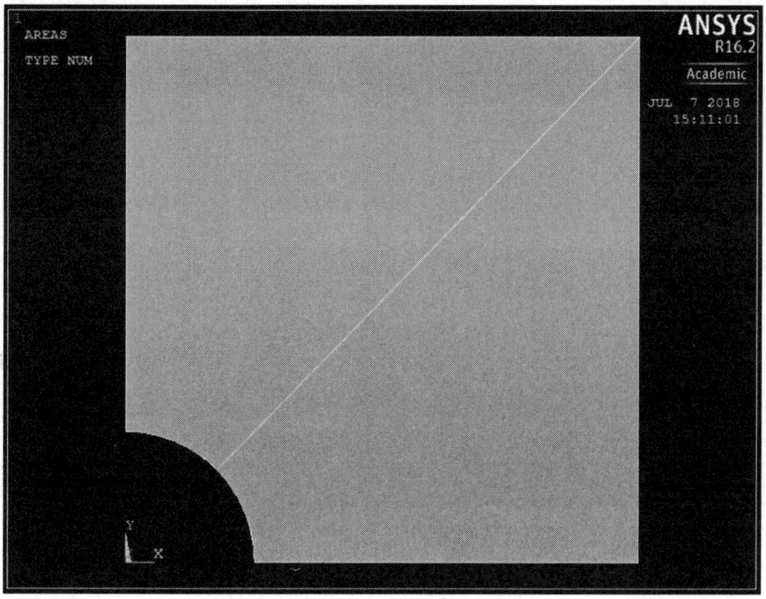

9) 안쪽 반지름 1 in, 바깥쪽 반지름이 2.5 in인 1/4 실린더를 두 번에 나누어 생성.

Preprocessor>Modeling>Create>Areas>Circle>By Dimensions

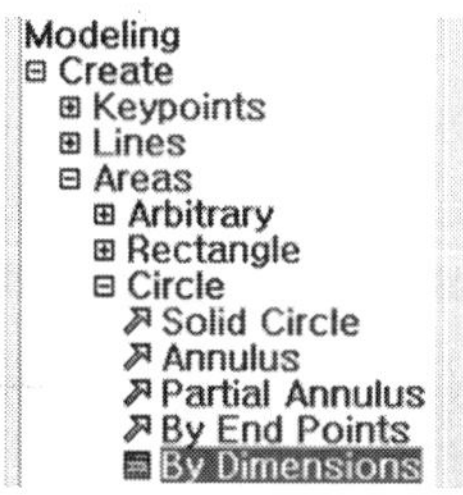

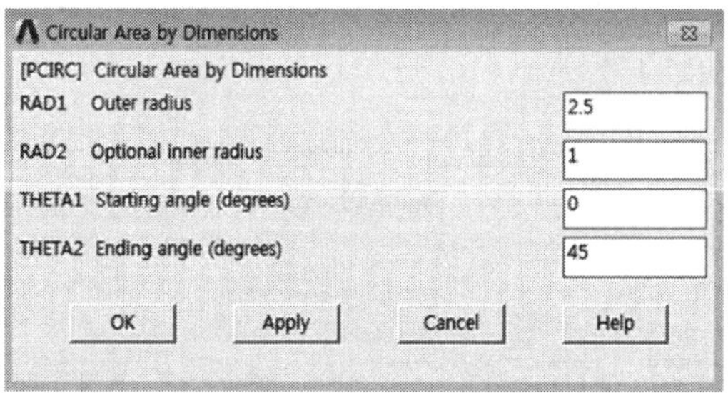

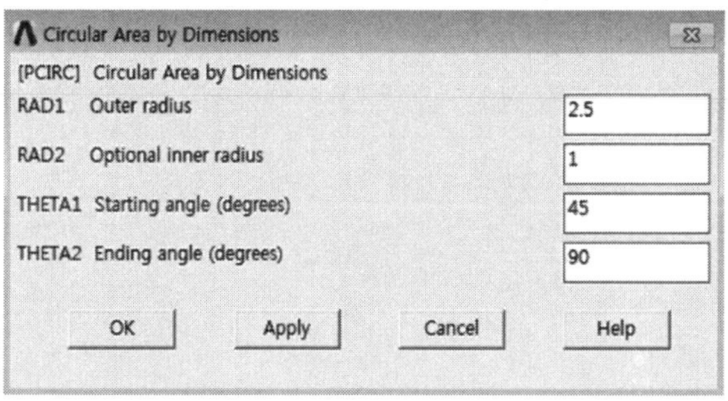

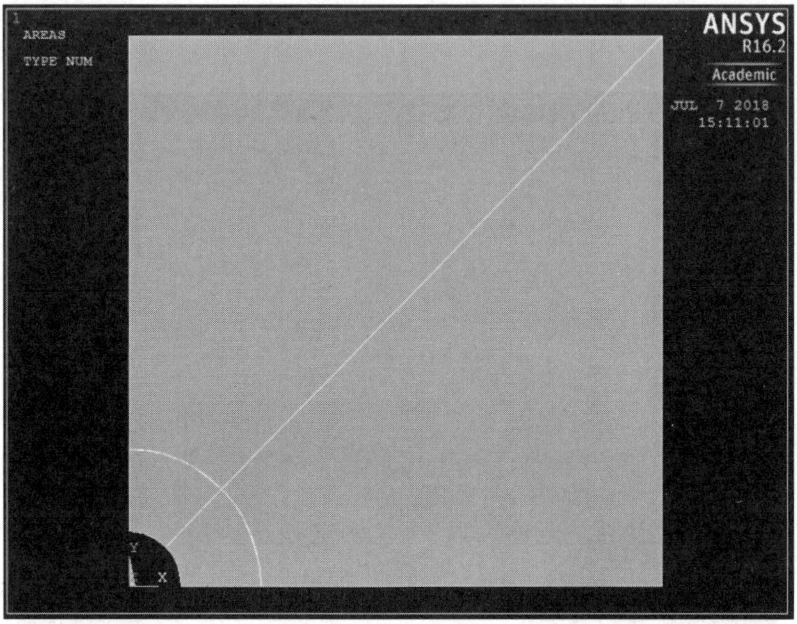

10) 4개의 기하모델을 접착(glue)시킴.

Preprocessor>Modeling>Operate>Booleans>Glue>Areas

11) 생성될 요소의 수 설정.

Preprocessor>Meshing>Size Cntrls>Manual Size>Global>Size

(NDIV 15)

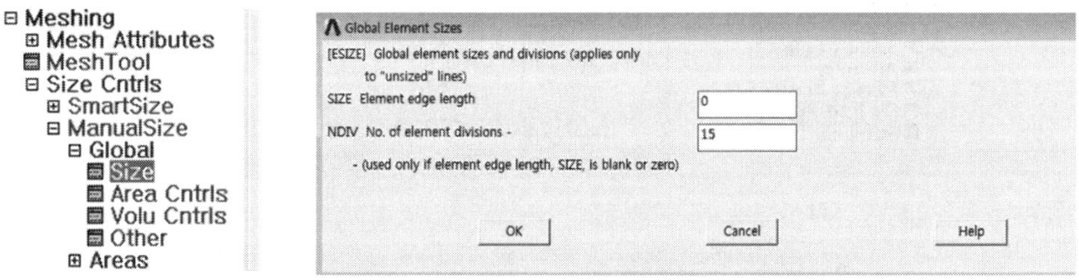

12) 유한요소의 자동생성.

Preprocessor>Meshing>Mesh>Areas>Mapped>3 or 4 sided+

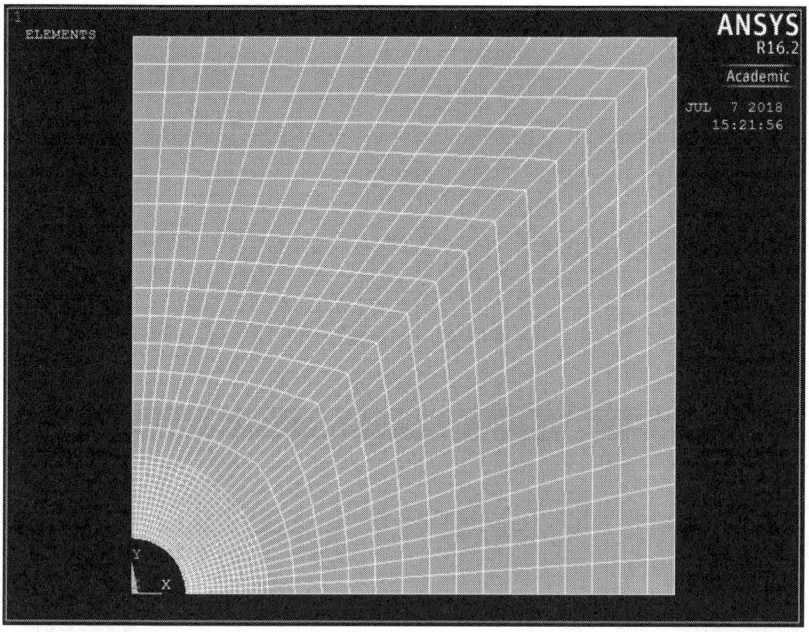

13) 대칭 경계조건을 적용하기 위해 X좌표가 0인 Lines와 Y좌표가 0인 Lines들을 선택하여 대칭경계조건 입력(Apply SYMM on Lines 창에서 OK 클릭).

Solution>Define Loads>Apply>Structural>Displacement>Symmetry B.C.>On Lines

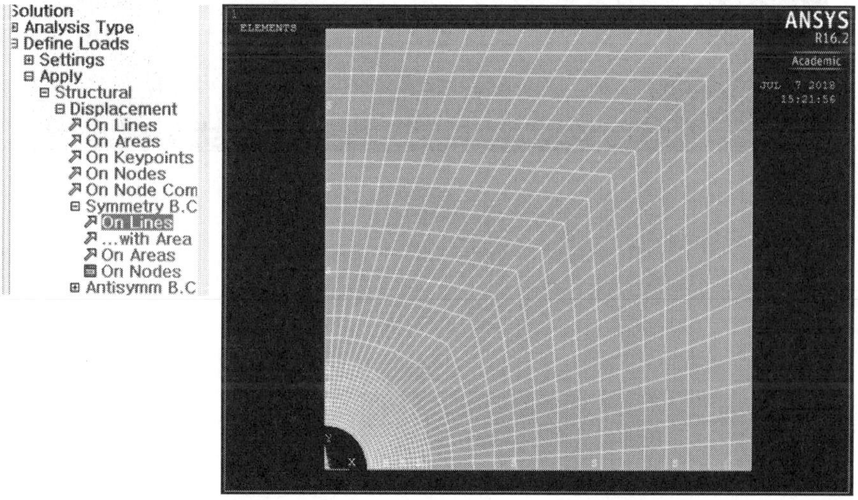

14) 압력(응력)이 작용하는 Line을 선택하여 압력(응력) 값을 입력함.

Solution>Define Loads>Apply>Structural>Pressure>On Lines

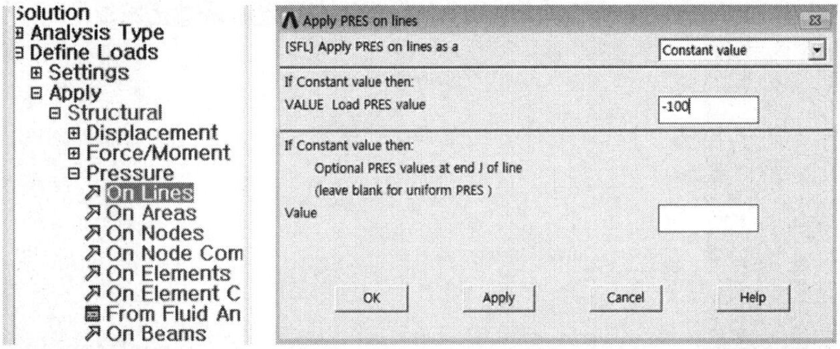

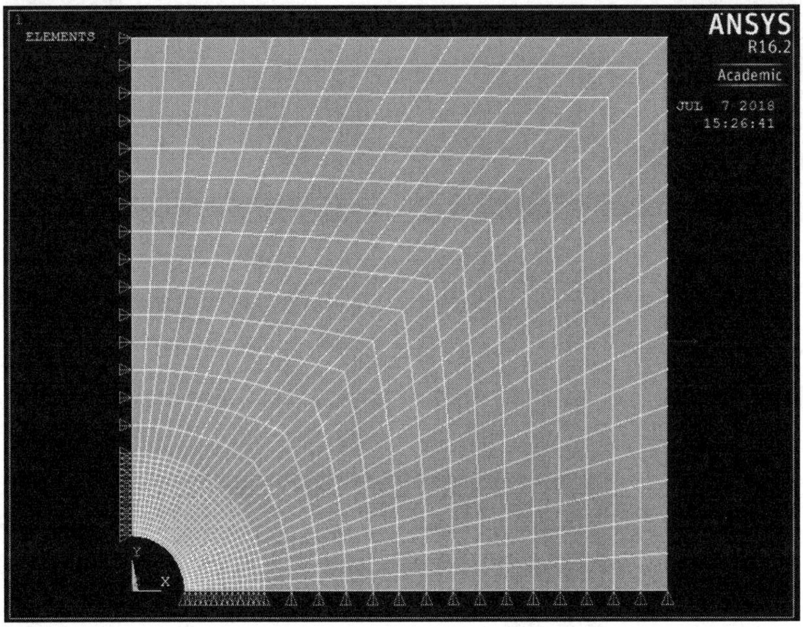

15) 변위와 응력의 계산.

16) 결과 출력 - 응력(단위 : psi)의 출력

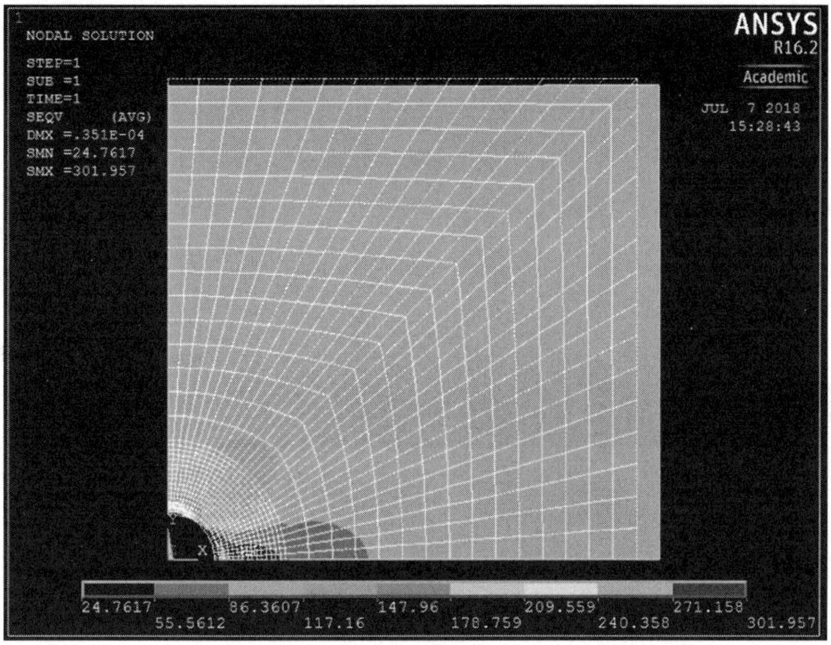

그림 5.19 예제 5.5의 해석결과 - von Mises응력

주어진 예제(그림 5.18)에 대한 수직 응력분포는 그림 5.20과 같으며 다음 식으로 주어진다.

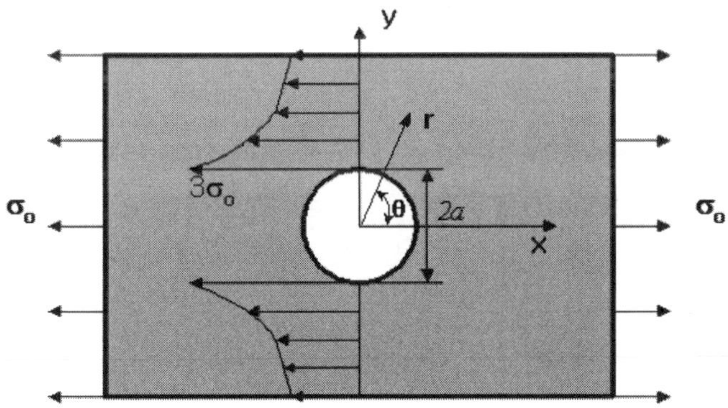

그림 5.20 수직 응력분포 형상

$$\sigma_r = \frac{1}{2}\sigma_o\left[\left(1-\frac{a^2}{r^2}\right)+\left(1+\frac{3a^4}{r^4}-\frac{4a^2}{r^2}\right)\cos 2\theta\right]$$

$$\sigma_\theta = \frac{1}{2}\sigma_o\left[\left(1+\frac{a^2}{r^2}\right)-\left(1+\frac{3a^4}{r^4}\right)\cos 2\theta\right] \tag{5.20}$$

$$\tau_{r\theta} = -\frac{1}{2}\sigma_o\left(1-\frac{3a^4}{r^4}+\frac{2a^2}{r^2}\right)\sin 2\theta$$

해석결과를 보면 구멍의 둘레에는 응력이 집중되는 부분이 있다. 응력의 변화가 큰 부위에는 mesh의 밀도를 크게 할 필요가 있지만, 그 이외의 부분은 mesh밀도가 클 필요가 없다. 해석하는 부분을 4개의 구간으로 나누는 이유는 응력변화를 고려하여 mesh밀도를 조절하기 위해서이다.

예제 5.6

다음 2차원 문제(그림 5.21)의 응력분포를 구하시오. 단, $E_{Al} = 10\times 10^6\ psi$, $\nu_{Al} = 0.3$, $E_{steel} = 30\times 10^6\ psi$, $\nu_{steel} = 0.28$이고 평면 변형률(plane strain)조건임.

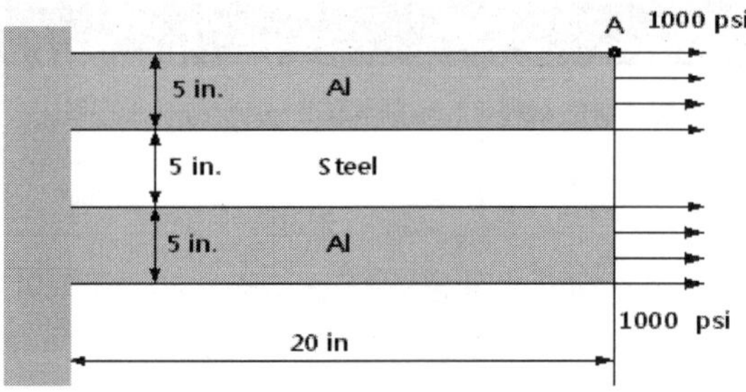

그림 5.21 복합재료

해석과정

1) 요소의 선택 : Structural Solid-Quad 4 node 182 (Plane182).
평면 변형률 문제이므로 Options을 클릭하여 Element behavior(K3)에서 평면 변형률(Plane strain)을 선택함.
2) 요소 물성치는 필요 없음.
3) 2가지 재료물성(탄성계수, 프와송 비)입력.
4) 기하모델 생성 -사각형.
(이 문제는 대칭성을 고려하여 상하 두 부분으로 나누어 윗 부분을 해석함.)
Preprocessor>Modeling>Create>Areas>Rectangle>By Dimensions
X1, X2(0, 20), Y1,Y2(0, 2.5)
X1, X2(0, 20), Y1,Y2(2.5, 7.5)

5) 기하 모델링 과정에서 만들어진 사각형에 대해서 아래 그림처럼 subtract기능을 적용하여 해당 부분을 빼준 다음 다시 사각형을 만들어 채운다.

6) 작은 사각형 모서리와 큰 사각형의 모서리를 선으로 연결한 다음 divide기능을 이용하여 나눔.

Preprocessor>Modeling>Operate>Booleans>Divide>Area by Line

7) Glue를 이용하여 전체를 붙인다.

Preprocessor>Modeling>Operate>Booleans>Glue>Areas

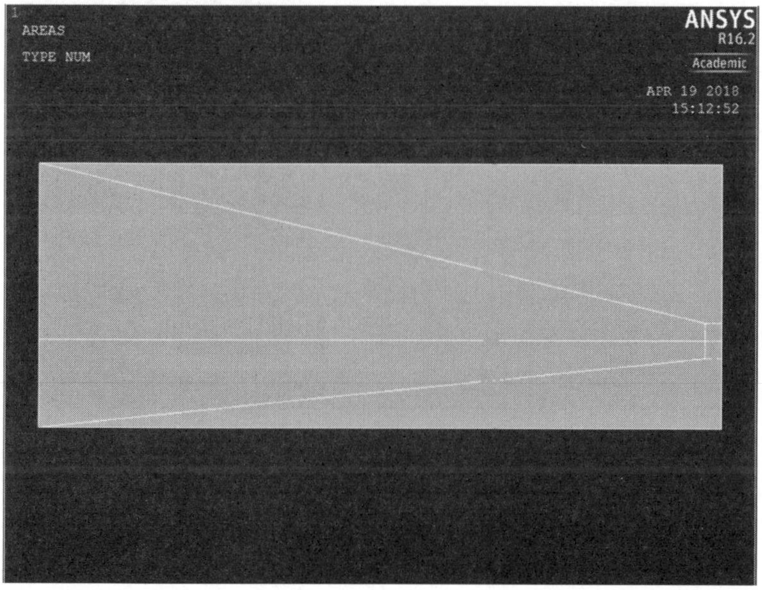

8) 여러가지 NDIV 값을 설정한 후 해석 결과들을 비교함.

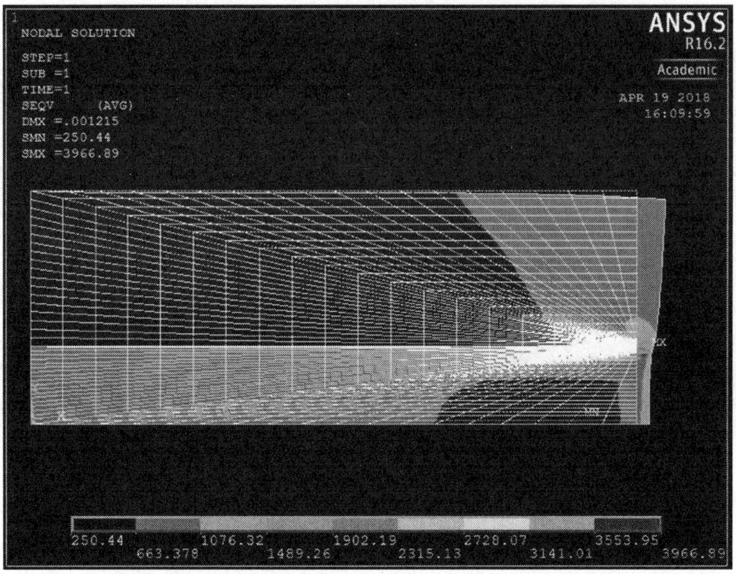

그림 5.22 예제 5.6의 해석결과 – von Mises응력

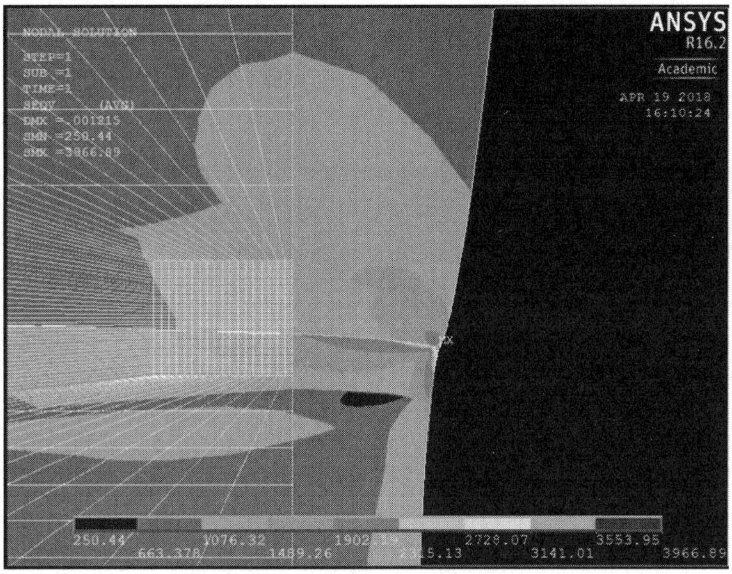

그림 5.23 예제 5.6의 해석결과 - 응력 집중 부위를 확대한 그림

해석결과를 보면, 두 재료가 만나는 모서리 점에서 응력 집중이 발생하는 것을 발견하게 된다. 이러한 모서리 점에서 발생하는 응력 집중을 보다 더 잘 파악하기 위해서는 mesh를 더 세밀하게 만들 필요가 있다.

도전문제 5.1

그림 5.24와 같이 균열이 발생한 평판에서 응력분포를 구하시오. (평면 변형률 상태임.)

$\sigma_o = 450\ MPa$; $L = 400\ mm$; $a = 9.5\,mm$;

$b = 95\ mm$

$E = 200{,}000\,N/mm^2$; $\nu = 0.25$

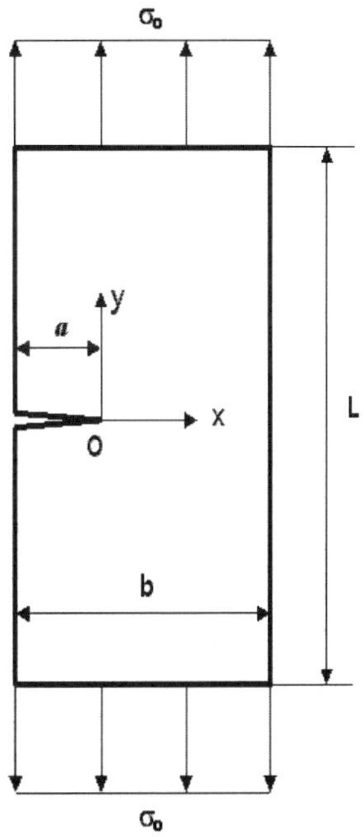

그림 5.24 균열이 있는 평판

해석과정

1) 상하 대칭이므로 1/2 모델로 해석한다.
   요소의 선택 : Structural Solid-Quad 4 node 182 (Plane182).
2) Options를 클릭하여 plane strain으로 바꿔줌.
3) 재료물성(탄성계수, 프와송 비)입력
4) 기하모델 생성 - Keypoint 생성
   균열부근의 복잡한 응력상태를 구하기 위해서, 균열선단 부근과 그 주변을 구분하여 mesh를 생성하는 것이 효율적이다. 즉 균열선단 부근의 mesh 밀도는 크게 하고, 그 주변은 점차 밀도가 낮아지도록 한다. 여기에서는 균열선단 주위에 Keypoint와 Line 기능을 이용하여 사각형 형상의 Area들을 만든다.
   Preprocessor>Modeling>Create>Keypoints>In Active CS...

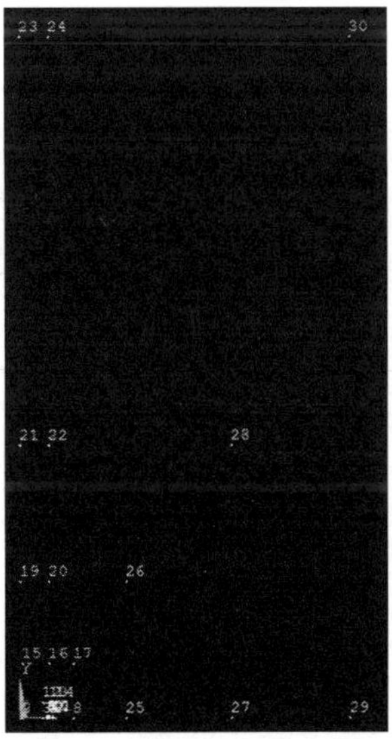

5) Keypoint들을 연결하는 직선 생성
Preprocessor>Modeling>Create>Lines>Lines>Straight Line
6) 직선으로 구성되는 면 생성
Preprocessor>Modeling>Create>Areas>Arbitrary>By-Lines

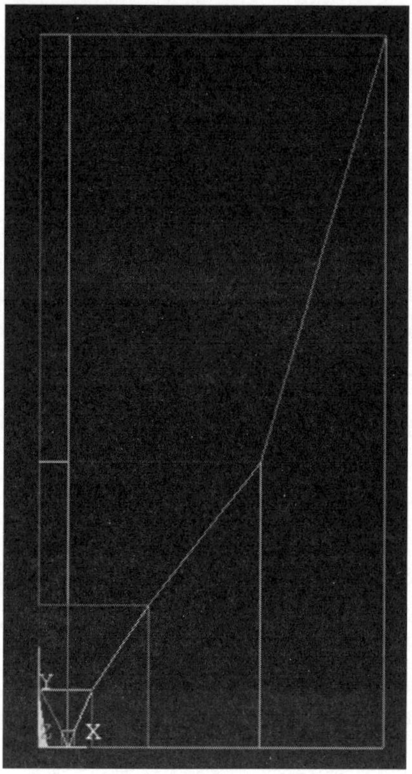

7) 하나의 요소로 인식시키기 위해서 Glue기능 이용
Preprocessor>Modeling>Operat>Booleans>Glue>Areas

8) 균열 부분에서 mesh를 생성한다. 나머지 부분의 mesh도 생성한다.
(필요시 Refine기능을 사용하여 균열부분에서 mesh 밀도를 높인다.)
9) 대칭조건에 맞추어 아래쪽에 Symmetry조건을 주고, 오른쪽 코너에 있는 한 절점에 UX=0의 조건을 준다.
10) 위쪽에 있는 모든 절점들에 Pressure = − 450 적용
11) 변위와 응력의 계산
Solution>Solve>Current LS

12) 결과 출력 - von Mises 응력(단위 : MPa).

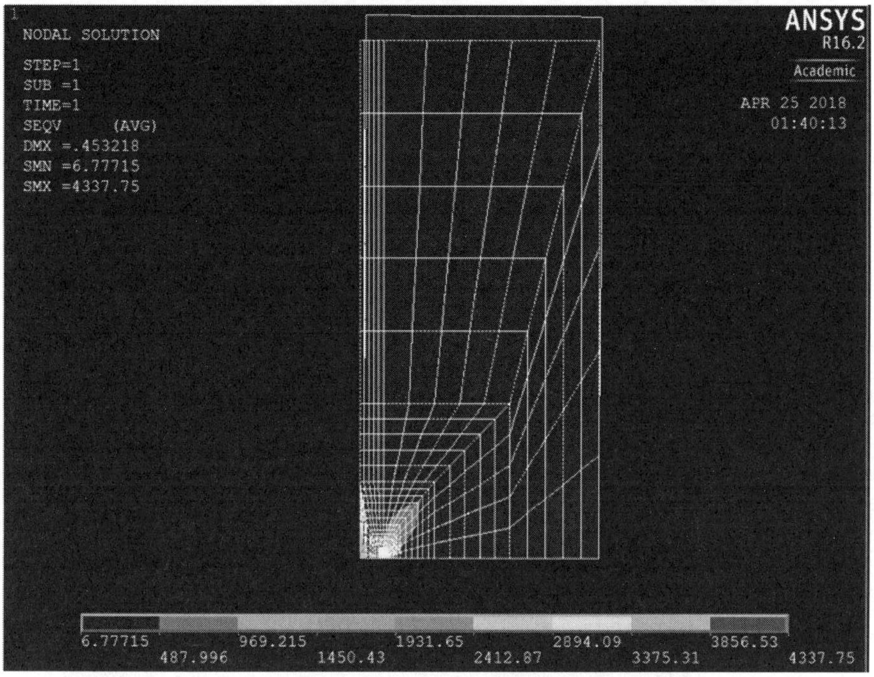

그림 5.25 균열 문제 응력해석결과

연습문제

5.1 다음 2차원 문제의 해(그림 P5.1에서 변위와 응력 분포)를 구하시오. 단, $E = 10 \times 10^6\, psi$, $\nu = 0.3$이고, 평면 응력 조건임.

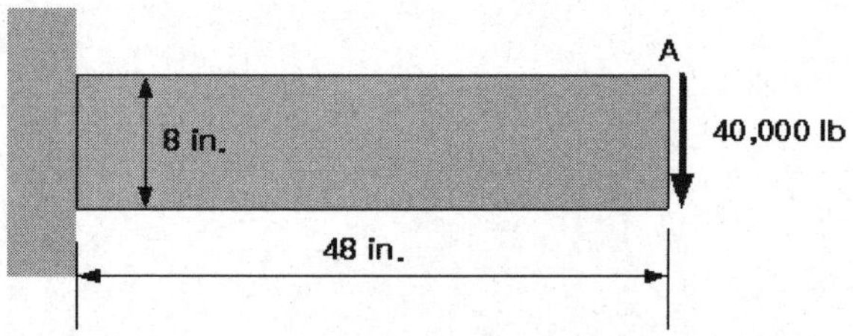

그림 P5.1 전단력이 작용하는 평판 문제

해

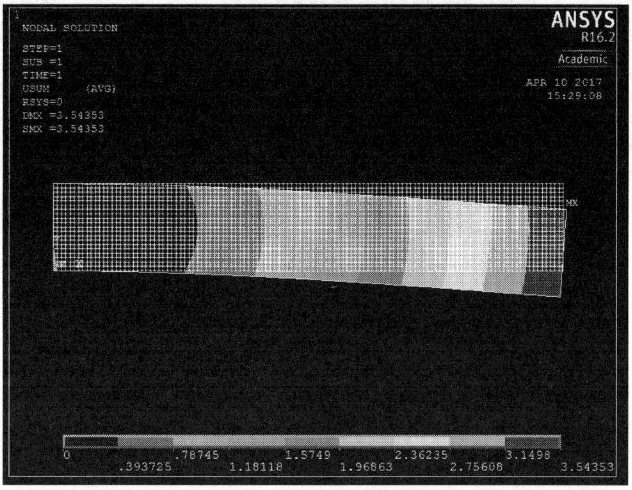

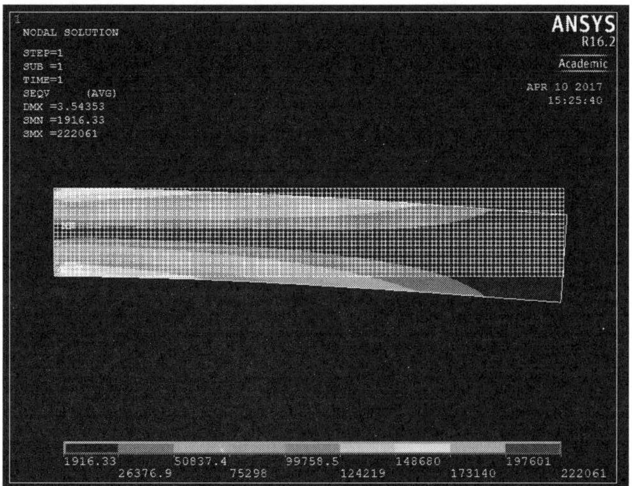

5.2 그림 P5.2와 같이 중앙에 구멍이 나 있는 평판에 외력이 작용하고 있다. 가장 큰 von Mises 응력 값을 구하시오. 평면 응력상태임.

$E = 210\ GPa,\ \nu = 0.3$

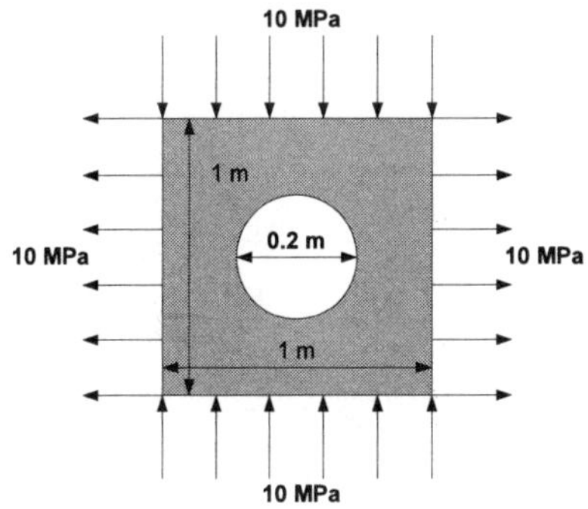

그림 P5.2 구멍이 있는 평판

해

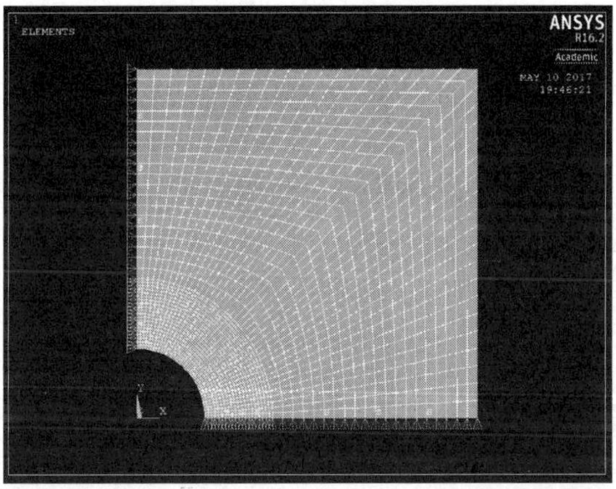

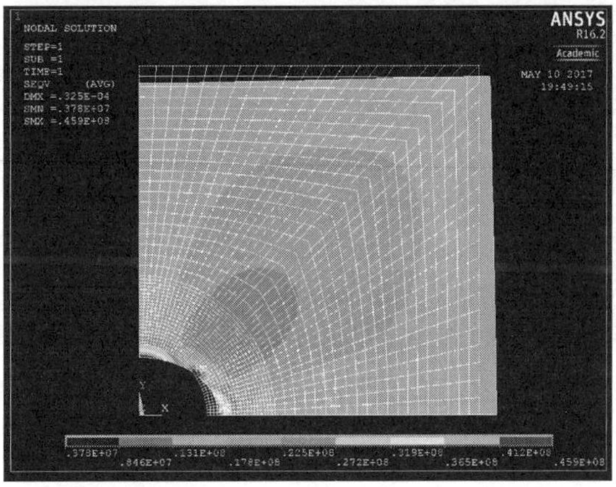

5.3 다음 2차원 문제(그림 P5.3)의 해(von Mises stress)를 구하시오.
단, $E= 10\times 10^6\,psi$, $\nu= 0.3$이고, 평면 응력 조건임.

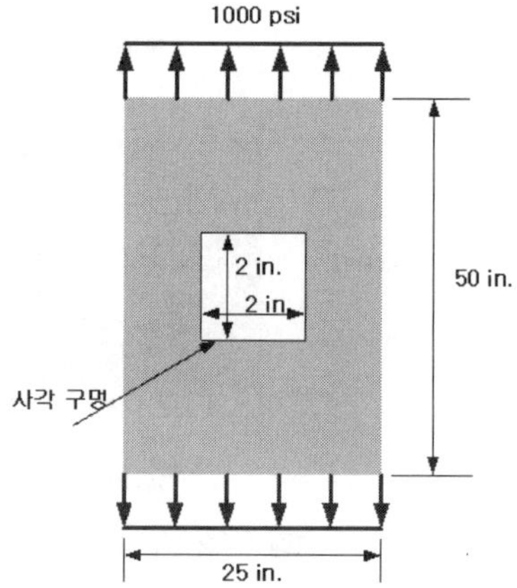

그림 P5.3 사각형 구멍이 있는 평판 문제

해 대칭성을 이용하여 1/4만 모델링 한 후, 해석한다.

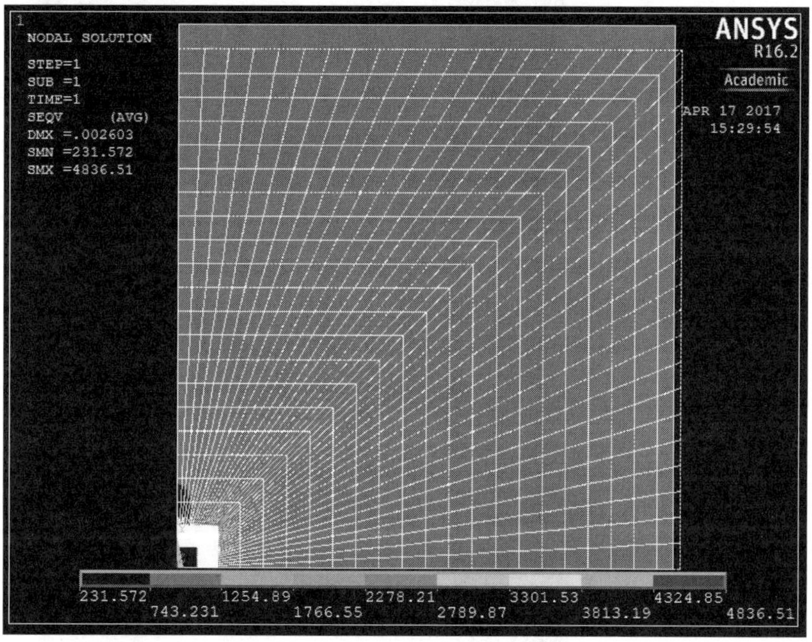

5.4 다음 문제의 해들을 유한요소법으로 구하고자 한다(그림 P5.4). 응력해석 결과를 나타내시오.

단, $E_A = 30 \times 10^6\, psi$, $\nu_A = 0.27$,

$E_B = 10 \times 10^6\, psi$, $\nu_B = 0.33$ 이고,

평면 응력 조건임.

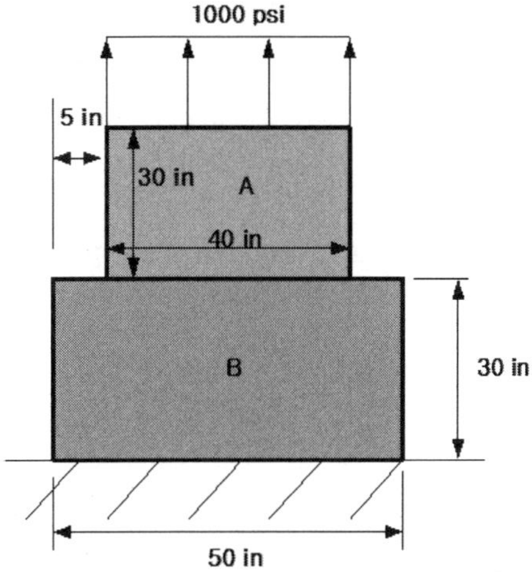

그림 P5.4 분포하중을 받고 있는 복합 구조물

해

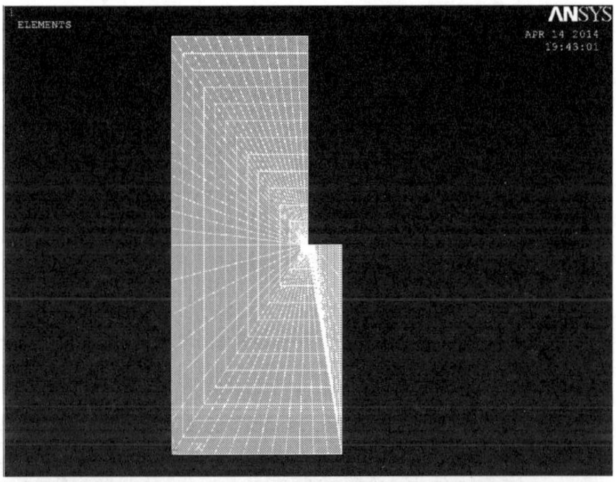

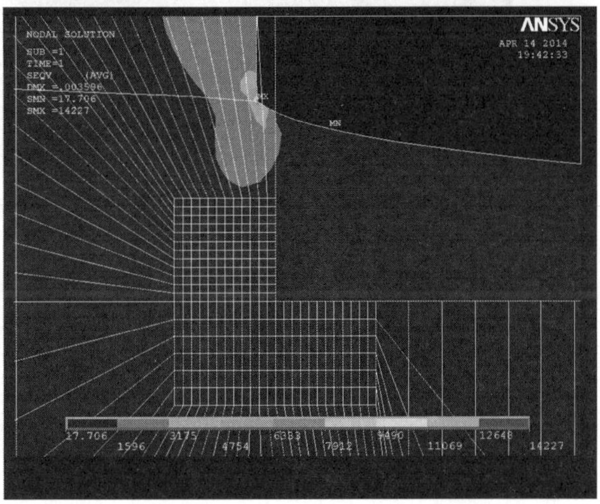

5.5 그림 P5.5와 같이 서로 다른 재료로 결합된 이종재료 평판에 인장응력이 작용하고 있다. 평판에서의 응력 및 변위 분포를 구하시오. (평면 변형률 상태로 가정)

$\sigma_o = 450\ MPa$; $L = 400\ mm$; $b = 200\ mm$

$E_I = 200,000\ N/mm^2$; $\nu_I = 0.25$

$E_{II} = 2,000,000\ N/mm^2$; $\nu_{II} = 0.2$

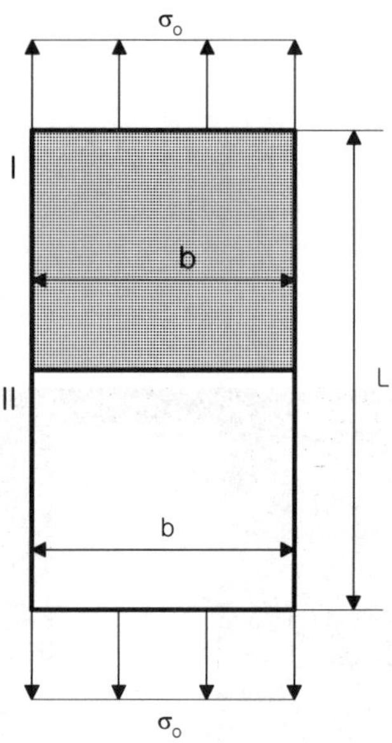

그림 P5.5 분포하중을 받고 있는 이종재료 평판

해

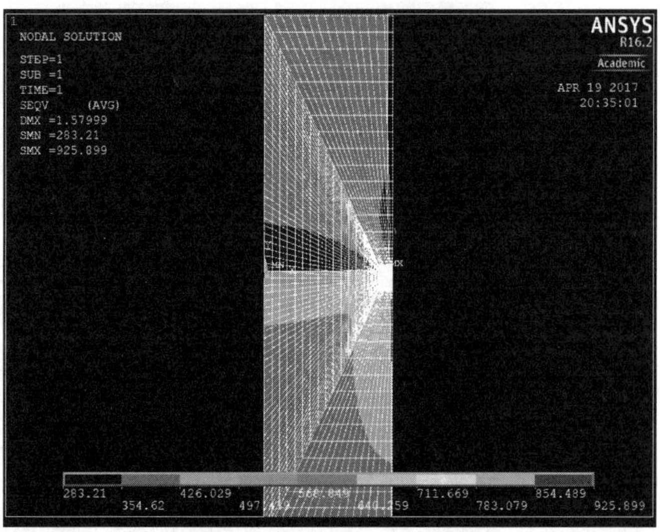

5.6 그림 P5.6과 같이 폭이 d이고 길이가 L인 알루미늄 평판($E = 11 \times 10^6 psi$, $\nu = 0.3$)이 거리가 $1.002 in.$만큼 떨어진 두 개의 강체벽 사이에 놓여있다. 두 재료 사이에 접촉은 되지만 서로 간에 압력이 작용하지 않을 때에 작용할 최대 분포하중 크기 w를 구하시오. 여기서 $L = 6$ $in.$,$d = 1$ $in.$이고, 평판은 강체벽 사이 가운데 놓여 있으며, 상하 대칭 거동을 한다고 가정함. 평판은 단위 두께를 가지며 평면응력상태라고 가정함.

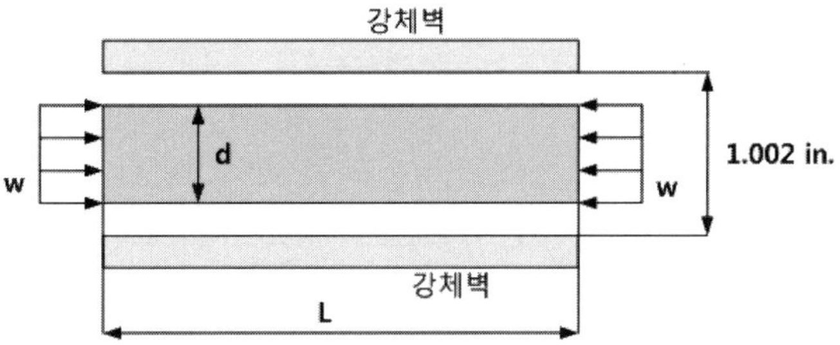

그림 P5.6 분포 하중을 받고 있는 평판

해 $w = 73{,}300\ psi$

CHAPTER

06

3차원 응력해석

CHAPTER

06 3차원 응력해석

ANSYS에서 고체 구조물 해석에 사용되는 3차원 요소로는 8절점 육면체 요소(SOLID185), 20절점 육면체 요소(SOLID186), 강화 복합재료 해석에 사용하는 8절점 육면체 요소, 4절점 사면체 요소, 직선 변위 자유도 뿐만 아니라 회전 자유도를 갖는 8절점 육면체 요소, 그리고 10절점 사면체 요소가 있다.

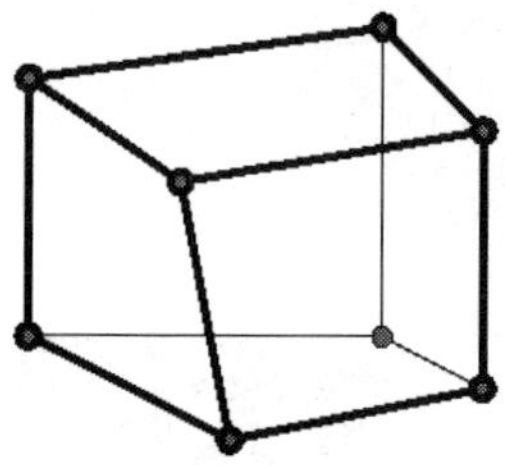

그림 6.1 SOLID185

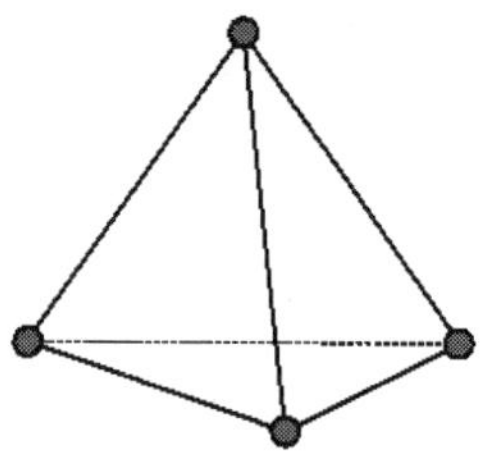

그림 6.2 4절점을 갖는 사면체 요소

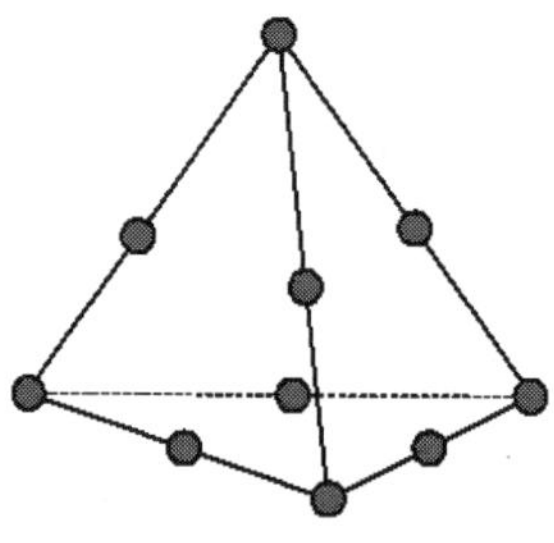

그림 6.3 10절점을 갖는 사면체 요소

다음 예제들은 ANSYS를 사용하여 3차원 응력 문제를 해석하는 과정을 설명하고 있다.

예제 6.1

그림 6.4와 같은 3차원 보에 압력 $p = 500\,kPa$가 균일하게 보의 오른쪽 절반에 작용하고 있다. 응력 분포와 변위를 구하시오.
$E = 210\ GPa$, $\nu = 0.3$임.

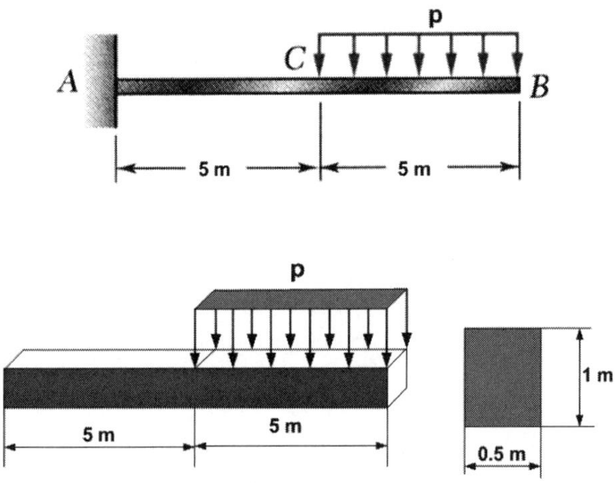

그림 6.4 부분적으로 분포하중을 받고 있는 3차원 직육면체 보

해석과정

1) 요소의 선택 : Structural Solid-Brick 8 node ; Solid185.

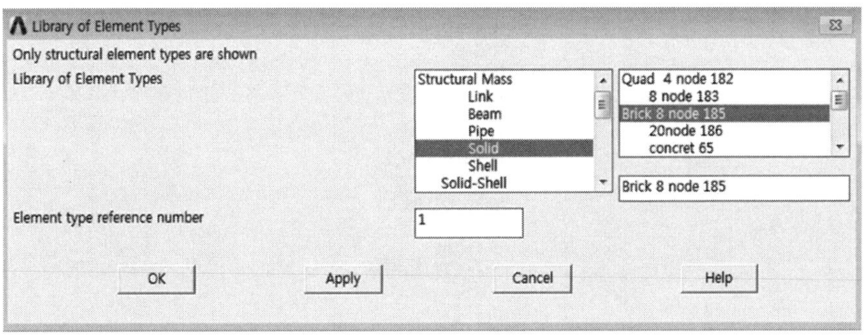

2) 재료물성(탄성계수, 프와송 비) 입력.

3) 기하모델 - 압력이 오른쪽 절반에만 작용하므로 두 부분으로 나눠서 모델링.

Preprocessor>Modeling>Create>Volumes>Block>By Dimensions

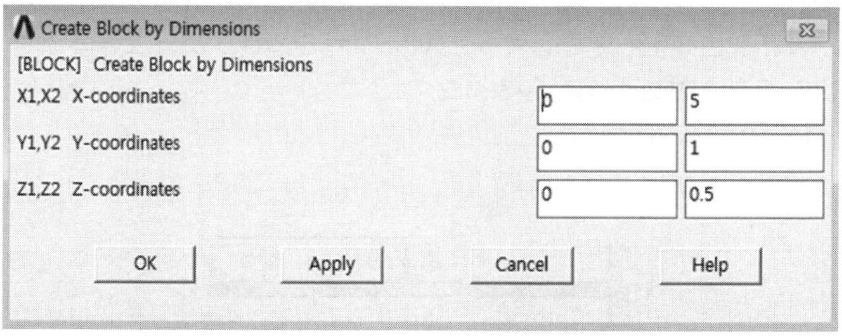

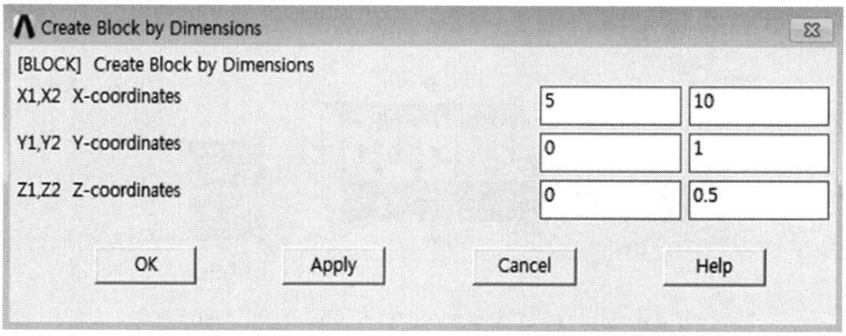

4) 두 부분을 접합함.

Preprocessor>Modeling>Operate>Booleans>Glue>Volumes

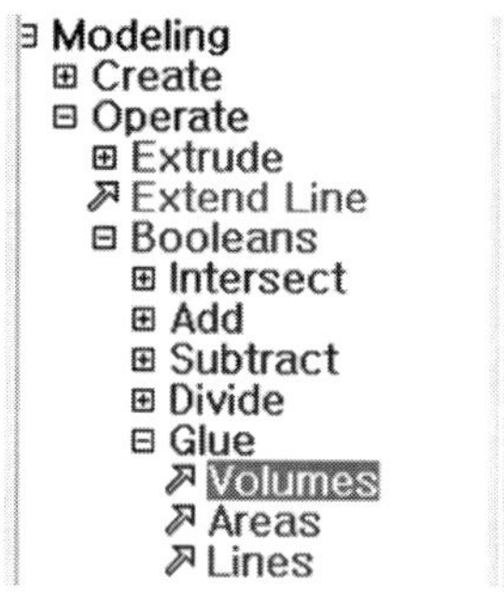

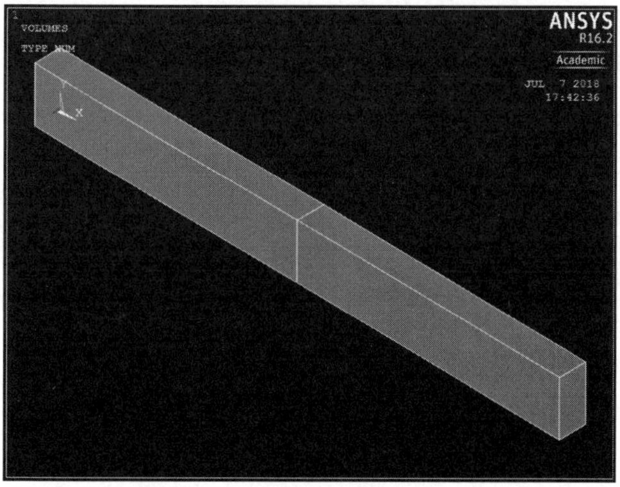

5) 생성될 요소의 크기 (Global Element Sizes).

Preprocessor>Meshing>Size Cntrls>Manual Size>Global>Size

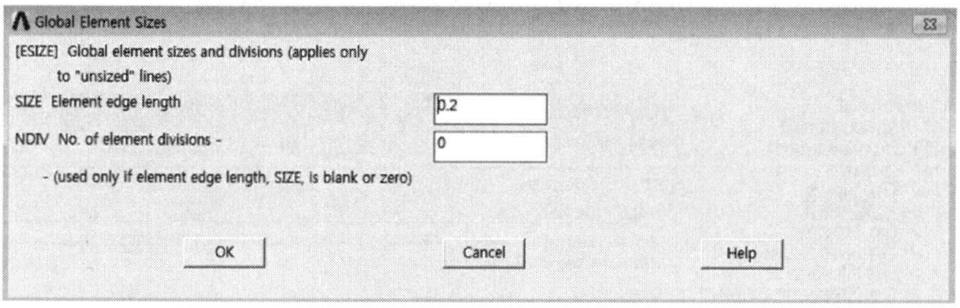

6) 입방체에 3차원 입방체 요소 자동생성.

Preprocessor>Meshing>Mesh>Volumes>Mapped>4 to 6 sided+

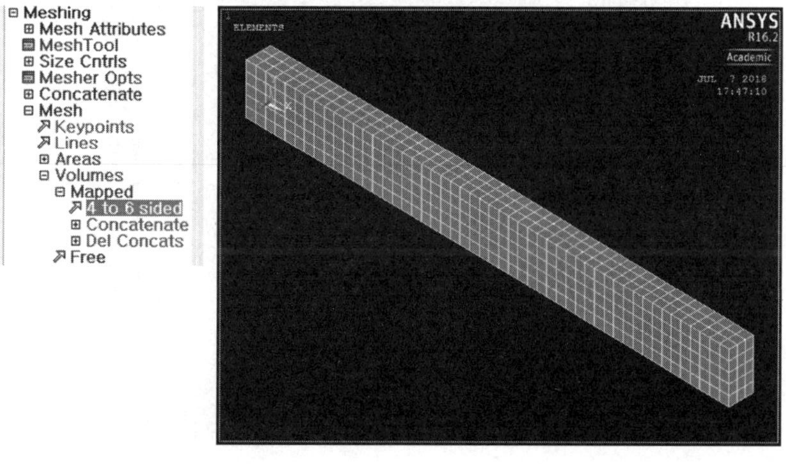

7) 왼쪽면에 경계조건을 적용하기 위해 X좌표가 0인 면적 선택.
선택된 면적에 All DOFs=0 적용.
Solution>Define Loads>Apply>Structural>Displacement>On Areas

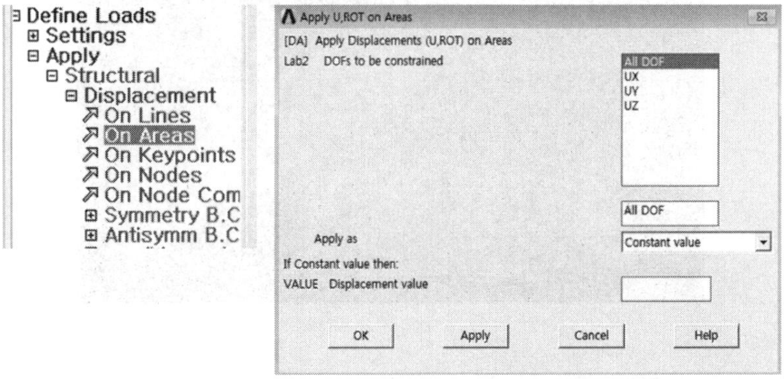

8) 압력을 주려는 면적을 선택한 후 압력 값 $p = 500{,}000\ N/m^2$ 입력.
Solution>Define Loads>Apply>Structural>Pressure>On Areas

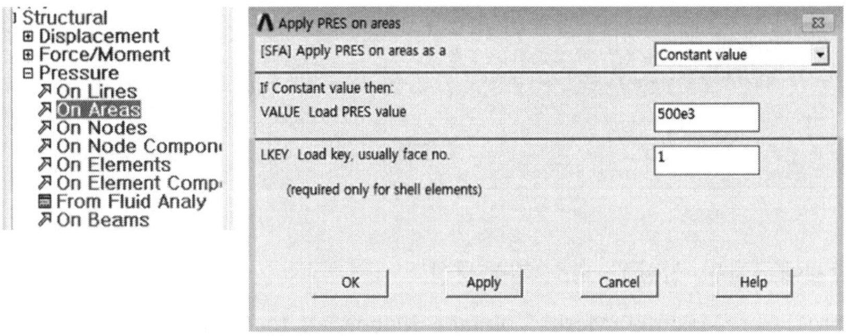

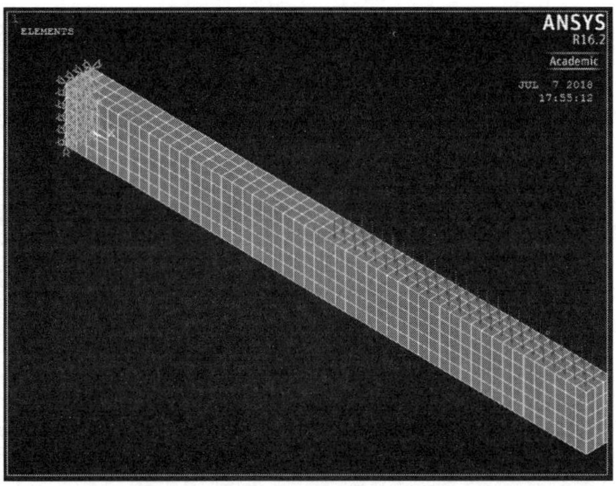

9) 변위와 응력의 계산.
Solution>Solve>Current LS

10) 결과 출력 – von Mises 응력(단위 : Pa)과 변위(단위 : m).

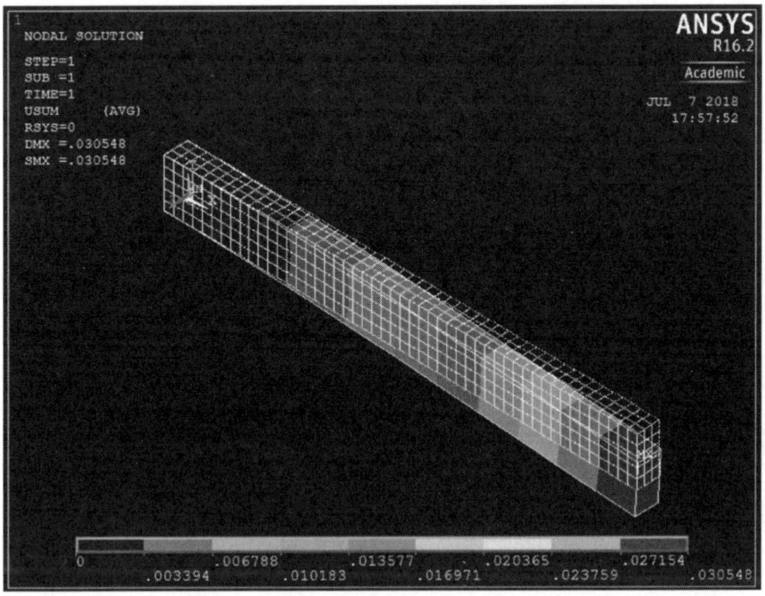

그림 6.5 예제 6.1의 해석결과 – 변위(단위 : m)

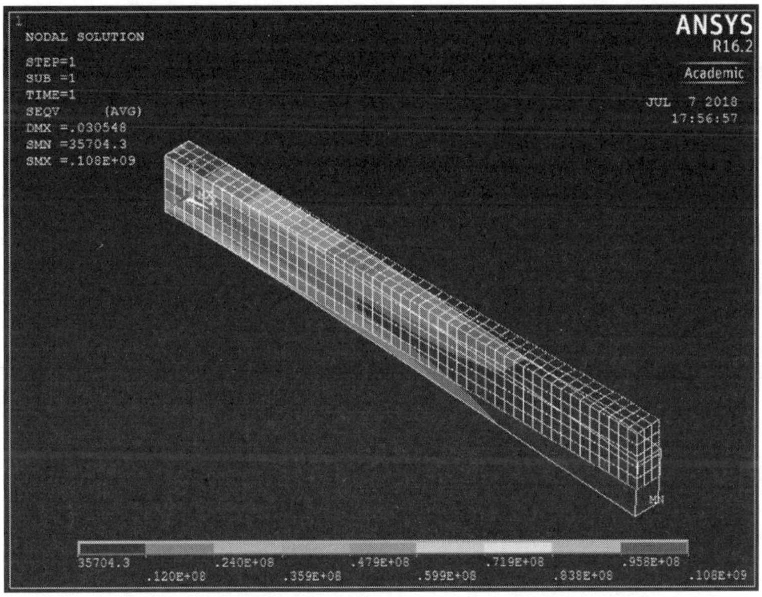

그림 6.6 예제 6.1의 해석결과 – von Mises 응력(단위 : Pa)

예제 6.2

분포하중을 받고 있는 3차원 직육면체(그림 6.7)에 나타나는 응력분포를 구하시오. 먼저, 직육면체의 왼쪽 면의 자유도가 모두 구속되었다고 가정하고 해석하시오. 이어서 왼쪽 면에 $U_x = 0$, 왼쪽면의 세로 라인에 $U_y = 0$, 가로 라인에 $U_z = 0$을 입력하고 해석하시오. $E = 30 \times 10^6 psi$, $\nu = 0.3$

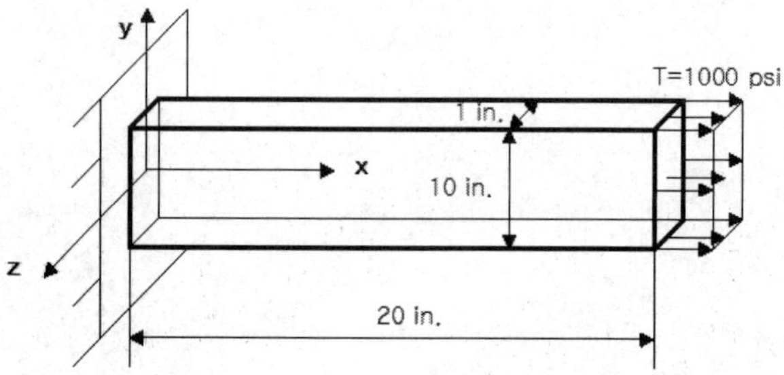

그림 6.7 분포하중을 받고 있는 3차원 직육면체

해석과정

1) 요소의 선택 : Structural Solid-Brick 8 node ; Solid185.

2) 재료물성(탄성계수, 프와송 비)입력.

3) 기하모델 생성 -가로 20 in, 세로 10 in, 높이 1 in인 입방체 생성.
Preprocessor>Modeling>Create>Volumes>Block>By Dimensions

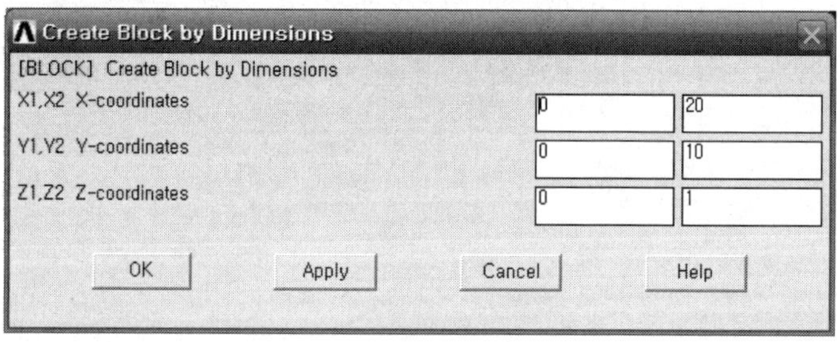

4) 생성될 요소의 크기.
Preprocessor>Meshing>Size Cntrls>Manual Size>Global>Size

5) 입방체에 3차원 입방체 요소 자동생성.

Preprocessor>Meshing>Mesh>Volumes>Mapped>4 to 6 sided+

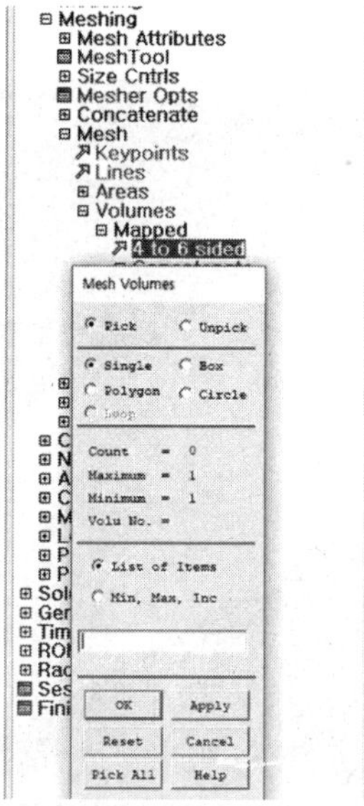

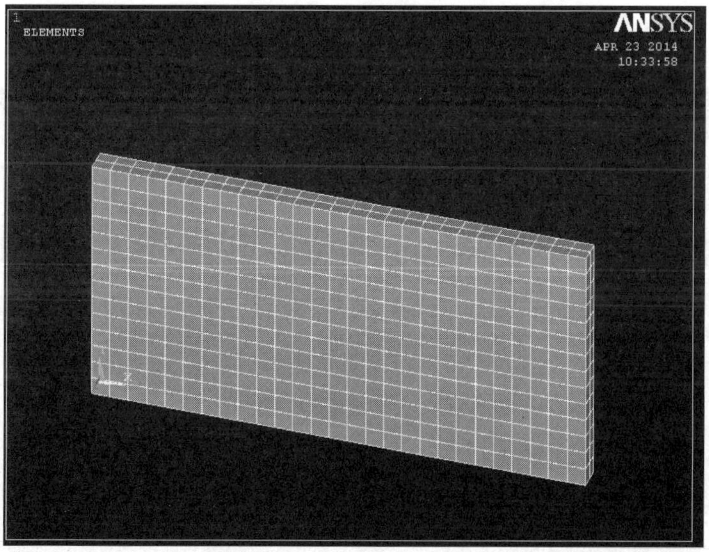

6) 왼쪽면에 경계조건을 적용하기 위해 X좌표가 0인 면적 선택.

선택된 면적에 All DOFs=0 적용.

Solution>Define Loads>Apply>Structural>Displacement>On Areas

8) 오른쪽 자유단의 절점에 pressure $p = -1,000 psi$ 적용.

Solution>Define Loads>Apply>Structural>Pressure>On Areas

9) 변위와 응력의 계산.

10) 결과 출력-von Mises stress(단위 : psi).

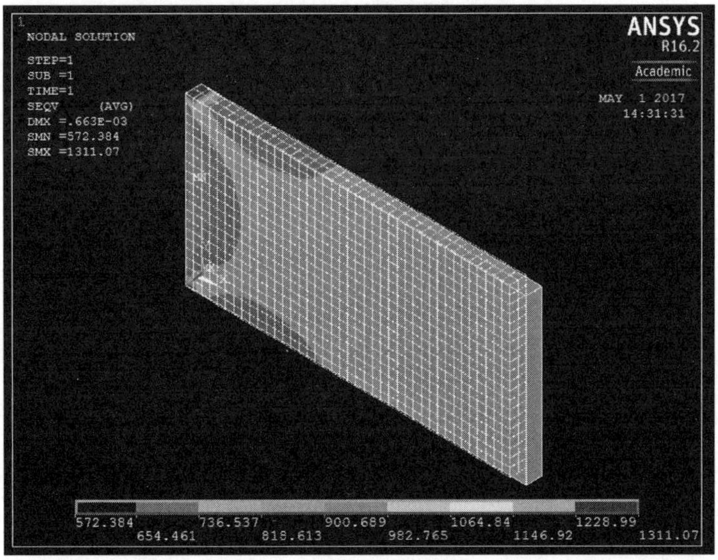

그림 6.8 직육면체의 왼쪽 면의 자유도가 모두 구속되었을 때의 응력 분포.

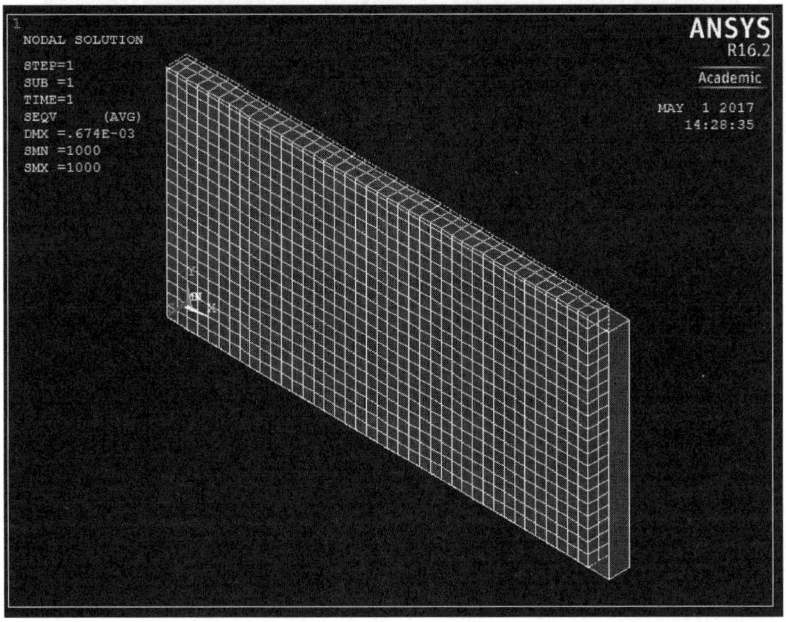

그림 6.9 왼쪽 면에 $U_x = 0$, 왼쪽면의 세로 라인에 $U_y = 0$, 가로 라인에 $U_z = 0$을 입력했을 때의 응력분포

예제 6.3

내압을 받고 있는 3차원 중공의 실린더(그림 6.10)에 나타나는 응력분포를 구하시오. 상·하단에서의 경계조건은 축방향 변위만 0으로 가정한다.

$P = 100\ N/mm^2\ ;\ r_1 = 10\ mm\ ;\ r_2 = 25\,mm$

$E = 200{,}000\,N/mm^2\ ;\ \nu = 0.25$

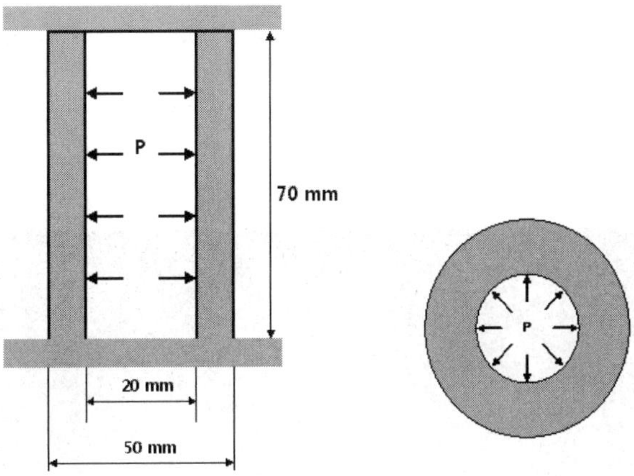

그림 6.10 내압을 받고 있는 3차원 중공의 실린더

해석과정

1) 요소의 선택 : Structural Solid-Brick 8 node ; Solid185.
2) 재료물성(탄성계수, 프와송 비) 입력.

탄성계수가 $E = 200{,}000\ N/mm^2$로 주어졌으므로, 입력과정에서 힘은 'N' 단위를, 길이는 'mm' 단위를 사용한다. 출력결과에서 변위는 단위가 'mm'이며, 응력은 'N/mm^2' 즉 'MPa' 단위를 갖는다.

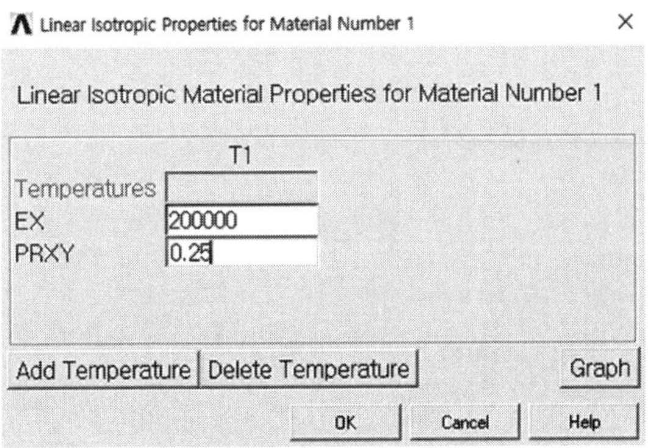

3) 기하모델 – 대칭성을 고려하여 1/8만 모델링.

Preprocessor>Modeling>Create>Volumes>Cylinder>By Dimensions

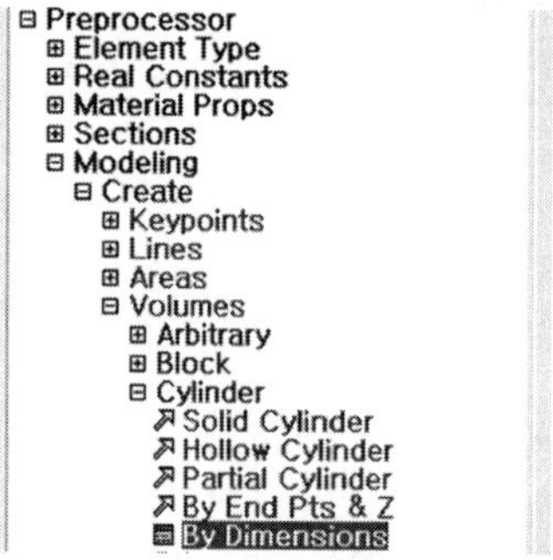

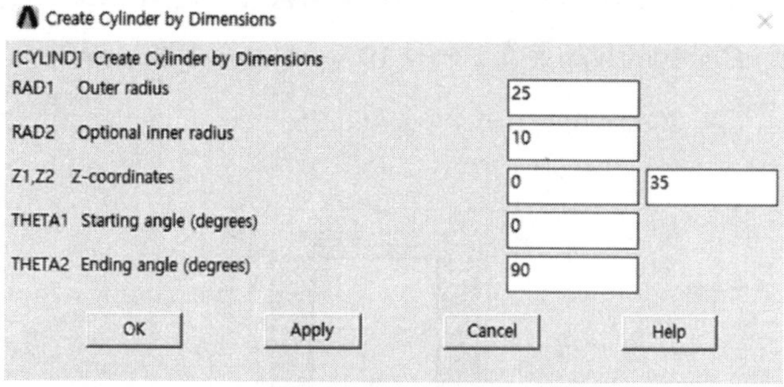

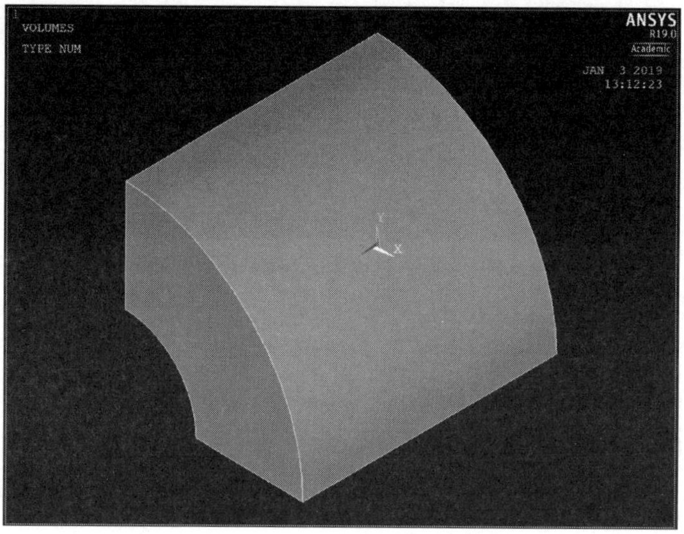

4) 생성될 요소의 크기 (Global Element Sizes).

Preprocessor>Meshing>Size Cntrls>Manual Size>Global>Size

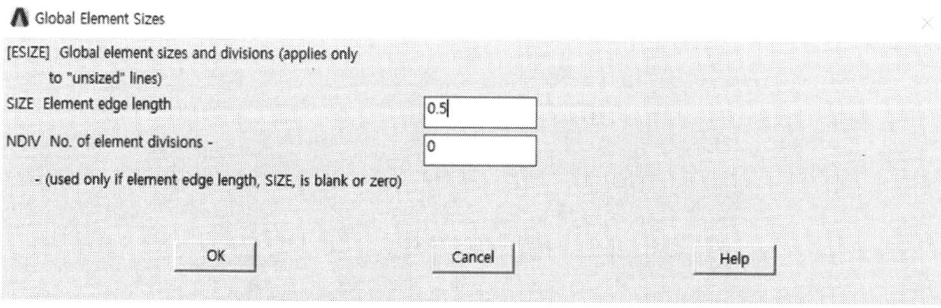

5) 입방체에 3차원 입방체 요소 자동생성.

Preprocessor>Meshing>Mesh>Volumes>Mapped>4 to 6 sided+

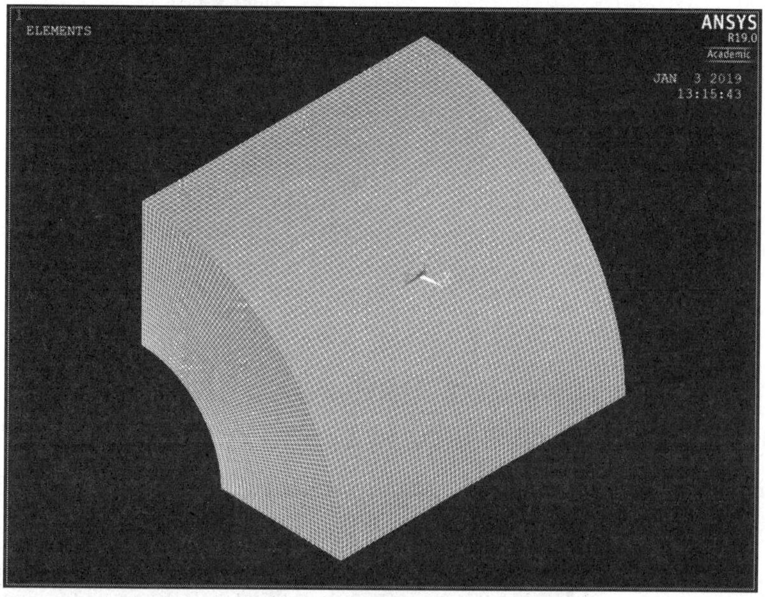

7) 실린더 윗면에 경계조건을 적용하기 위해 Z좌표가 35 mm인 면 선택하여 $U_z = 0$ 입력.

Solution>Define Loads>Apply>Structural>Displacement>On Areas

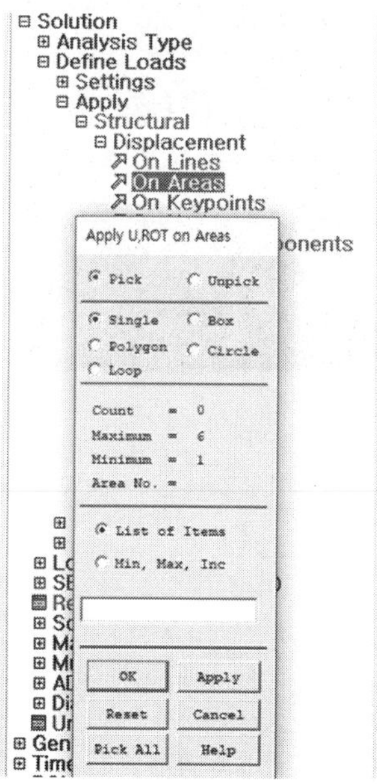

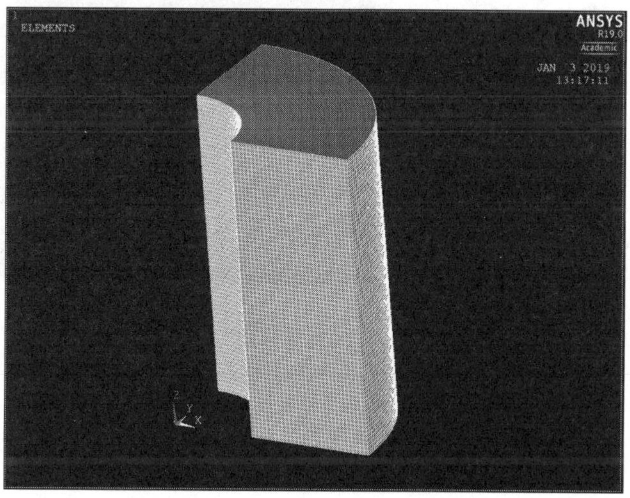

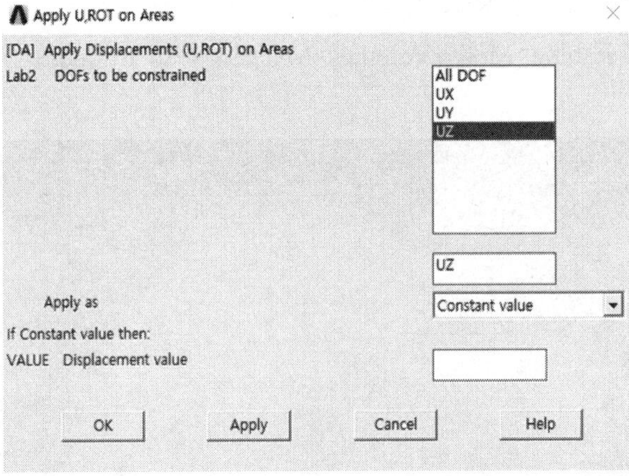

8) 대칭 경계조건을 갖는 3개의 면을 선택하여 대칭경계조건 입력
(Apply SYMM on Areas 창에서 OK 클릭).
Solution>Define Loads>Apply>Structural>Displacement>Symmetry B.C.>On Areas

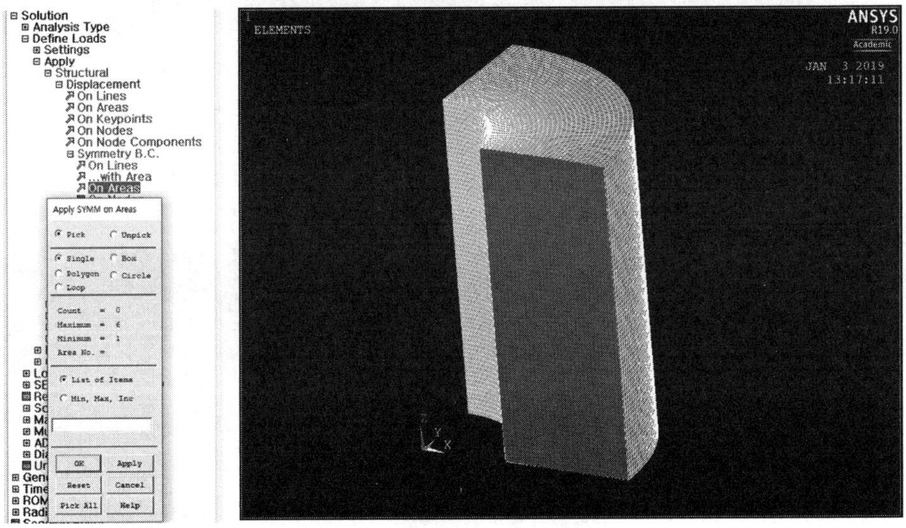

9) 압력을 주려는 면을 선택한 후 압력 값 $p = 100\ N/mm^2$ 입력.

Solution>Define Loads>Apply>Structural>Pressure>On Areas

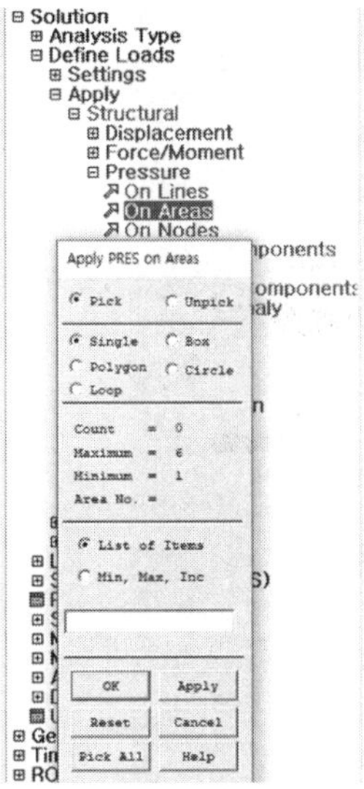

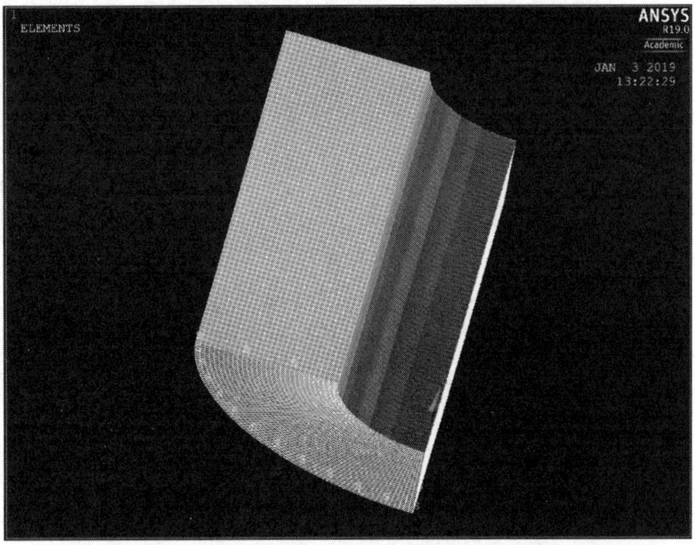

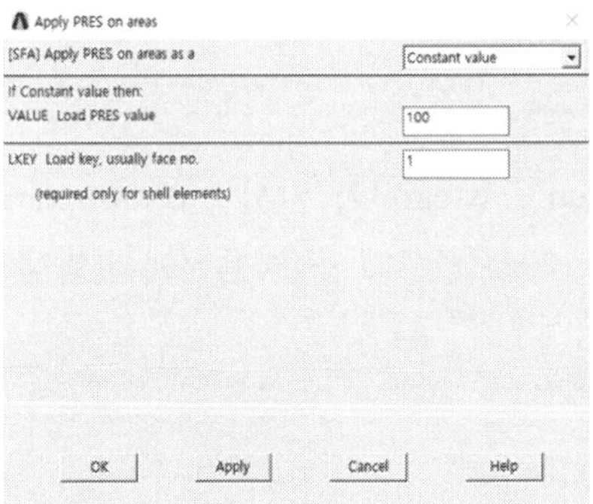

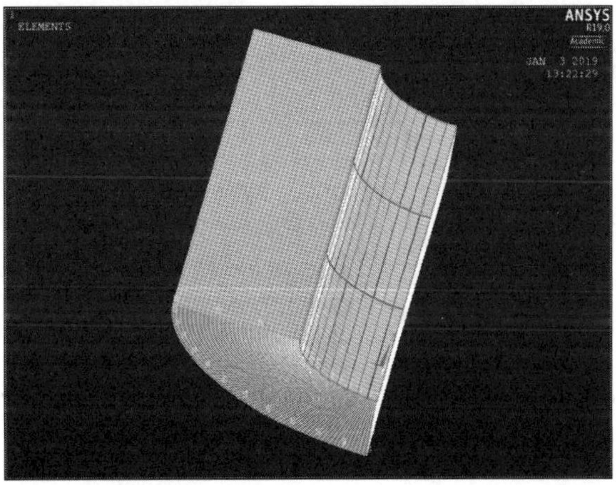

10) 변위와 응력의 계산.

11) 결과 출력 - von Mises 응력(단위 : MPa).

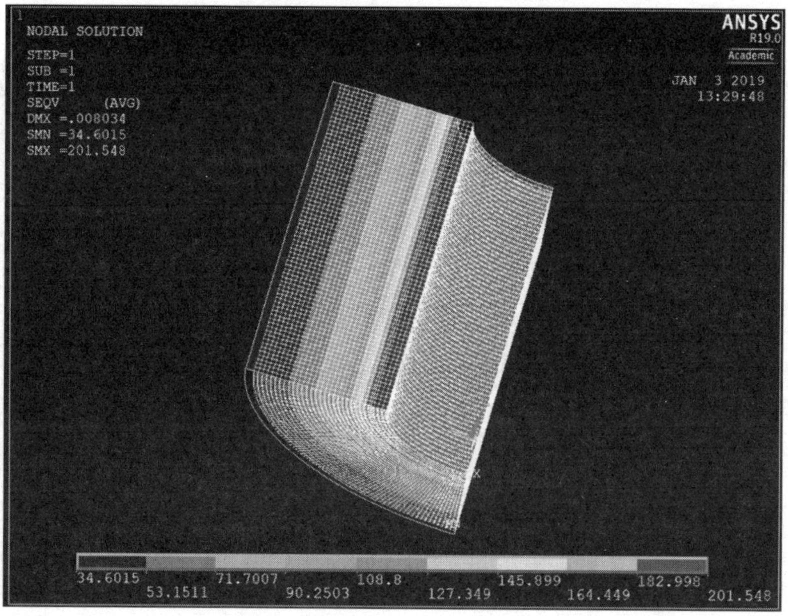

그림 6.11 예제 6.3의 해석결과 - von Mises 응력(단위 : MPa)

예제 6.4

그림 6.12와 같이 구형 압력 용기(spherical pressure vessel)가 안지름 D=200mm와 t=8mm의 벽두께로 되어 있다. 용기의 내압이 $p = 4\,MPa$일 때 구형 용기에서 발생하는 응력(von Mises stress)을 구하시오.

$E = 200\,GPa,\ \nu = 0.3$

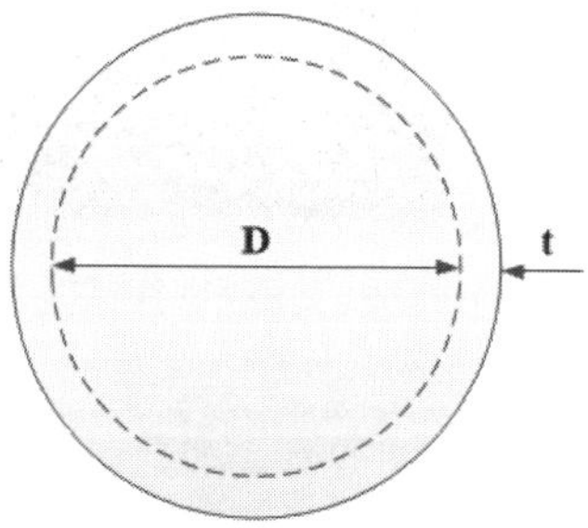

그림 6.12 구형 압력 용기

해석과정

1) 요소의 선택 : Structural Solid-Brick 8 node ; Solid185.

2) 재료물성(탄성계수, 프와송 비) 입력.

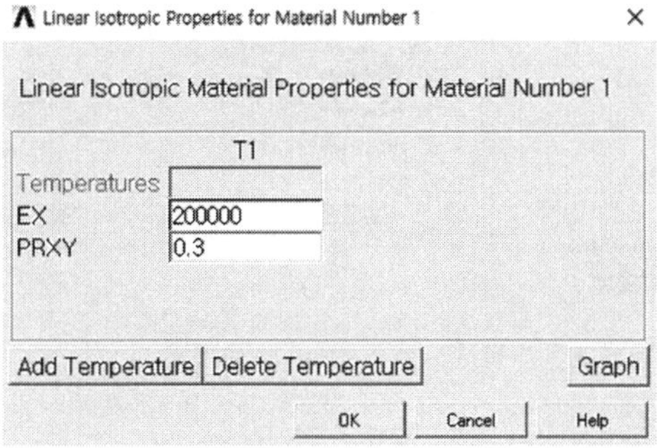

3) 기하모델 -대칭성을 고려하여 구를 모델링.

Preprocessor>Modeling>Create>Volumes>Sphere>By Dimensions

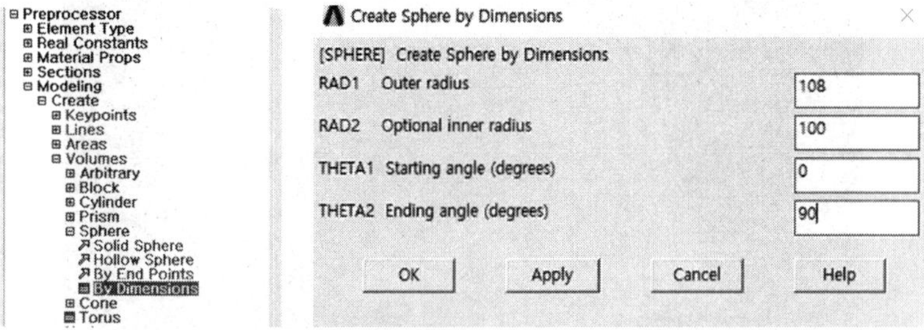

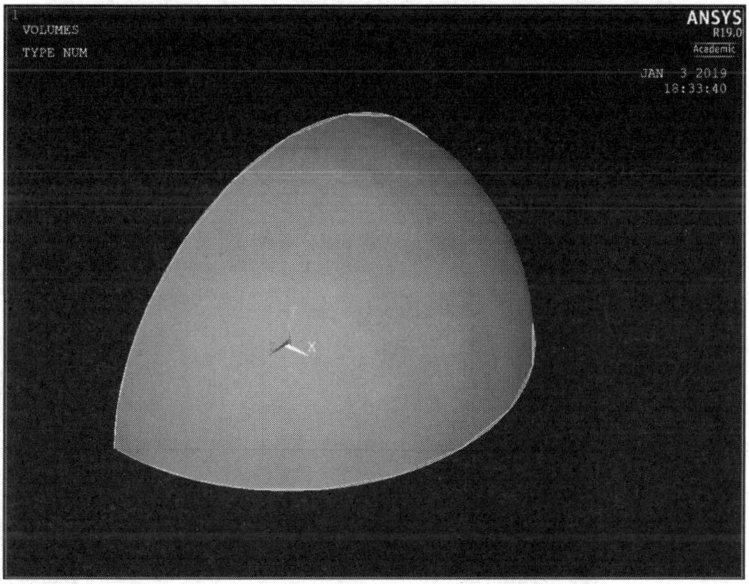

4) 기하모델 - 육면체 모델 생성.

Preprocessor>Modeling>Create>Volumes>Block>By Dimensions

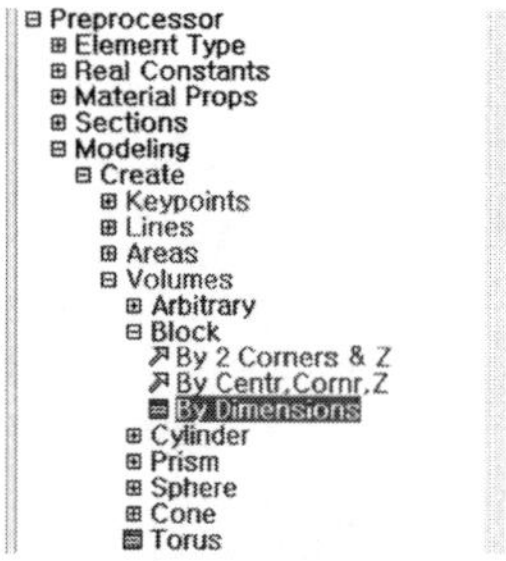

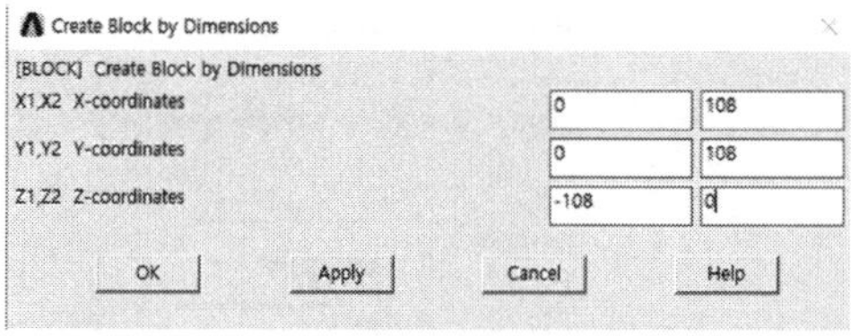

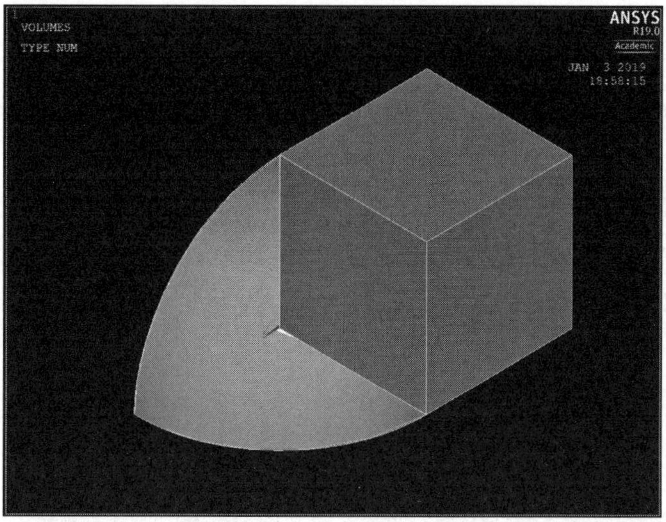

5) 부분 구 모델에서 육면체를 빼줌.

Preprocessor>Modeling>Operate>Booleans>Subtract>Volumes

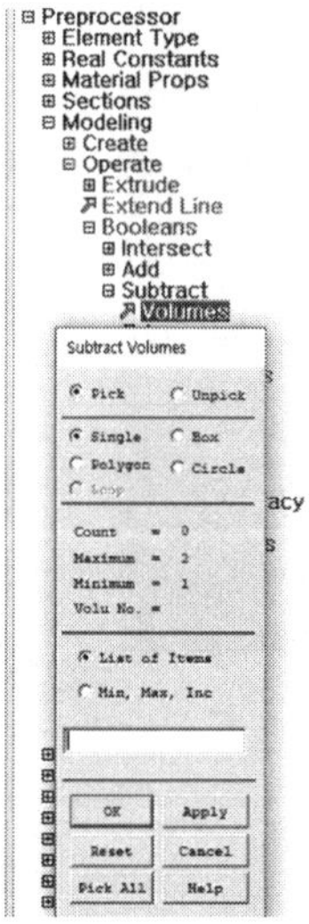

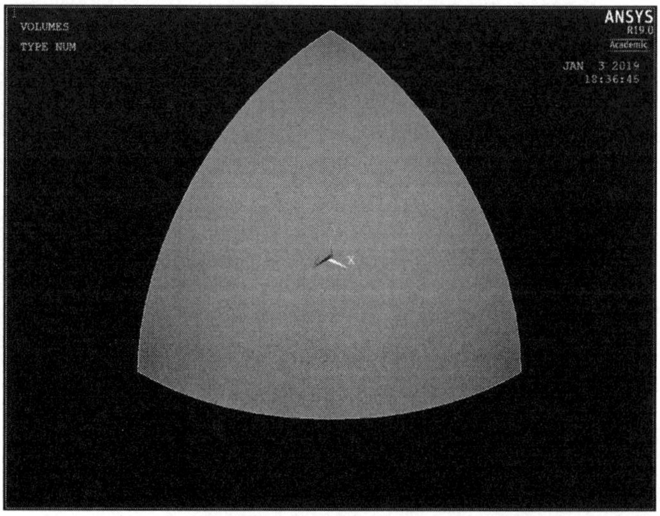

6) 생성될 요소의 크기 (Global Element Sizes).

Preprocessor>Meshing>Size Cntrls>Manual Size>Global>Size

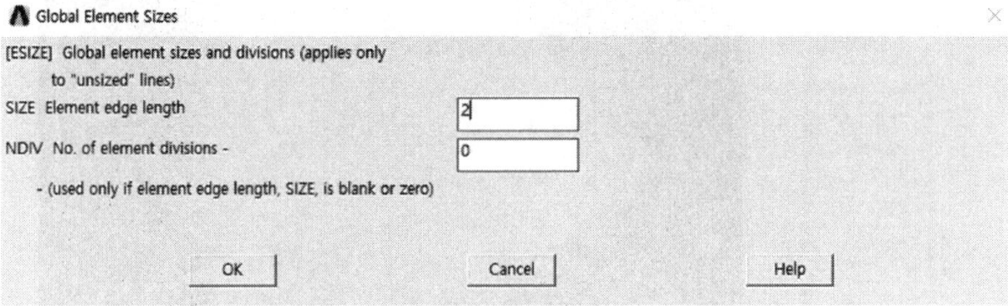

7) 3차원 유한요소 자동생성.

Preprocessor>Meshing>Mesh>Volumes>Mapped>4 to 6 sided+

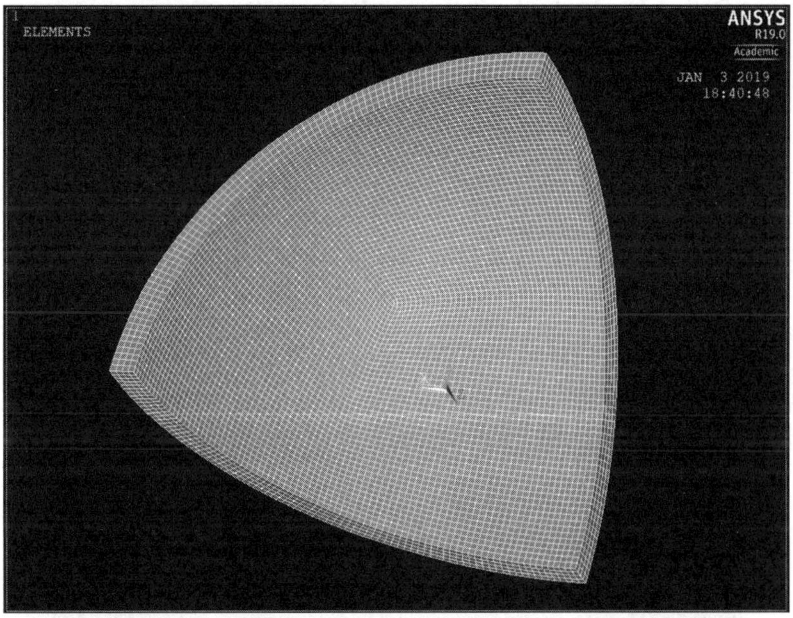

8) 대칭 경계조건을 갖는 3개의 면을 선택하여 대칭경계조건 입력 (Apply SYMM on Areas 창에서 OK 클릭).

Solution>Define Loads>Apply>Structural>Displacement>Symmetry B.C.>On Areas

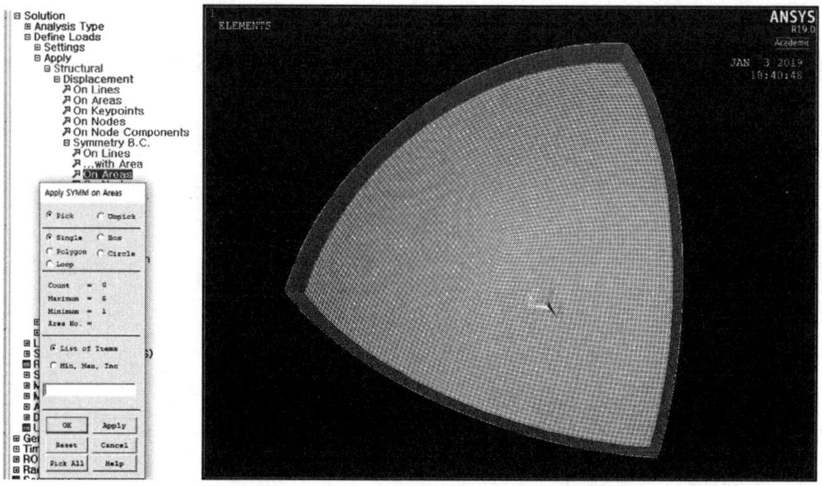

9) 압력을 주려는 면을 선택한 후 압력 값 $p = 4\,MPa = 4\,N/mm^2$ 입력.

Solution>Define Loads>Apply>Structural>Pressure>On Areas

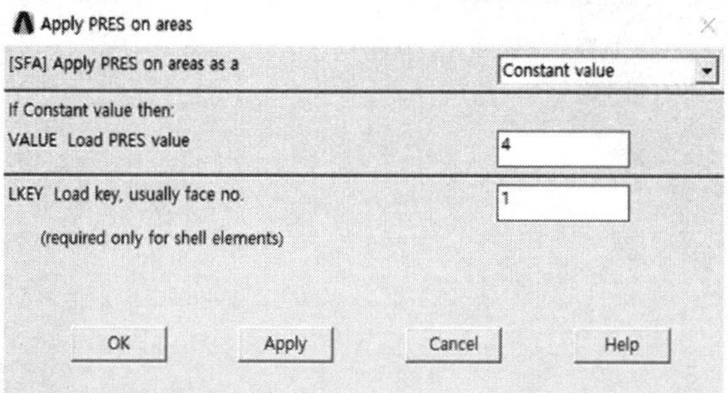

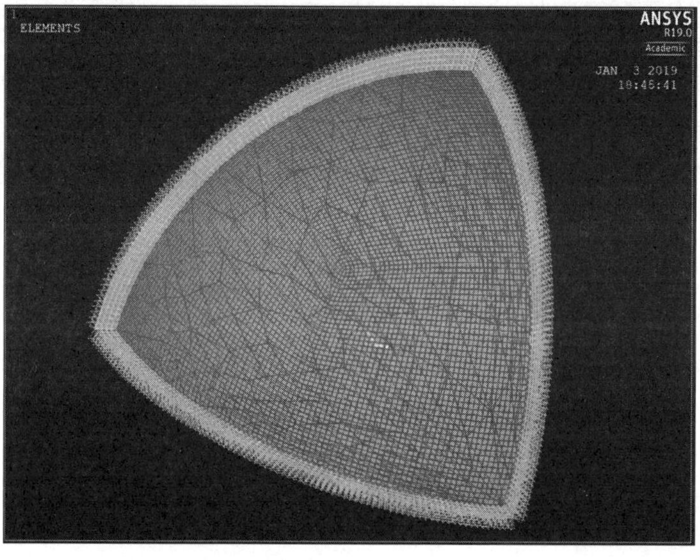

10) 변위와 응력의 계산.

11) 결과 출력 - von Mises 응력(단위 : MPa).

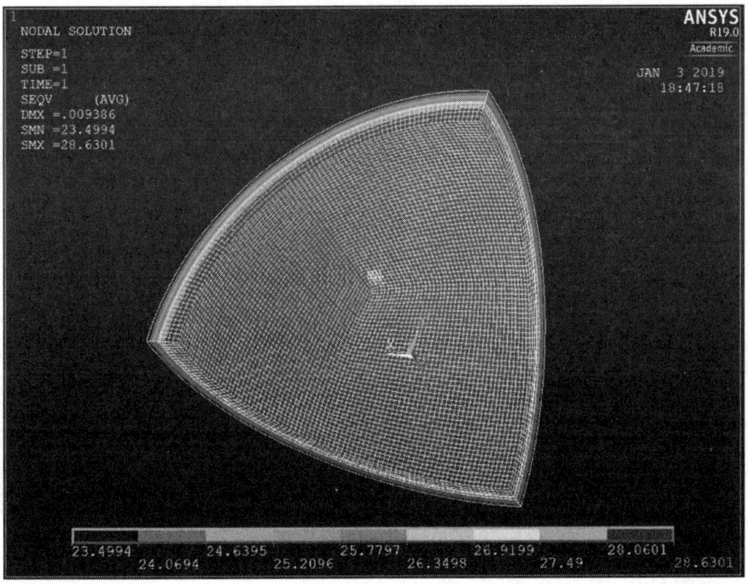

그림 6.13 예제 6.4의 해석결과 - von Mises 응력(단위 : MPa)

예제 6.5

그림 6.14는 2중 아치 구조물을 보여주고 있다. 3차원 모델을 사용하여 자중으로 인한 응력분포와 변위를 구하시오. 단, 탄성계수 $E = 70\,GPa$, 푸아송 비 $\nu = 0.25$, 밀도 $\rho = 2800\,kg/m^3$, 중력가속도 $g = 9.8\,m/s^2$ 임. 구조물의 두께는 $t = 1\,m$ 이고 구조물 하단은 완전히 고정되어 있다고 가정함.

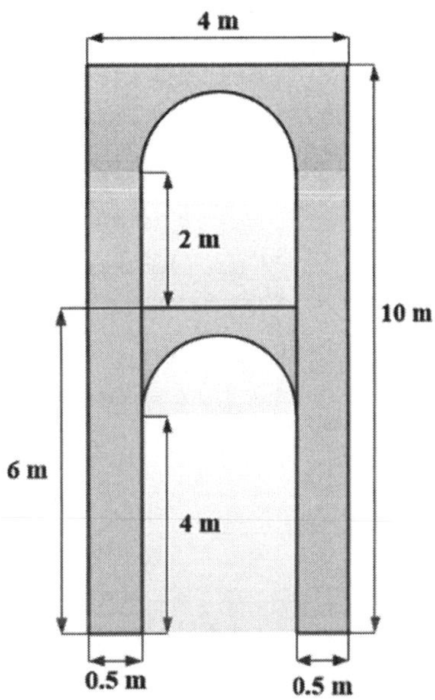

그림 6.14 3차원 2중 아치 구조물

해석과정

1) 요소의 선택 : Structural Solid-Brick 8 node ; Solid185.
2 요소 물성치(Real Constants)는 필요 없음.
3) 재료에 대한 재료물성(탄성계수, 프와송 비, 밀도) 입력.

탄성계수 $E = 70 \times 10^9\ N/m^2$이므로, 입력과정에서 힘은 '$N$', 길이는 '$m$' 단위를 사

용함.

4) 기하모델 생성.

4.1) 2개의 육면체 생성.

Preprocessor>Modeling>Create>Volumes>Block>By Dimensions

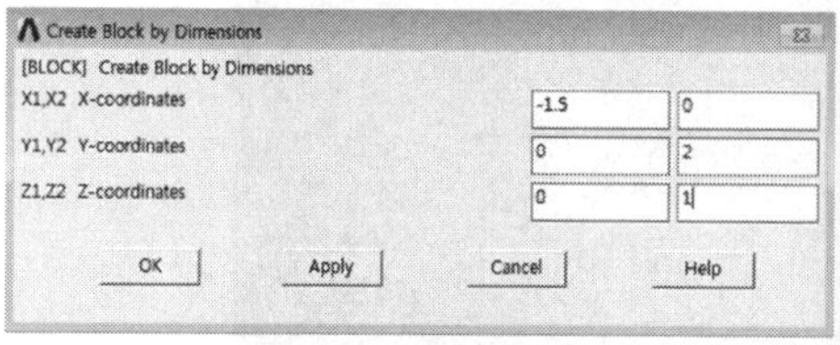

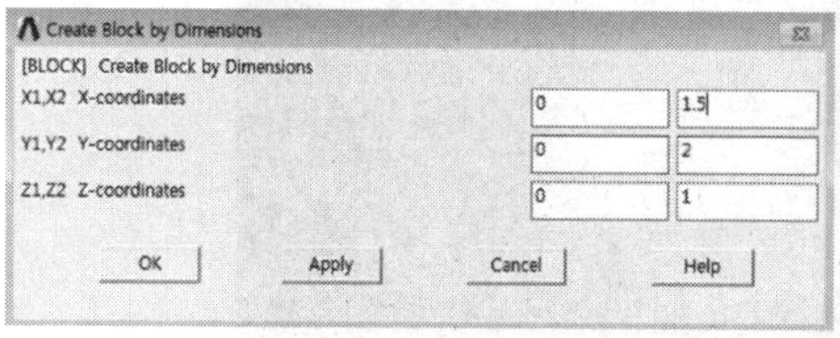

4.2) 아치형상을 만들기 위해 반 실린더 생성.

Preprocessor>Modeling>Create>Volumes>Cylinder>By Dimensions

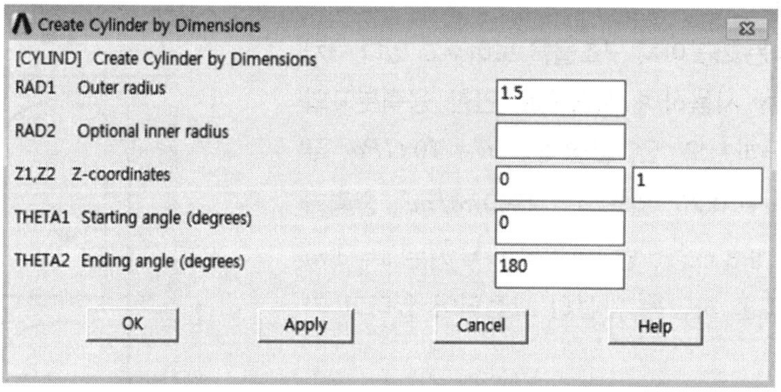

4.3) 2개의 육면체에서 반 실린더를 제거함.

Preprocessor>Modeling>Operate>Booleans>Subtract>Volumes

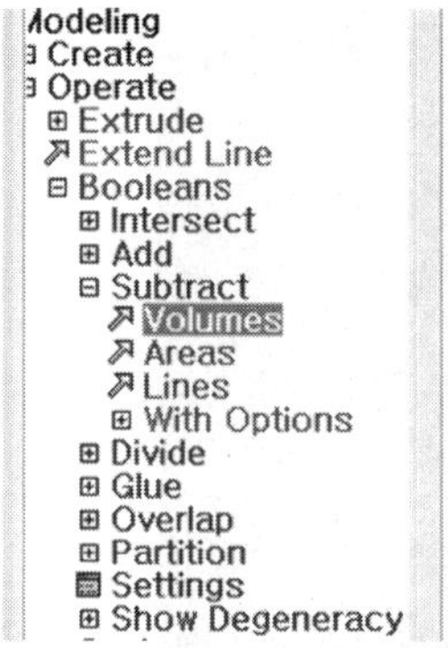

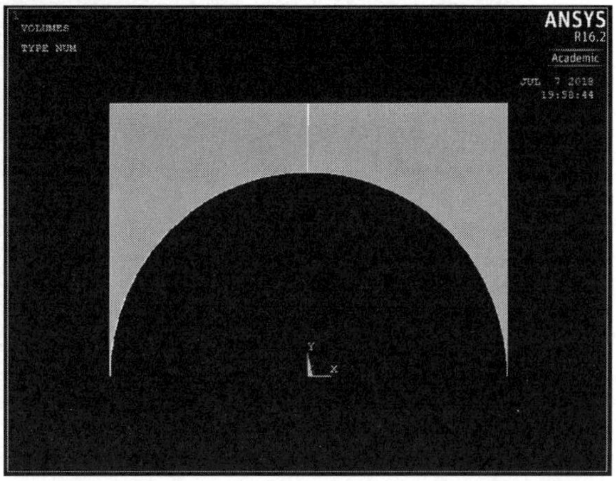

4.4) 첫 번째 아치를 Y좌표 방향으로 4m 만큼 이동시킴.

Preprocessor>Modeling>Move/Modify>Volumes

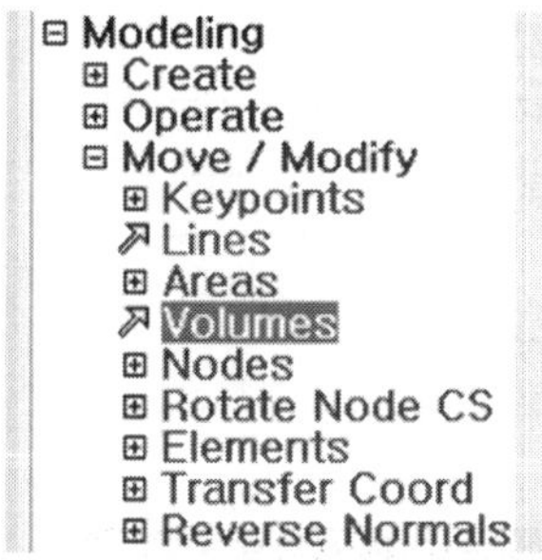

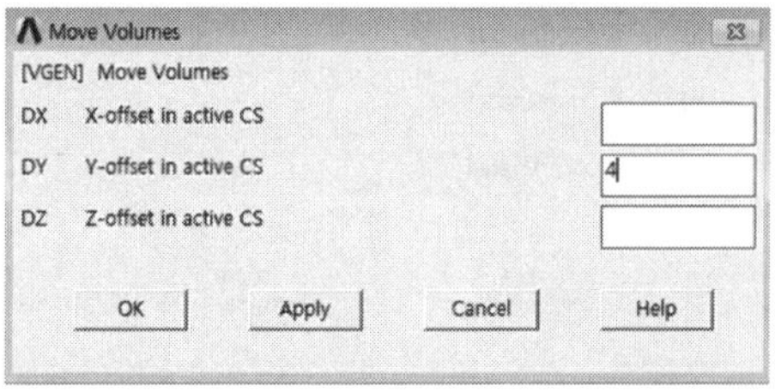

4.5) 앞에서 진행한 방법에 따라 두 번째 아치를 생성하여 Y좌표 방향으로 8m 만큼 이동시킴. 또는 Modeling>Copy를 이용하여 첫 번째 아치를 복사하여 이동시켜도 됨.

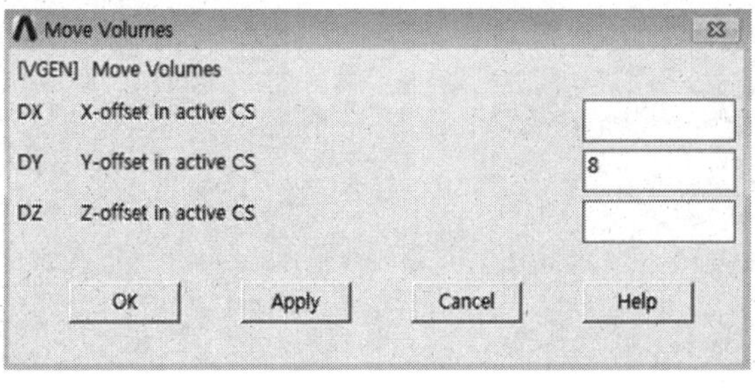

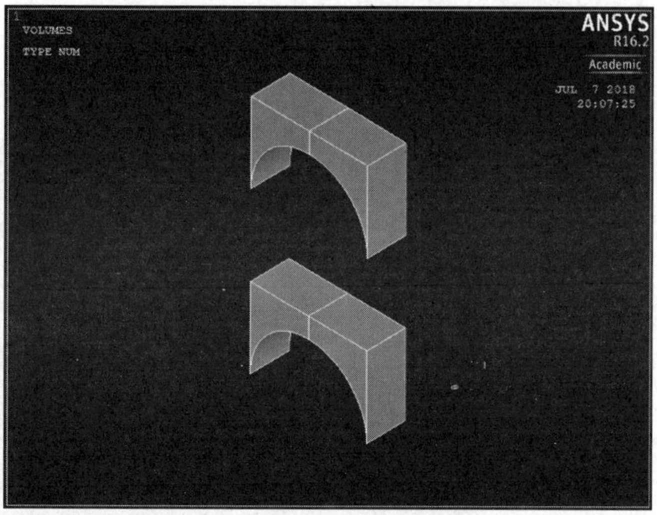

4.6) 2중 아치 구조물의 왼쪽 부분을 4개로 나누어 생성함.

Preprocessor>Modeling>Create>Volumes>Block>By Dimensions

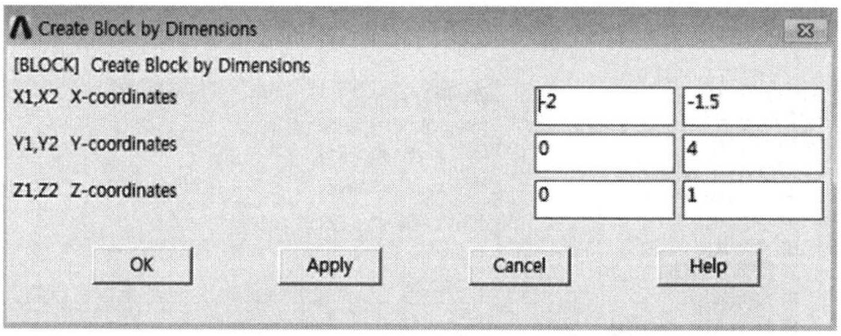

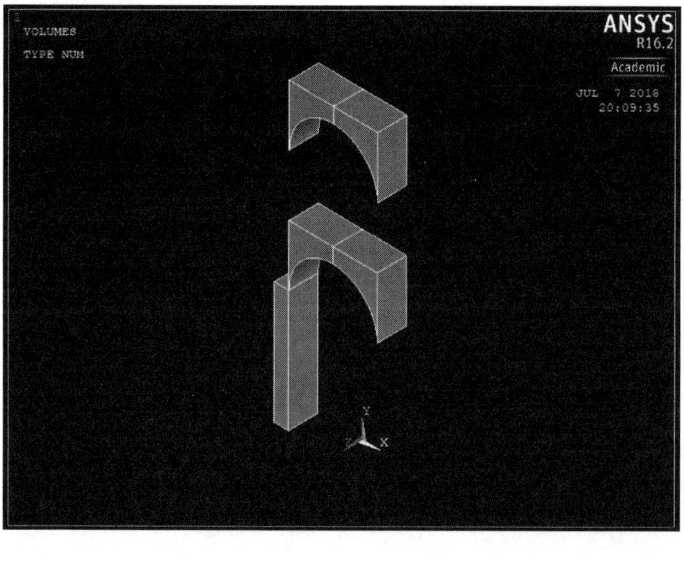

4.7) 2중 아치 구조물의 오른쪽 부분을 4개로 나누어 생성함.
Preprocessor>Modeling>Create>Volumes>Block>By Dimensions

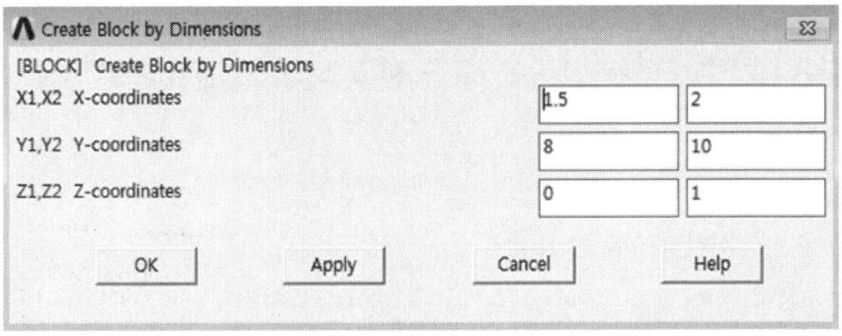

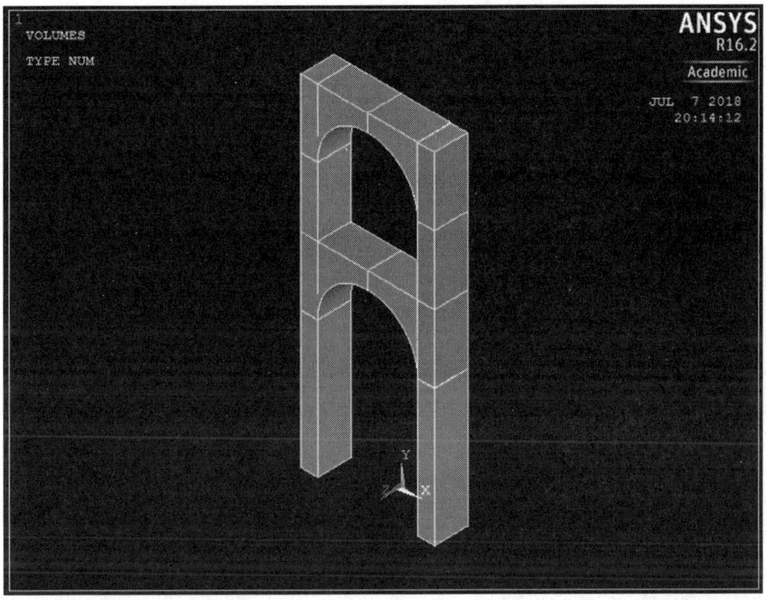

5) 12개의 기하모델을 접착(glue)시켜서 2중 아치 구조물을 완성함.
Preprocessor>Modeling>Operate>Booleans>Glue>Volumes

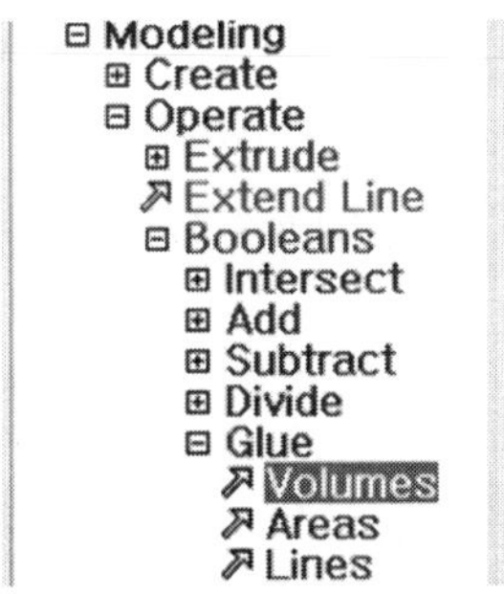

6) 생성될 요소의 수 설정.

Preprocessor>Meshing>Size Cntrls>Manual Size>Global>Size (NDIV 10)

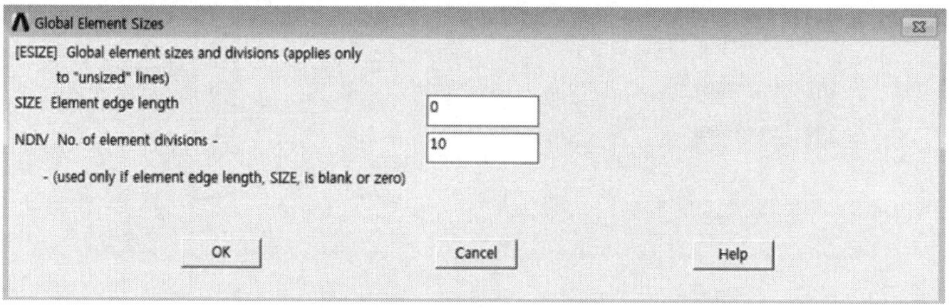

7) 유한요소의 자동생성.

Preprocessor>Meshing>Mesh>Volumes>Mapped>4 to 6 sided+

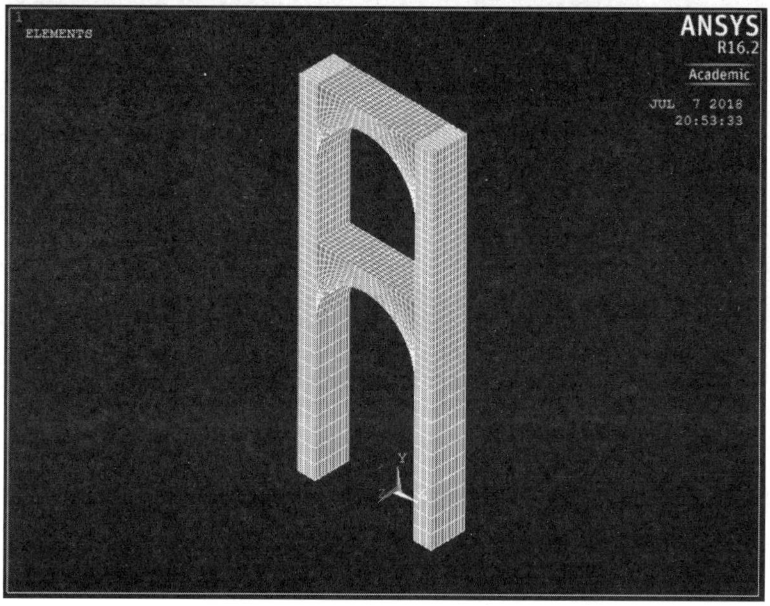

8) 아래 하단에 있는 2개의 Area에 대해 All DOF=0 입력함.

Solution>Define Loads>Apply>Structural>Displacement>On Areas

9) 자중을 계산하기 위해서 중력가속도를 입력함.

Solution>Define Loads>Apply>Structural>Inertia>Gravity>Global

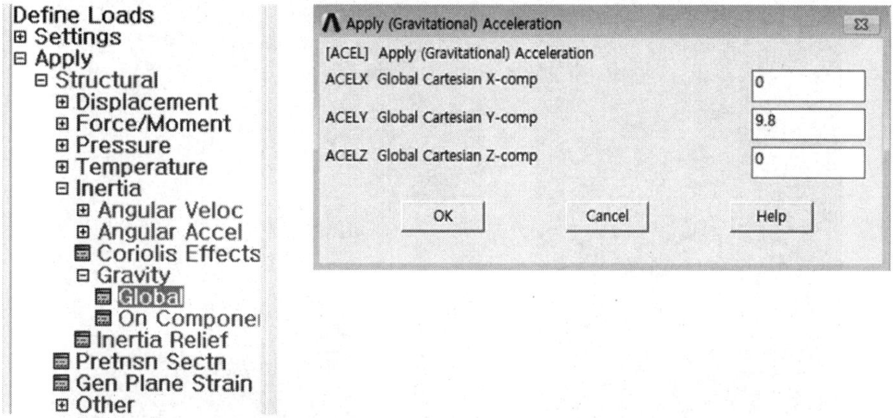

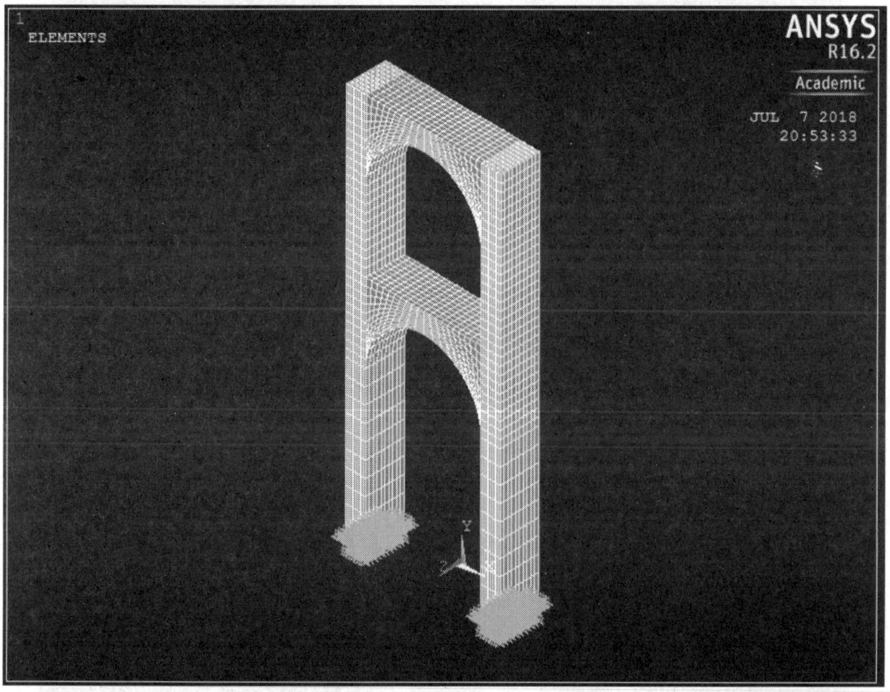

10) 변위와 응력의 계산.

11) 결과 출력 - 응력(단위 : Pa)의 출력

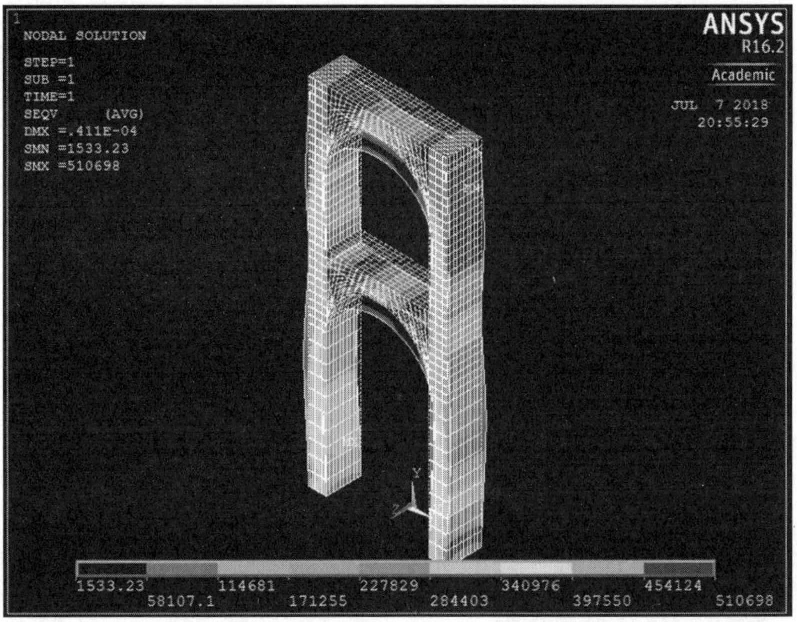

그림 6.15 예제 6.5의 해석결과 - von Mises응력

12) 결과 출력 - 변위(단위 : m) 출력

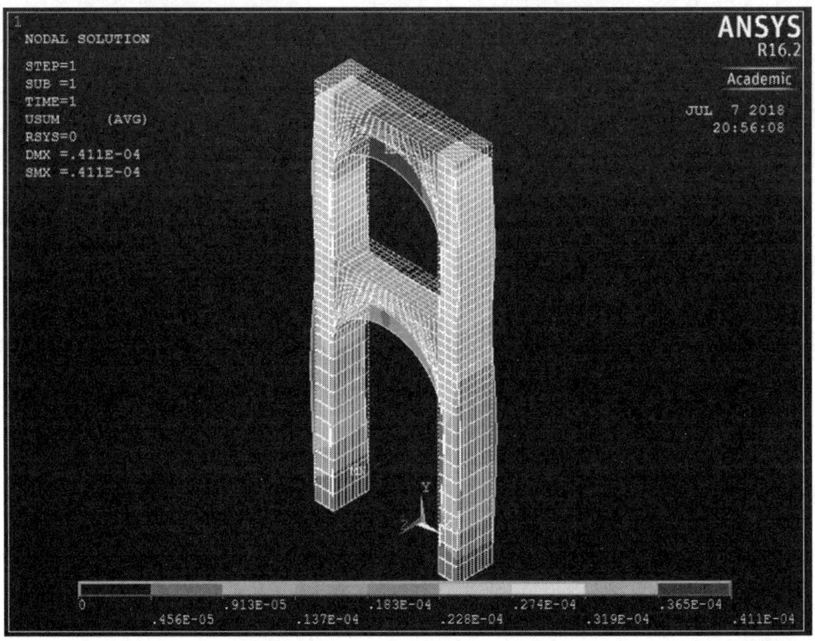

그림 6.16 예제 6.5의 해석결과 - 변위

예제 6.6

그림 6.17과 같이 중앙에 구멍이 나 있는 평판에 인장 응력이 작용하고 있다. 3차원 해석을 통하여 평판에 나타나는 응력 분포를 구하시오.

두께 $t = 1in$임.

$E = 30 \times 10^6 psi, \ \nu = 0.3$

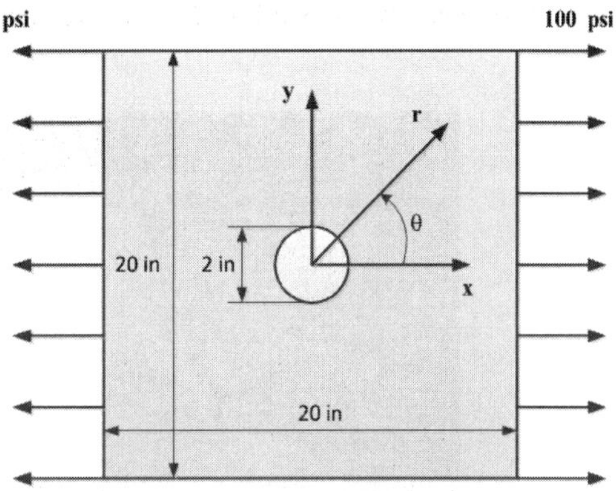

그림 6.17 중앙에 구멍이 나 있는 평판

해석과정

대칭성을 고려하여 1/8 형상만 선택한다.

1) 요소의 선택 : Structural Solid-Brick 8 node ; Solid185.
2) 요소 물성치(Real Constants)는 필요 없음.
3) 재료에 대한 재료물성(탄성계수, 프와송 비) 입력.
   탄성계수의 단위가 'psi'이므로, 입력과정에서 힘은 'lb', 길이는 'in' 단위를 사용함.
4) 육면체 생성.
   Preprocessor>Modeling>Create>Volumes>Block>By Dimensions
   X1, X2, (0, 10)
   Y1, Y2, (0, 10)
   Z1, Z2, (0, 0.5)

5) 반지름이 2 in인 실린더 생성.

Preprocessor>Modeling>Create>Volumes>Cylinder>By Dimensions

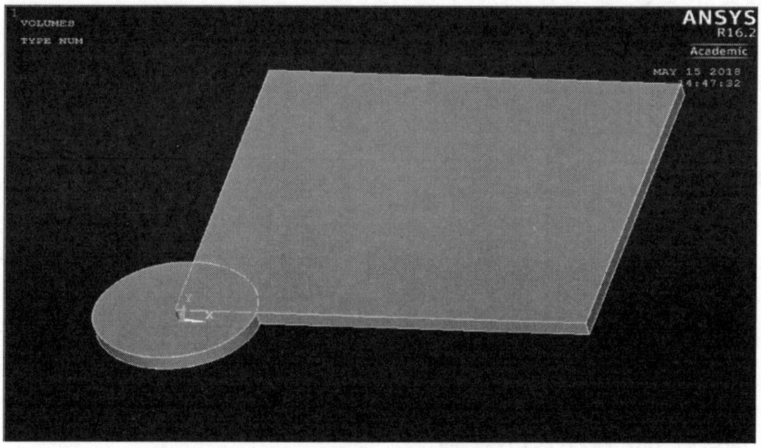

6) 대각선 라인을 생성해 주고 Arbitrary를 이용하여 대각선 방향 면적 생성.

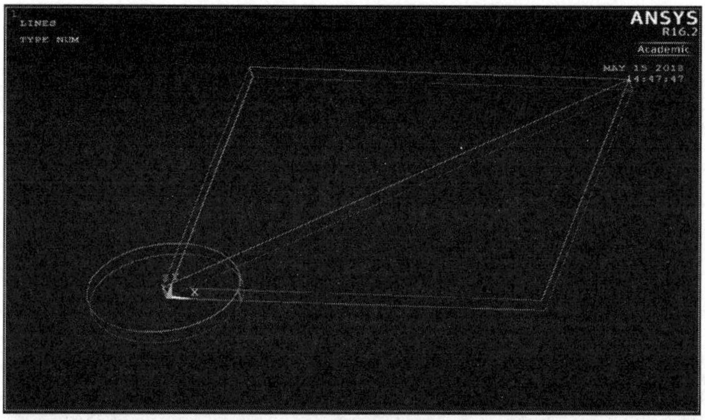

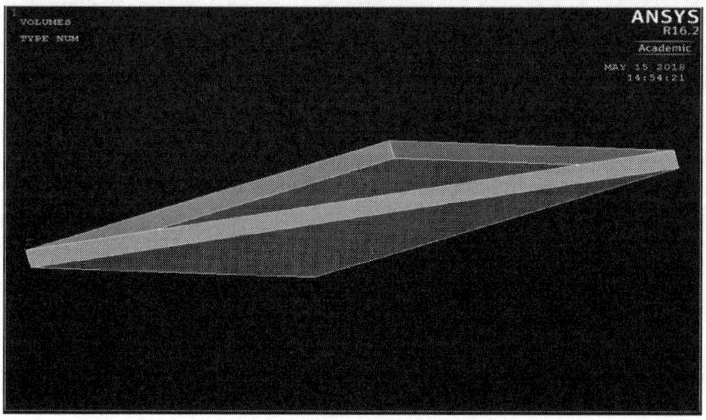

7) Operate을 이용하여 육면체에서 실린더를 빼주고, 이어서 Divide를 이용하여 대각면적을 기준으로 2개의 부피로 분할함.

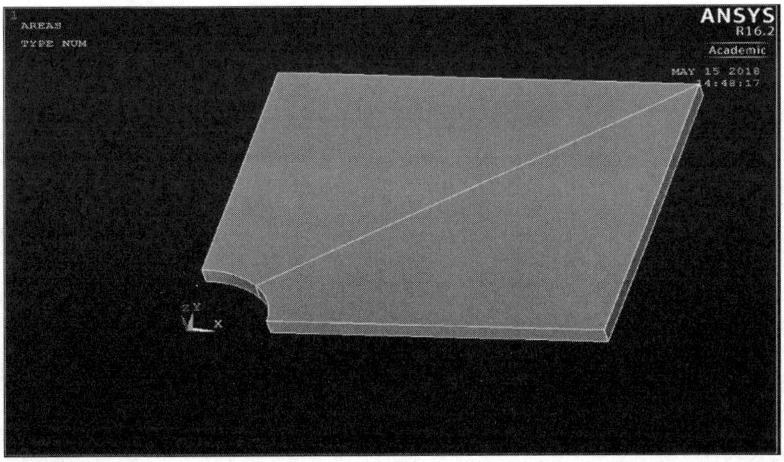

8) 안쪽 반지름 1 in, 바깥쪽 반지름이 2 in, 두께 0.5 in인 1/4 실린더를 두 번에 나누어 생성.

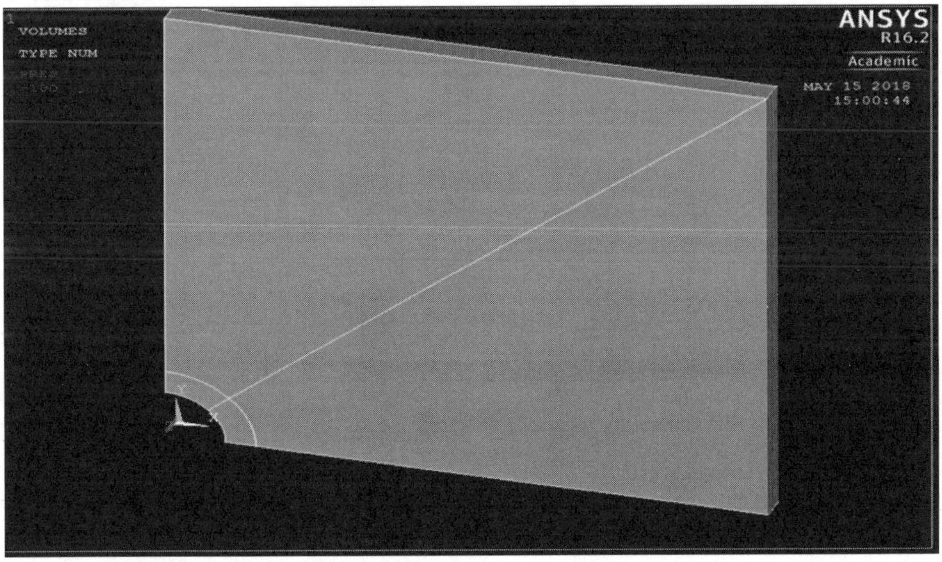

9) 4개의 기하모델을 접착(glue)시킴.

10) 생성될 요소의 수 설정.

11) 유한요소의 자동생성.

12) 대칭 경계조건을 적용함.

13) 하중을 입력함

14) 변위와 응력의 계산.

15) 결과 출력 - 응력(단위 : psi)의 출력

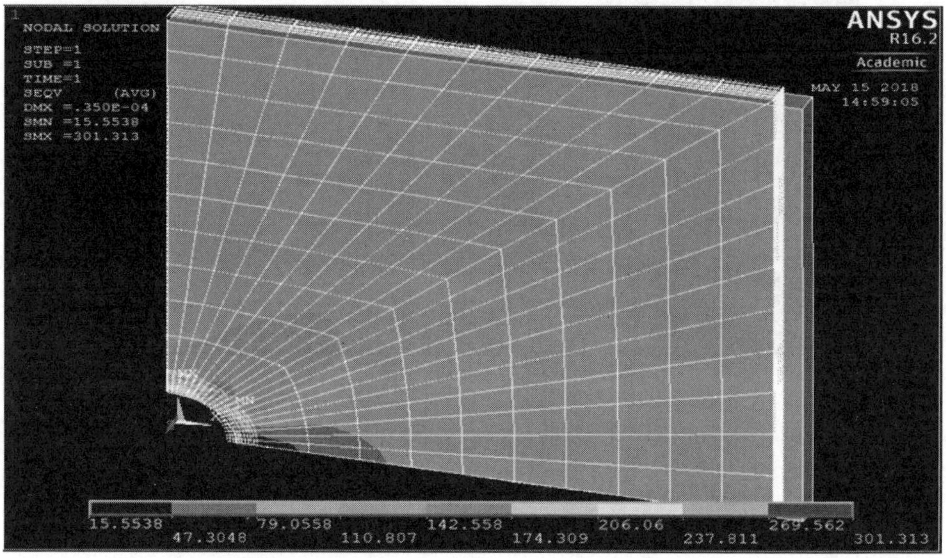

그림 6.18 예제 6.6의 해석결과 - von Mises응력

연습문제

6.1 그림 P6.1과 같은 복합 구형압력용기(spherical pressure vessel)에 내부압력 $p = 4\,MPa$ 이 작용하고 있다. 온도변화는 무시한다. 발생하는 응력분포를 구하시오.

$E_I = 210\,GPa; \nu_I = 0.33$

$E_{II} = 110\,GPa; \nu_{II} = 0.25$

$r_1 = 1\,m; r_2 = 1.1\,m; r_3 = 1.2\,m$

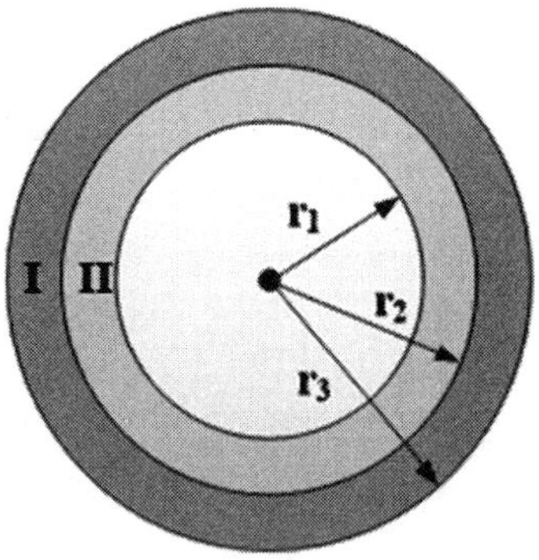

그림 P6.1 내부 압력이 작용하고 있는 복합 구형압력용기

해

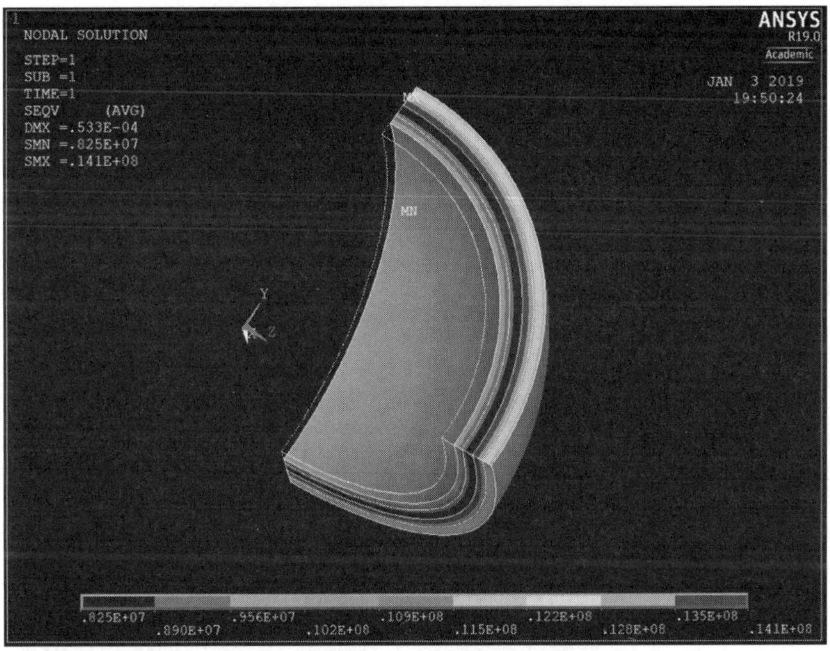

6.2 내압을 받고 있는 3차원 압력용기 (그림 P6.2)에 나타나는 응력분포를 구하시오.

$E = 200\ \ GPa\ ;\ \nu = 0.3$

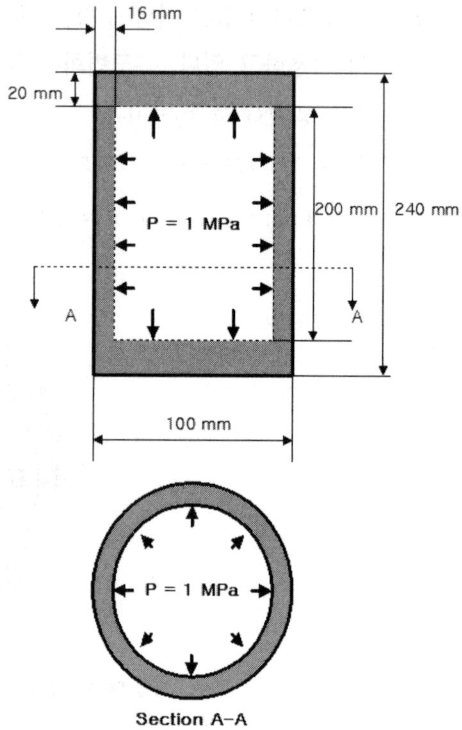

그림 P6.2 내압을 받고 있는 3차원 압력용기

해 탄성계수를 $E = 200\,GPa = 200 \times 10^3\ MPa = 200 \times 10^3\ N/mm^2$로 입력하고, 압력 용기의 기하학적 치수는 mm로 맞추어 입력함. 응력의 단위는 MPa이다. 응력집중이 관찰되고 있는데, 3차원 mesh의 세밀함에 따라 최대 응력 값은 바뀔 수 있다.

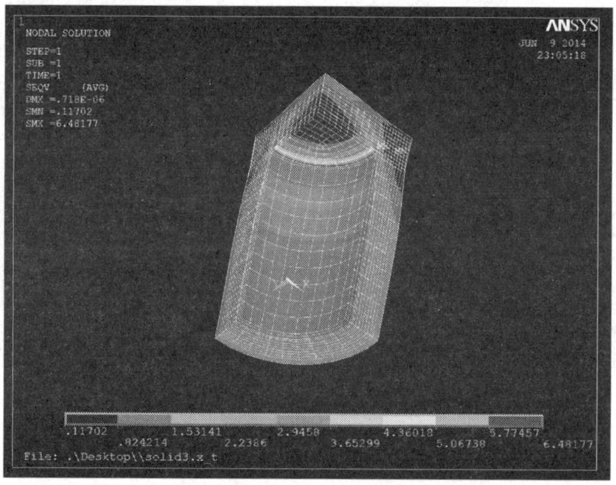

6.3 내압을 받고 있는 3차원 복합 압력용기 (그림 P6.3)에 나타나는 응력분포를 구하시오.

$P = 500\ psi$

$E_C = 5 \times 10^6 psi\ ;\ \nu_C = 0.15$

$E_S = 29 \times 10^6 psi\ ;\ \nu_S = 0.25$

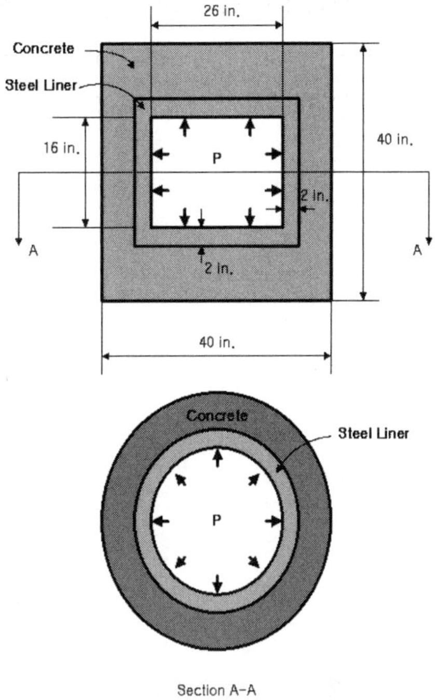

그림 P6.3 내압을 받고 있는 3차원 복합 압력용기

해 출력 결과는 다음과 같으며, 응력의 단위는 psi이다. 응력집중이 관찰되고 있는데, 3차원 mesh의 세밀함에 따라 최대 응력 값은 바뀔 수 있다.

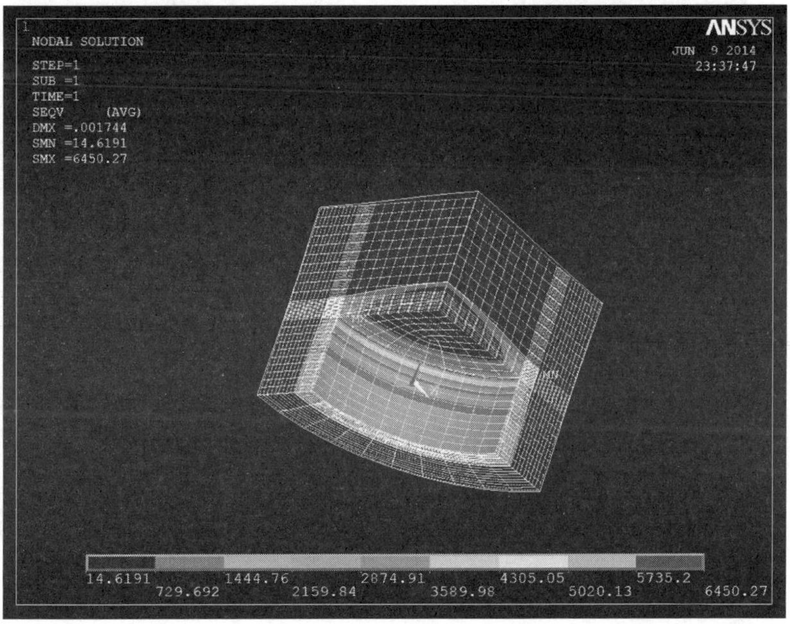

6.4 그림 P6.4와 같이 직경 D인 중실의 구(solid sphere)가 외부 표면에서 균일한 압력 p를 받고 있다. 여기서 $D = 100\,mm$, $E = 200\,GPa$, $\nu = 0.3$이다. 구에서 발생하는 반지름 변화가 0.005 mm일 때, 작용하는 압력 p를 구하시오.

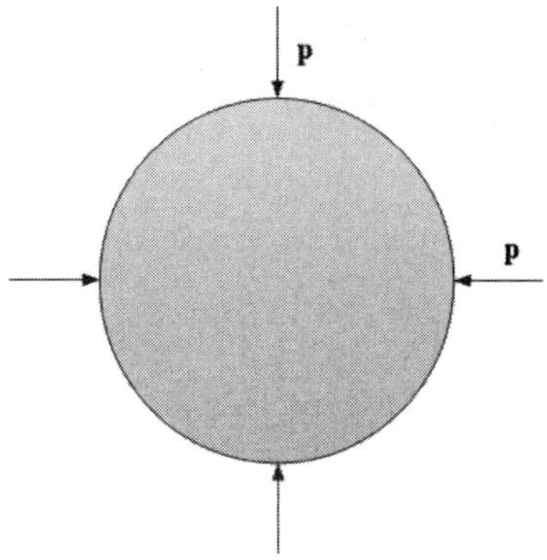

그림 P6.4 직경 D인 중실의 구

해 $P = 50\,MPa$(해석 화면에서 길이 단위는 mm임.)

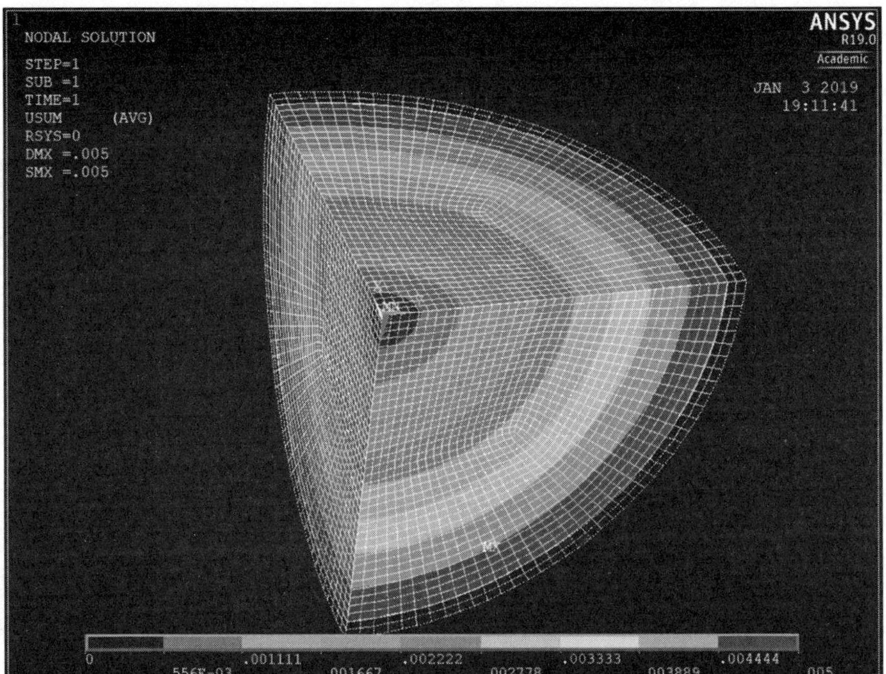

6.5 그림 P6.5와 같이 중앙에 구멍이 나 있는 3차원 평판(두께 : 2 in.)에 인장 응력이 작용하고 있다. 3차원 평판에 나타나는 응력 분포를 구하시오.

$E=30\times10^6 psi$, $\nu=0.3$; $t=1\ in.$

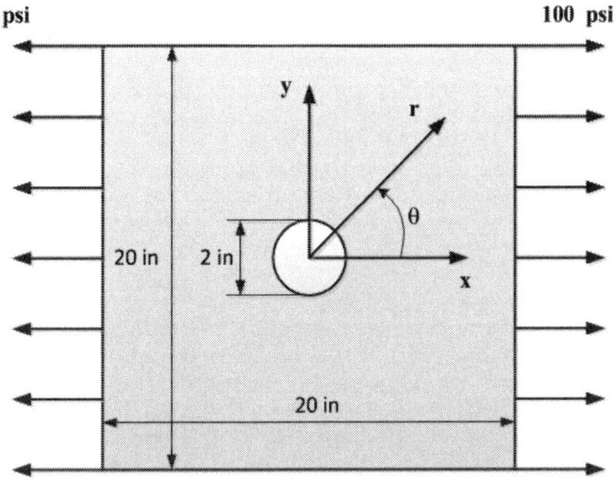

그림 P6.5 중앙에 구멍이 나 있는 3차원 평판

해

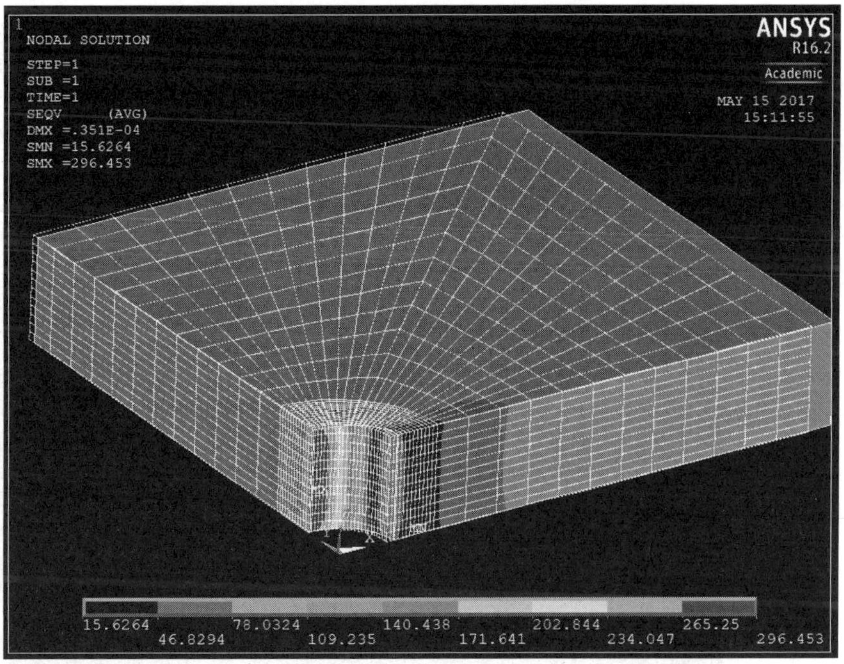

6.6 그림 P6.6과 같이 균열이 발생한 3차원 평판(두께 : 1 in.)에서 응력분포를 3차원 해석을 통해서 구하시오.

$\sigma_o = 450\ MPa$; $L = 400\ mm$; $a = 9.5\,mm$;

$b = 95\ mm$

$E = 200{,}000\,N/mm^2$; $\nu = 0.25$

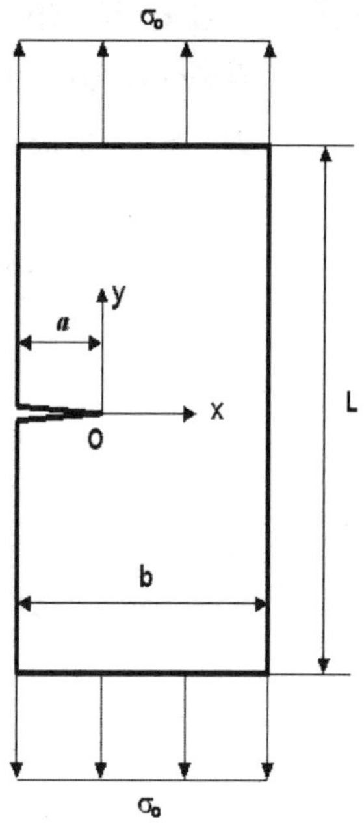

그림 P6.6 균열이 있는 3차원 평판

해

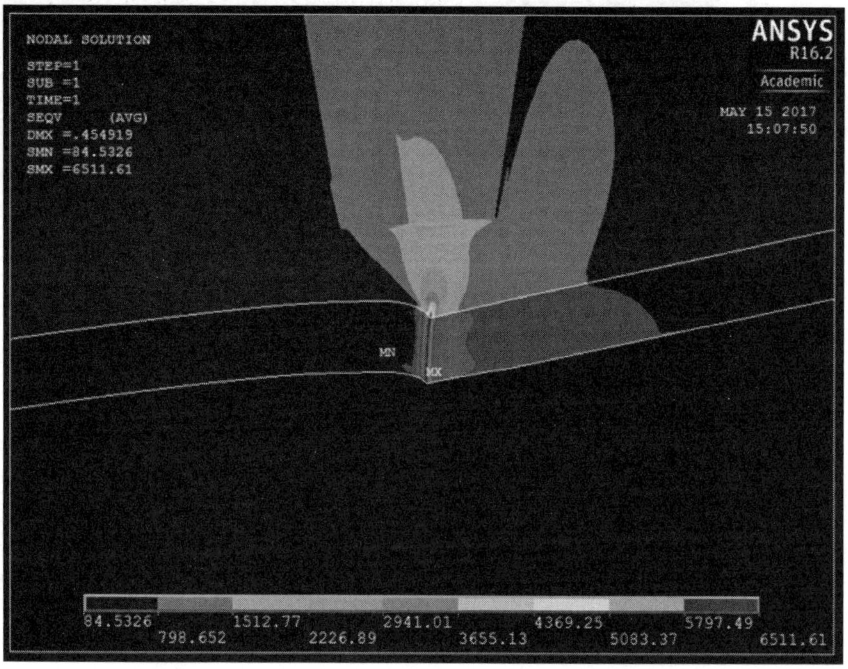

프로젝트

6.1 그림 P6.7은 평판형 집광판을 사용한 태양광 발전시스템 구조물을 보여주고 있다. 3차원 유한요소 모델을 사용하여 자중과 풍압에 의한 응력분포를 구하시오.

그림 P6.7 평판형 집광판을 사용한 태양광 발전시스템 구조물

CHAPTER

07

축 대칭(Axisymmetric) 모델 해석

CHAPTER

07 축 대칭(Axisymmetric) 모델 해석

앞 5장에서 (예제 5.2) 내압을 받고 있는 실린더문제를 다루었는데, 응력 분포를 구해 보면 다음과 같은 결과가 나온다.

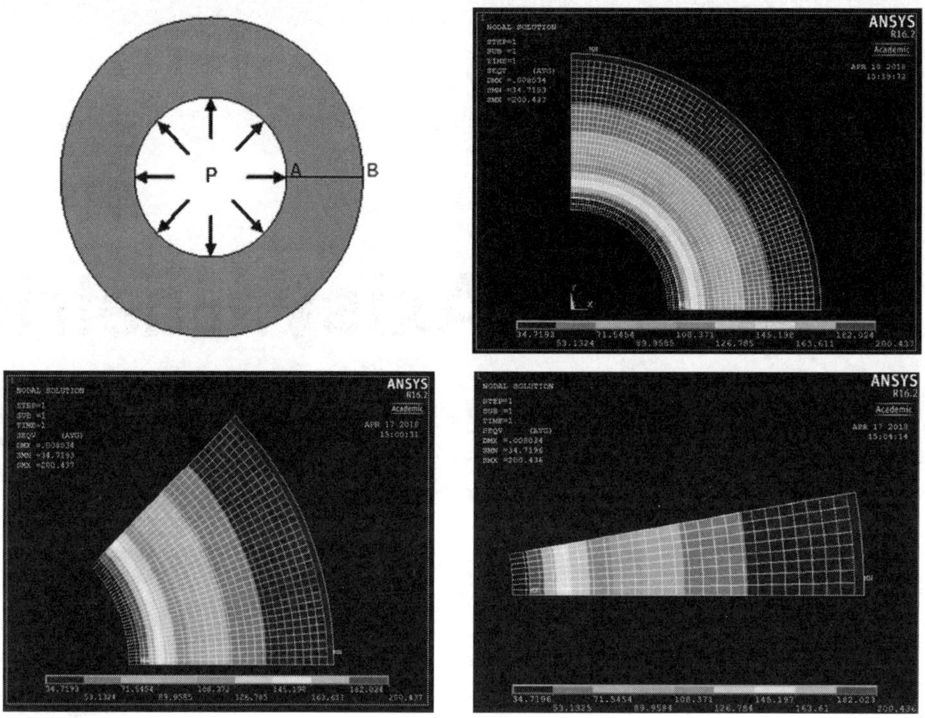

그림 7.1 내압을 받고 있는 실린더

1/4 모델, 1/8 모델, 그리고 1/32 모델에 대한 해석결과를 살펴보면 결과가 거의 같음을 알 수 있다. 그림 7.2를 보면 실린더에 있는 점들의 변위는 반지름 방향으로만 발생하고 반지름 방향과 수직인 횡방향(θ 방향)성분은 0임을 알 수 있다. 이와 같이 구조물의 거동이 중심축을 중심으로 대칭 거동을 하는 경우를 축대칭(Axisymmetric) 상태라고 한다.

축대칭 거동을 하는 경우 3차원 문제는 2차원으로 모델링이 가능하다. 그림 7.3은 3차원 압력용기를 나타내는데, A-B, C-D, E-F 직선이나 그러한 직선을 포함하고 있는 면들은 모두 반지름 방향으로만 변위가 발생하므로, 용기의 3차원 모델 대신 2차원의 4각형 단면에 대해서 모델링을 하고 해석을 진행할 수 있다. 단, 해석을 진행하기 전에 축대칭 조건을 설정해야 한다. 2차원 해석이므로 5장에서 다루었던 접근 방법이 사용될 수 있지만, Y축이 축대칭 축이 되도록 해야 한다.

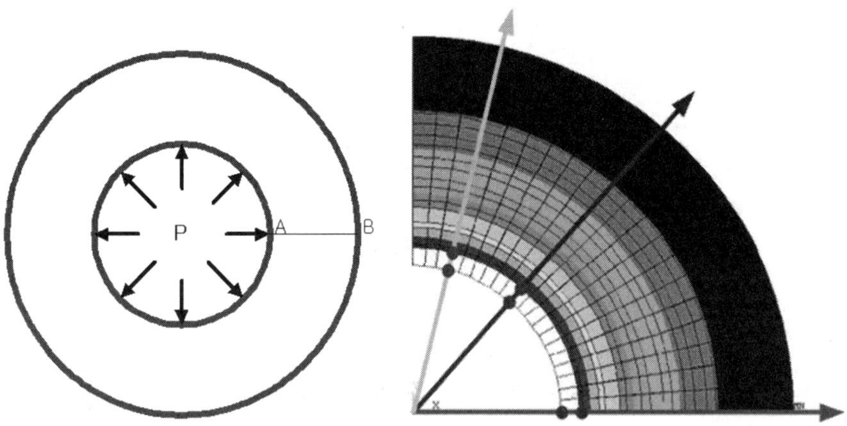

그림 7.2 실린더에 있는 점들의 변위

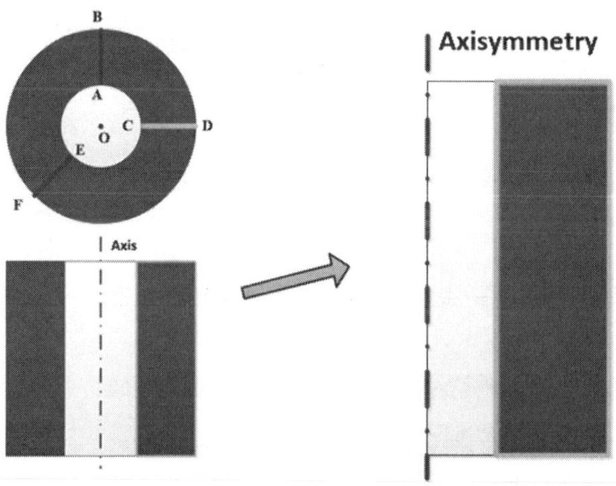

그림 7.3 축대칭 거동을 하는 압력 용기의 해석 모델

ANSYS에서 2차원 솔리드 해석에 사용되는 선형 사변형 요소(Plane182), 2차 사변형 요소(Plane183), 그리고 2차 삼각형 요소가 축대칭 문제를 해석할 때도 사용된다.

다음 예제들은 ANSYS를 사용하여 축대칭 응력 문제를 해석하는 과정을 설명하고 있다.

예제 7.1

회전하는 원판(그림 7.4)의 응력 분포를 축대칭 모델을 이용하여 구하시오.

$E = 30 \times 10^6\, psi$; $\nu = 0.25$; $\rho = 0.00073\ lb\,\sec^2/in^4$

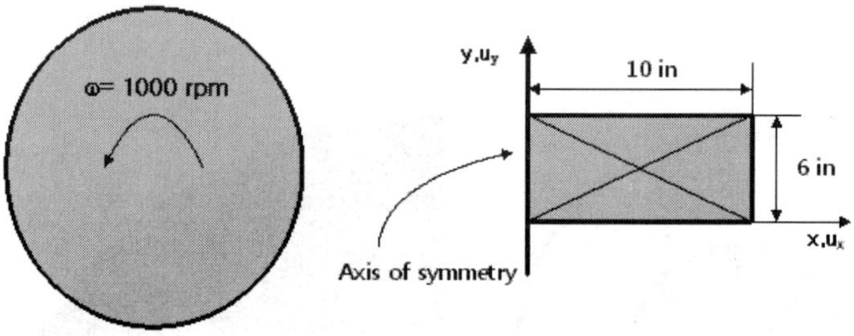

그림 7.4 회전하는 원판

해석과정

1) 요소의 선택 : Structural Solid Quad 4 node ; Plane182.

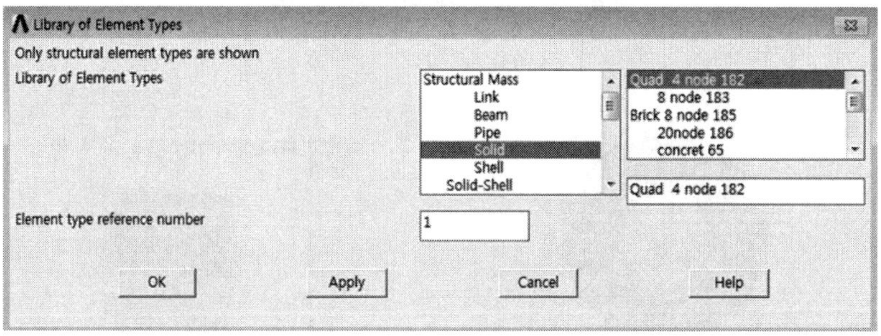

2) 요소거동 양식 Options를 축대칭(Axisymmetic)으로 설정.

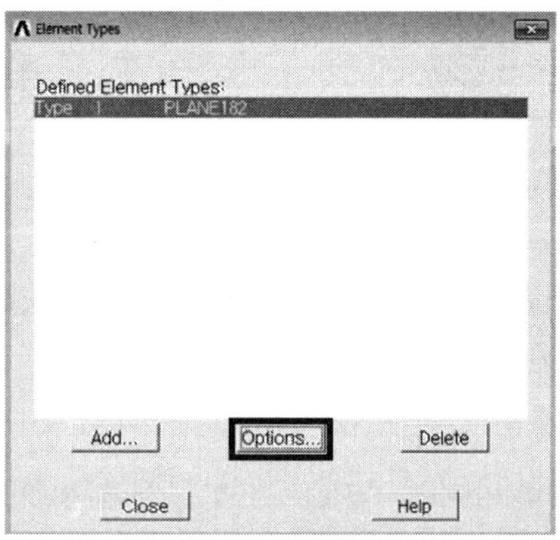

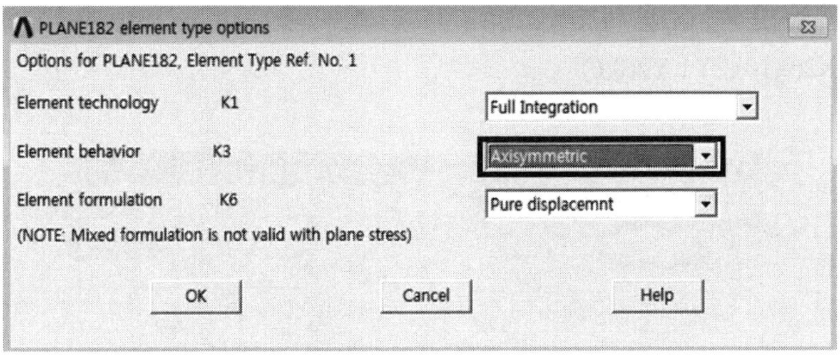

3) 재료물성(탄성계수, 프와송 비, 밀도) 입력.

밀도 $\rho = 0.00073\ lb\sec^2/in^4$

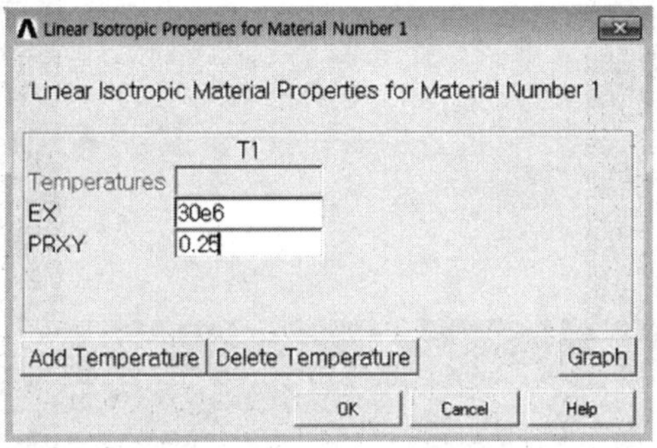

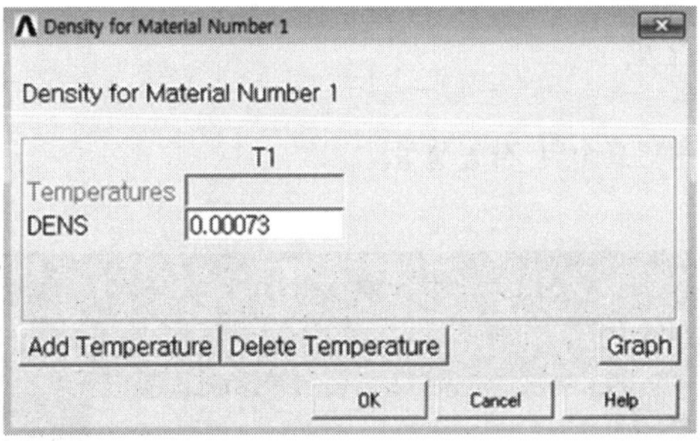

4) 기하모델 생성 -상하 대칭성 고려.
X1, X2(0,10), Y1,Y2(0,6)

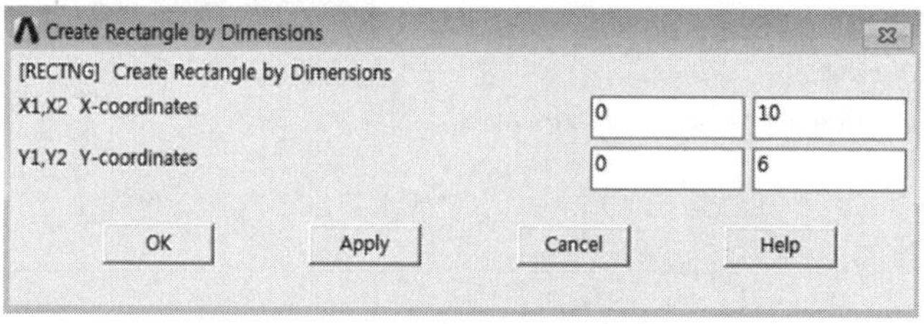

5) 생성될 요소의 크기.

6) 사각형 면상에 평면요소의 자동생성.

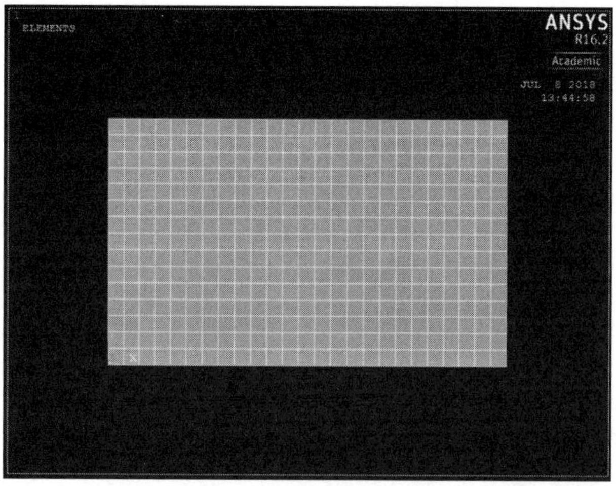

7) 대칭선에 대칭조건 입력.

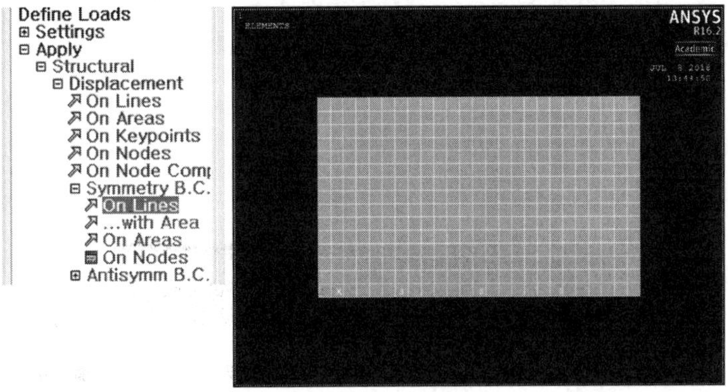

8) Y축에 대한 회전 각속도 입력.

Solution>Load>Apply>Inertia>Angular Velocity>Global

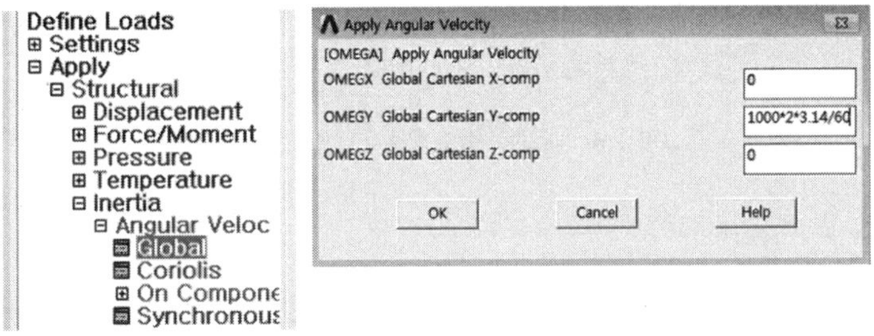

9) 변위와 응력의 계산.

10) 결과 출력 – von Mises 응력 (단위 : psi).

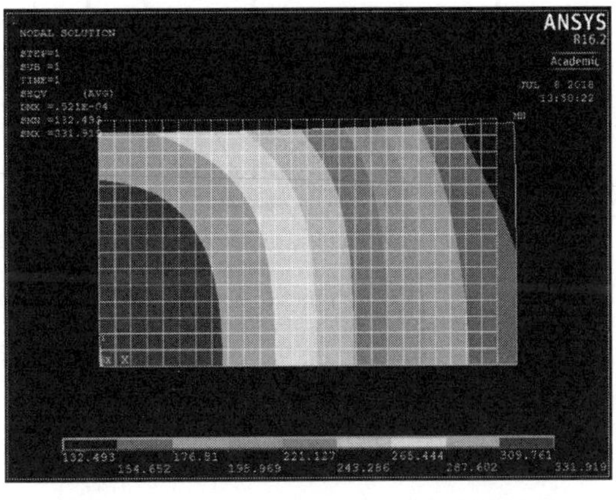

그림 7.5 회전하는 원판(그림 7.4)의 응력 분포

예제 7.2

내압을 받고 있는 3차원 압력용기(그림 7.6)에 나타나는 응력분포를 축대칭 모델을 사용하여 구하시오. 3차원 모델을 해석한 결과와 비교하시오.

$P = 100\ N/mm^2$; $r_1 = 10\ mm$; $r_2 = 25\,mm$

$E = 200{,}000\,N/mm^2$; $\nu = 0.25$

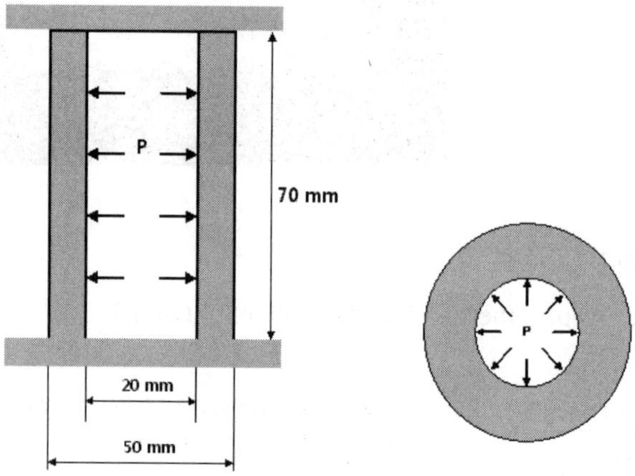

그림 7.6 내압을 받고 있는 3차원 압력용기

해석과정

대칭성을 이용하여 실린더의 절반에 대해서만 축대칭 모델을 적용한다.

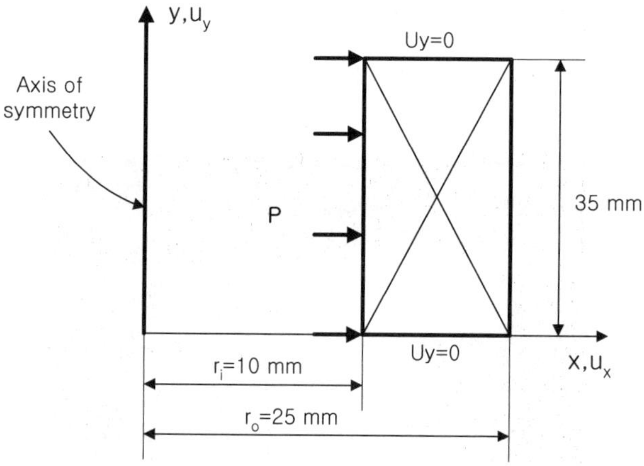

그림 7.7 축대칭 해석 모델

1) 요소의 선택 : Structural Solid Quad 4 node ; Plane182.
2) 요소거동 양식 Options를 축대칭(Axisymmetic)으로 설정.
3) 재료물성(탄성계수, 프와송 비)입력.
4) 기하모델 생성 -사각형.
   X1, X2(10,25), Y1,Y2(0,35)
5) 생성될 요소의 크기.
6) 사각형 면상에 평면요소의 자동생성.
7) 상, 하면에 경계조건을 적용하기 위해 상, 하면의 절점들 선택.
8) 상단의 절점들에 대해서는 UY=0을 적용하고 하단의 절점들은 대칭조건(또는 Uy=0) 입력.
9) 왼쪽 수직방향 라인 상에 하중조건 적용하기 위해 X좌표가 10인 절점들 선택.
10) 선택된 모든 절점들에 Pressure=100 적용.
11) 변위와 응력의 계산.
12) 결과 출력 - von Mises 응력 (단위 : MPa).

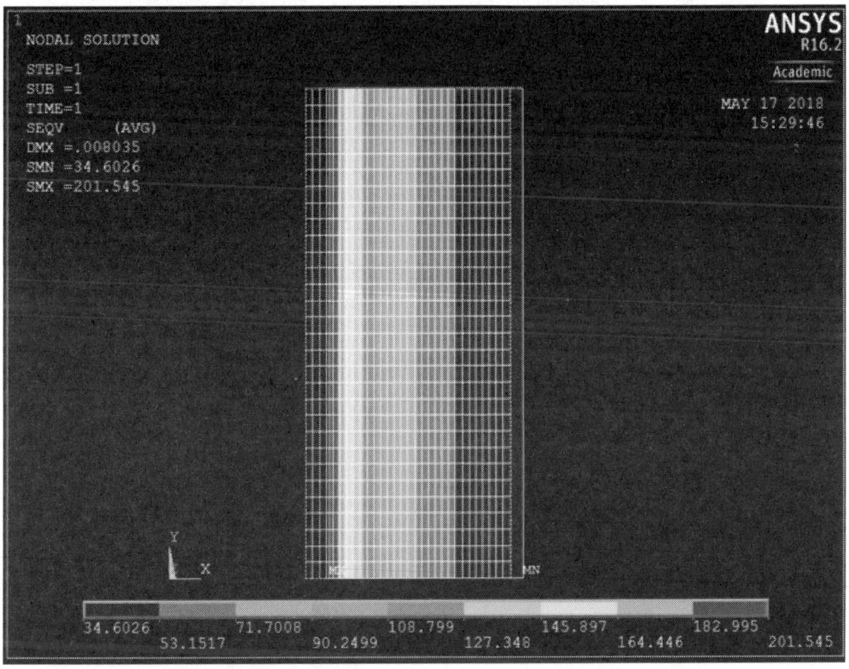

그림 7.8 내압을 받고 있는 3차원 압력용기 축대칭 모델 해석결과

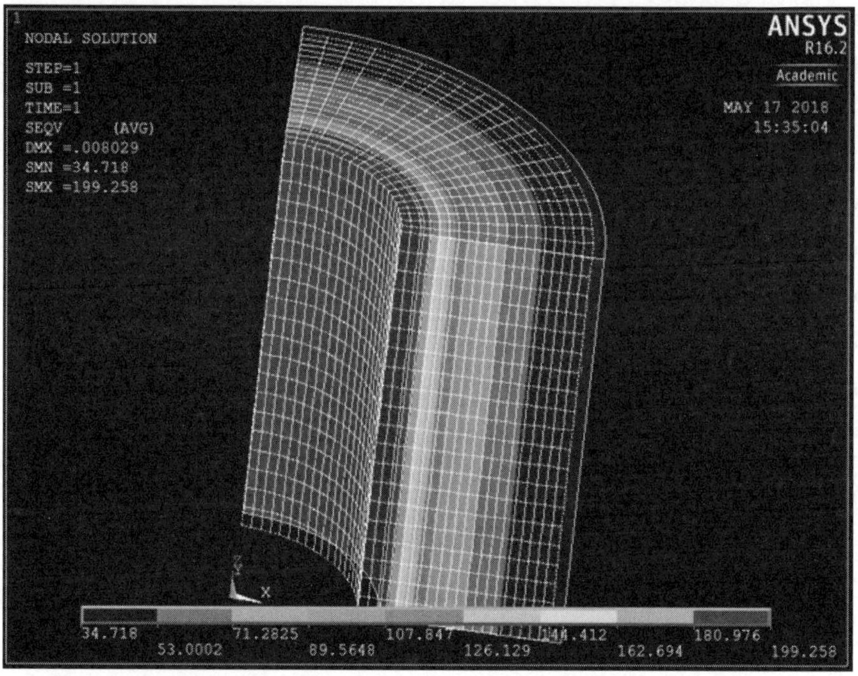

그림 7.9 내압을 받고 있는 3차원 압력용기 3차원 모델 해석결과

연습문제

7.1 그림 P7.1과 같이 구형 압력 용기(spherical pressure vessel)가 안지름 D=200mm와 t=8mm의 벽두께로 되어 있다. 축대칭 모델을 사용하여 용기의 내압이 $p = 3\,MPa$일 때 구형 용기에서 발생하는 최대 응력(von Mises stress : MPa)을 구하고, 3차원 해석 결과와 비교하시오.

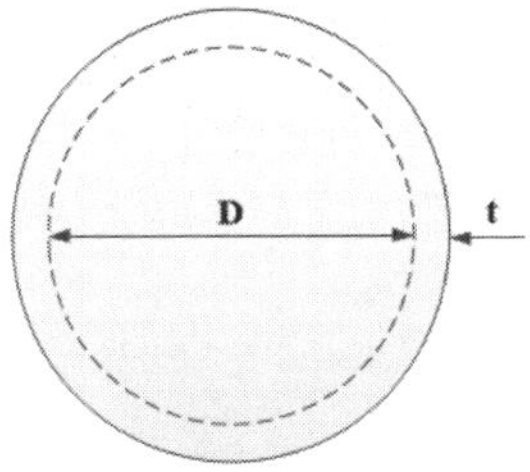

그림 P7.1 내압을 받는 구형 압력 용기

해

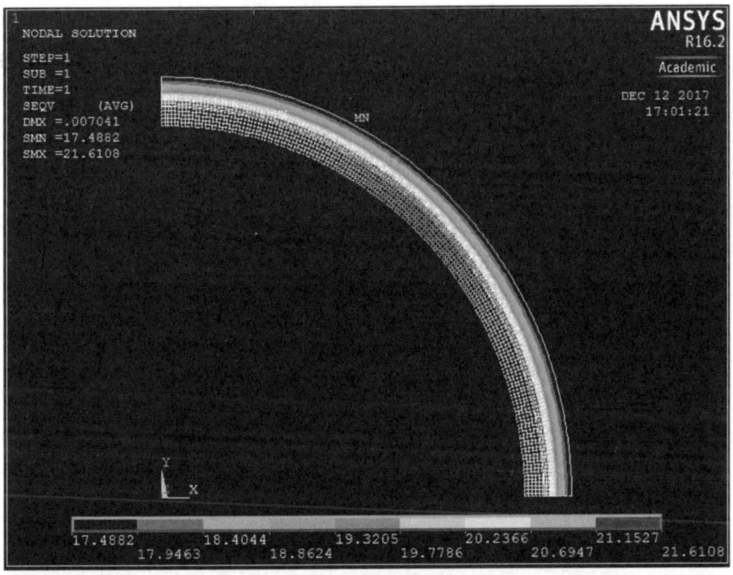

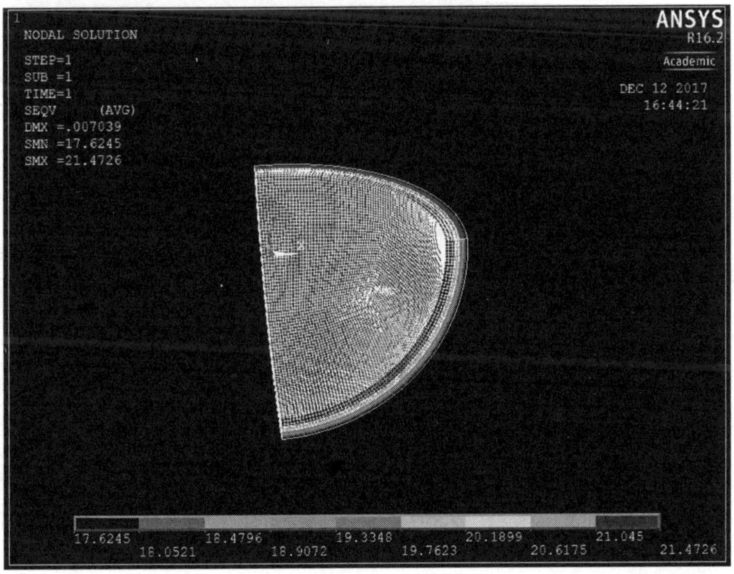

7.2 내압을 받고 있는 3차원 압력용기(그림 P7.2)에 나타나는 응력분포를 축대칭 모델을 이용하여 구하시오. 단, $E = 200\ GPa$이고 $\nu = 0.3$임.

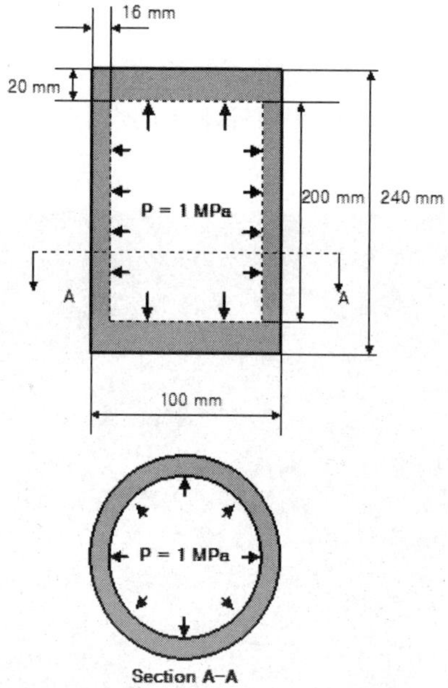

그림 P7.2 내압을 받고 있는 3차원 압력용기

해

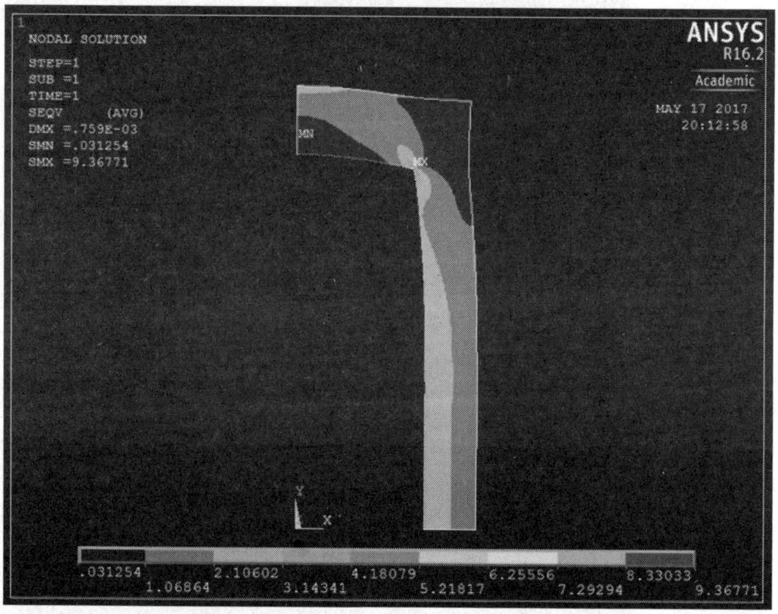

7.3 내압 $P = 500\ psi$를 받고 있는 3차원 복합 압력용기(그림 P7.3)에 나타나는 응력 분포를 축대칭 모델을 이용하여 구하시오.

$E_C = 5 \times 10^6 psi\ ;\ \nu_C = 0.15$

$E_S = 29 \times 10^6 psi\ ;\ \nu_S = 0.25$

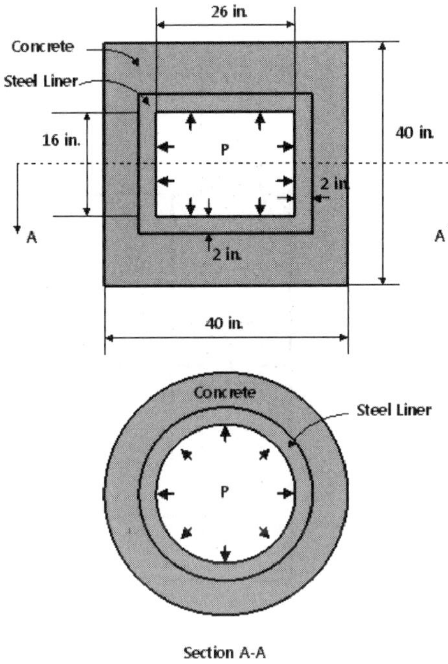

그림 P7.3 내압을 받고 있는 3차원 복합 압력용기

해

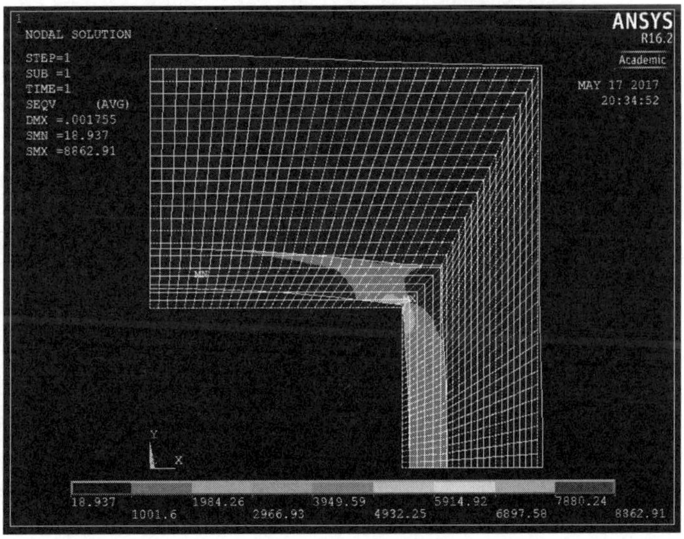

7.4 회전하는 플라이휠(그림 P7.4)의 응력과 변위 분포를 축대칭 모델을 이용하여 구하시오.

$\omega = 1{,}000\ rpm \quad E = 210\,GPa\ ;\ \nu = 0.25\ ;$

$\rho = 7800\ \ kg/m^3$

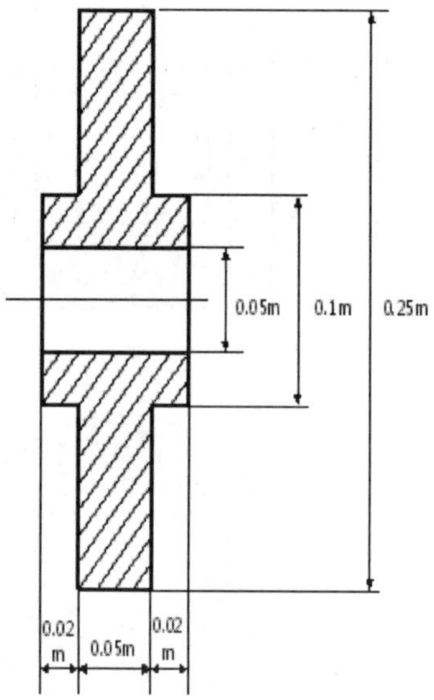

그림 P7.4 회전하는 플라이휠

해

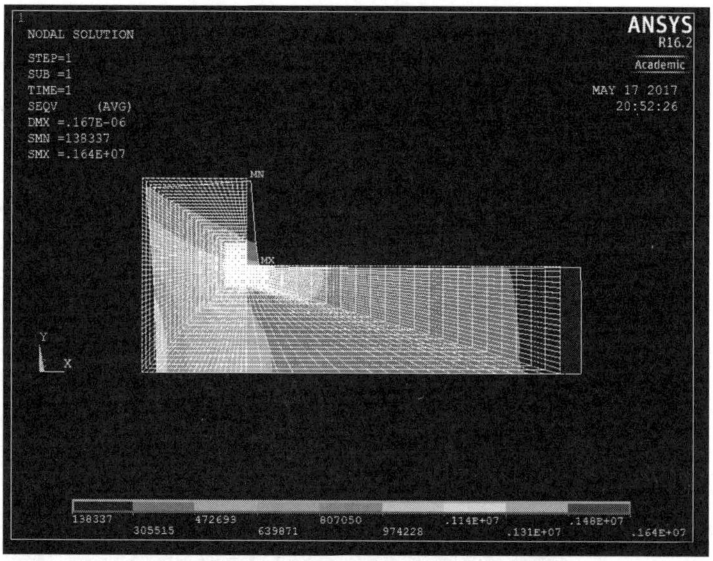

7.5 그림 P7.5과 같은 복합 구형압력용기(spherical pressure vessel)에 내부압력 $p = 4\,MPa$이 작용하고 있다. 온도변화는 무시한다. 발생하는 응력분포를 1) 축대칭 모델, 2) 3차원 모델을 사용하여 구하시오.

$E_I = 210\,GPa\,; \nu_I = 0.33$

$E_{II} = 110\,GPa\,; \nu_{II} = 0.25$

$r_1 = 1\,m\,; r_2 = 1.1\,m\,; r_3 = 1.2\,m$

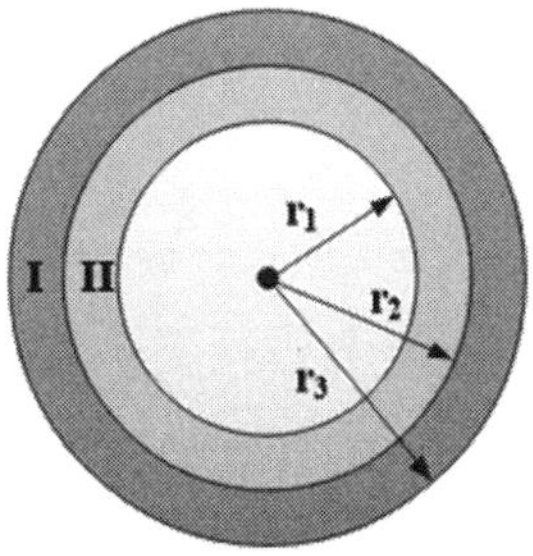

그림 P7.5 내부 압력이 작용하고 있는 복합 구형압력용기

해

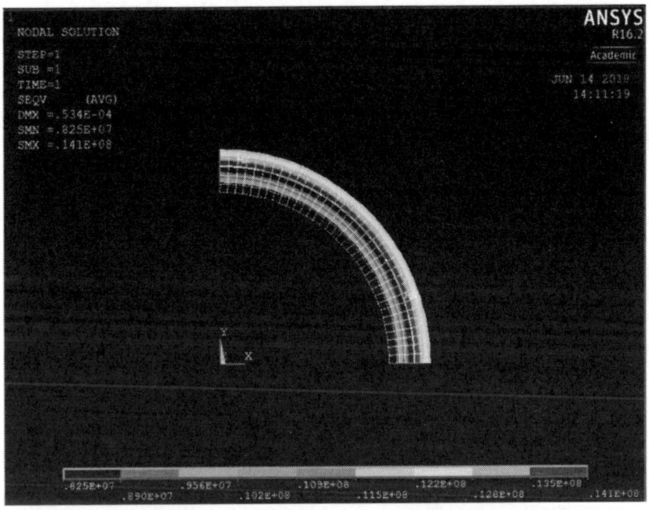

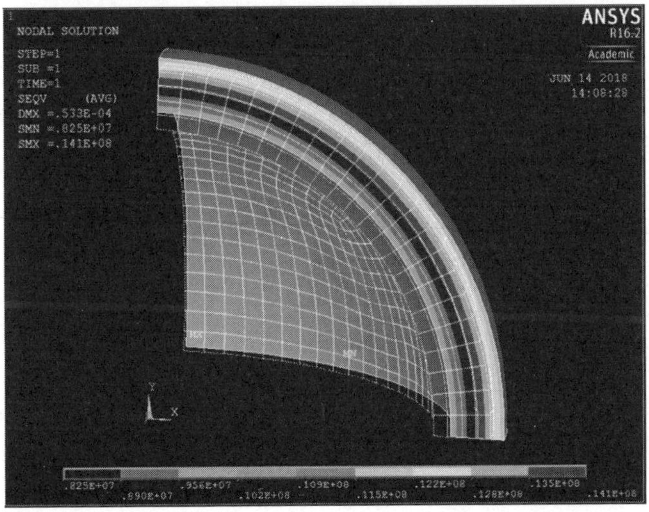

CHAPTER

08

열 응력(Thermal Stress) 해석

CHAPTER

08 열 응력(Thermal Stress) 해석

다음 예제들은 ANSYS를 사용하여 열 응력 문제를 해석하는 과정을 설명하고 있다.

예제 8.1

왼쪽이 그림 8.1처럼 구속된 평판에 온도변화 $\Delta T = 120° C$가 균일하게 발생하였다. 온도변화가 발생하기 전에 강체벽과 평판의 자유단 사이에는 $\delta = 1\, mm$의 간격이 있다. 평판에서 발생하는 최대응력(von Mises stress)을 구하시오. 평면 응력 조건임.

$E = 210\, GPa,\ \nu = 0.3,\ \alpha = 12 \times 10^{-6} / ° C$

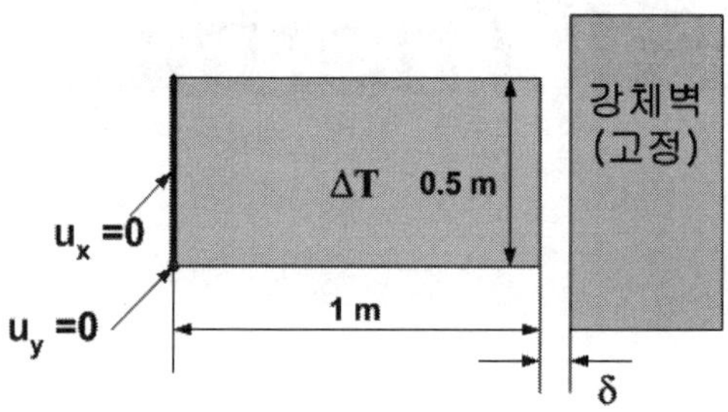

그림 8.1 균일한 온도변화가 발생한 평판

해석과정

1) 요소의 선택 :

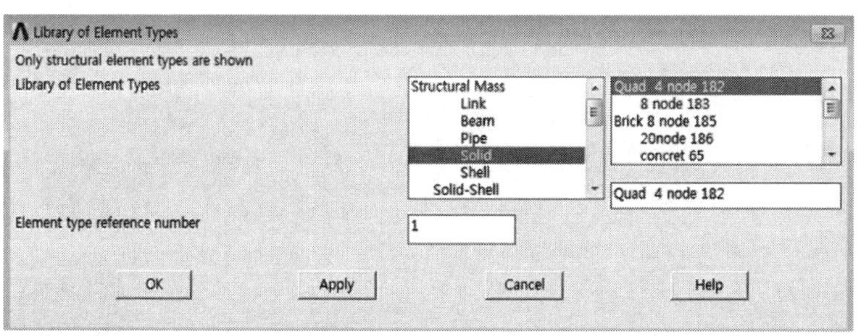

2) 재료물성(탄성계수, 프와송 비, 열 팽창계수)과 기준온도 (T=0) 입력.

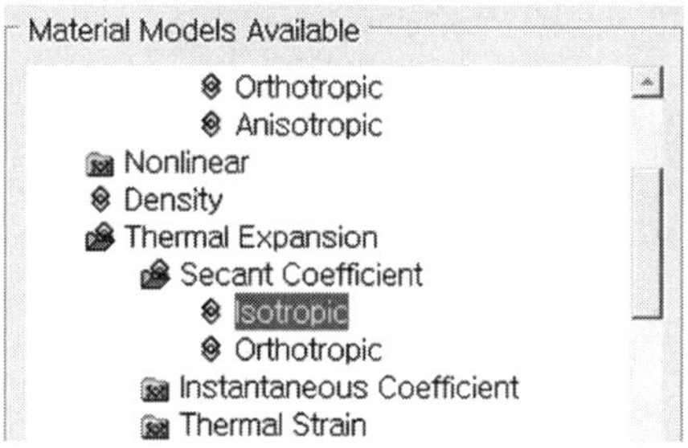

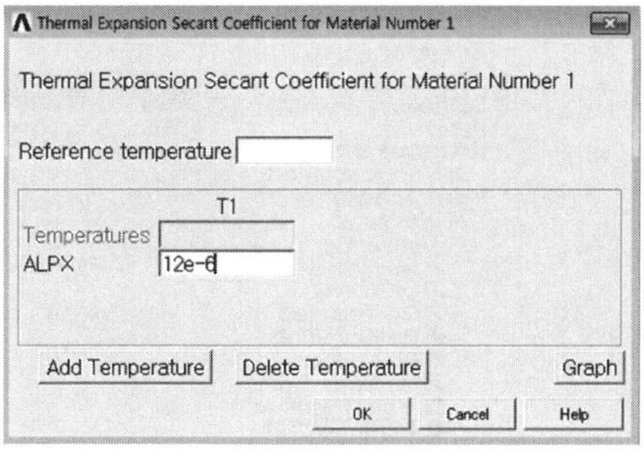

3) 기하모델 생성 - 사각형(가로 1.0 m, 세로 0.5 m).
4) 생성될 요소의 크기.
5) 사각형 면상에 평면요소의 자동생성.
6) 왼쪽 면에 경계조건을 적용하기 위해 X좌표가 0인 절점들 선택.
7) 선택된 절점들에 Ux=0 적용.
8) X=0, Y=0인 절점을 선택하고 Uy=0 적용.

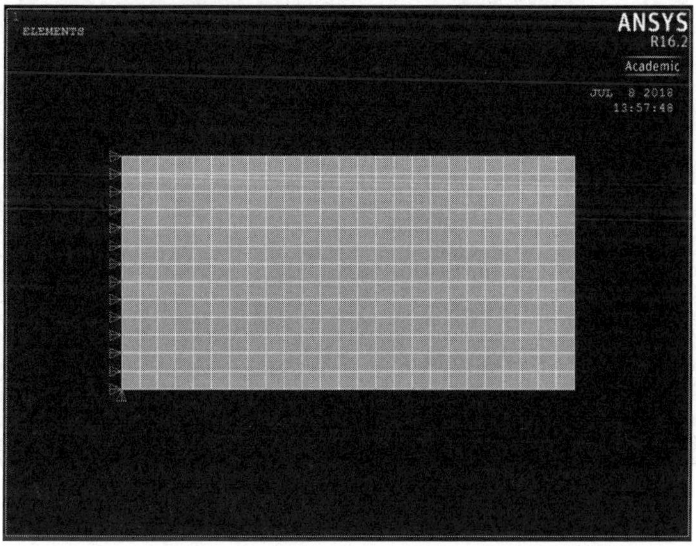

9) 모델 전체에 균일한 온도 적용.

Solution>Define Loads>Apply>Structural>Temperature>Uniform Temp...

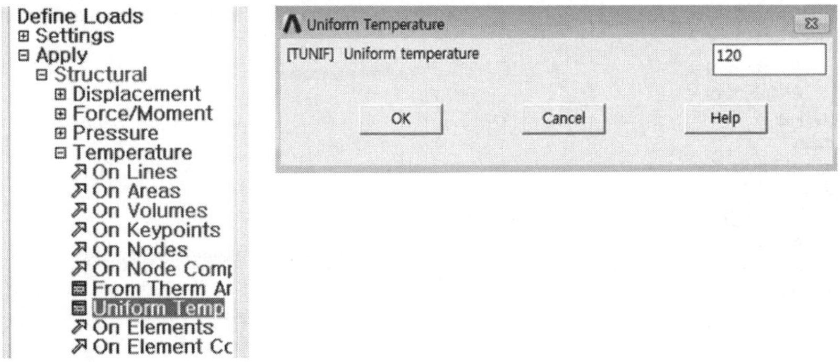

10) 변위와 응력의 계산.

11) 결과 출력 : 변위 (단위 : m).

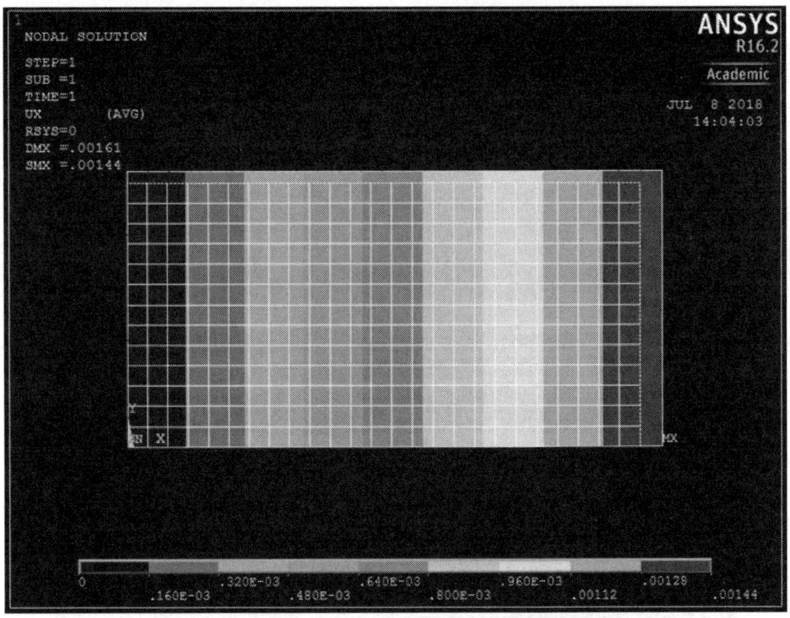

그림 8.2 균일한 온도변화가 발생한 평판의 변위

오른쪽 최대 변위가 0.001 m를 넘어가므로 0.001 m로 구속한 후 다시 해석.

12) 오른쪽 면에 경계조건을 적용하기 위해 X좌표가 1.0인 절점들 선택.

13) 선택된 절점들에 UX=0.001 적용.

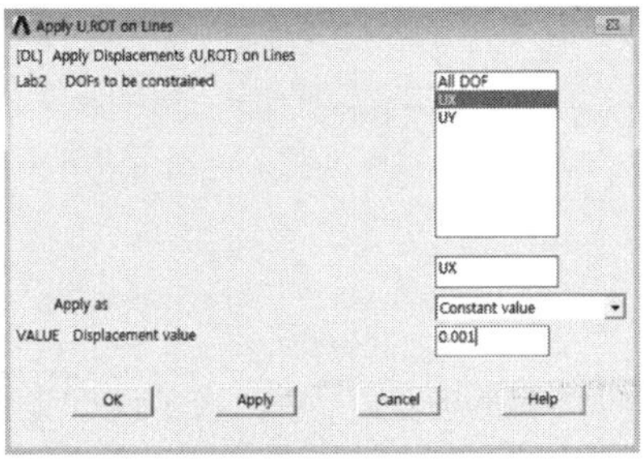

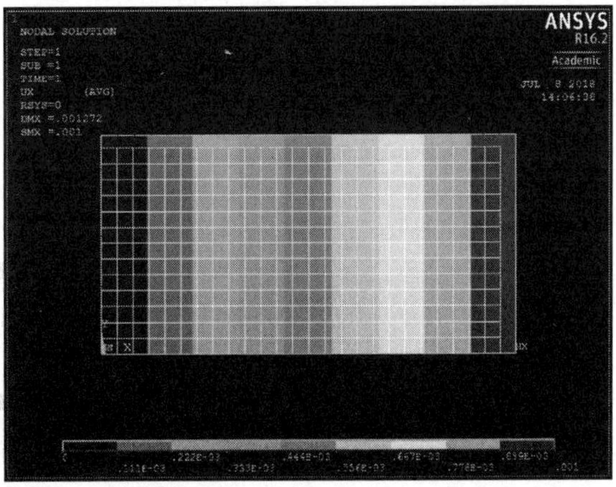

14) 결과 출력 - von Mises 응력 (단위 : N/m^2).

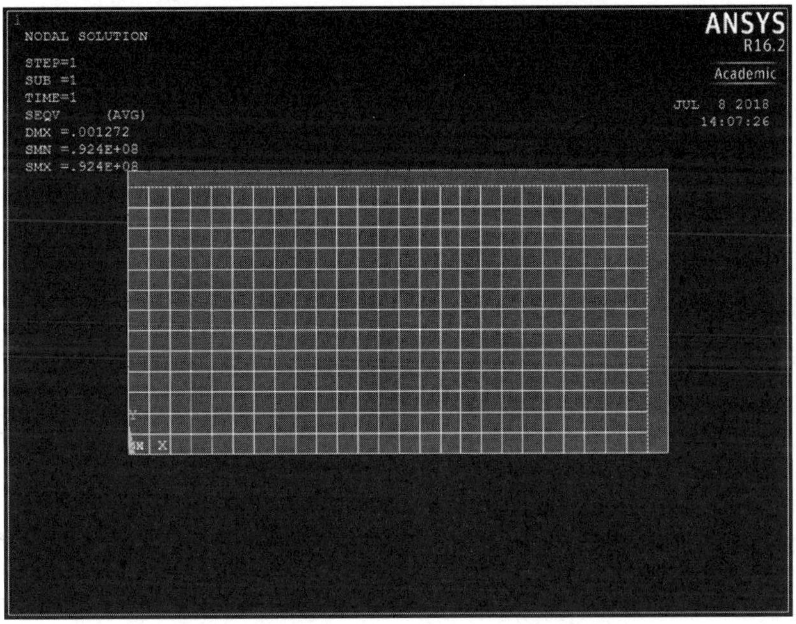

그림 8.3 균일한 온도변화가 발생한 평판의 응력

예제 8.2

양쪽이 고정되어 있는 평판(그림 8.4)에 발생하는 열응력을 구하시오. (평판은 평면 응력 상태에 있음)

$E = 200\ GPa$; $\nu = 0.3$; $\alpha = 5 \times 10^{-6} / °C$

$t = 5\ mm$; $\Delta T = 200°C$

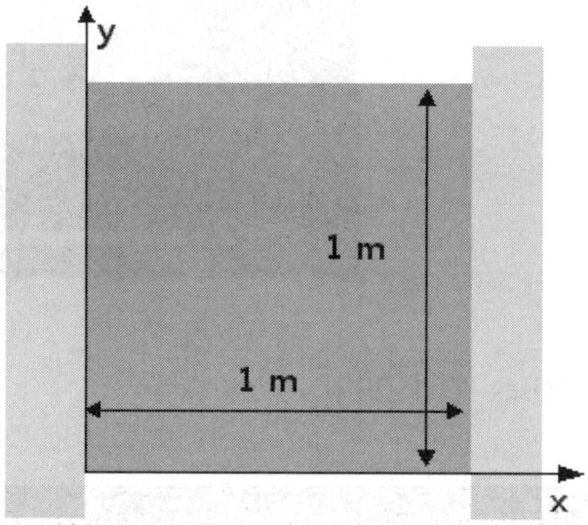

그림 8.4 양쪽이 고정되어 있는 평판

해석과정

1) 요소의 선택 : Structural Solid Quad 4 node ; Plane182.
2) 요소 물성 값(두께) 입력.
   Options 클릭하여 두께를 입력.
3) 재료물성(탄성계수, 프와송 비, 열 팽창계수)과 기준 온도 입력(T=0).
4) 기하모델 생성 - 사각형(가로 1.0, 세로 1.0).
5) 생성될 요소의 크기.
6) 사각형 면상에 평면요소를 자동생성.
7) 왼쪽 면에 경계조건을 적용하기 위해 X좌표가 0인 절점들 선택.
8) 오른쪽 면에 경계조건을 적용하기 위해 X좌표가 1.0인 절점들 선택.
9) 선택된 절점들에 All DOFs=0 적용.
10) 모델 전체에 균일한 온도 적용.
    Solution>Define Loads>Apply>Structural>Temperature>Uniform Temp...
11) 변위와 응력의 계산.

12) 결과 출력 - von Mises 응력(단위 : N/m^2).

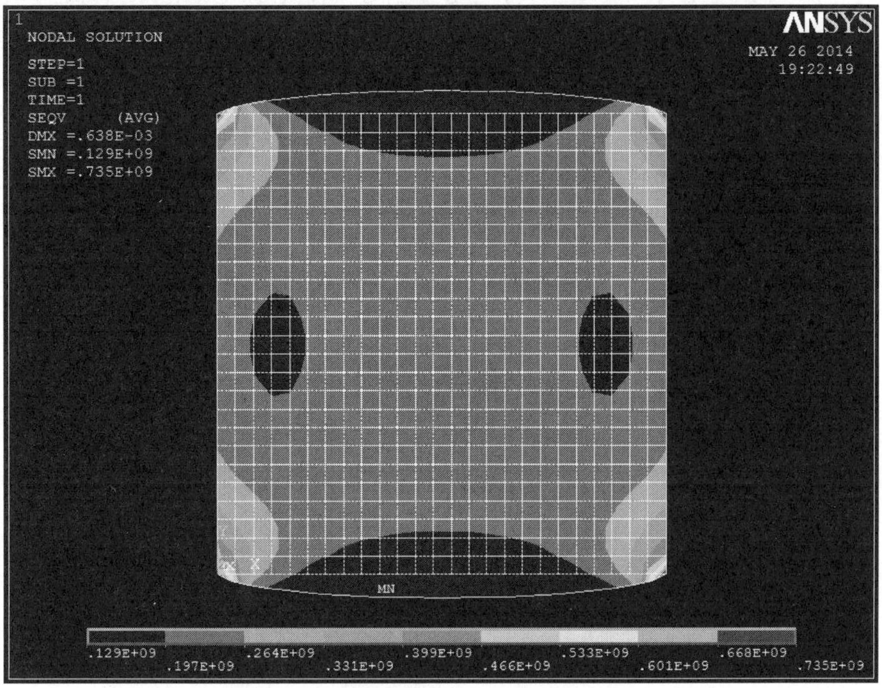

그림 8.5 양쪽이 고정되어 있는 평판의 응력분포

8.1 다음 복합 실린더(그림 P8.1)에 발생하는 응력과 변위 분포를 1) 2차원 모델(평면 변형률), 2) 3차원 모델, 3) 축대칭 모델을 사용하여 구하고 비교하시오. 실린더의 위와 아래의 구속조건으로, 실린더의 축 방향으로만 구속되어 있다고 가정함.

$E_I = 30 \times 10^6 psi$; $\nu_I = 0.33$; $\alpha_I = 10 \times 10^{-6} / {}^\circ F$

$E_{II} = 15 \times 10^6 psi$; $\nu_{II} = 0.25$; $\alpha_{II} = 50 \times 10^{-6} / {}^\circ F$

$\Delta T = -100 {}^\circ F$

$r_1 = 12\ in.$; $r_2 = 24\ in.$; $r_3 = 36\ in.$; $L = 48\ in.$

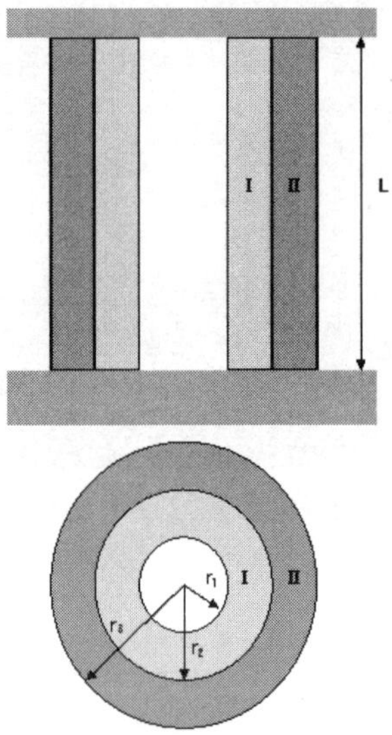

그림 P8.1 복합 실린더

해 1) 2차원 모델

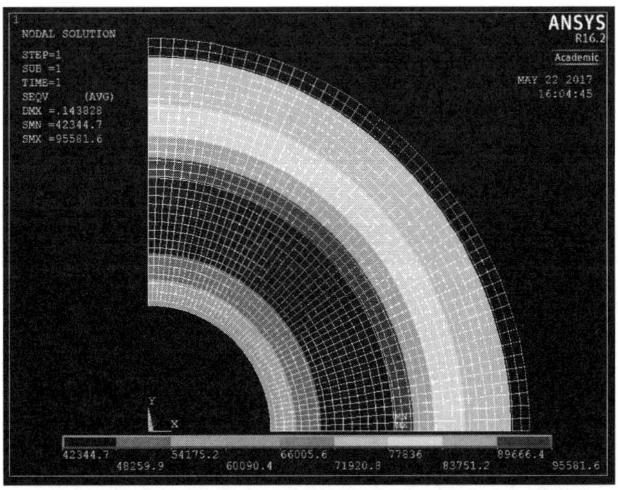

2) 3차원 모델

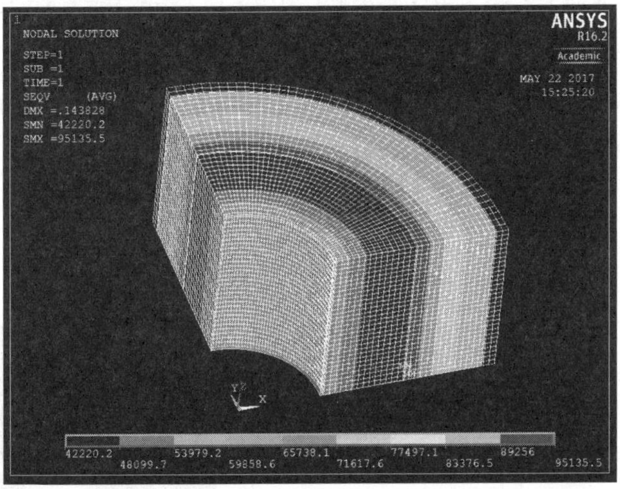

3) 축 대칭 모델

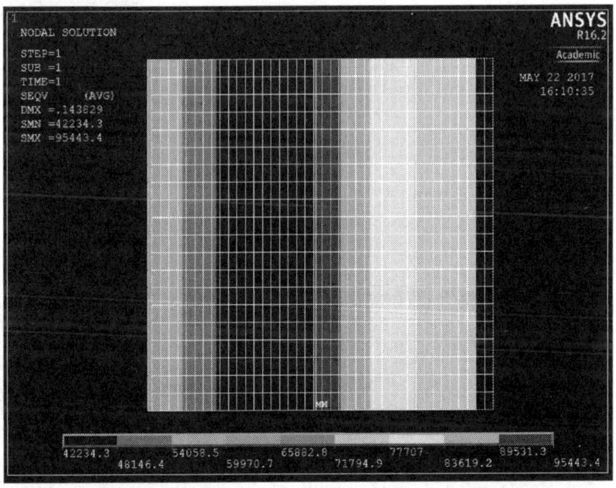

8.2 다음 조립구조물(그림 P8.2)에서 발생하는 잔류 열응력을 1) 축대칭 모델, 2) 3차원 모델을 이용하여 구한 후 비교하시오.

$E_I = 200\,GPa$; $\nu_I = 0.25$; $\alpha_I = 10 \times 10^{-6}/°C$

$E_{II} = 70\,GPa$; $\nu_{II} = 0.3$; $\alpha_{II} = 50 \times 10^{-6}/°C$

$\Delta T = -300°C$

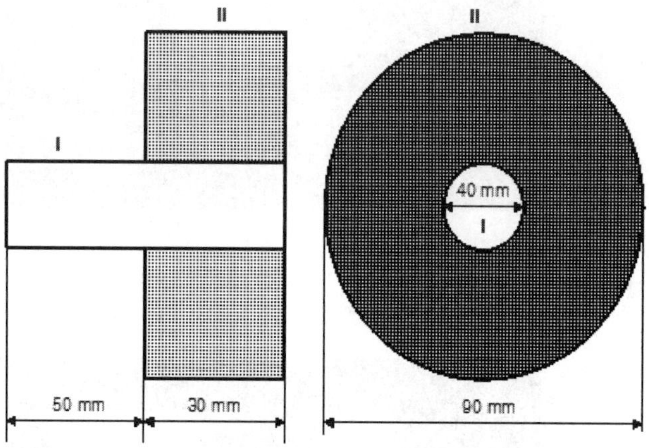

그림 P8.2 조립 구조물

해 1) 축대칭 모델

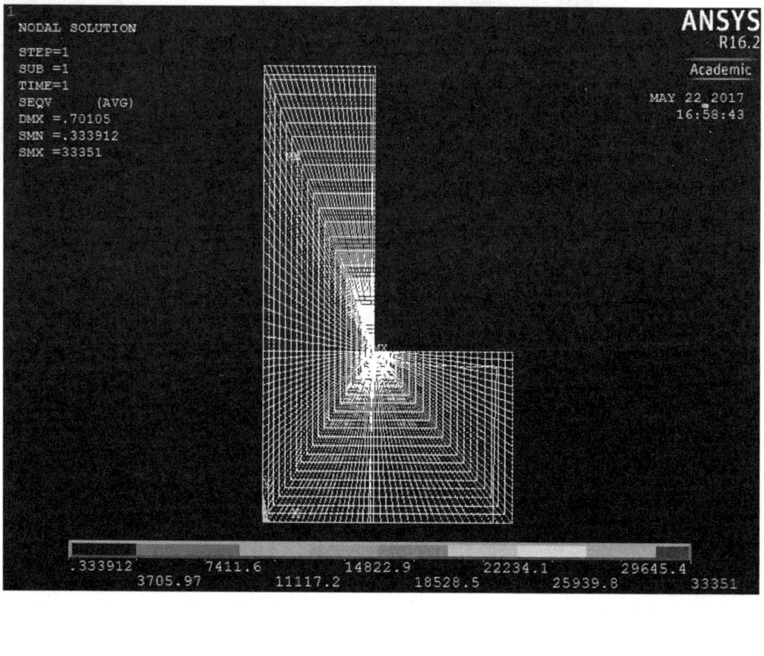

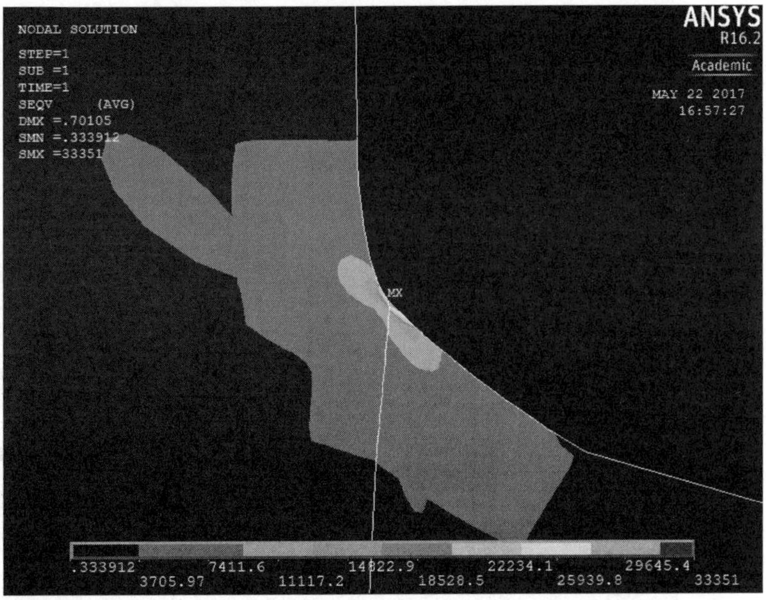
NODAL SOLUTION
STEP=1
SUB =1
TIME=1
SEQV (AVG)
DMX =.70105
SMN =.333912
SMX =33351
ANSYS
R16.2
Academic
MAY 22 2017
16:57:27
MX
.333912
3705.97
7411.6
11117.2
14822.9
18528.5
22234.1
25939.8
29645.4
33351

2) 3차원 모델

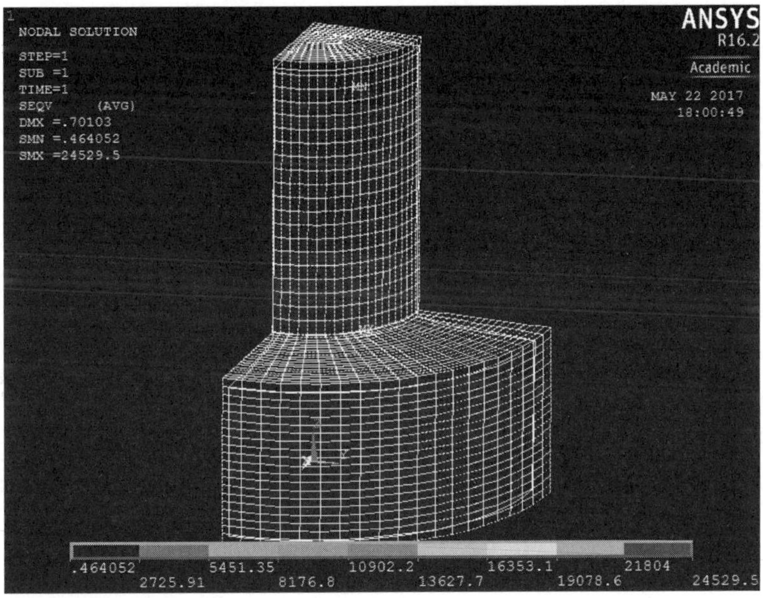
NODAL SOLUTION
STEP=1
SUB =1
TIME=1
SEQV (AVG)
DMX =.70103
SMN =.464052
SMX =24529.5
ANSYS
R16.2
Academic
MAY 22 2017
18:00:49
.464052
2725.91
5451.35
8176.8
10902.2
13627.7
16353.1
19078.6
21804
24529.5

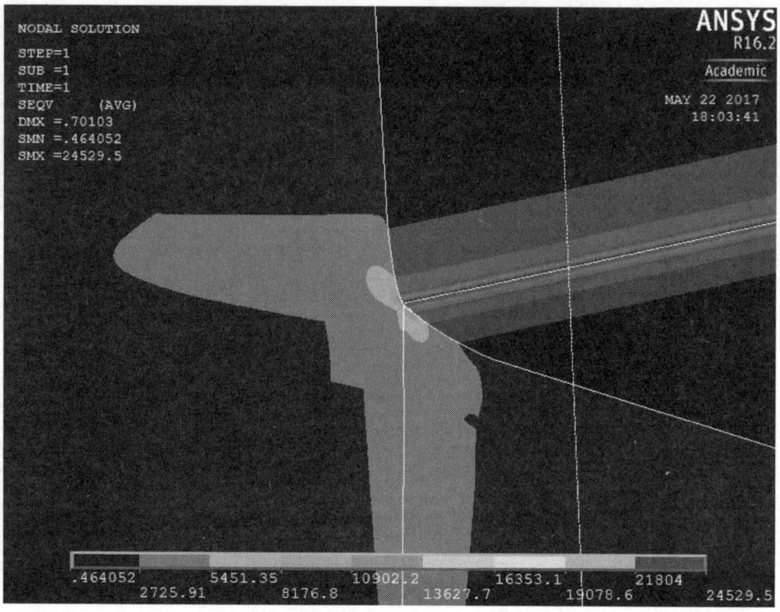

8.3 다음 복합재료(그림 P8.3)의 잔류 열응력을 구하시오.

$E_I = 210\,GPa$; $\nu_I = 0.25$; $\alpha_I = 10 \times 10^{-6}/{}^\circ C$

$E_{II} = 110\,GPa$; $\nu_{II} = 0.3$; $\alpha_{II} = 50 \times 10^{-6}/{}^\circ C$

$\Delta T = -200\,{}^\circ C$

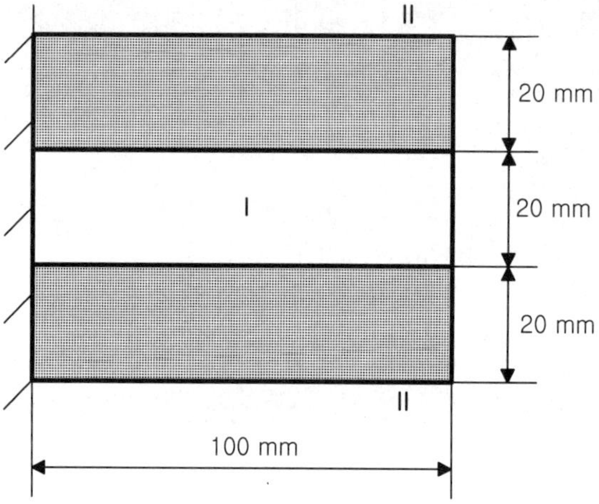

그림 P8.3 복합재료

해 응력단위 : N/m^2

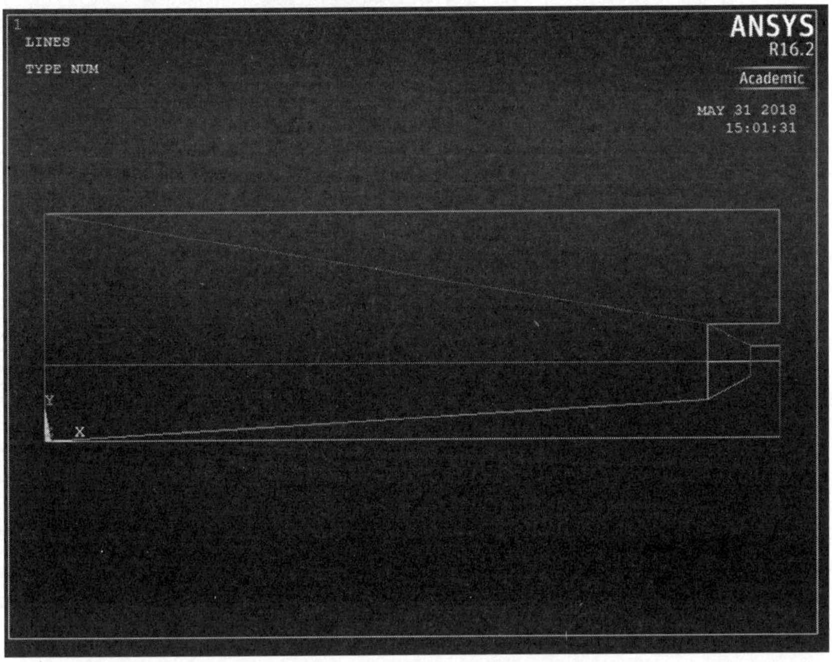
1
LINES
TYPE NUM
ANSYS
R16.2
Academic
MAY 31 2018
15:01:31
Y
X

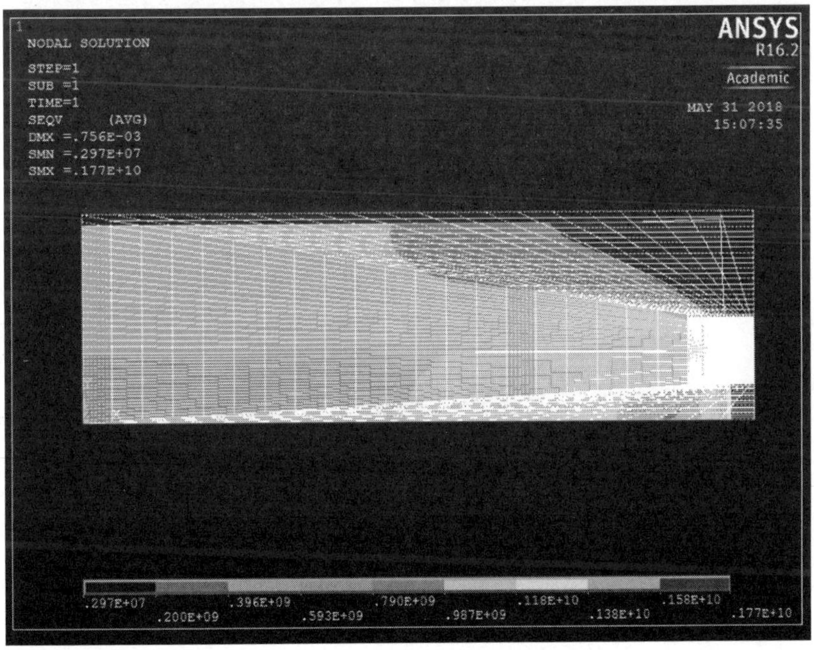
1
NODAL SOLUTION
STEP=1
SUB =1
TIME=1
SEQV (AVG)
DMX =.756E-03
SMN =.297E+07
SMX =.177E+10
ANSYS
R16.2
Academic
MAY 31 2018
15:07:35
.297E+07
.200E+09
.396E+09
.593E+09
.790E+09
.987E+09
.118E+10
.138E+10
.158E+10
.177E+10

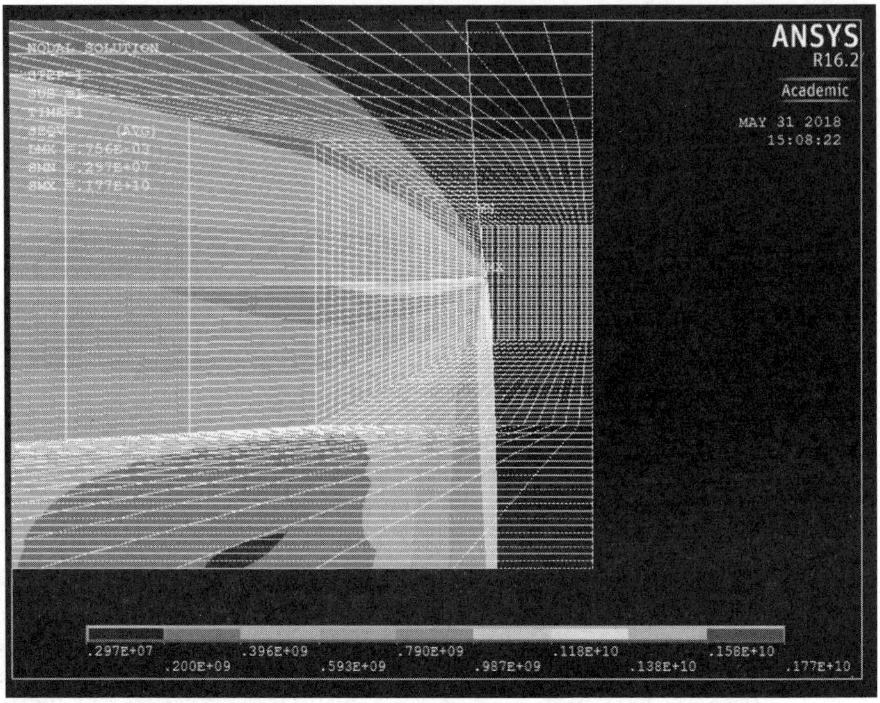

8.4 그림 P8.4와 같은 복합 구형압력용기(spherical pressure vessel)에 온도변화 $\Delta T = 100° F$가 발생하고 있다. 작용하는 압력은 없다. 발생하는 응력분포와 변위를 1) 축대칭 모델, 2) 3차원 모델을 사용하여 구하시오.

$E_I = 30 \times 10^6 psi; \nu_I = 0.33; \alpha_I = 10 \times 10^{-6} /° F$

$E_{II} = 7 \times 10^6 psi; \nu_{II} = 0.25; \alpha_{II} = 50 \times 10^{-6} /° F$

$r_1 = 10\, in; r_2 = 25\, in; r_3 = 35\, in$

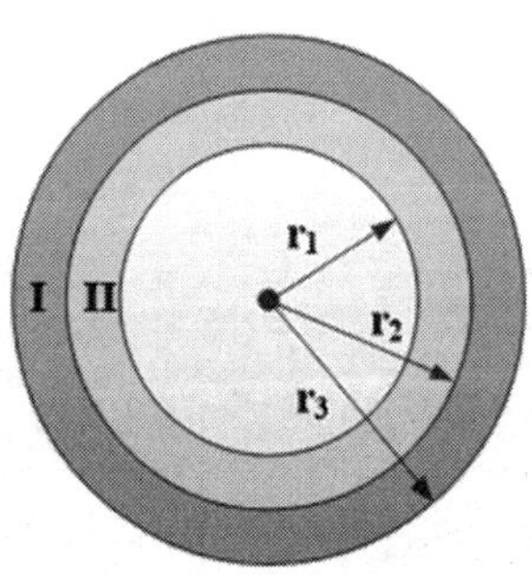

그림 P8.4 온도변화가 발생하고 있는 복합 구형압력용기

해

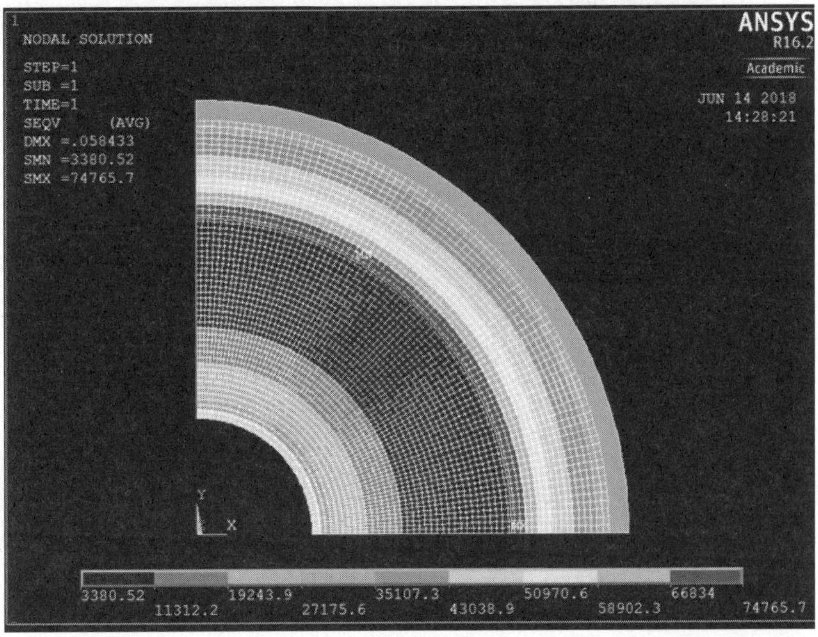
1
NODAL SOLUTION
STEP=1
SUB =1
TIME=1
SEQV (AVG)
DMX =.058433
SMN =3380.52
SMX =74765.7
ANSYS
R16.2
Academic
JUN 14 2018
14:28:21
3380.52
11312.2
19243.9
27175.6
35107.3
43038.9
50970.6
58902.3
66834
74765.7

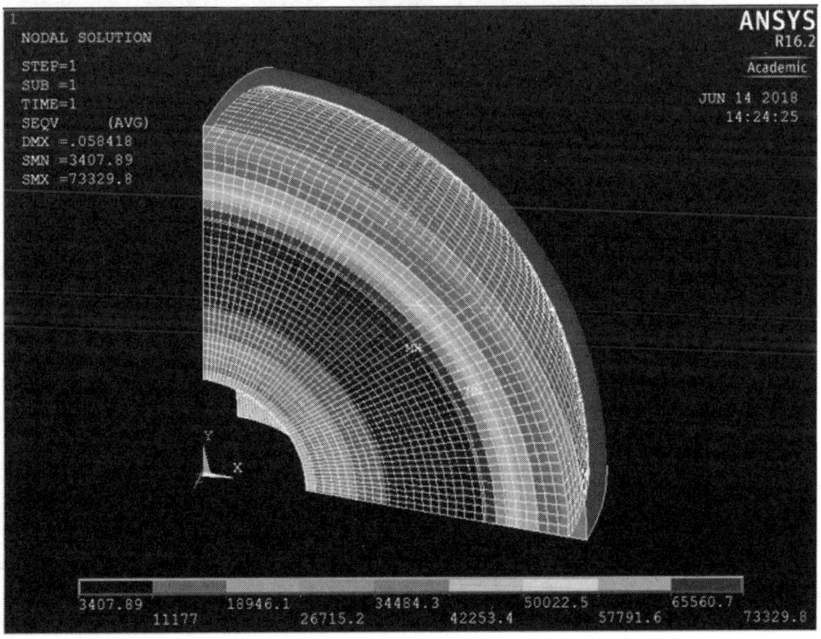
1
NODAL SOLUTION
STEP=1
SUB =1
TIME=1
SEQV (AVG)
DMX =.058418
SMN =3407.89
SMX =73329.8
ANSYS
R16.2
Academic
JUN 14 2018
14:24:25
3407.89
11177
18946.1
26715.2
34484.3
42253.4
50022.5
57791.6
65560.7
73329.8

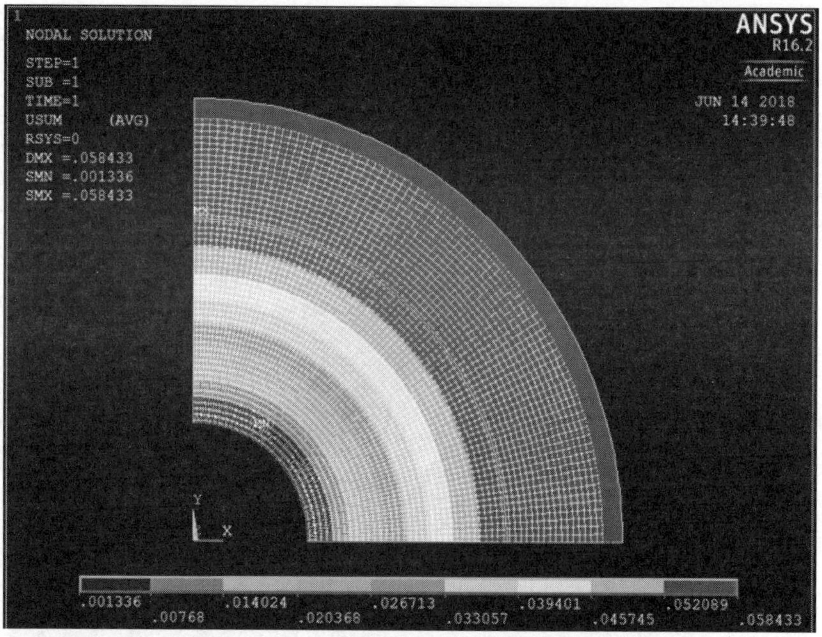
NODAL SOLUTION
STEP=1
SUB =1
TIME=1
USUM (AVG)
RSYS=0
DMX =.058433
SMN =.001336
SMX =.058433
ANSYS
R16.2
Academic
JUN 14 2018
14:39:48
Y
X
.001336
.00768
.014024
.020368
.026713
.033057
.039401
.045745
.052089
.058433

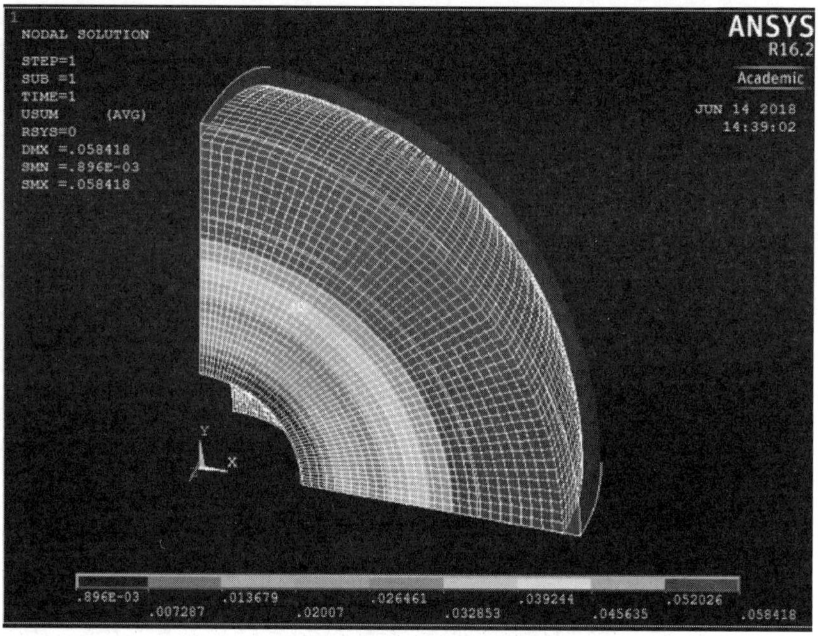
NODAL SOLUTION
STEP=1
SUB =1
TIME=1
USUM (AVG)
RSYS=0
DMX =.058418
SMN =.896E-03
SMX =.058418
ANSYS
R16.2
Academic
JUN 14 2018
14:39:02
Y
X
.896E-03
.007287
.013679
.02007
.026461
.032853
.039244
.045635
.052026
.058418

CHAPTER

09

열전도 해석

CHAPTER

09 열전도 해석

9.1 전도 열전달(conduction heat transfer)

열은 고온에서 저온으로 이동하는 에너지의 한 형태인데, 열전달에서는 열전달률(heat flow rate)과 열유속(heat flux), 그리고 온도로 측정한다. 열전달률은 단위시간당 전달되는 열이다. 열유속은 열전달률을 단위 면적으로 나눈 값이다.

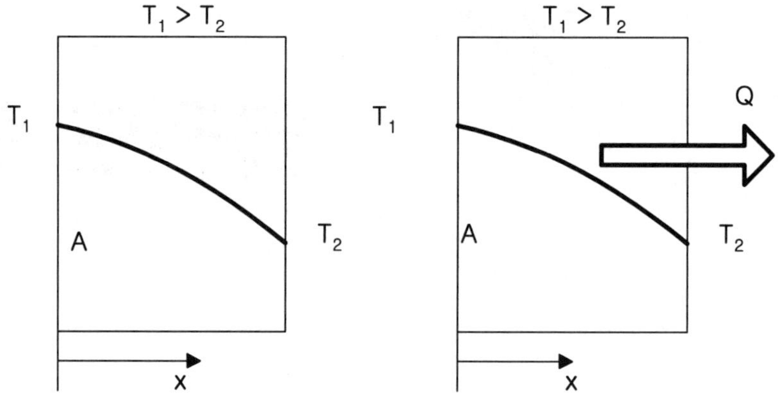

면적 A를 통해 양의 x방향으로의 열전달률은 다음과 같이 표현된다.

$$Q = Q_x = -kA\frac{dT}{dx} \tag{9.1}$$

위식에서 T는 온도, 그리고 k는 열전도계수(thermal conductivity)를 나타낸다. 열전달률의 단위는 $W\ (= J/\mathrm{sec})$, Btu/h으로 표현되고, 열전도계수의 단위는 $W/(m°C)$, $J/(\mathrm{sec}\ m°C)$ 또는 $Btu/(hr - ft - {}^oF)$로 나타낸다.
양의 x방향으로의 열유속은 다음과 같이 표현된다.

$$q_x = \frac{Q_x}{A} = -k\frac{dT}{dx} \tag{9.2}$$

열유속의 단위는 $W/m^2[= J/(\sec - m^2)]$, $Btu/(h - ft^2)$이다.

1차원 열전도 방정식은 다음과 같이 표현된다.

$$\frac{\partial}{\partial x}\left(k\frac{\partial T}{\partial x}\right) = \rho c\frac{\partial T}{\partial t} \tag{9.3}$$

위 식에서 ρ는 밀도를 나타내고, c는 비열(: 어떤 물질 $1g$의 온도를 1^oC 올리는데 필요한 열량)을 나타낸다.

정상상태(steady state)의 경우는 $\frac{\partial T}{\partial t} = 0$이므로, 1차원 열전도 방정식은 다음과 같이 표현된다.

$$k\frac{d^2T}{dx^2} = 0 \tag{9.4}$$

정상상태의 2차원과 3차원 열전도 방정식은 다음과 같다.

$$k_{xx}\frac{\partial^2 T}{\partial x^2} + k_{yy}\frac{\partial^2 T}{\partial y^2} = 0 \ \ (\text{2차원}) \tag{9.5}$$

$$k_{xx}\frac{\partial^2 T}{\partial x^2} + k_{yy}\frac{\partial^2 T}{\partial y^2} + k_{zz}\frac{\partial^2 T}{\partial z^2} = 0 \ \ (\text{3차원}) \tag{9.6}$$

9.2 전도와 대류가 섞인 경우

9.2.1 대류 열전달

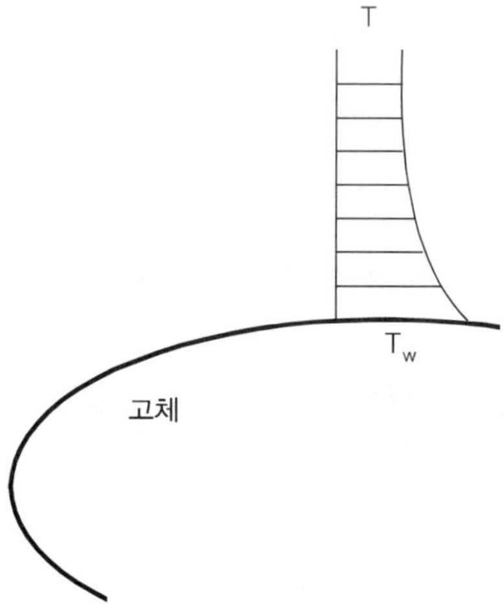

온도 T_w인 고온 물체 위를 온도 T_∞인 유체가 흐를 때, 물체로부터 유체에 전달되는 열유속은 다음과 같이 표현된다.

$$q = h(T_w - T_\infty) \tag{9.7}$$

위 식에서 h는 대류 열전달 계수(convection coefficient)인데, 단위는 $W/(m^{2\circ}C)$, $J/(\sec\ m^{2\circ}C)$ 또는 $Btu/(hr - ft^2 - {}^oF)$이다.

9.2.2 대류와 전도가 같이 있는 경우

대류와 전도가 같이 있는 경우 1차원 지배 방정식은 다음과 같다.

$$\frac{\partial}{\partial x}\left(k\frac{\partial T}{\partial x}\right) = \rho c\frac{\partial T}{\partial t} + h(T - T_\infty) \tag{9.8}$$

정상상태(steady state)의 경우에는 $\frac{\partial T}{\partial t} = 0$이므로, 1차원의 지배 방정식은 다음과 같이 표현된다.

$$\frac{\partial}{\partial x}\left(k\frac{\partial T}{\partial x}\right) = h(T - T_\infty) \tag{9.9}$$

9.3 ANSYS에서 열전달에 사용되는 경계조건

Load Type	Category	Command
Temperature(TEMP)	Constraints(자유도 구속)	D
열전달률 (HEAT)	Forces(집중하중)	F
Convection(CONV), 열유속(HFLUX)	Surface Loads(분포하중)	SF
Heat Generation Rates(HGEN) 내부열원	Body Loads	BF

a) **온도 조건**, Temperature

고정된 온도를 경계조건으로 한다. Keypoints, Areas, Nodes 등에 적용한다.

b) **열전달률**, Heat Flow Rate

집중하중과 같은 형태의 집중 열하중이며, 절점(node)을 통한 단위시간당의 열의 흐름을 나타낸다. (+)값은 모델에 에너지가 공급되는 것이며, (-)값은 모델로 부터 에너지가 나오는 것이다. 이 값은 convection이나 heat flux를 사용할 수 없을 때 사용된다. Line element에는 대류나 열속이 지정되지 않으므로 열전달률을 사용하여 열하중을 준다.

주의해야 할 점은, 온도조건과 열전달률이 같은 절점에 같이 사용되면, 우선권은 온도조건이 된다.

c) **내부 열원**, Heat Generation Rates

내부열원은 단위 부피당, 단위시간당 생성되는 열이다. 그러므로 체적력(body loads)으로 적용된다.

d) **대류조건**, Convection

대류 열전달은 모델의 바깥 면에 분포하중으로 적용된다. 모델의 표면과 주위 유체와의 열전달에 사용된다. 대류 열전달 계수와 주변온도가 반드시 지정되어야 한다.

e) **열전달 계수**, Film coefficients

열전달계수는 보통 온도에 의존하지만, 선형해석에서는 일정한 값으로 가정하여 해석한다.

f) **열유속**, Heat Flux

분포하중으로 적용되며, 면을 지나는 Heat Flow Rate를 알 때 사용된다. 단위 면적당, 단위 시간당 전달되는 열의 흐름을 나타낸다. (+)값은 모델에 에너지가 공급되는 것이며, (-)값은 모델로 부터 에너지가 나오는 것이다.

g) **단열**(Adiabatic)

단열이란 면에 수직(normal)한 방향으로 열의 흐름이 없는 것이다.

h) 대칭경계조건, Symmetric Condition

대칭이란 평형상태에서 열의 오고 가는 것이 없는 것이다. 구조 문제에서 대칭 경계 조건을 준 부분은 그 면에 수직한 방향으로 변위가 없게 된다. 구조 문제에서 자유도가 변위라면, 열 문제에서는 자유도가 온도이다. 그러므로 열이 오고 가는 것이 없는 것이므로 단열과 같이 된다. 열적 대칭성이 있다면 온도 분포는 대칭축에서 대칭을 이루게 된다. 이 때에는 대칭축에서 축에 수직인 방향의 온도구배(temperature gradient)는 0이 된다.

9.4 열전달에 사용되는 Elements

a) PLANE35 : 그림 9.1에 표현된 것처럼 6절점을 갖는 삼각형 열-솔리드 요소이다. 각 절점은 1개의 자유도(온도)를 갖는다. 요소 표면에 열유속을 하중으로 부과할 수 있고 대류 경계조건을 부과할 수 있다.

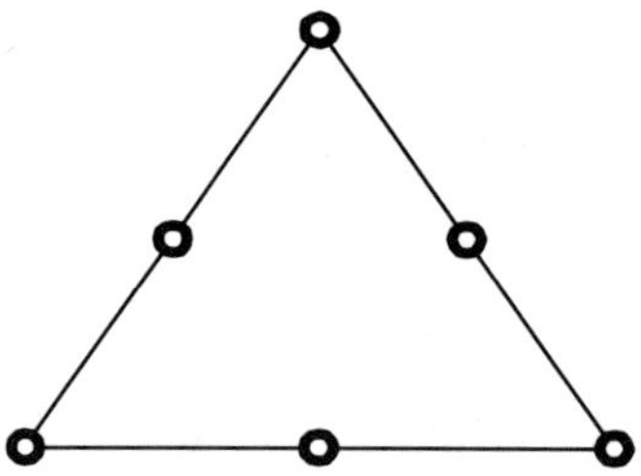

그림 9.1 PLANE35

b) PLANE55 : 그림 9.2에 표현된 것처럼 2차원 전도 문제를 해석하는데 사용되는 4절점을 갖는 사변형 열-솔리드 요소이다. 각 절점은 1개의 자유도(온도)를 갖는다. 요소 표면에 열유속을 하중으로 부과할 수 있고 대류 경계조건을 부과할 수 있다.

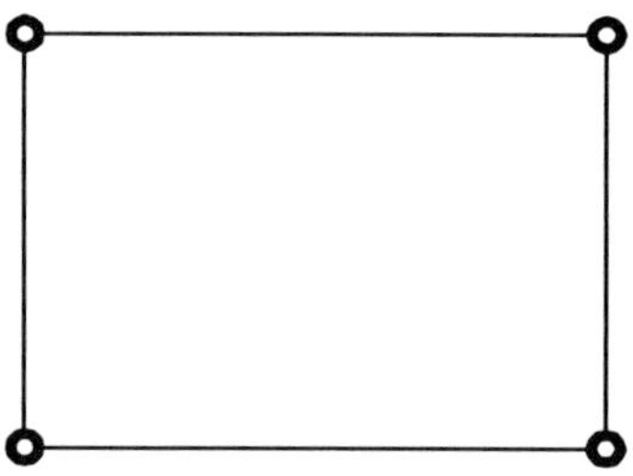

그림 9.2 PLANE55

c) PLANE77 : 그림 9.3에 표현된 것처럼 2차원 전도 문제를 해석하는데 사용되는 8절점을 갖는 사변형 열-솔리드 요소이다. 이 요소는 PLANE55의 고차 요소에 해당한다. 각 절점은 1개의 자유도(온도)를 갖는다. 요소 표면에 열유속을 하중으로 부과할 수 있고 대류 경계조건을 부과할 수 있다.

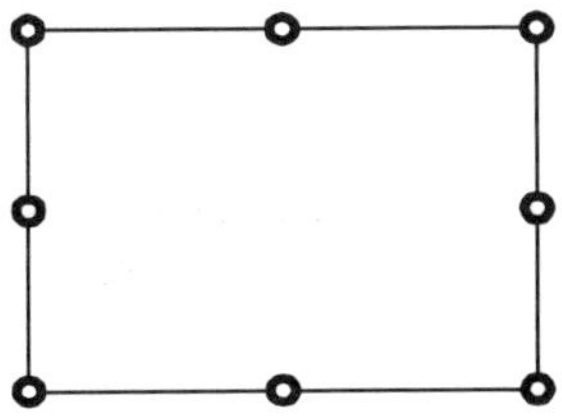

그림 9.3 PLANE77

d) SOLID70 : 그림 9.4에 표현된 것처럼 3차원 열전도 문제를 해석하는데 사용되는 8절점을 갖는 육면체 열-솔리드 요소이다. 각 절점은 1개의 자유도(온도)를 갖는다. 요소 표면에 열유속을 하중으로 부과할 수 있고 대류 경계조건을 부과할 수 있다. 또한 내부 열원(heat generation rate)도 각 절점에 가할 수 있다.

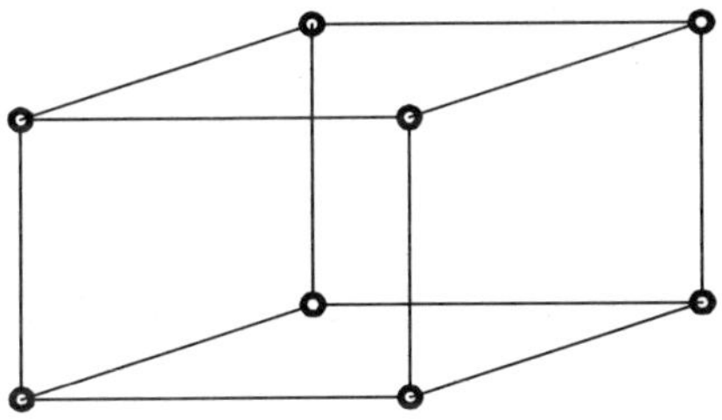

그림 9.4 SOLID70

e) SOLID87 : 그림 9.5에 표현된 것처럼 3차원 열전도 문제를 해석하는데 사용되는 10절점을 갖는 사면체 열-솔리드 요소이다. 각 절점은 1개의 자유도(온도)를 갖는다.

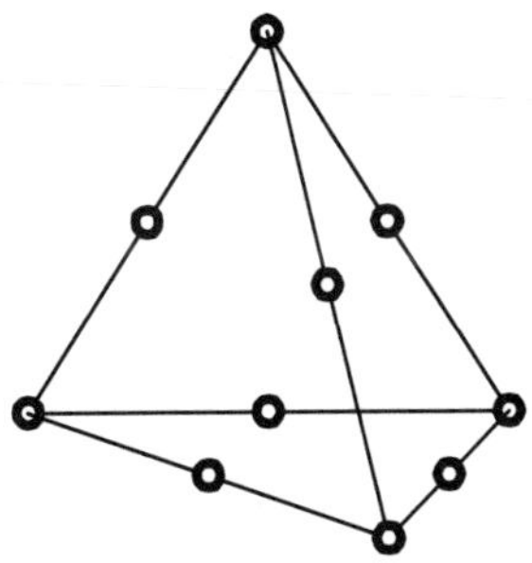

그림 9.5 SOLID87

f) SOLID90 : 그림 9.6에 표현된 것처럼 3차원 열전도 문제를 해석하는데 사용되는 20 절점을 갖는 육면체 열-솔리드 요소이다. 각 절점은 1개의 자유도(온도)를 갖는다.

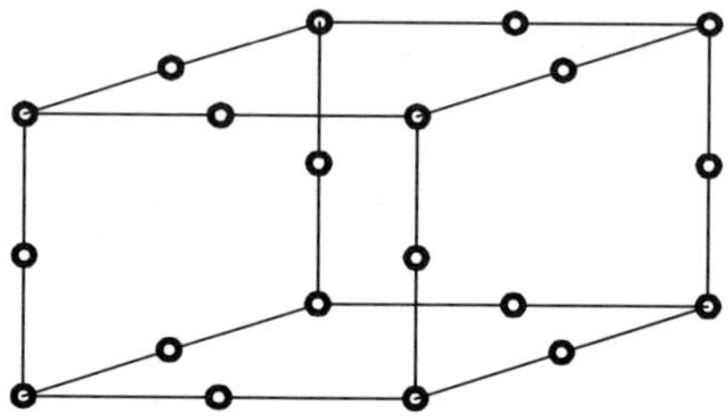

그림 9.6 SOLID90

g) LINK32, LINK33 : 그림 9.7에 표현된 것처럼, LINK32는 2차원 전도 막대 요소이고, LINK33은 3차원 전도 막대 요소이다. 각 절점은 1개의 자유도(온도)를 갖는다.

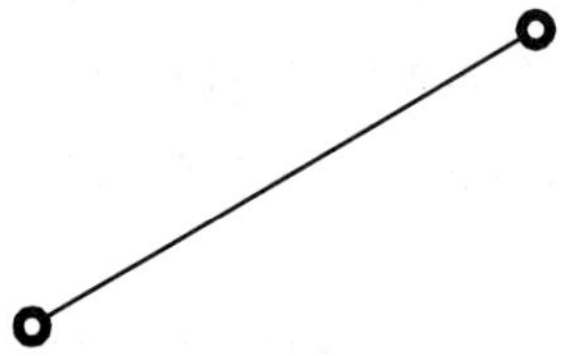

그림 9.7 LINK32(2D), LINK33(3D)

다음 예제들은 ANSYS를 사용하여 열전달 문제를 해석하는 과정을 설명하고 있다. 열전달 해석을 진행하기 위해서는 Preferences를 Thermal로 설정한다.

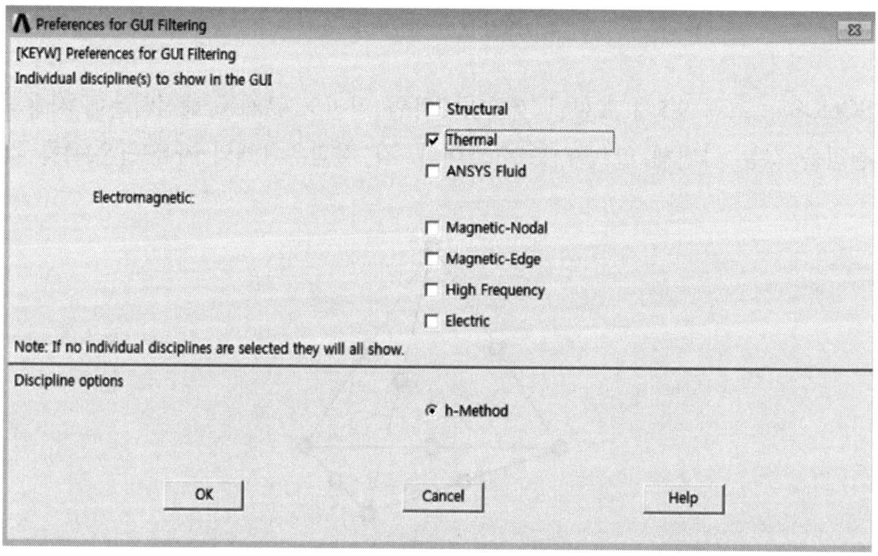

예제 9.1

그림 9.8과 같이 왼쪽면에 일정 온도 $150°F$가 작용하고, 오른쪽 면은 대류 열전달이 일어나는 평판이 있다. 오른쪽면 주위의 온도(자유 유동온도)는 $50°F$, 대류 열전달계수 $h=20\ Btu/(h-ft^2-°F)$이며, 평판의 열전도계수 $k=25\ Btu/(h-ft-°F)$이다. 이때 평판의 온도변화를 계산하여 보시오. 두께는 $1\ ft$로 가정한다.

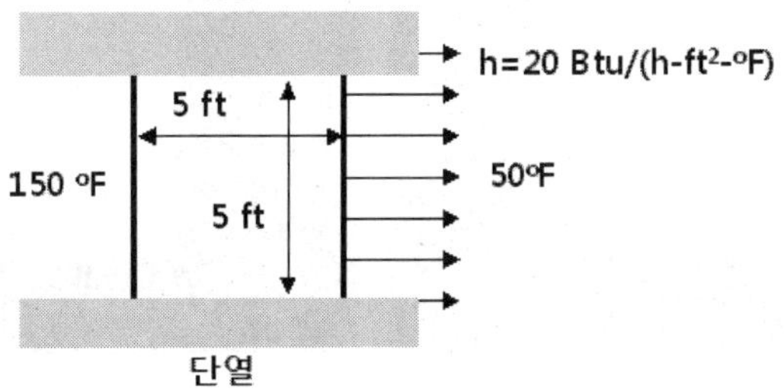

그림 9.8 2차원 평판

1) 요소의 선택 : Thermal Solid-Quad 4 node ; Plane55

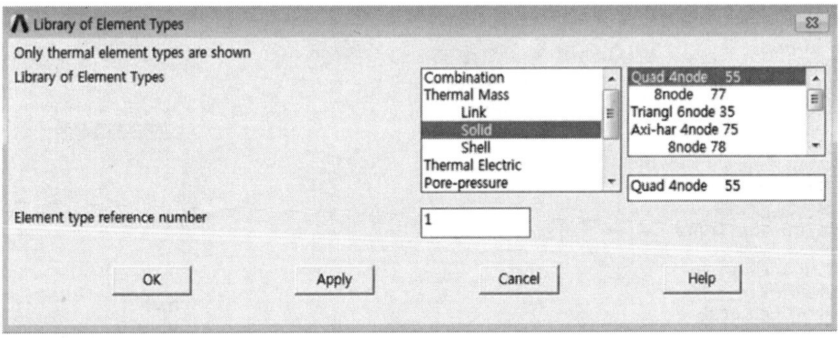

2) 재료물성(열전도계수; k)입력

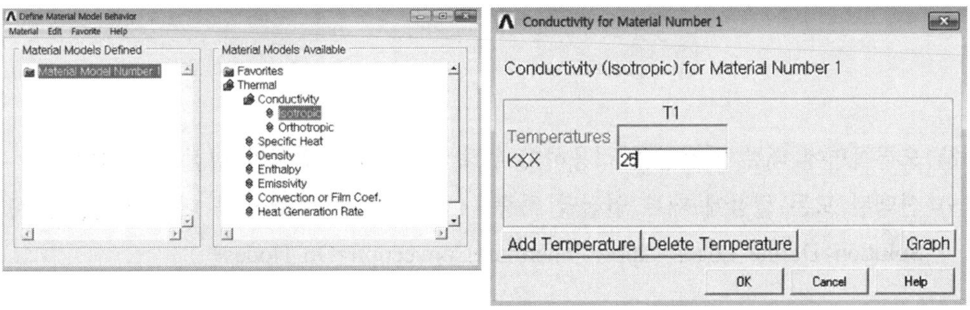

3) 가로 5, 세로 5인 사각형 생성
4) 생성될 요소의 크기 설정
5) 사각형 면에 2차원 평면 열전달 요소의 자동생성

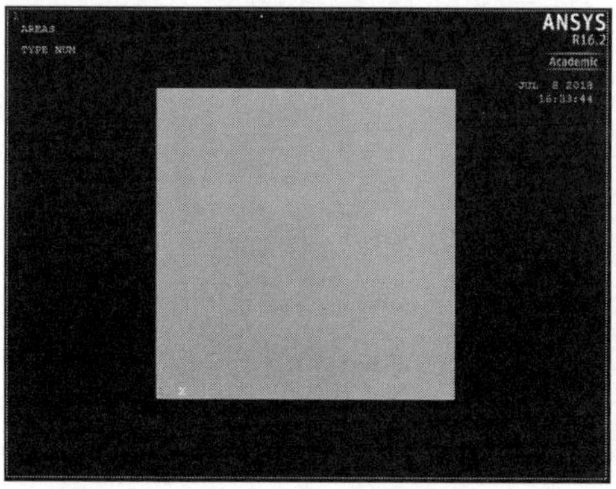

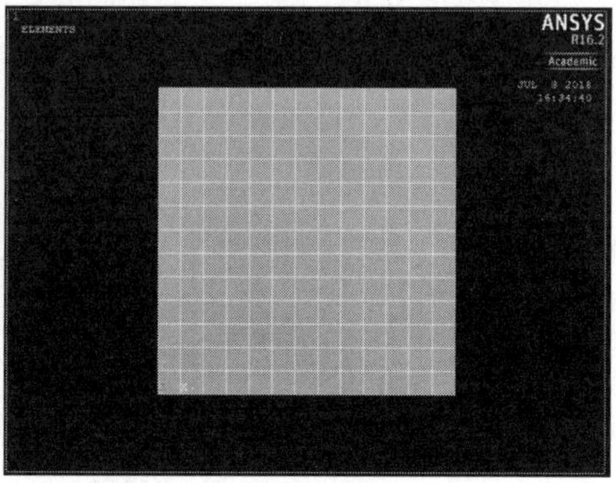

6) 온도경계조건을 적용하기 위해서 $x = 0$인 위치의 절점들을 선택
7) 선택된 모든 절점에 $Temp = 150$의 경계조건 적용

Solution>Define Loads>Apply>Thermal>Temperature>On Nodes+

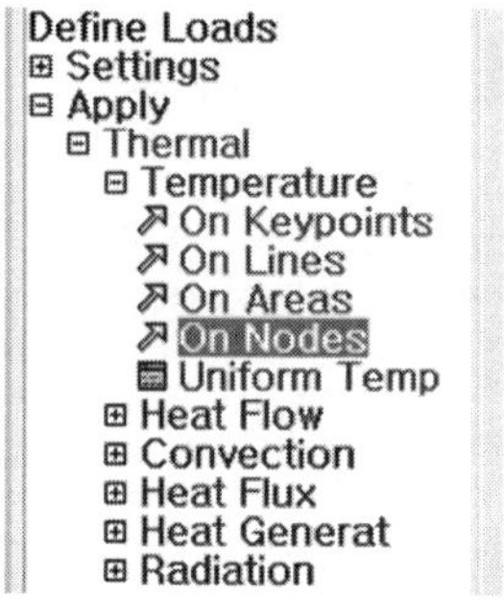

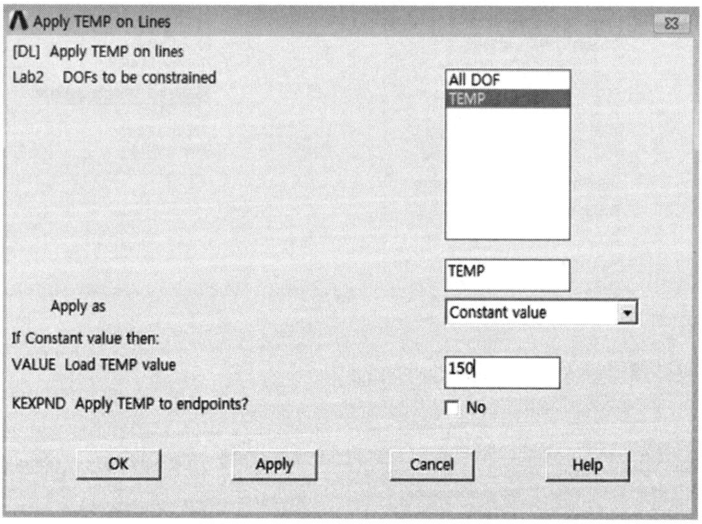

8) 오른쪽면에 대류 열전달을 적용하기 위해서 $x = 5$인 위치의 절점들을 선택
9) 선택된 모든 절점에 대류 열전달 하중을 적용(자유 유동온도와 대류 열전달계수)

Solution>Define Loads>Apply>Thermal>Convection>On Nodes+

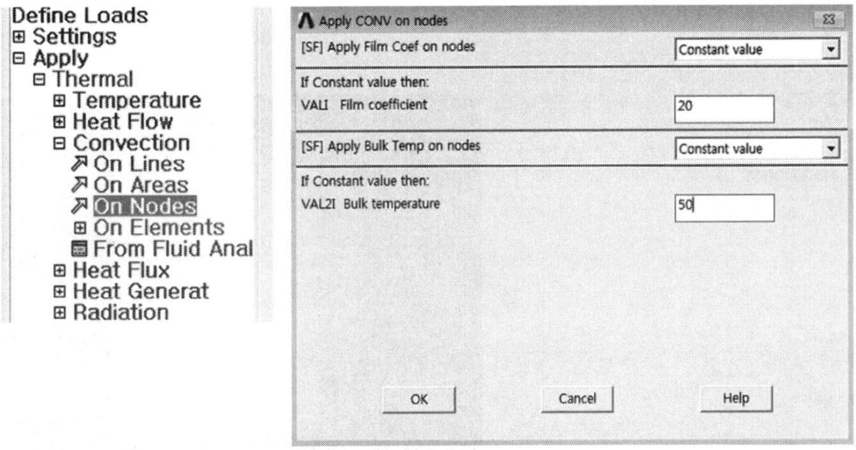

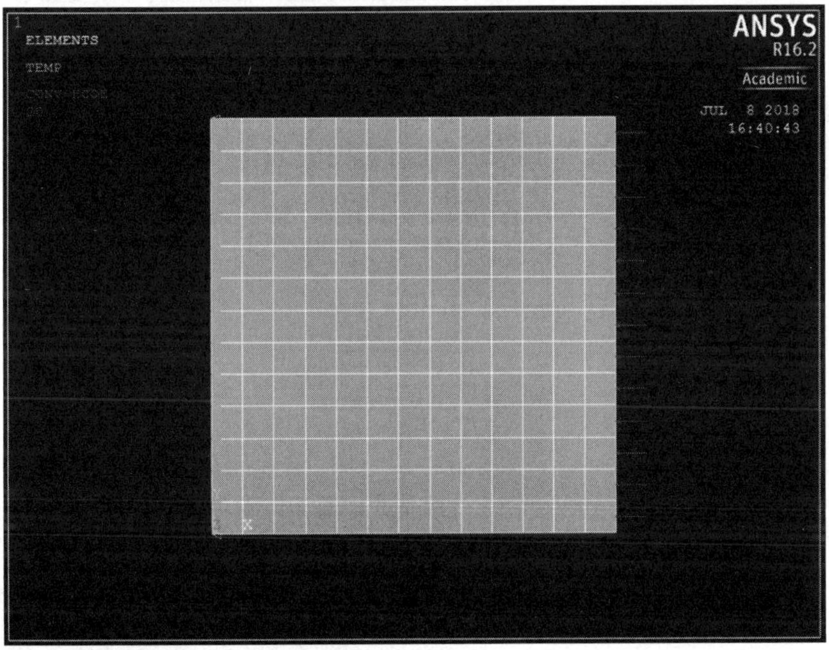

10) 해석 수행 (단열조건은 Default임)

Solution>Solve>Current LS

11) 온도 분포 출력.

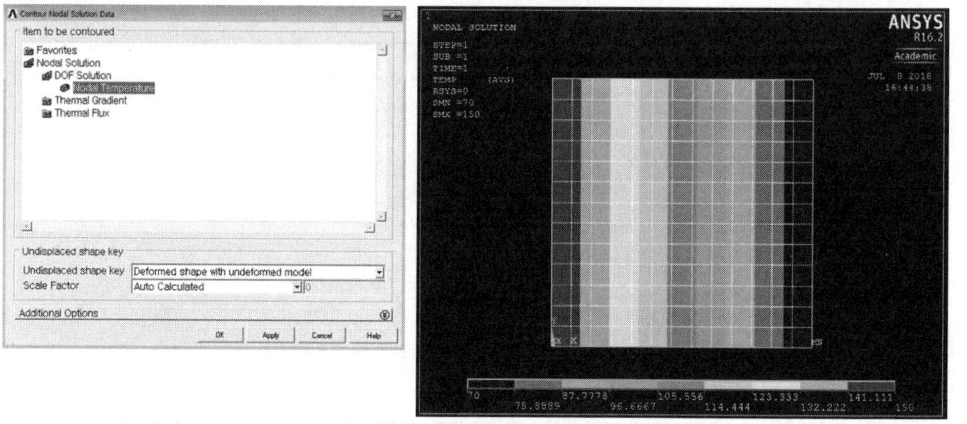

그림 9.9 온도 분포

12) 열유동 벡터 출력.

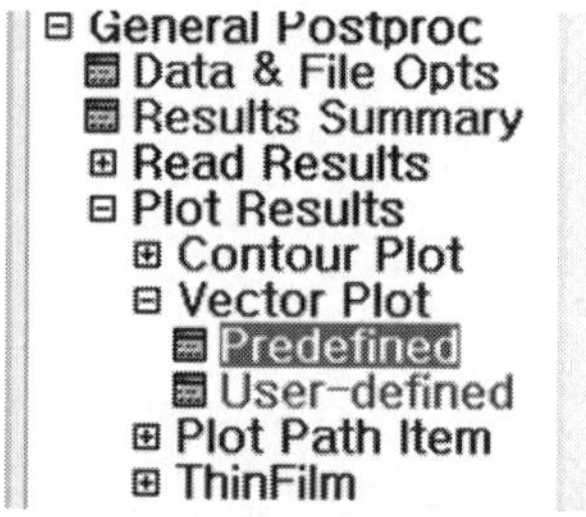

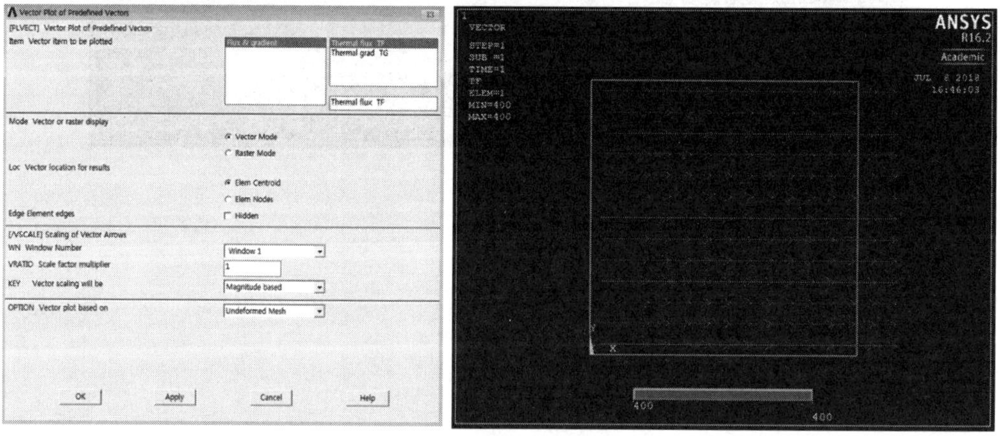

그림 9.10 열유동 벡터

예제 9.2

그림 9.11과 같이 직사각형의 2차원 평판이 있다. 상부 면과 하부 면은 단열되어 있고, 왼쪽 면은 온도 200°F로 유지되고, 오른쪽 면은 0°F로 유지된다. 평판의 열전도계수 $k = 1.0\ Btu/(h - in - {}^\circ F)$이다. 이때 평판의 온도분포를 구하시오.

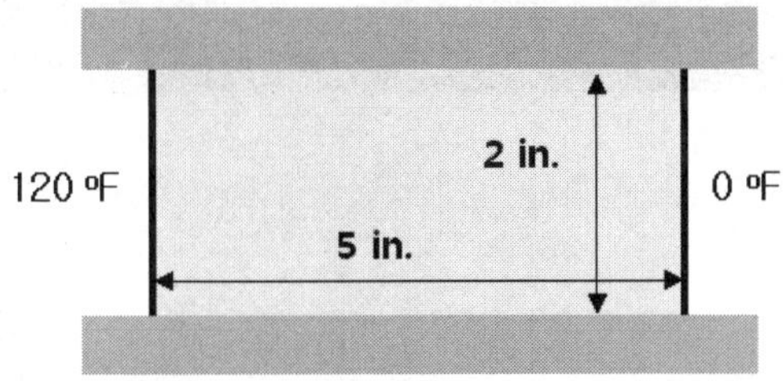

그림 9.11 2차원 평판

해석과정

1) 요소의 선택 : Thermal Solid-Quad 4 node ; Plane55.
2) 재료물성(열전도계수; k) 입력.
3) 가로 5, 세로 2인 사각형 생성.
4) 생성될 요소의 크기 설정.
5) 사각형 면에 2차원 평면 열전달 요소의 자동생성.
6) 왼쪽 면에 온도경계조건을 적용하기 위해서 $x = 0$인 위치의 절점들을 선택.
7) 선택된 모든 절점에 온도 $Temp = 120\,{}^\circ F$ 입력.
   Solution>Define Loads>Apply>Thermal>Temperature>On Nodes+
8) 오른쪽 면에 온도 경계조건을 적용하기 위해서 $x = 5$인 위치의 절점들을 선택.
9) 선택된 모든 절점에 $Temp = 0$의 경계조건 적용.
   Solution>Define Loads>Apply>Thermal>Temperature>On Nodes+
10) 해석 수행 (단열조건은 Default임).
    Solution>Solve>Current LS

11) 온도 분포의 그래픽 출력.

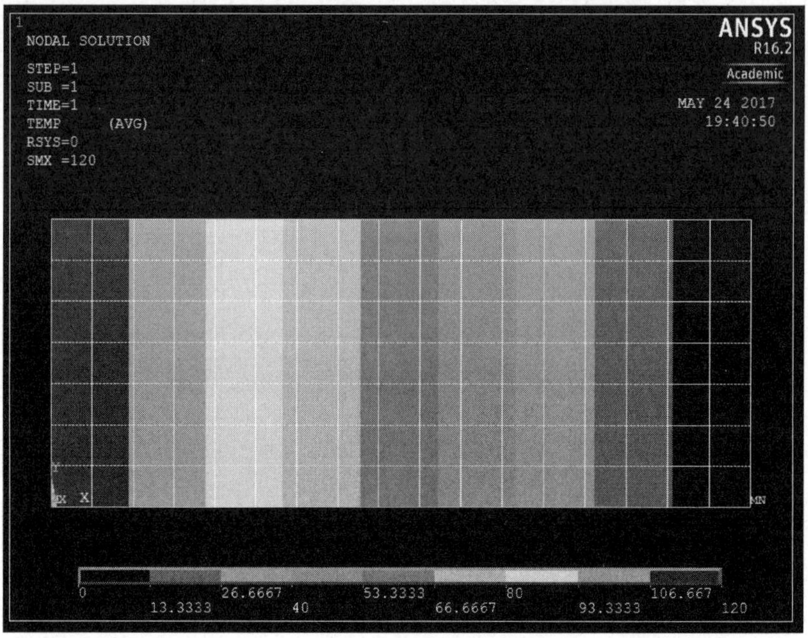

그림 9.12 온도 분포

12) 열유동 벡터 출력.

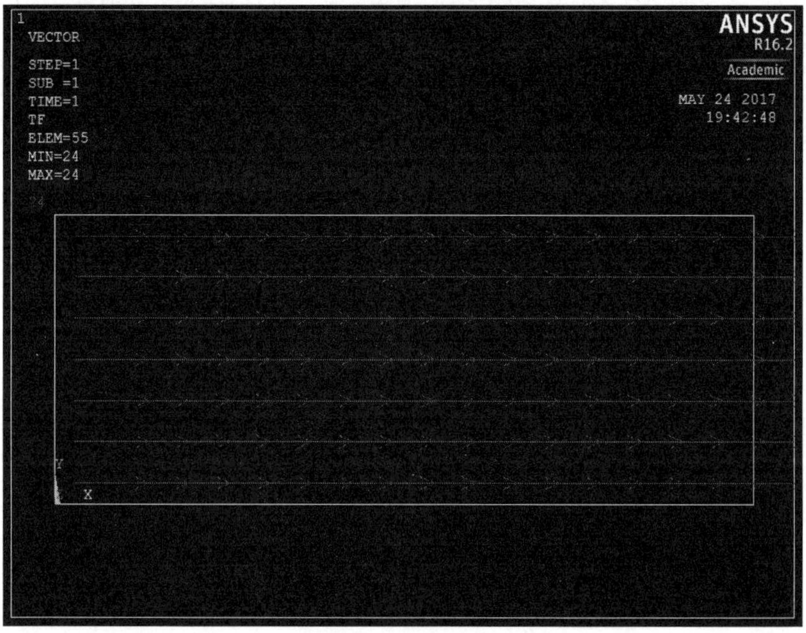

그림 9.13 열유동 벡터

예제 9.3

그림 9.14와 같이 정사각형의 2차원 평판이 있다. 상부 면은 $400°F$로 유지되고, 나머지 면은 $50°F$로 유지된다. 평판의 열전도계수 $k=10\ Btu/(h-ft-°F)$이다. 이때 평판의 온도분포를 계산하여 보시오.

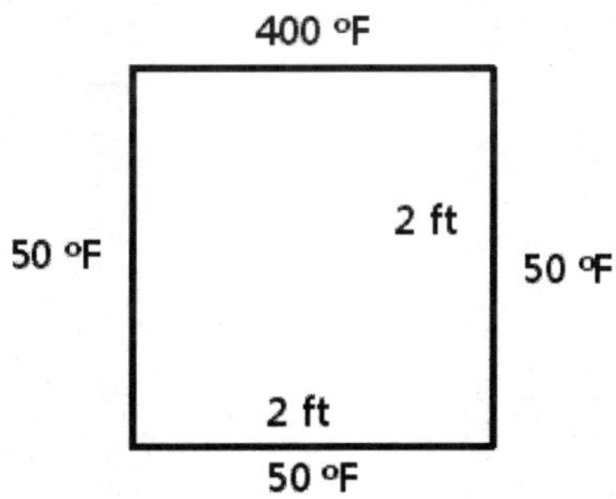

그림 9.14 정사각형의 2차원 평판

해석과정

대칭성을 고려하여 1/2모델에 대해서 해석.

1) 요소의 선택 : Thermal Solid-Quad 4 node ; Plane55
2) 재료물성(열전도계수; k)입력

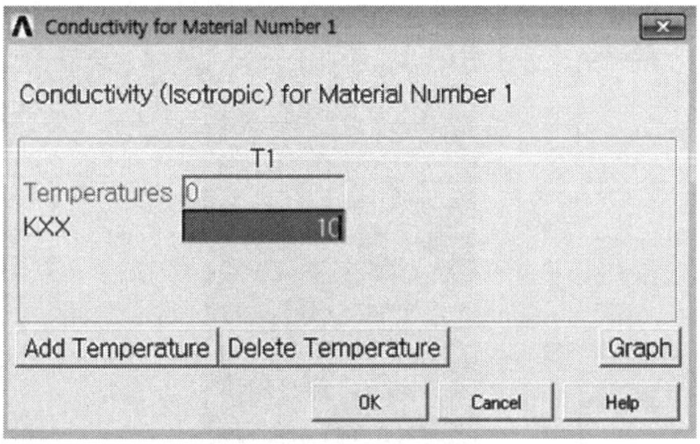

3) 사각형 생성
4) 생성될 요소의 크기 설정

5) 사각형 면에 2차원 평면 열전달 요소의 자동생성

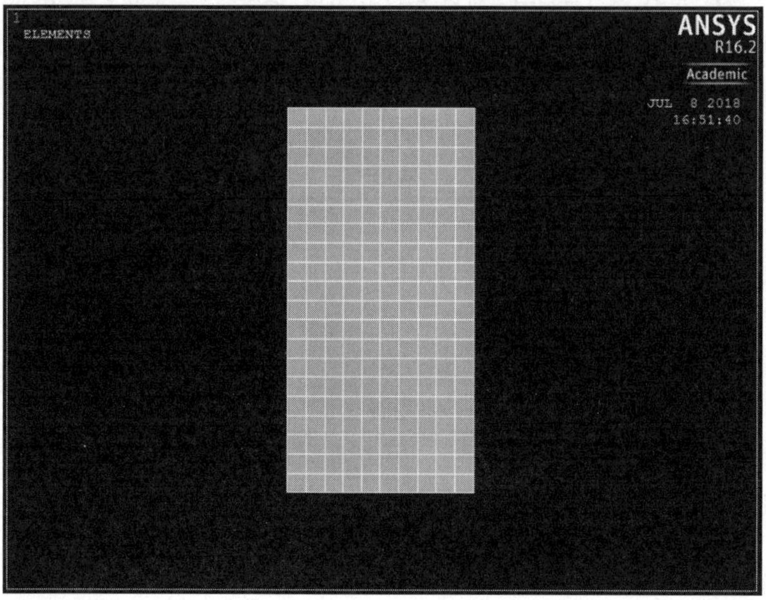

6) 온도경계조건을 적용.

Solution>Define Loads>Apply>Thermal>Temperature>On Nodes+

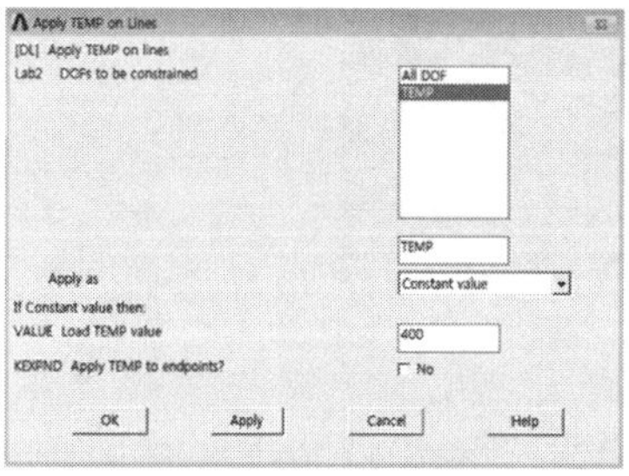

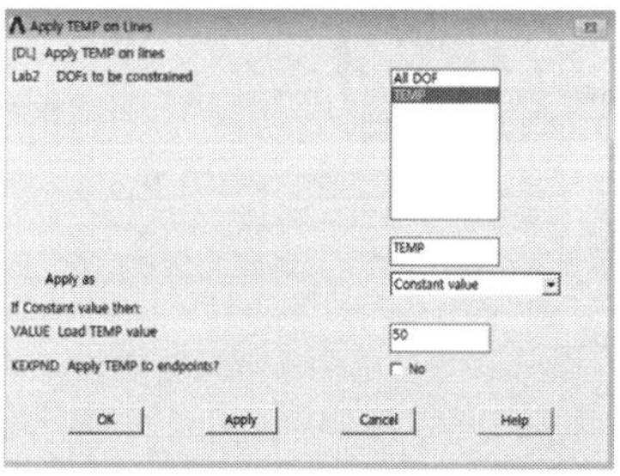

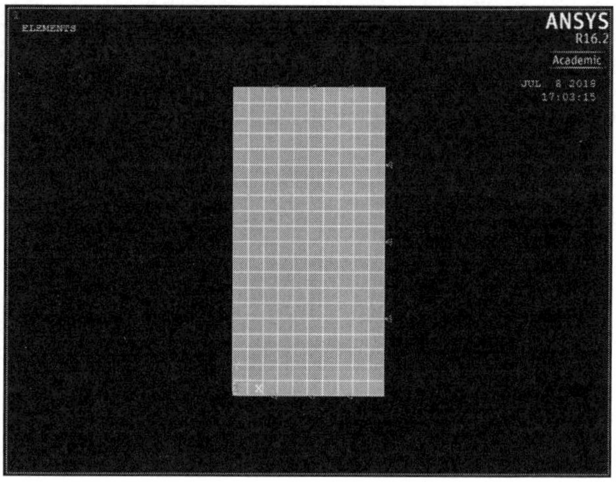

7) 해석 수행 (단열조건은 Default임)

Solution>Solve>Current LS

8) 온도 분포 출력

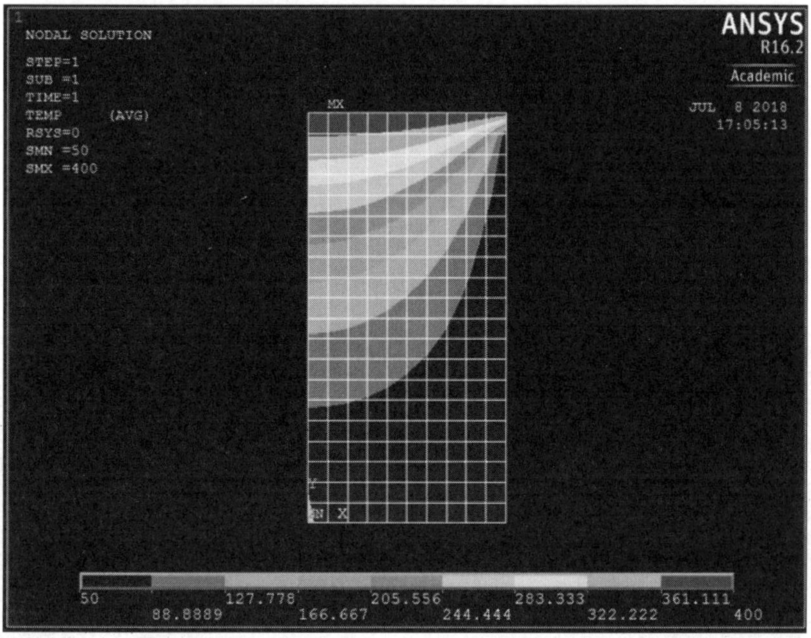

그림 9.15 온도 분포

9) 전체 모델에 대해서 온도 분포 출력.

Utility Menu :

PlotCtrls>Style>Symmetry Expansion>Periodic/Cyclic Symmetry

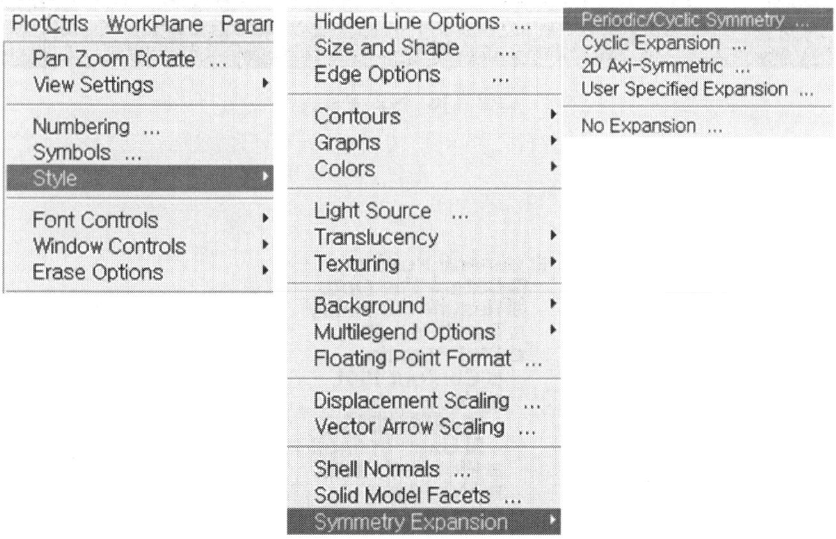

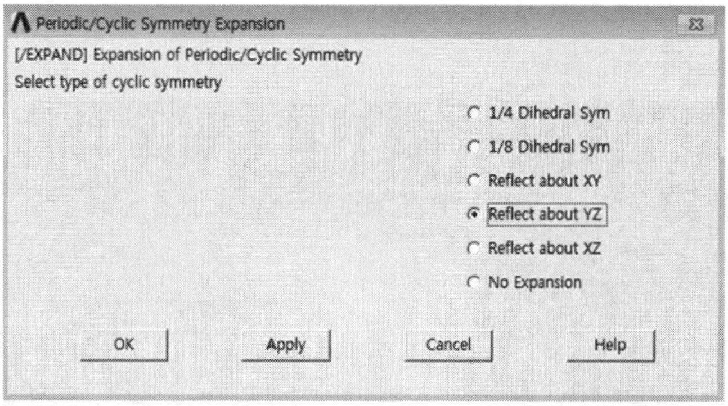

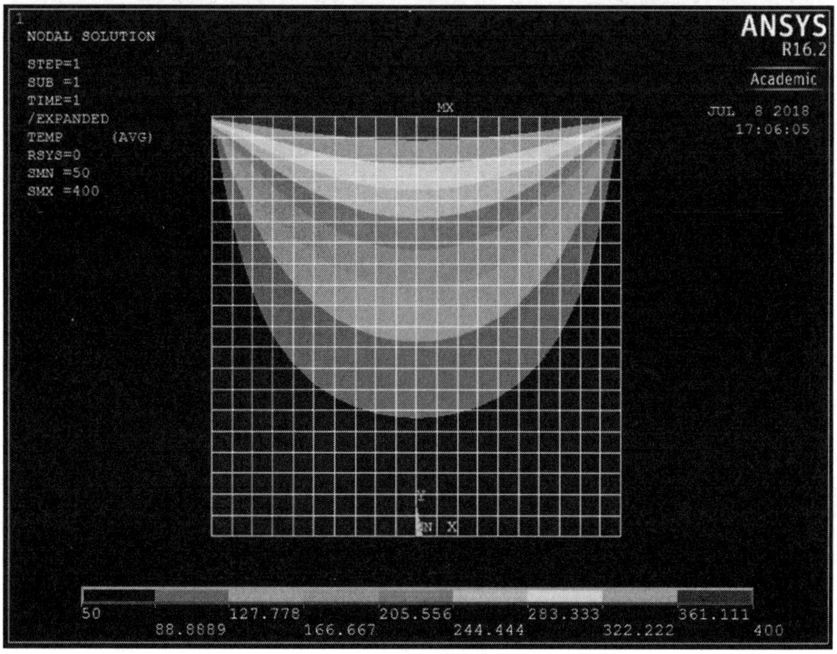

그림 9.16 온도 분포

10) 열유동 벡터 출력.

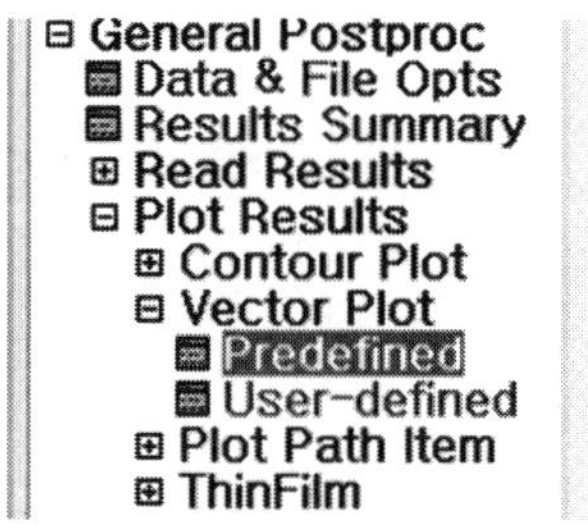

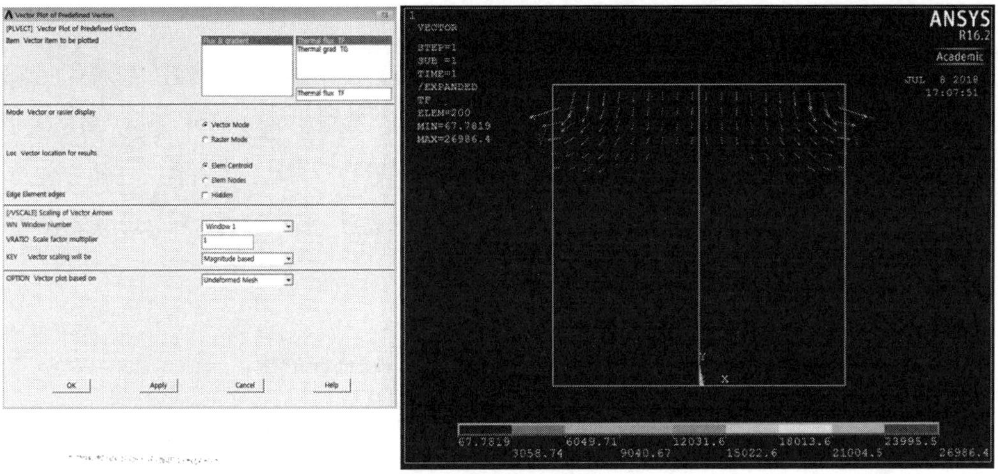
Vector Plot of Predefined Vectors
[PLVECT] Vector Plot of Predefined Vectors
Item Vector item to be plotted
Flux & gradient
Thermal flux TF
Thermal grad TG
Thermal flux TF
Mode Vector or raster display
Vector Mode
Raster Mode
Loc Vector location for results
Elem Centroid
Elem Nodes
Edge Element edges
Hidden
[/VSCALE] Scaling of Vector Arrows
WN Window Number
Window 1
VRATIO Scale factor multiplier
1
KEY Vector scaling will be
Magnitude based
OPTION Vector plot based on
Undeformed Mesh
OK
Apply
Cancel
Help
1
VECTOR
STEP=1
SUB =1
TIME=1
/EXPANDED
TF
ELEM=200
MIN=67.7819
MAX=26986.4
ANSYS
R16.2
Academic
JUL 8 2018
17:07:51
Y
X
67.7819
3058.74
6049.71
9040.67
12031.6
15022.6
18013.6
21004.5
23995.5
26986.4

그림 9.17 열유동 벡터

연습문제

9.1 그림 P9.1과 같이 600°F의 뜨거운 가스를 수송하는 덕트가 열전도 계수 $k=0.02\ Btu/(h-ft-°F)$인 원형 유리 섬유 층으로 둘러싸여 있다. 외부는 대류 열전달 계수 $h=5\ Btu/(h-ft^2-°F)$의 값을 가지고 주위온도 100°F로 대류 열전달이 일어나고 있다. 이 때 유리 섬유 층의 온도분포를 계산하시오. (대칭성을 이용하여 1/4만 모델링)

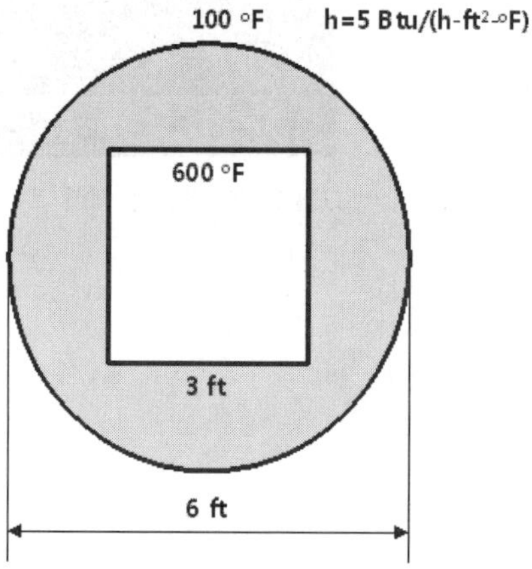

그림 P9.1 뜨거운 가스를 수송하는 덕트

해

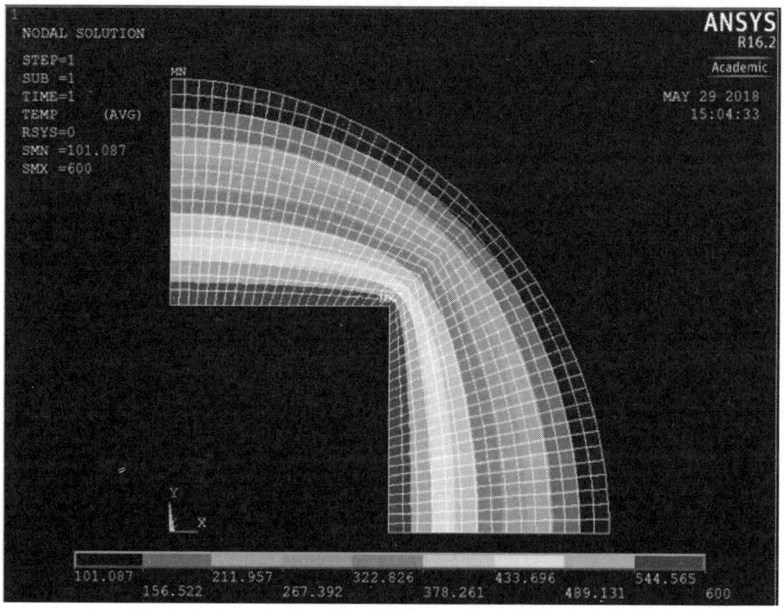

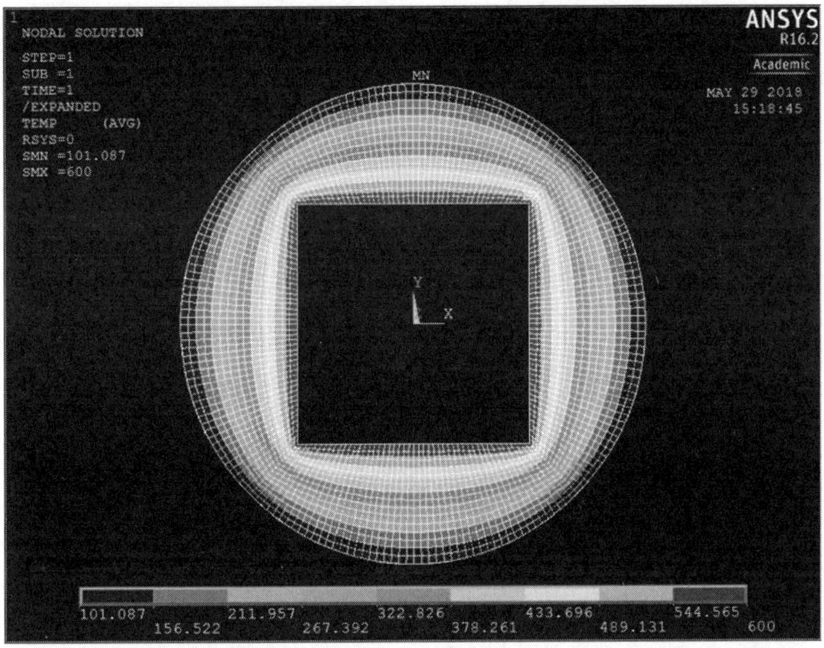
NODAL SOLUTION
STEP=1
SUB =1
TIME=1
/EXPANDED
TEMP (AVG)
RSYS=0
SMN =101.087
SMX =600
ANSYS
R16.2
Academic
MAY 29 2018
15:18:45
MN
Y
X
101.087
156.522
211.957
267.392
322.826
378.261
433.696
489.131
544.565
600

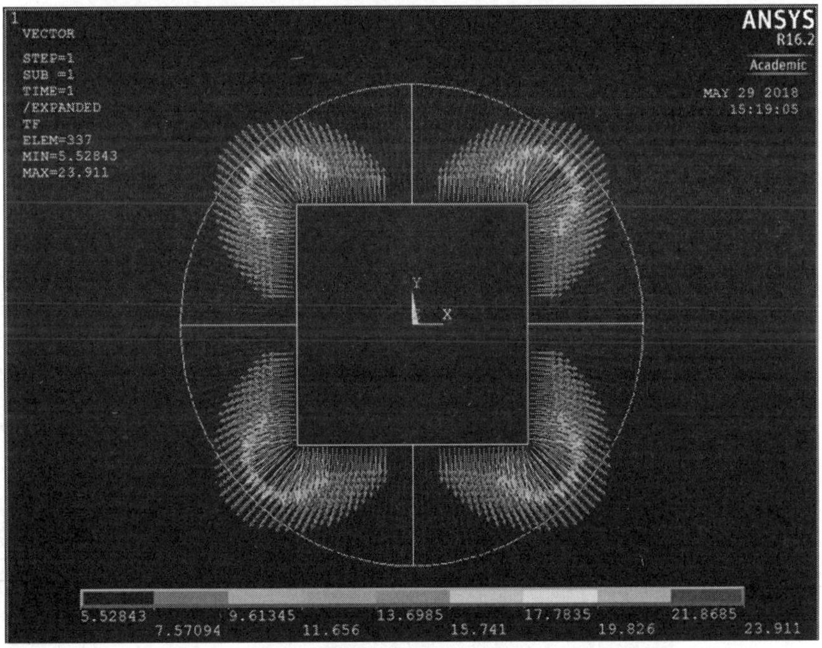
VECTOR
STEP=1
SUB =1
TIME=1
/EXPANDED
TF
ELEM=337
MIN=5.52843
MAX=23.911
ANSYS
R16.2
Academic
MAY 29 2018
15:19:05
Y
X
5.52843
7.57094
9.61345
11.656
13.6985
15.741
17.7835
19.826
21.8685
23.911

9.2 그림 P9.2와 같이 두 가지 재료로 제작된 작은 굴뚝에서, 안쪽 층은 열전도도 $k = 0.07\,Btu/hr \cdot inCDOT°F$인 콘크리트로 되어 있고, 바깥쪽 층은 열전도도 $k = 0.04\,Btu/hr \cdot in \cdot °F$인 벽돌로 되어 있다. 굴뚝의 안쪽 표면은 대류 열전달계수가 $0.037\,Btu/hr \cdot in^2 \cdot °F$이고 굴뚝을 통과하는 뜨거운 가스의 온도는 $140°F$로 가정한다. 바깥쪽 표면은 대류 열전달계수가 $0.012\,Btu/hr \cdot in^2 \cdot °F$이고 $10°F$인 공기로 둘러싸여져 있다. 온도 분포를 구하시오.

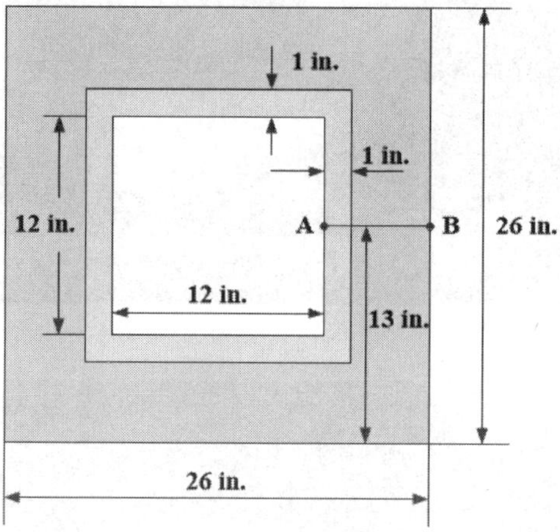

그림 P9.2 두 가지 재료로 제작된 작은 굴뚝 단면

해

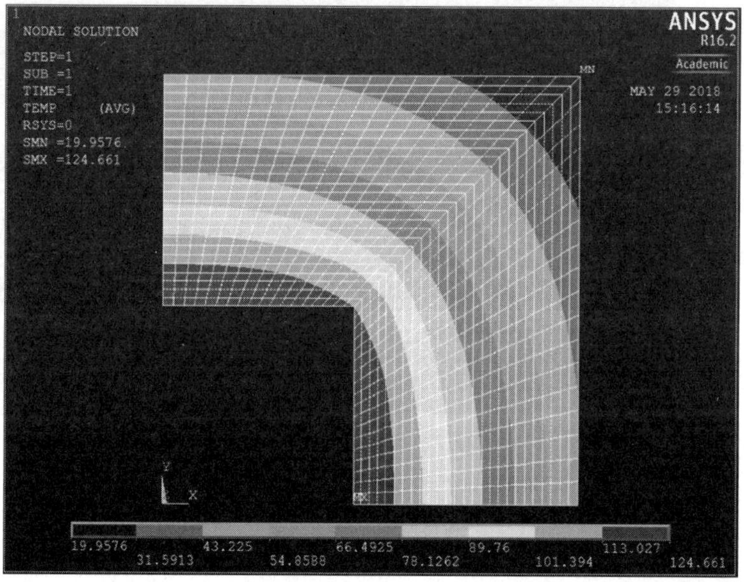

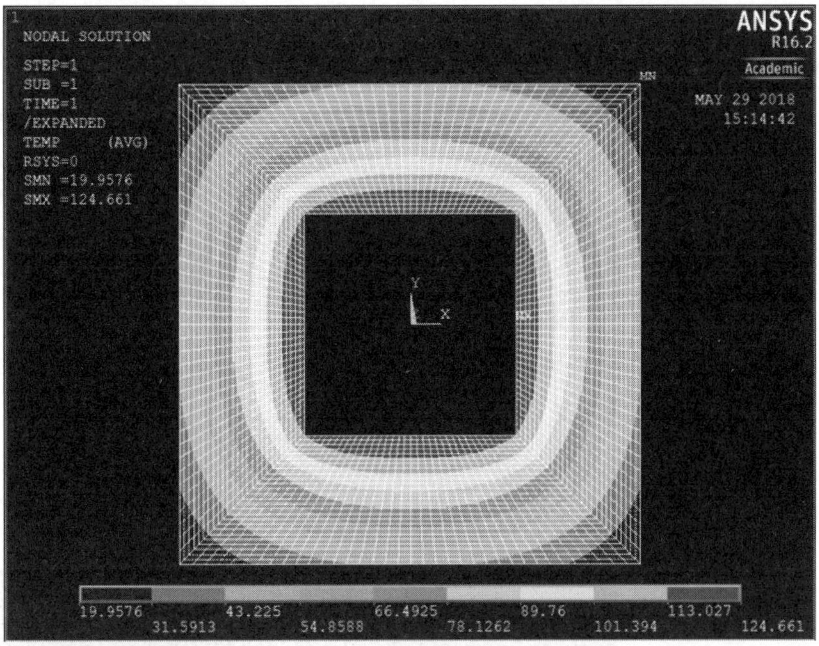
1
NODAL SOLUTION
STEP=1
SUB =1
TIME=1
/EXPANDED
TEMP (AVG)
RSYS=0
SMN =19.9576
SMX =124.661
ANSYS
R16.2
Academic
MAY 29 2018
15:14:42
MN
Y
X
MX
19.9576
31.5913
43.225
54.8588
66.4925
78.1262
89.76
101.394
113.027
124.661

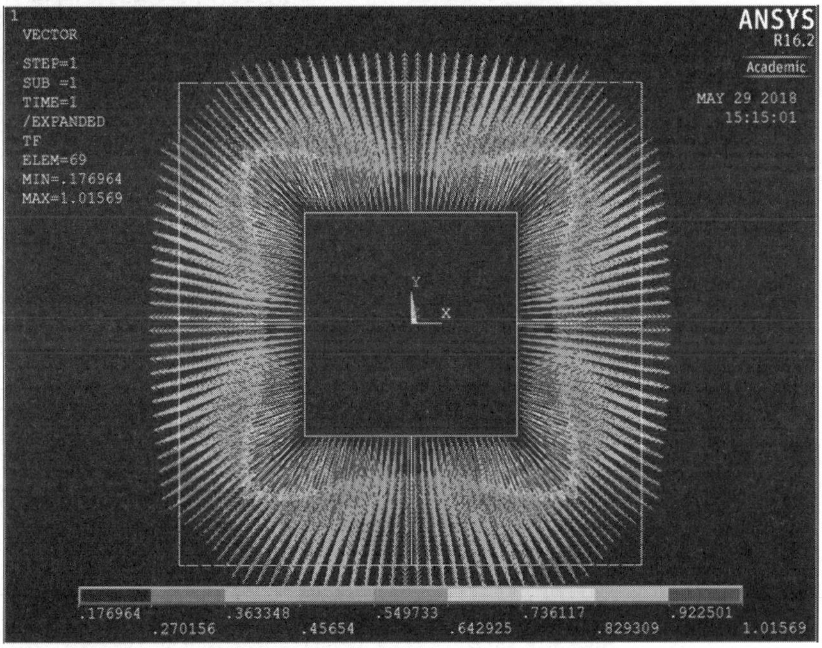
1
VECTOR
STEP=1
SUB =1
TIME=1
/EXPANDED
TF
ELEM=69
MIN=.176964
MAX=1.01569
ANSYS
R16.2
Academic
MAY 29 2018
15:15:01
Y
X
.176964
.270156
.363348
.45654
.549733
.642925
.736117
.829309
.922501
1.01569

9.3 그림 P9.3과 같은 복합 구형압력용기(spherical pressure vessel)의 내부 표면 온도가 $200°C$이다. 압력용기의 바깥 표면에서 주위 공기와는 대류 열전달이 발생하고 있다. 주변공기의 온도는 $20°C$이고 대류 열전달계수는 $h = 9\ W/(m^{2}°C)$이다. 구형 압력용기에 발생하는 온도분포를 1) 3차원 모델, 2) 축대칭 모델을 사용하여 구하고 비교하시오.

$k_I = 202\ W/(m°C); k_{II} = 43\ W/(m°C)$

$r_1 = 1m; r_2 = 1.1m; r_3 = 1.2m$

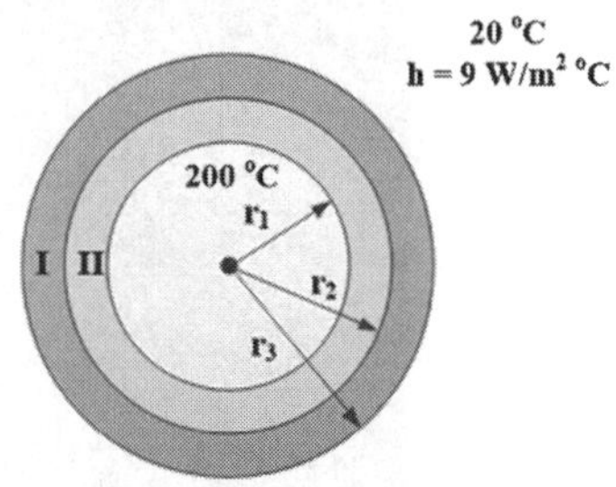

그림 P9.3 복합 구형압력용기 열전달 문제

해

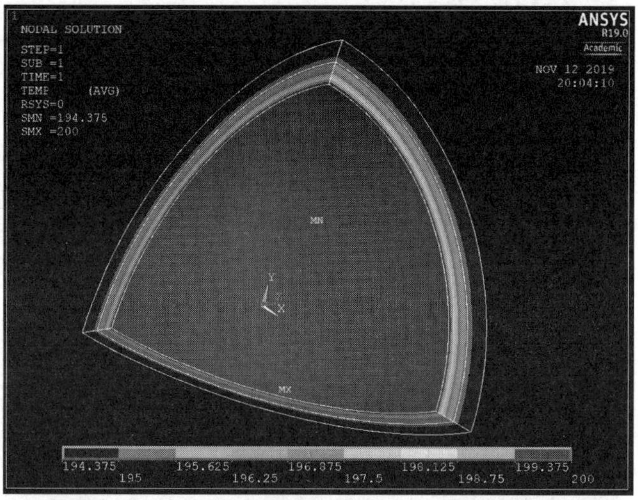

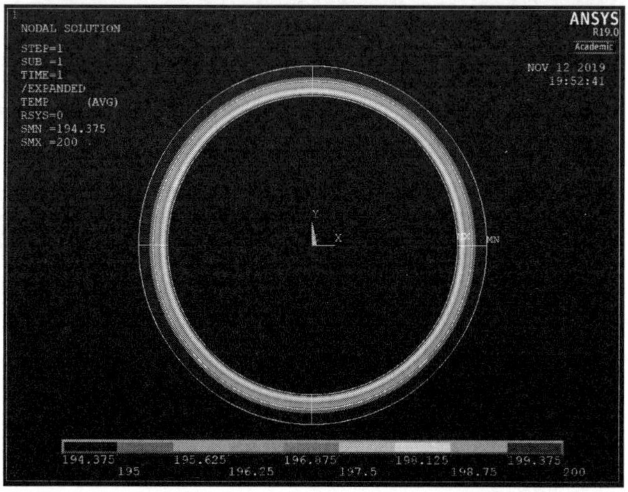

9.4 그림 P9.4와 같은 복합 압력용기의 내부 표면 온도가 $200°C$이다. 압력용기의 바깥 표면에서 주위 공기와는 대류 열전달이 발생하고 있다. 주변공기의 온도는 $20°C$이고 대류 열전달계수는 $h = 9\ W/(m^{2°}C)$이다. 복합 압력용기에 발생하는 온도분포를 1) 3차원 모델, 2) 축대칭 모델을 사용하여 구하고 비교하시오.
$k_C = 1.0\ W/(m°C); k_S = 43\ W/(m°C)$

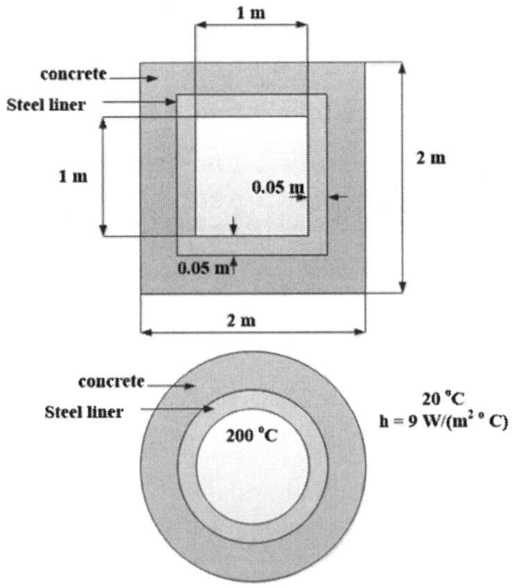

그림 P9.4 복합 압력용기 열전달 문제

해

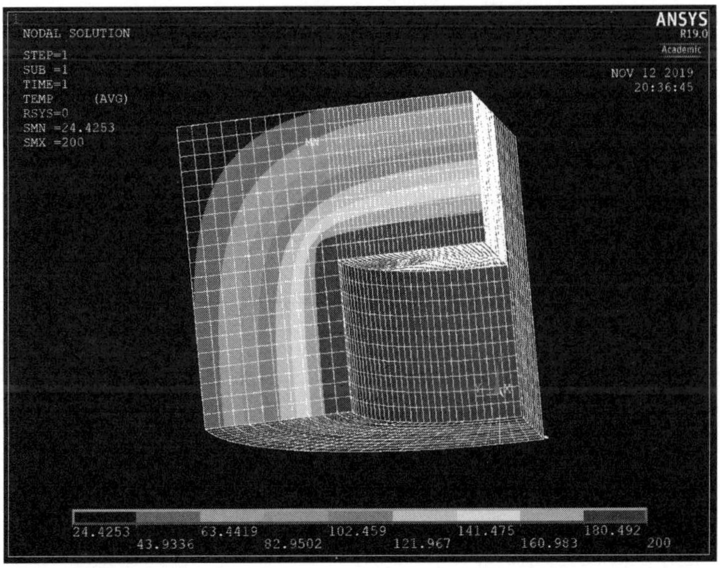

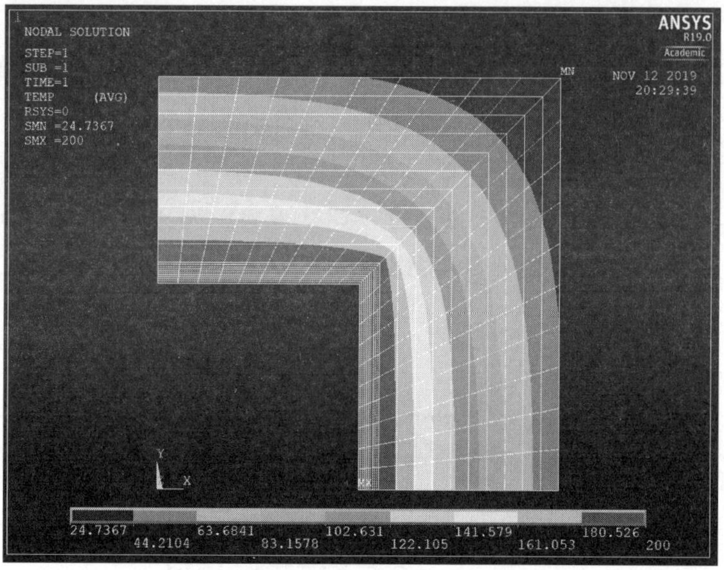
NODAL SOLUTION
STEP=1
SUB =1
TIME=1
TEMP (AVG)
RSYS=0
SMN =24.7367
SMX =200
ANSYS
R19.0
Academic
NOV 12 2019
20:29:39
MN
MX
Y
X
24.7367
44.2104
63.6841
83.1578
102.631
122.105
141.579
161.053
180.526
200

CHAPTER

10

진동 모드 해석

CHAPTER

10 진동 모드 해석

다음 예제들은 ANSYS를 사용하여 구조 진동 문제를 해석하는 과정을 설명하고 있다.

예제 10.1

그림 10.1에서와 같이 $40\,in$의 길이를 가진 평판의 고유 진동수를 평면요소를 사용하여 구하시오. 단, $E = 29 \times 10^6\ psi$, $\nu = 0.3$, $\rho = 0.00073\ lb\,\sec^2/in^4$이다.

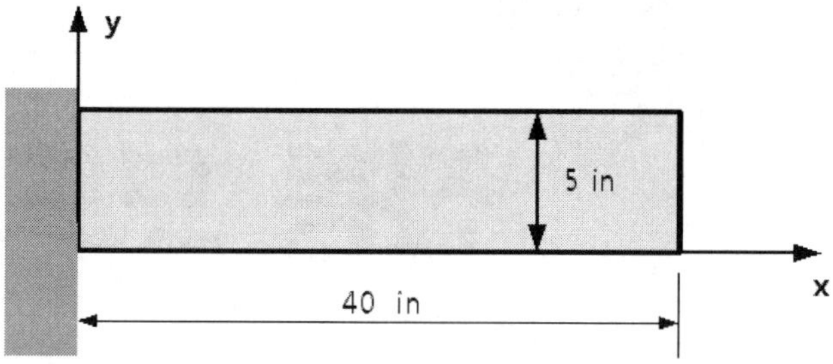

그림 10.1 2차원 평판

해석과정

1단계 : 요소정의, 재료 물성 값 입력

1) 요소의 선택 : Structural Solid Quad 4 node ; Plane182.
2) 재료 물성 값(탄성계수, 푸아송 비, 밀도) 입력.
   Preprocessor>Material Props>Material Models
   Structural>Linear>Elastic-Isotropic

2단계 : 유한요소모델 생성

3) 기하모델 생성 -사각형.
   Preprocessor>Modeling>Create>Areas>Rectangle>By Dimensions...
   X1, X2(0,40), Y1,Y2(0,5)

4) 생성될 요소의 크기.

5) 사각형 면상에 평면요소의 자동생성.

Preprocessor>Meshing>Mesh>Areas>Mapped>3 or 4 sided+

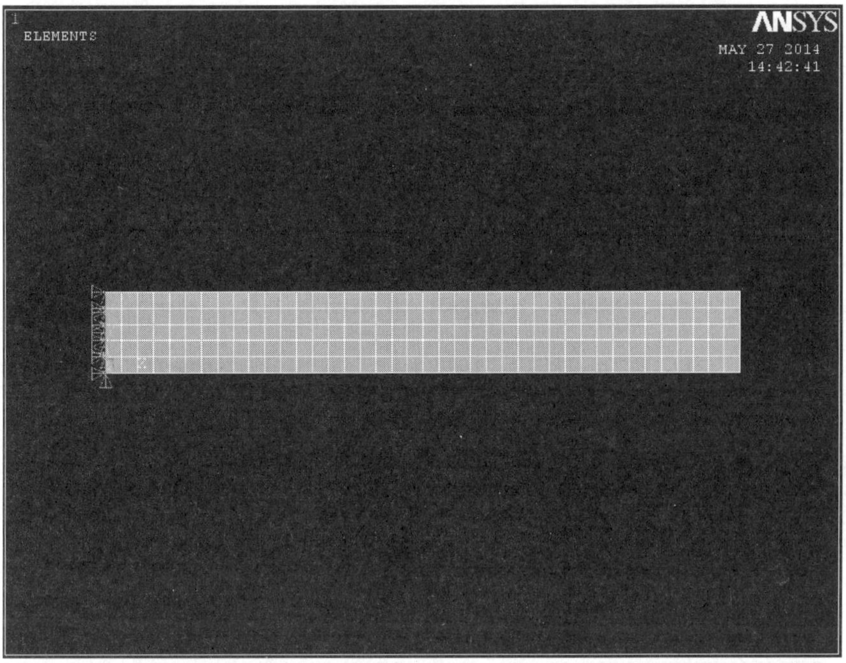

3단계 : 경계조건의 적용

6) 왼쪽면에 경계조건을 적용하기 위해 X좌표가 0인 모든 절점 선택.

7) 선택된 절점에 All DOFs=0 적용.

4 단계 : 모드와 고유 진동수 계산

8) 해석의 종류 선택(Modal Analysis).

Solution>Analysis Type>New Analysis ...

9) 모드 추출방법의 선택 및 추출할 모드의 개수 지정.

Solution>Analysis Options ...

Method – Block Lanczos

No. of modes to extract – 10

Expansion mode shapes – 10

Use lumped mass approx – Yes

5단계 : 계산 실행

10) Solution> Solve>Current LS

6단계 : 결과출력

11) 고유 진동수 출력.

General Postproc>Results Summary

SET,LIST Command

File

***** INDEX OF DATA SETS ON RESULTS FILE *****

SET	TIME/FREQ	LOAD STEP	SUBSTEP	CUMULATIVE
1	99.574	1	1	1
2	584.20	1	2	2
3	1247.6	1	3	3
4	1500.3	1	4	4
5	2657.7	1	5	5
6	3736.5	1	6	6
7	3964.7	1	7	7

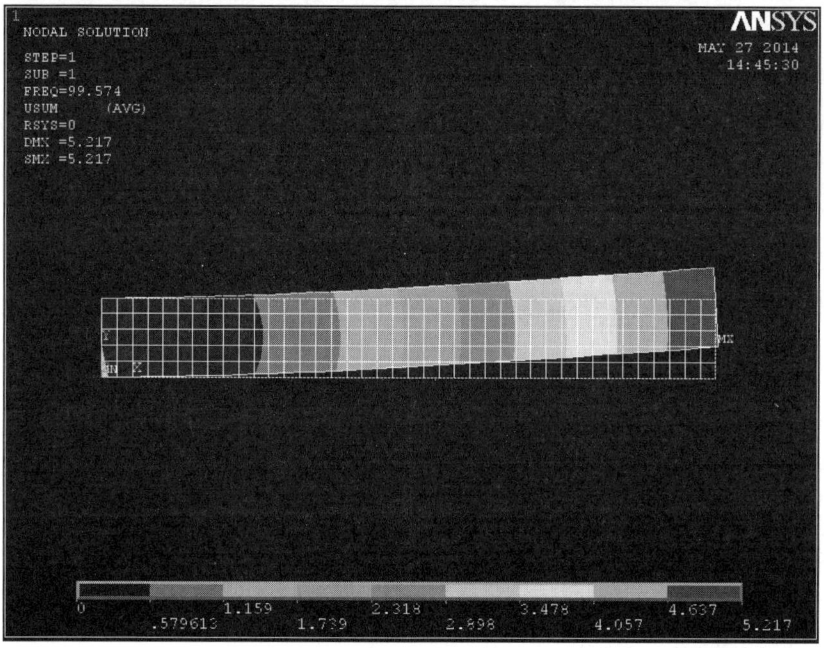

그림 10.2 첫 번째 모드

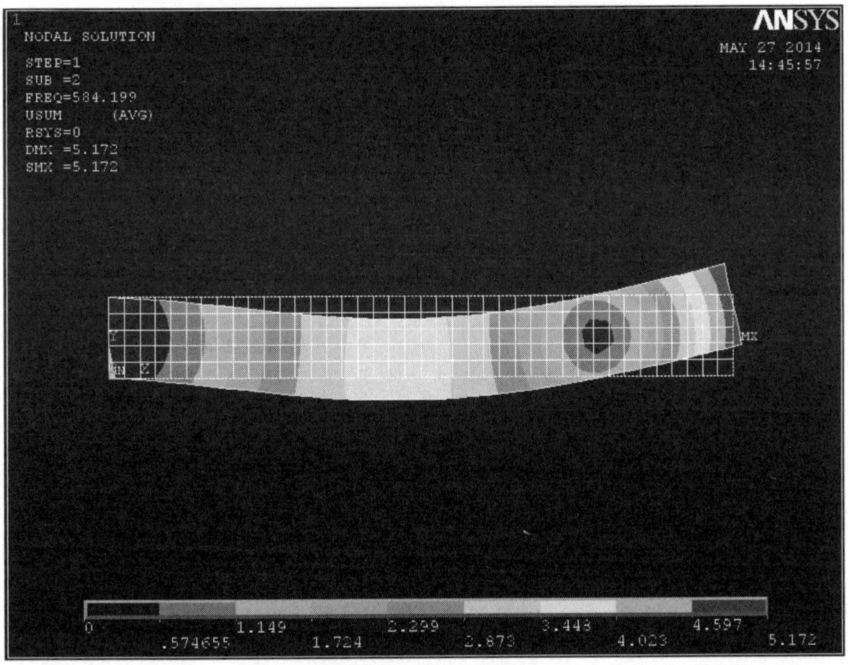

그림 10.3 두 번째 모드

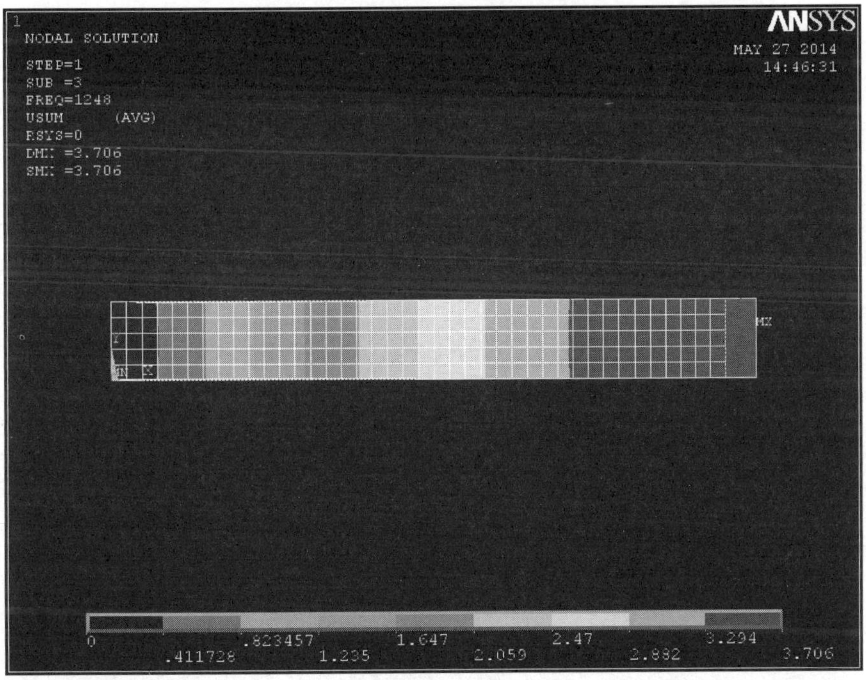

그림 10.4 세 번째 모드

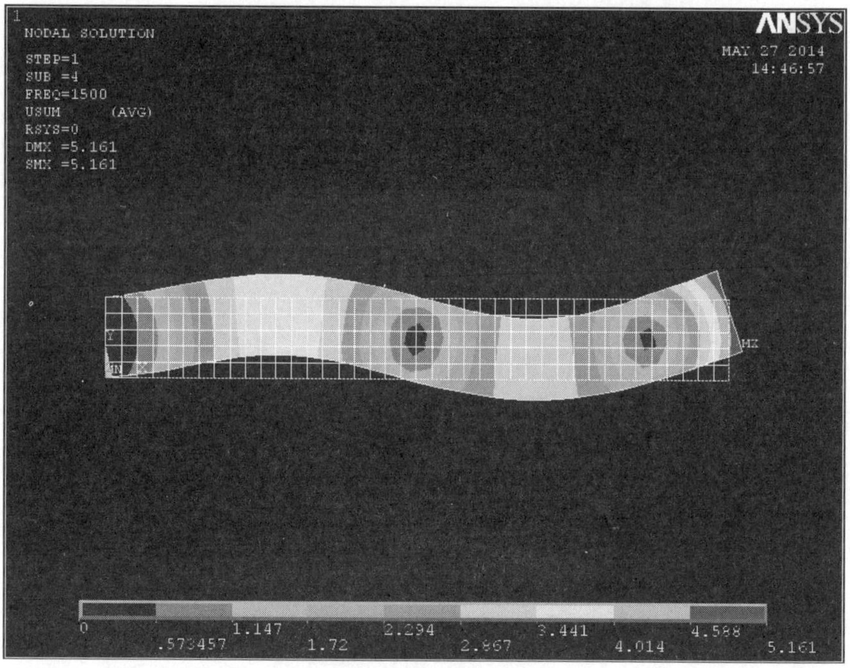

그림 10.5 네 번째 모드

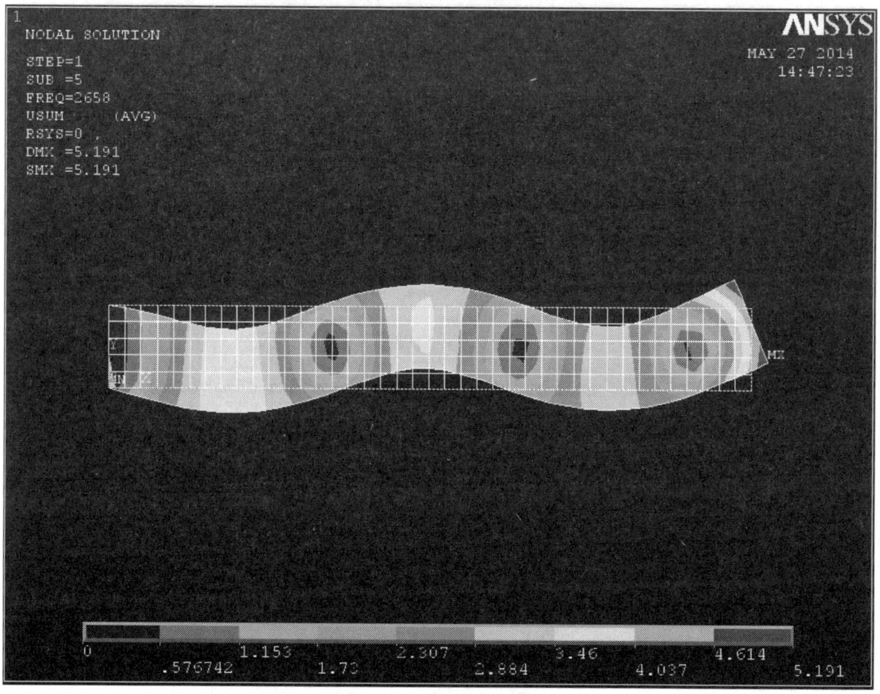

그림 10.6 다섯 번째 모드

예제 10.2

그림10.7에서와 같이 $40\,in$의 길이를 가진 3차원 직육면체의 고유 진동수를 구하시오. 단, $E = 29\times10^6\,psi$, $\nu = 0.3$, $\rho = 0.00073\,lb\,\sec^2/in^4$이다.

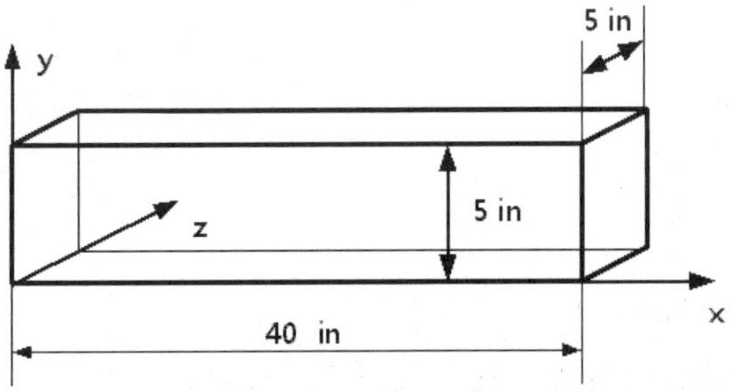

그림 10.7 3차원 직육면체

해석과정

1단계 : 요소정의, 재료 물성 값 입력

1) 요소의 종류 : (Structural Solid-Brick 8 node ; Solid185).
2) 재료 물성 값(탄성계수, 푸아송 비, 밀도) 입력.
   Preprocessor>Material Props>Material Models
   Structural>Linear>Elastic-Isotropic

2단계 : 유한요소모델 생성

3) 기하모델 생성 - 가로 40, 세로 5, 높이 5인 입방체 생성.
   Preprocessor>Modeling>Create>Volumes>Block>By Dimensions...
4) 생성될 요소의 크기.
5) 입방체에 3차원 입방체 요소 자동생성.

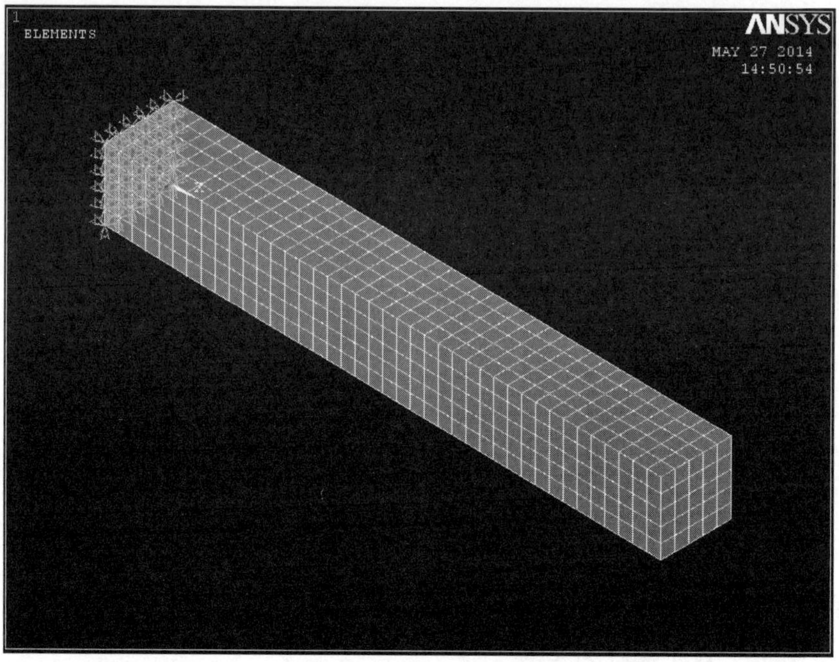

3단계 : 경계조건의 적용

6) 왼쪽면에 경계조건을 적용하기 위해 X좌표가 0인 모든 절점 선택.
7) 선택된 절점에 All DOFs=0 적용.

4단계 : 모드와 고유 진동수 계산

8) 해석의 종류 선택(Modal Analysis).
   Solution > Analysis Type> New Analysis..
9) 모드 추출방법의 선택 및 추출할 모드의 개수 지정.
   Solution > Analysis Options ...
   Method – Block Lanczos
   No. of modes to extract – 20
   Expansion mode shapes – 20
   Use lumped mass approx – Yes

5단계 : 계산 실행

10) Solution> Solve>Current LS

6단계 : 결과출력과 분석

11) 고유 진동수 출력.

General Postproc>Results Summary

SET,LIST Command

File

***** INDEX OF DATA SETS ON RESULTS FILE *****

SET	TIME/FREQ	LOAD STEP	SUBSTEP	CUMULATIVE
1	100.08	1	1	1
2	100.08	1	2	2
3	586.76	1	3	3
4	586.76	1	4	4
5	695.70	1	5	5
6	1250.8	1	6	6
7	1505.8	1	7	7
8	1505.8	1	8	8
9	2085.9	1	9	9
10	2665.5	1	10	10
11	2665.5	1	11	11
12	3472.4	1	12	12
13	3741.6	1	13	13
14	3973.3	1	14	14
15	3973.3	1	15	15
16	4852.9	1	16	16
17	5364.3	1	17	17
18	5364.3	1	18	18
19	6198.5	1	19	19
20	6224.9	1	20	20

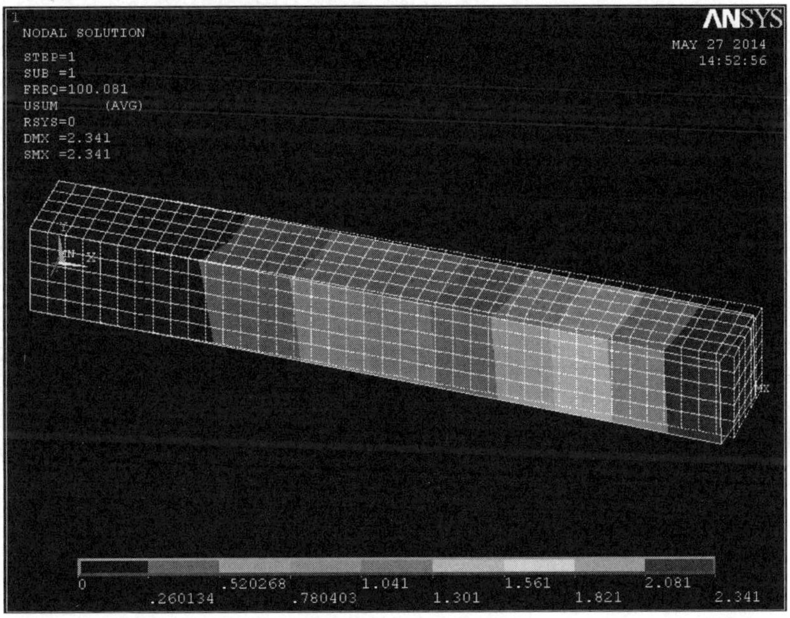

그림 10.8 첫 번째 모드

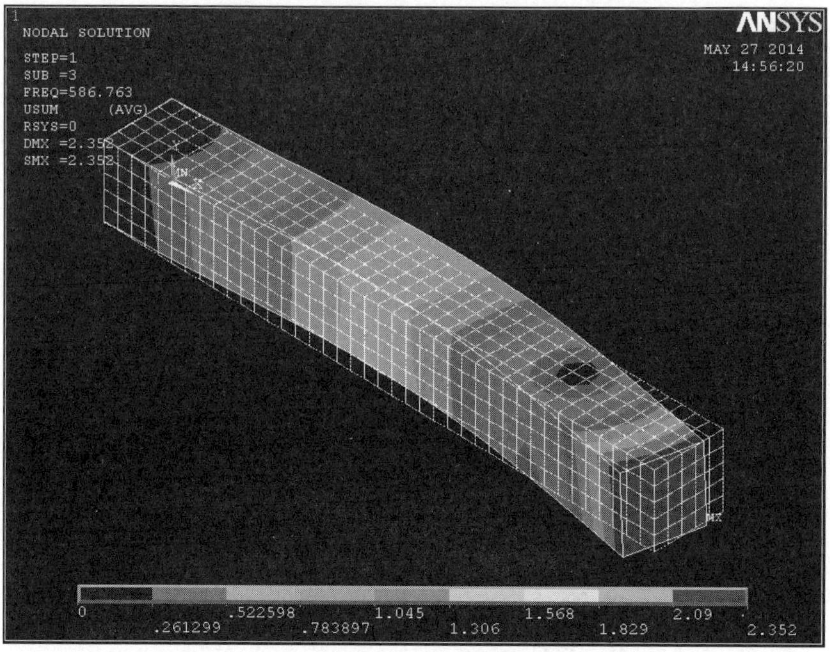

그림 10.9 세 번째 모드

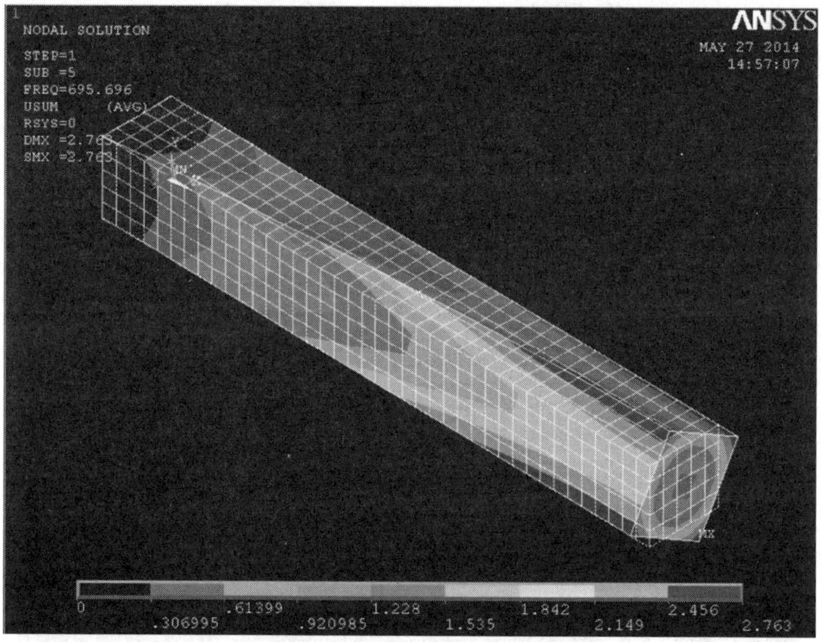

그림 10.10 다섯 번째 모드

도전 문제 10.1

그림 P10.1은 길이가 긴 9개의 보(beam)가 여러 개의 격자에 의해 지지되어 있는 형상을 나타낸다. 그림 P10.2는 단면 형상을 보여 주고 있다. 보와 격자의 물성은 서로 다르다. ANSYS를 사용하여 첫 번째 모드 형상과 이후의 모드 형상을 구하시오. (물성과 치수는 각 학생이 선택하여 해석함.)

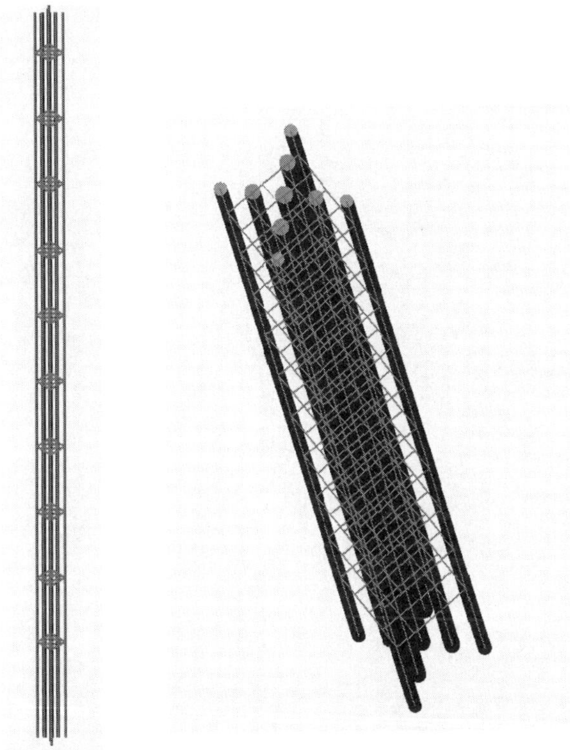

그림 P10.1 여러 개의 격자로 지지된 9개의 긴 보(beam)

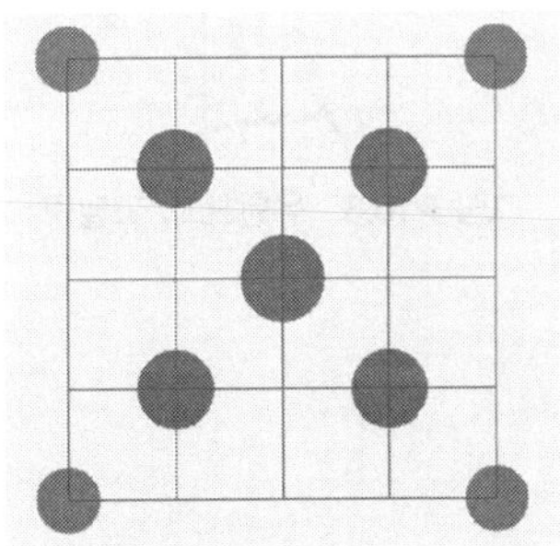

그림 P10.2 단면 형상

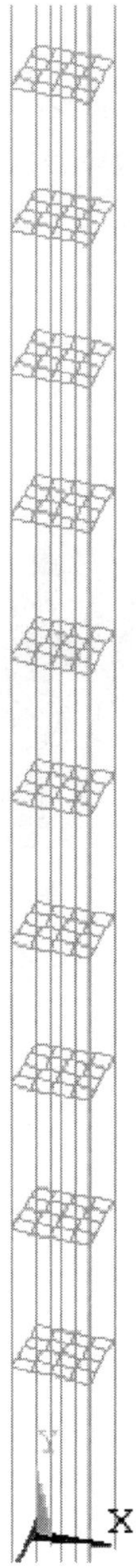

그림 P10.3 유한요소 모델링

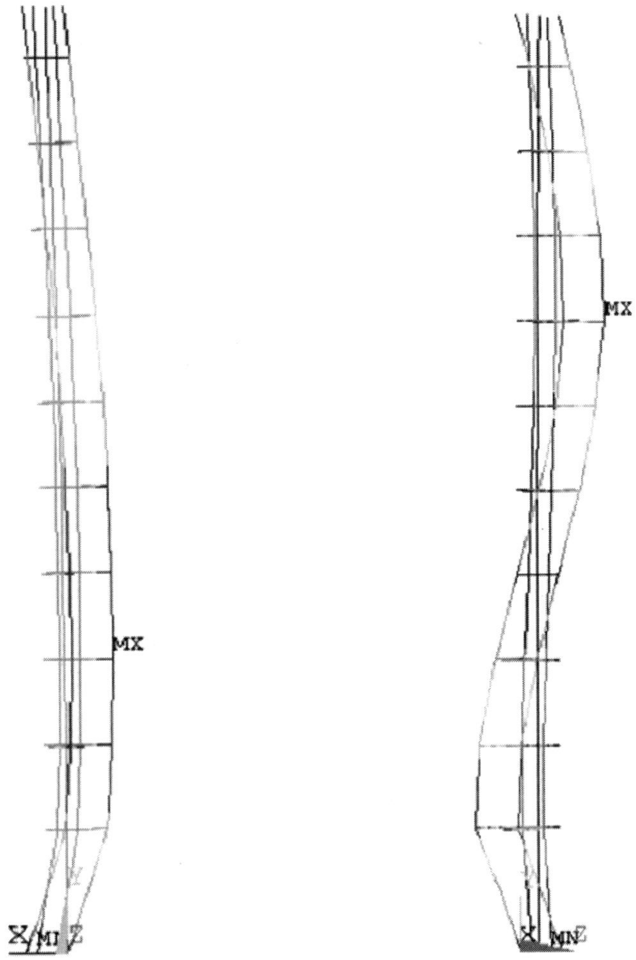

그림 P10.4 모드 형상

CHAPTER

11

3D CAD와 연계한 해석

CHAPTER

11 3D CAD와 연계한 해석

3차원 문제를 ANSYS를 사용하여 해석할 때 문제점은 기하모델링 과정이 쉽지 않다는 점이다. ANSYS에서 제공되는 기능들만 가지고 복잡한 3차원 형상을 구현하는 일은 많은 시간과 숙달을 필요로 하고 있으며, 필렛이나 챔퍼와 같은 세밀한 부분들의 모델링은 쉽지 않거나 거의 불가능하다. 근래에는 3D CAD를 활용한 솔리드 모델링 기법에 의해 복잡한 기하모델을 생성하는 방법이 급속도로 발전하고 있다. 이러한 방법을 사용하면 우선 기하모델링이 쉽고, 해석결과에 따라 부분적인 형상 변화가 필요할 때 변화된 형상을 곧바로 확인할 수 있게 된다.

한 예로서, 그림 11.1은 자동차 휠의 한 종류인 핀 휠(Pin Wheel)과 핀 휠을 SoildWorks를 사용하여 기하 모델링한 결과를 나타내고 있다. 그림 11.2는 기하 모델링한 결과를 ANSYS에서 유한요소로 모델링한 결과를 보여주고 있다. 생성된 유한요소 모델에 구속조건과 하중조건을 입력하면 변형 형상과 응력상태를 얻을 수 있게 된다. 이러한 과정을 통해서 복잡한 3차원 구조물을 효율적으로 해석할 수 있게 된다.

그림 11.1 핀 휠

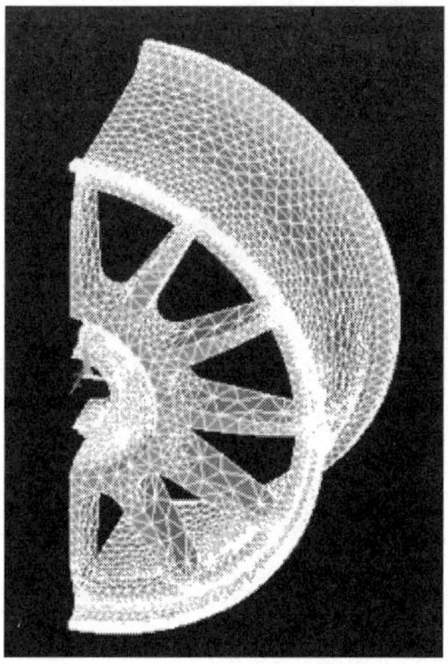

그림 11.2 핀 휠에 대한 유한요소 모델

또 다른 예로서, 태양열 발전에서 사용되는 평판 집열판을 고려해 본다(그림 11.3). 평판형은 가장 기본적인 집열판으로서 간단한 구조이며 전 세계적으로 가장 많이 보급되어 있는 형태인데, 투과체, 흡수판, 열매체관 단열재로 구성되어 있다. 그림 11.4는 평판 집열판의 상세한 구조를 보여주고 있다. 이러한 집열판의 거동을 예측하기 위해서는 정확한 기하모델링 결과를 얻어야 한다. SolidWorks를 활용하여 기하 모델링하는 과정을 살펴본다.

그림 11.3 태양열 발전에서 사용되는 평판형 집열판

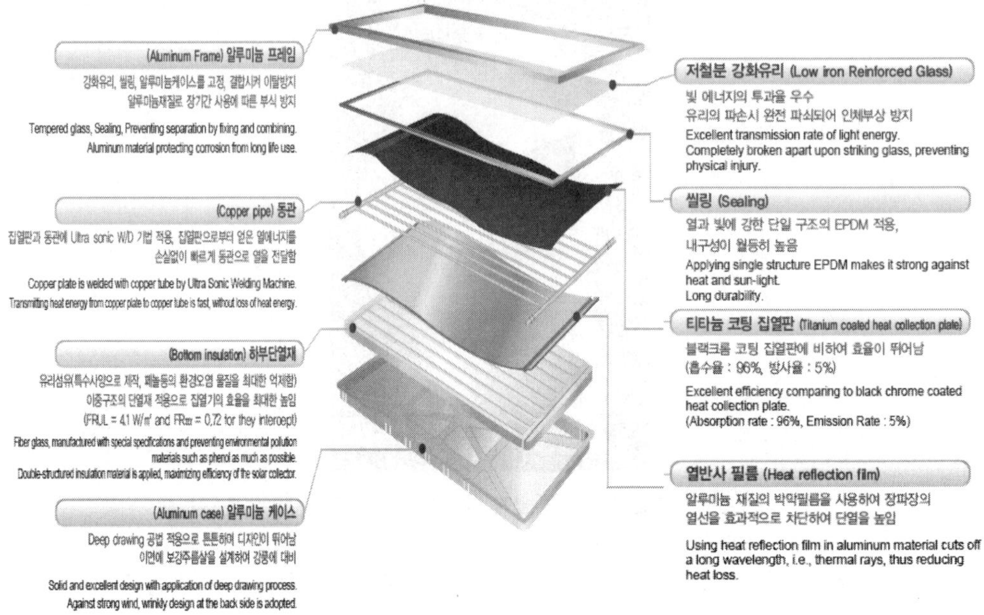

그림 11.4 평판형 집열판의 구조

1) 먼저, 두께 $30mm$의 알루미늄 프레임을 모델링한다(그림 11.5).

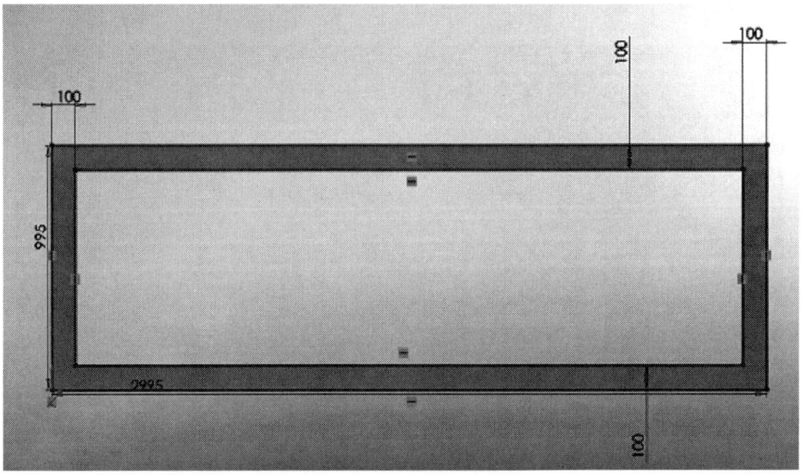

그림 11.5 알루미늄 프레임

2) 두께 $2mm$의 저철분 강화유리와 두께 $2mm$의 실링을 모델링한다(그림 11.6).

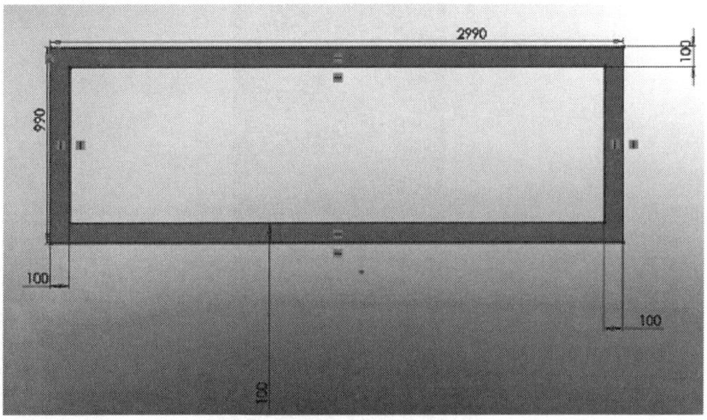

그림 11.6 저철분 강화유리와 실링

3) 두께 $2mm$의 티타늄 코팅 집열판과 바깥지름 $10mm$, 안지름 $8mm$의 동관을 모델링한다(그림 11.7).

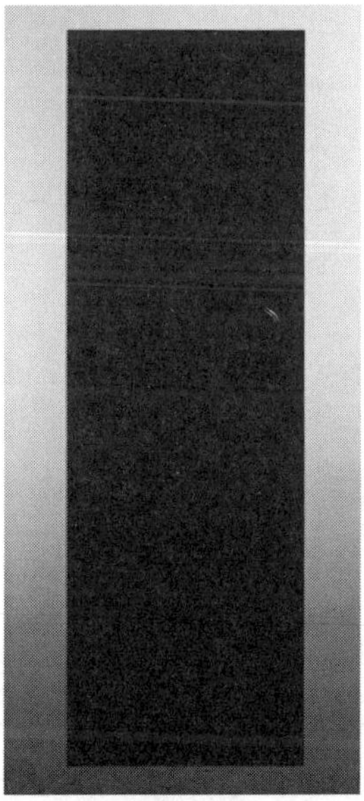

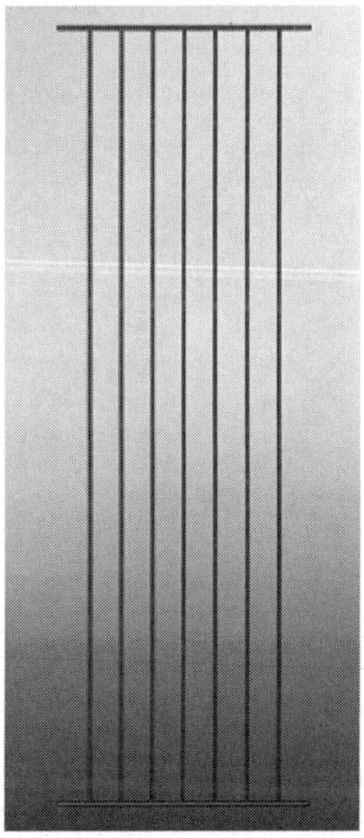

그림 11.7 티타늄 코팅 집열판과 바깥지름 $10mm$, 안지름 $8mm$의 동관

4) 두께 $2mm$의 열반사 필름과 두께 $10mm$의 하부 단열재를 모델링한다(그림 11.8).

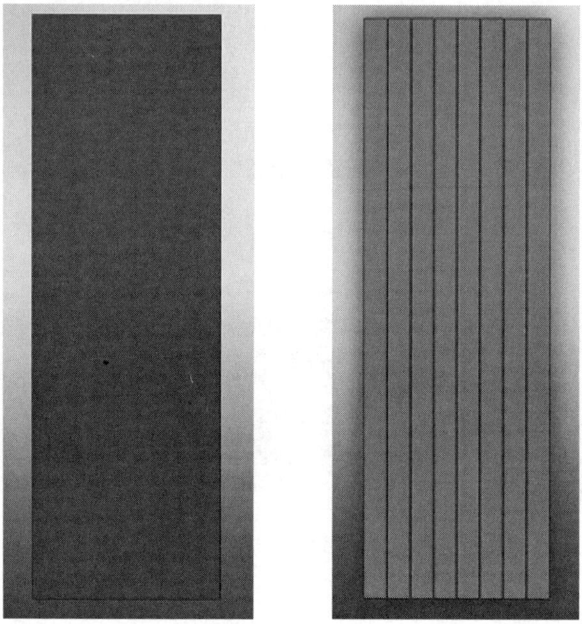

그림 11.8 열반사 필름과 하부 단열재

5) 두께 $33mm$의 알루미늄 케이스를 모델링한다(그림 11.9).

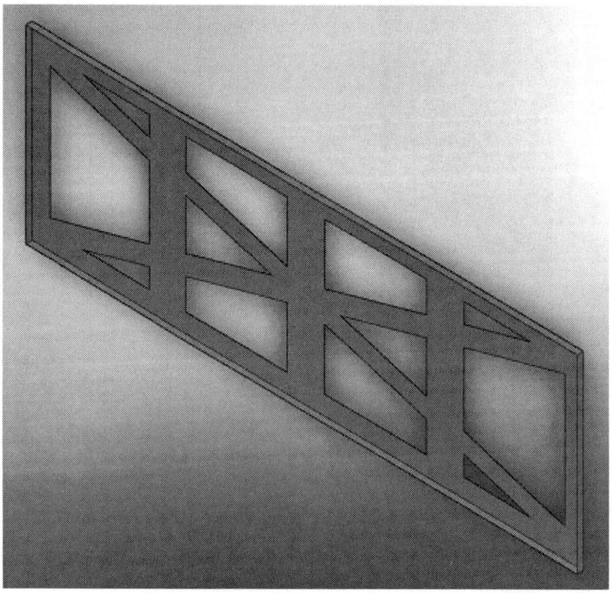

그림 11.9 알루미늄 케이스

6) 각 부품(part)들을 결합(assembly)한다(그림 11.10).

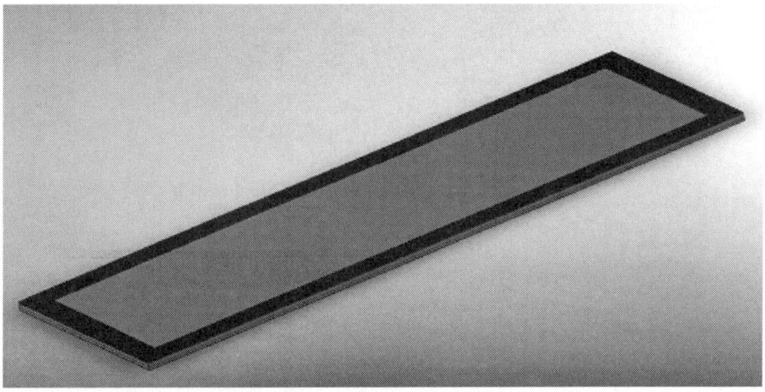

그림 11.10. 평판형 집열판 모델

그림 11.11과 그림 11.12는 각각 CPC(Compound Parabolic Concentrator)형 집열기와 진공관형 집열기의 기하모델링 결과를 보여주고 있다.

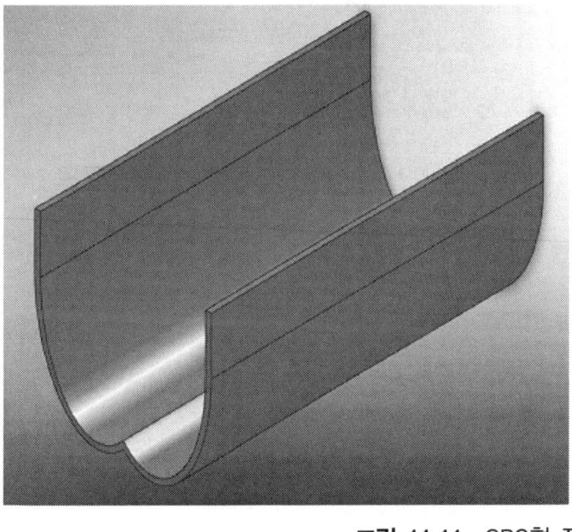

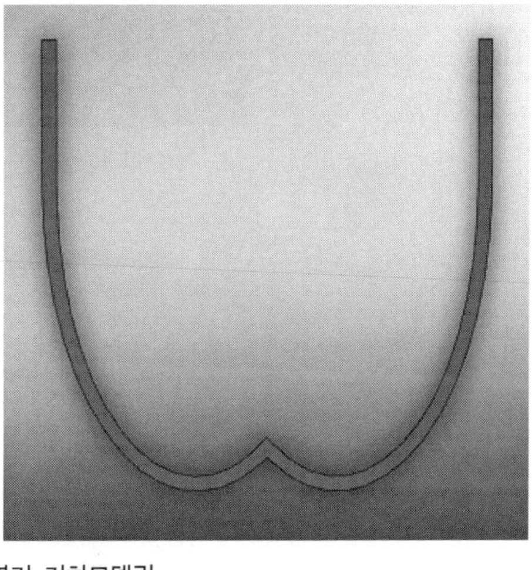

그림 11.11 CPC형 집열기 기하모델링

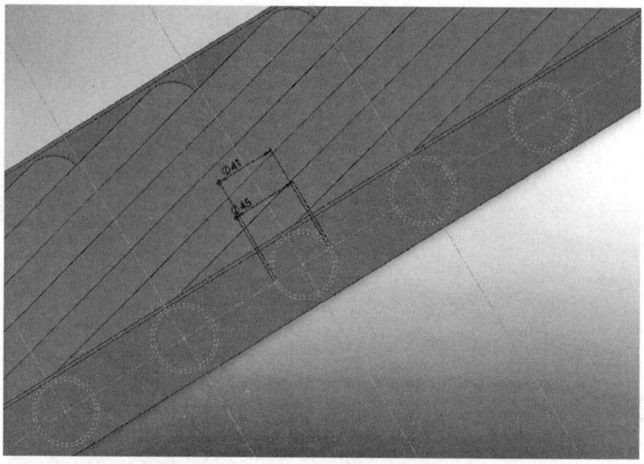

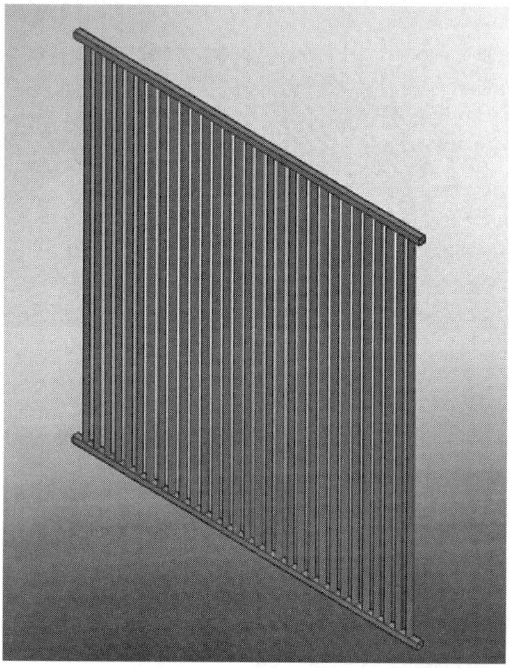

그림 11.12 진공관형 집열기 기하모델링

다음 예제들은 3D CAD를 사용하여 모델링한 결과를 ANSYS에서 해석하는 과정을 설명하고 있다.

예제 11.1

내압을 받고 있는 3차원 중공의 실린더(그림 11.13)에 나타나는 응력분포를 3D CAD 데이터를 사용하여 구한 후, ANSYS에서 직접 모델링하여 해석한 결과와 비교하시오. 상·하단에서의 경계조건은 축방향 변위만 0으로 가정한다.

$P = 100\ N/mm^2$; $r_1 = 10\ mm$; $r_2 = 25\,mm$

$E = 200{,}000\,N/mm^2$; $\nu = 0.25$

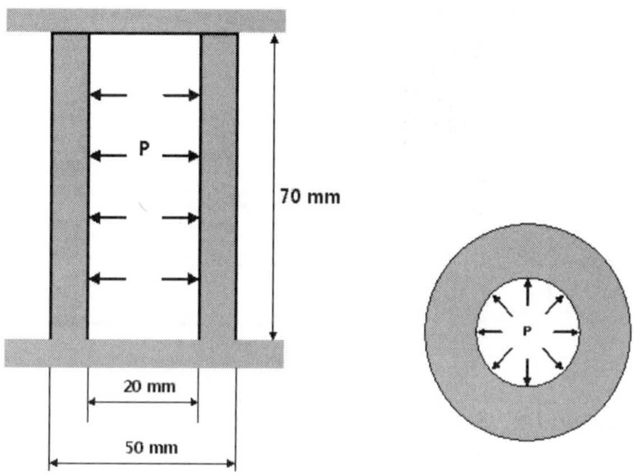

그림 11.13 내압을 받고 있는 3차원 중공의 실린더

해석과정

1) 3D CAD 모델 생성.

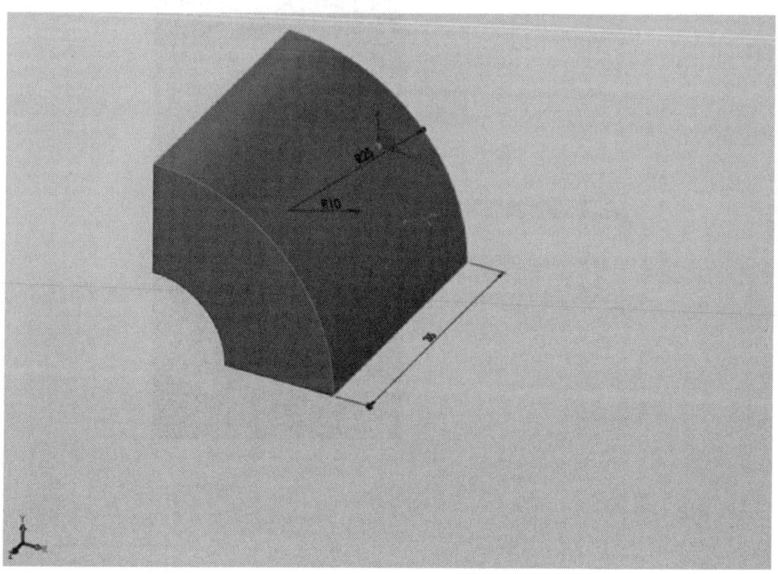

2) 3D CAD 모델을 parasolid(*.x_t) 파일로 저장.

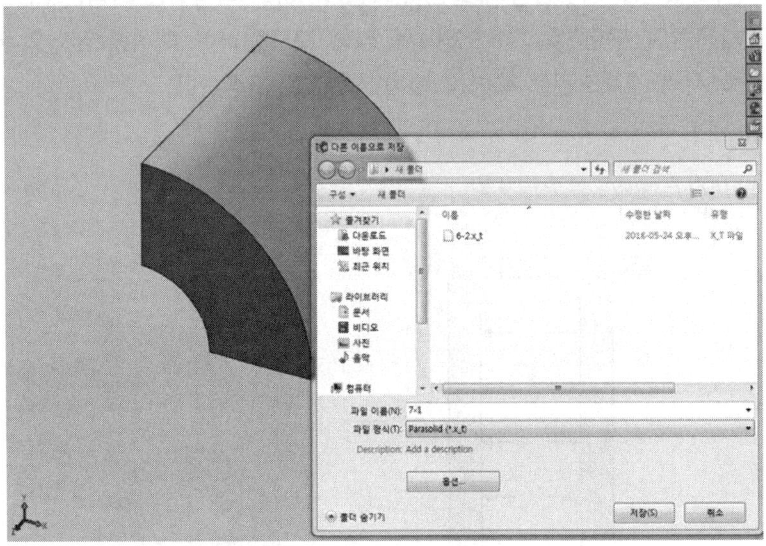

3) ANSYS Preference for GUI filtering을 Structural 설정.

4) File>Import>PARA....에서 parasolid(*.x_t)로 저장된 파일을 불러들임.

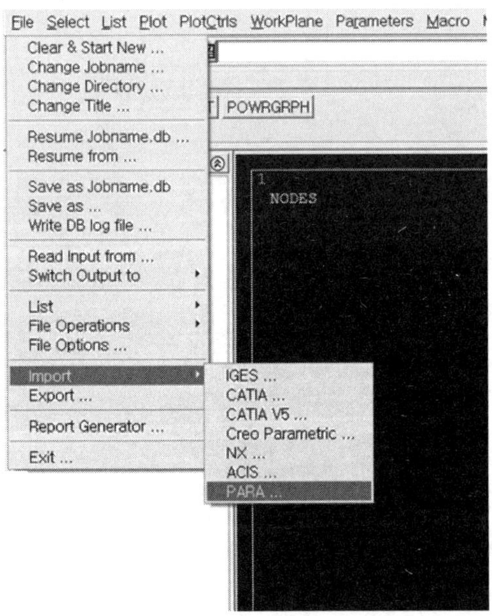

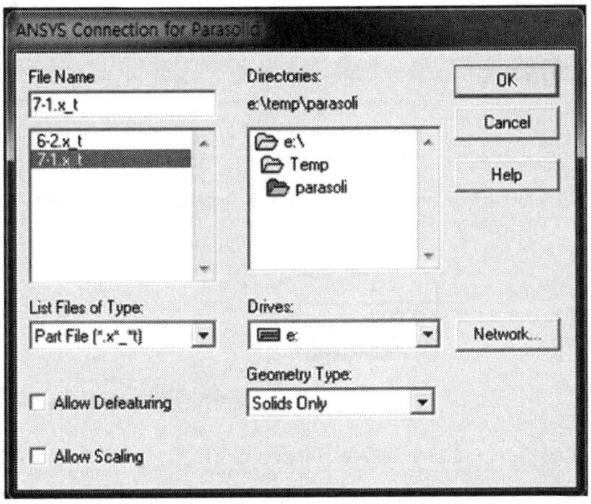

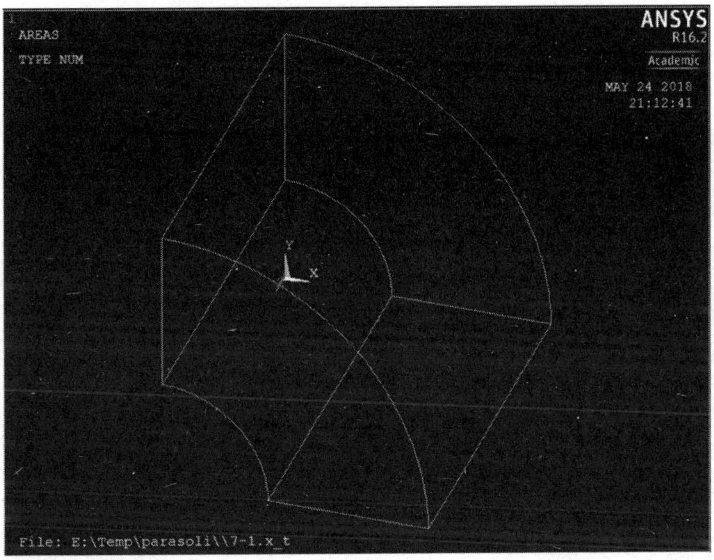

5) wireframe으로 되어 있는 상태를 solid형태로 바꾸기 위해서 PlotCtrls>Style>Solid Model Facets.......에서 다음과 같이 설정.

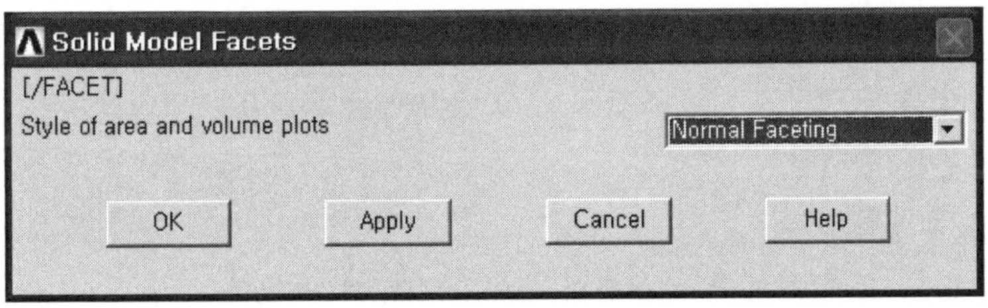

설정이 바뀐 것을 반영하기 위해서 Plot>Replot 함.

6) 요소의 선택 : Structural Solid-Brick 8 node ; Solid185.

7) 재료의 물성을 입력함.

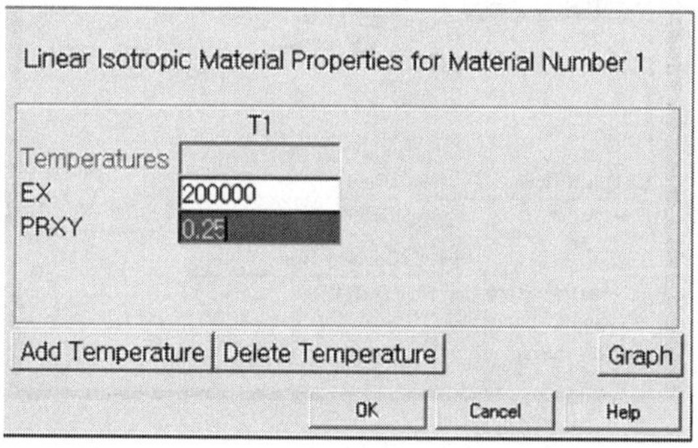

8) 유한요소를 생성함.

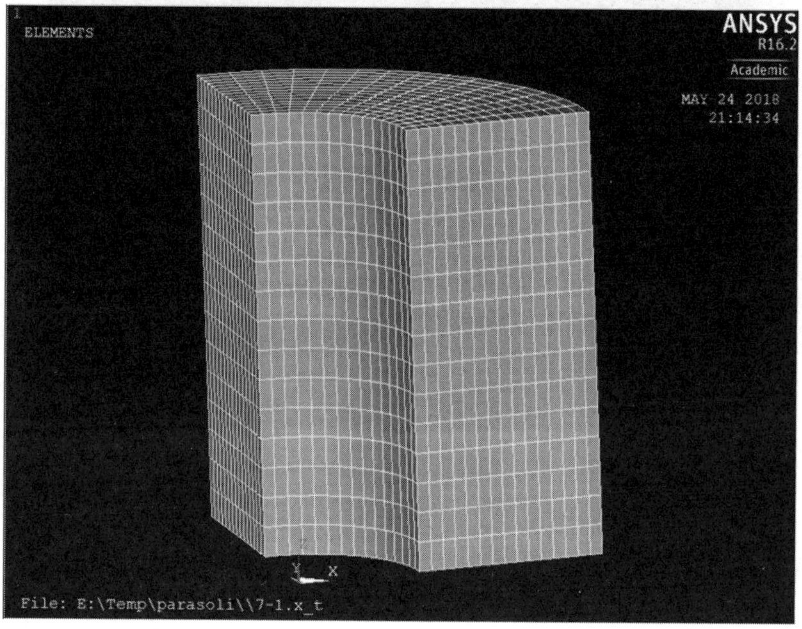

9) 대칭인 면을 선택하여 대칭조건을 주고 윗면에는 UZ=0을 입력함.

10) 하중조건을 입력함.

11) 해석을 수행함.

12) von Mises 응력에 대한 해석결과(단위 : MPa)를 출력함.

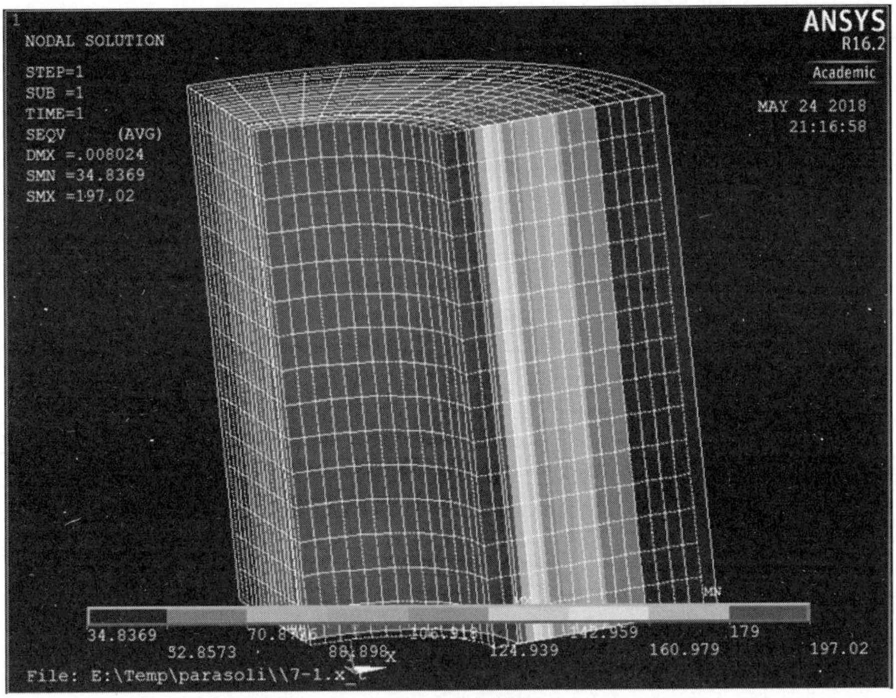

그림 11.14 3D CAD와 연계하여 응력을 해석한 결과

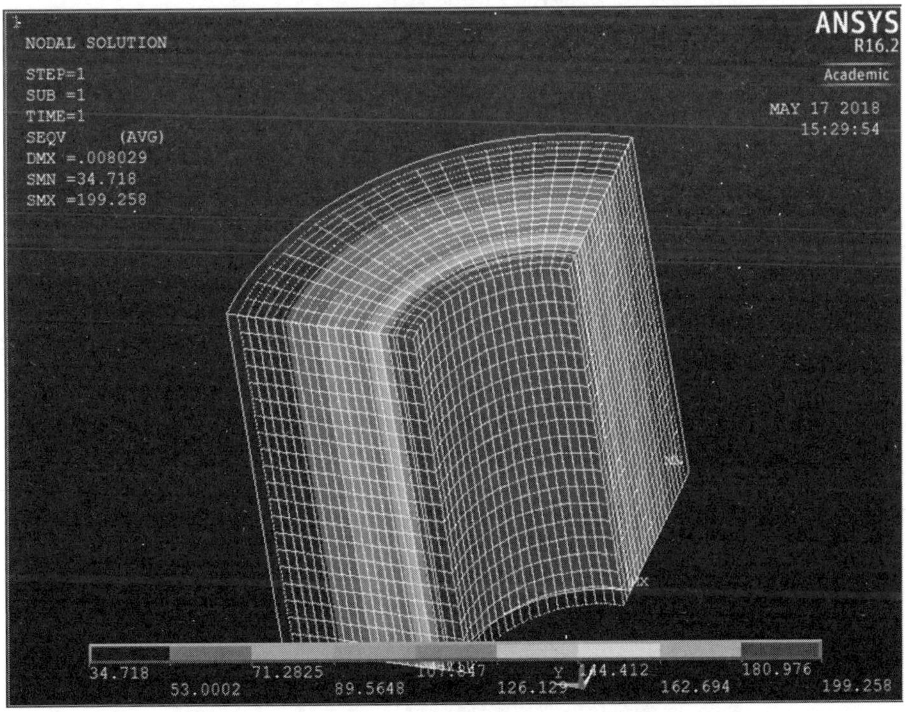

그림 11.15 ANSYS에서 직접 모델링하여 응력을 해석한 결과

예제 11.2

내압을 받고 있는 3차원 압력용기(그림 11.16)에 나타나는 응력분포를 3D CAD 데이터를 사용하여 구한 후, ANSYS에서 직접 모델링하여 해석한 결과와 비교하시오.
$E = 200\ GPa\ ;\ \nu = 0.3$

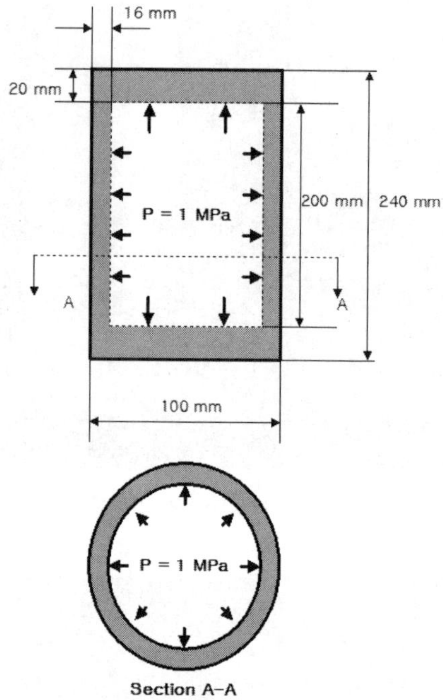

그림 11.16 내압을 받고 있는 3차원 압력용기

해석과정

1) 3D CAD 모델 생성.

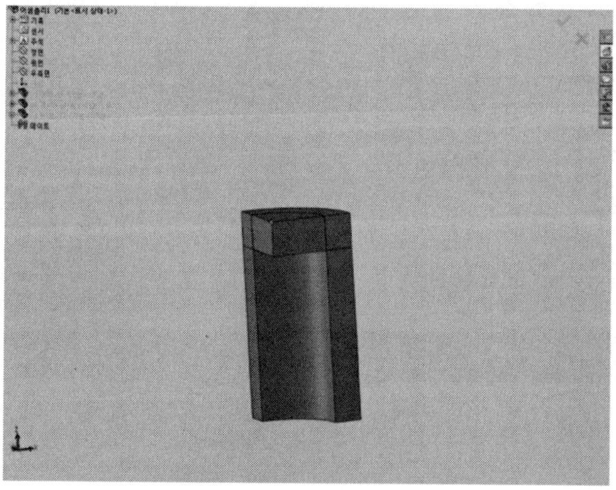

2) 3D CAD 모델을 parasolid(*.x_t) 파일로 저장.

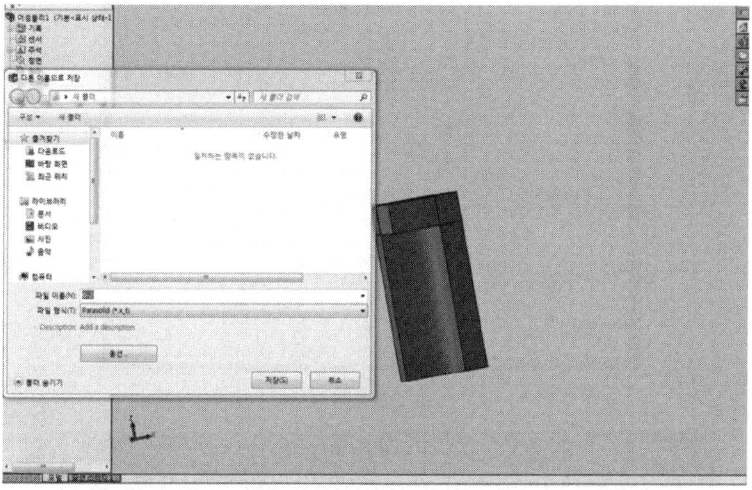

3) ANSYS Preference for GUI filtering을 Structural 설정.

4) File>Import>PARA....에서 parasolid(*.x_t)로 저장된 파일을 불러들임.

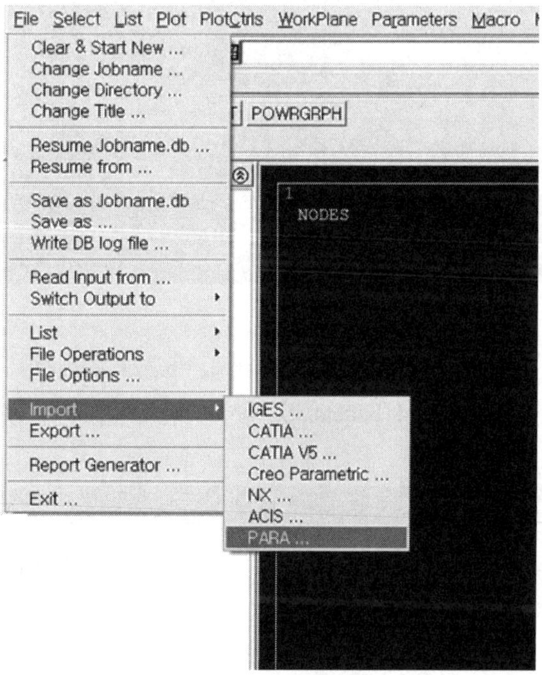

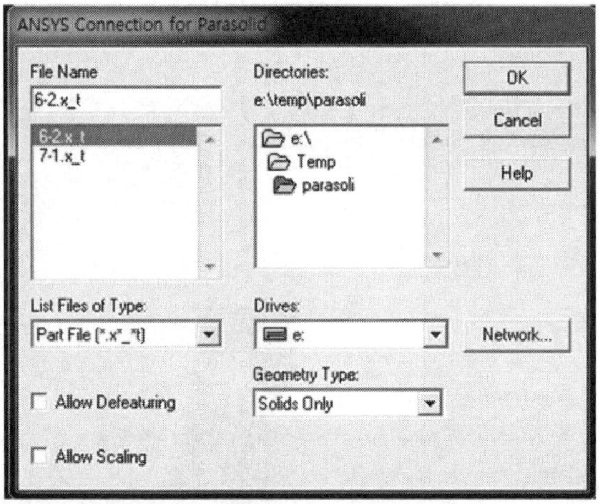

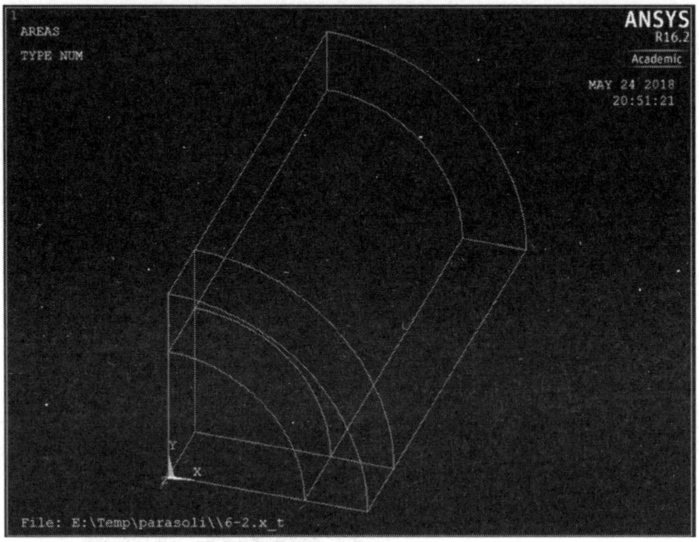

5) wireframe으로 되어 있는 상태를 solid형태로 바꾸기 위해서 PlotCtrls>Style>Solid Model Facets.......에서 다음과 같이 설정.

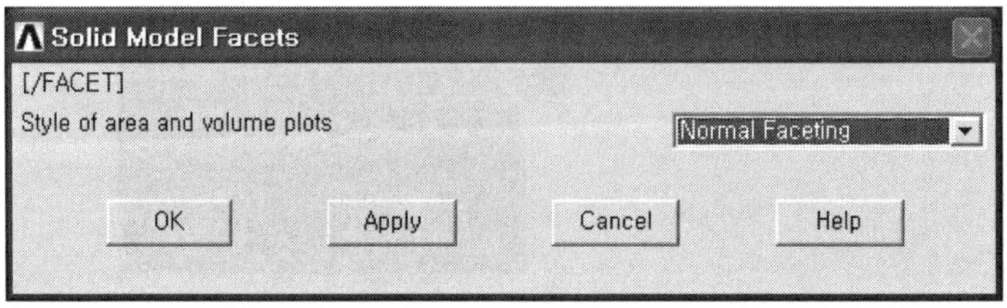

설정이 바뀐 것을 반영하기 위해서 Plot>Replot 함.

6) 요소의 선택 : Structural Solid-Brick 8 node ; Solid185.

7) 재료의 물성을 입력함.

8) 유한요소를 생성함.

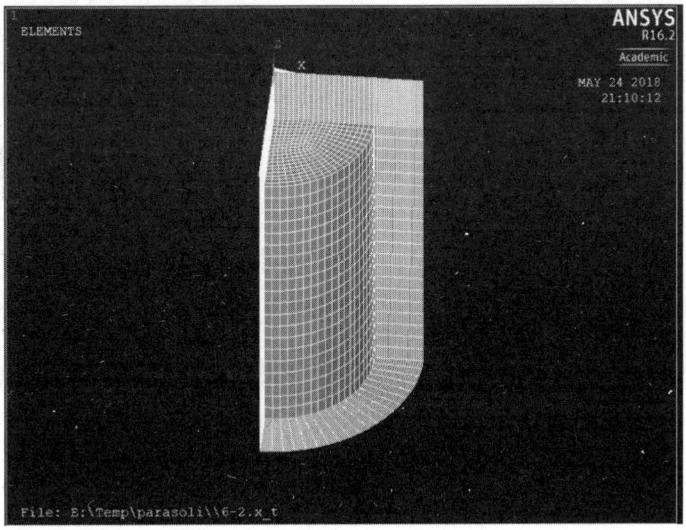

9) 대칭인 면을 선택하여 대칭조건을 입력함 .

10) 하중조건을 입력함.

11) 해석을 수행함.

12) von Mises응력에 대한 해석결과(단위 : MPa)를 출력함.

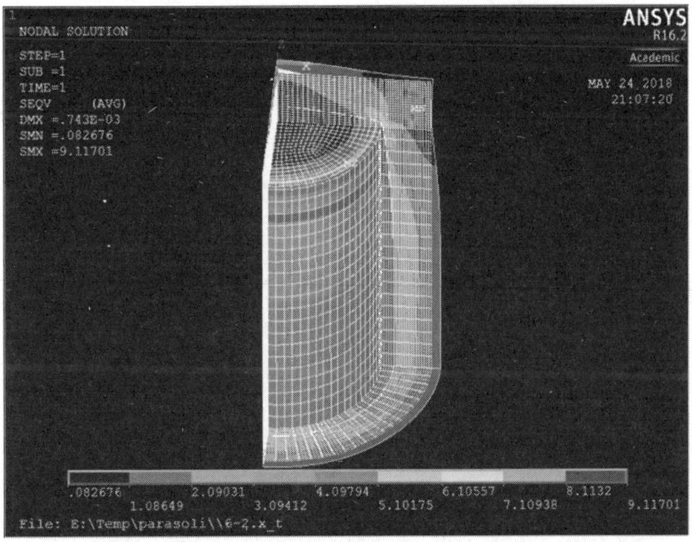

그림 11.17 3D CAD와 연계하여 응력을 해석한 결과

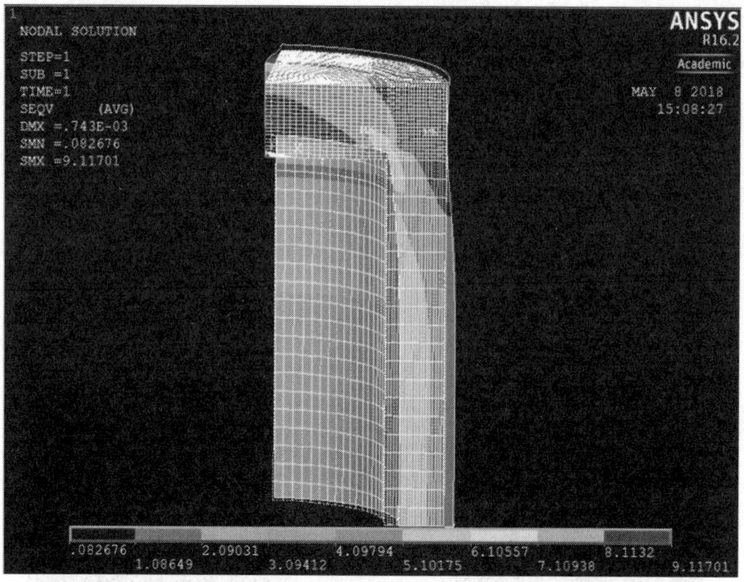

그림 11.18 ANSYS에서 직접 모델링하여 응력을 해석한 결과

예제 11.3

그림11.19는 반도체 웨이퍼를 화학증착시킬 때 사용하는 실리콘 보트를 나타낸다. 균일한 온도변화 $\Delta T = 800°C$를 가정할 때, 보트에 발생하는 변형량과 응력을 구하시오. 탄성계수와 Poisson비는 각각 $E = 131\,GPa$와 $\nu = 0.2$로 가정한다. 아래 플레이트의 열팽창계수는 $\alpha_2 = 2.67 \times 10^{-6}/°C$, 나머지 부분의 열팽창계수는 $\alpha_1 = 4.0 \times 10^{-6}/°C$로 가정한다.

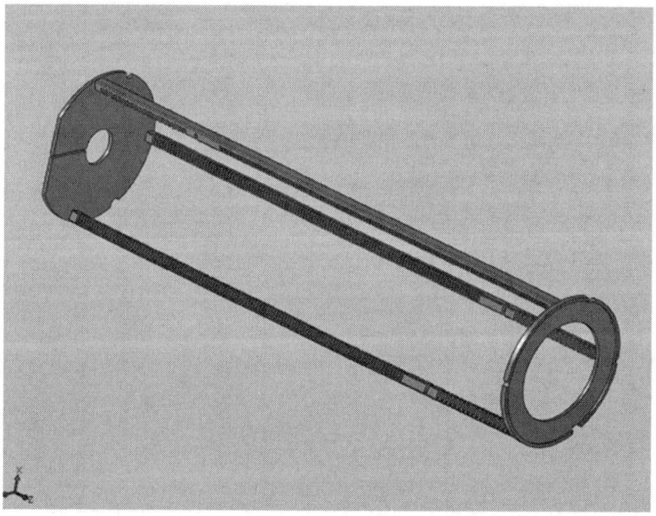

그림 11.19 반도체 웨이퍼를 화학증착시킬 때 사용하는 실리콘 보트

대칭성을 고려하여 1/2만 모델링 한다. 3D CAD인 SolidWorks로 모델링한 그림이 아래에 나타나 있다(그림 11.20).

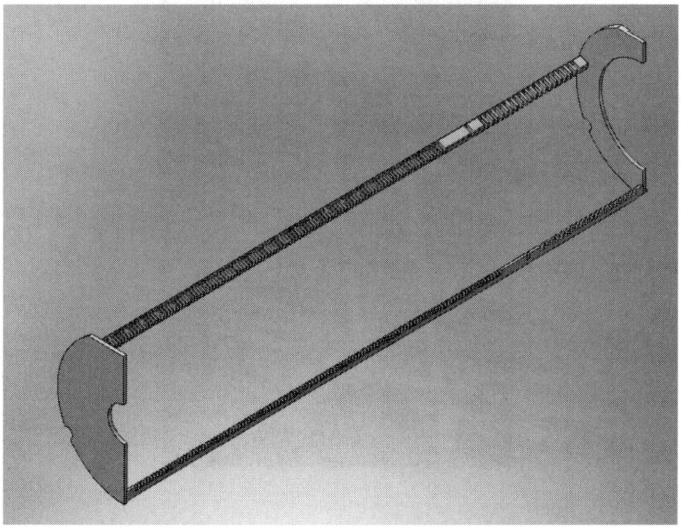

그림 11.20 1/2만 모델링한 실리콘 보트

해석과정

1) Preference for GUI filtering을 Structural 설정.
2) File-Import-PARA....에서 parasolid(*.x_t)로 저장된 파일을 불러들임.
3) wireframe으로 되어 있는 상태를 solid형태로 바꾸기 위해서
   PlotCtrls-Style-Solid Model Facets.......에서 다음과 같이 설정.

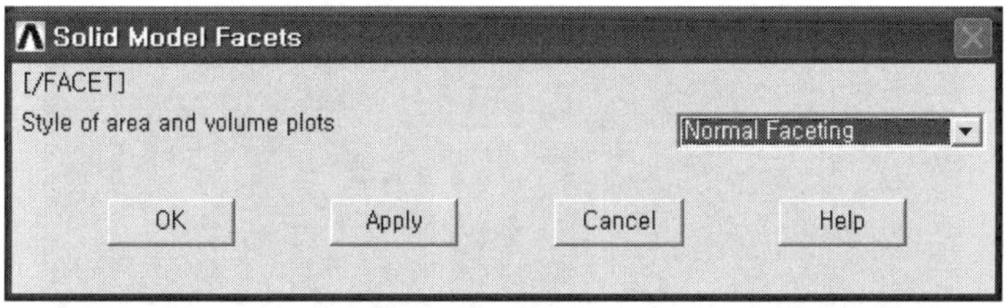

   설정이 바뀐 것을 반영하기 위해서 Plot-Replot 함.

4) 요소를 선택함 (Structural Solid Tet 10 node).
5) 재료의 물성을 입력함.
6) Glue를 이용하여 각 부피들을 붙여줌.
   Preprocessor>Modeling>Operate>Booleans>Glue>Volumes

7) 유한요소를 생성함.

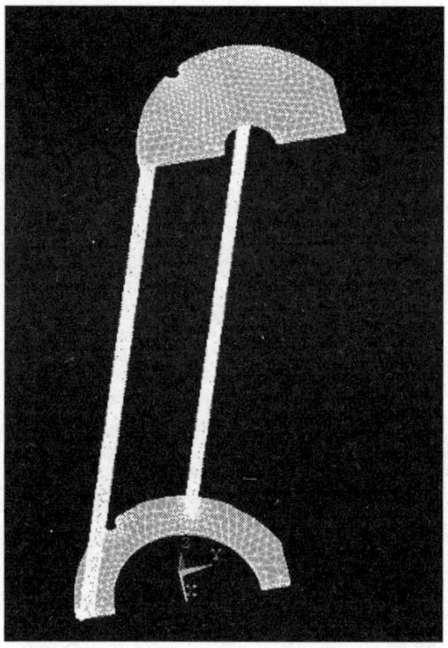

8) 대칭인 면을 선택하여 대칭조건을 줌.
9) 아래 플레이트의 바닥 면에는 UZ=0, 아래 플레이트 앞 부분(편평한 평면)에는 UY=0 의 구속조건을 줌.
10) 온도조건을 줌.
    Solution>Define Loads>Apply>Structural>Temperature>Uniform Temp...
11) 해석을 수행함.
12) 변위량과 응력에 대한 해석결과를 출력함.

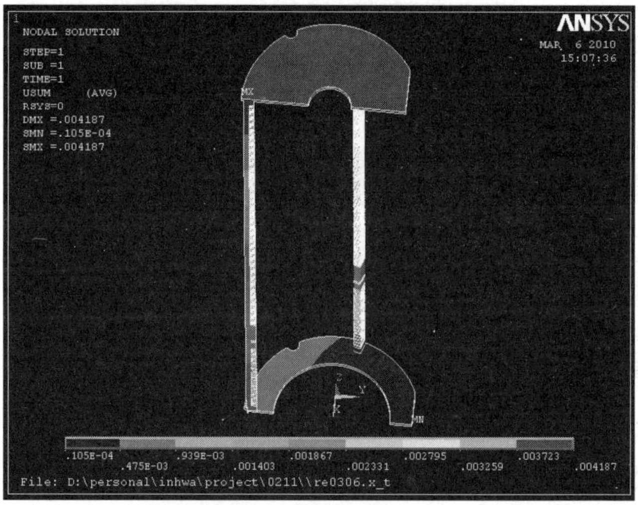

그림 11.21 변위해석 결과

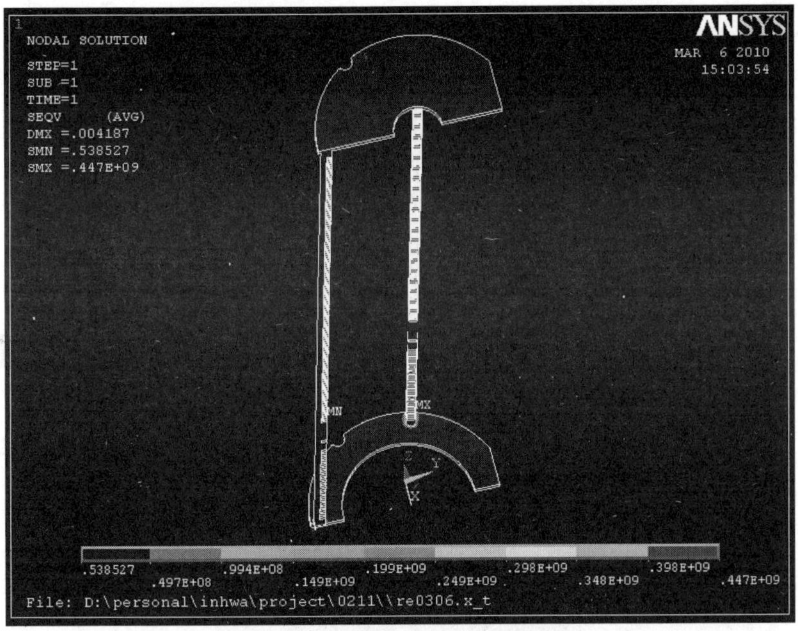

그림 11.22 응력해석 결과

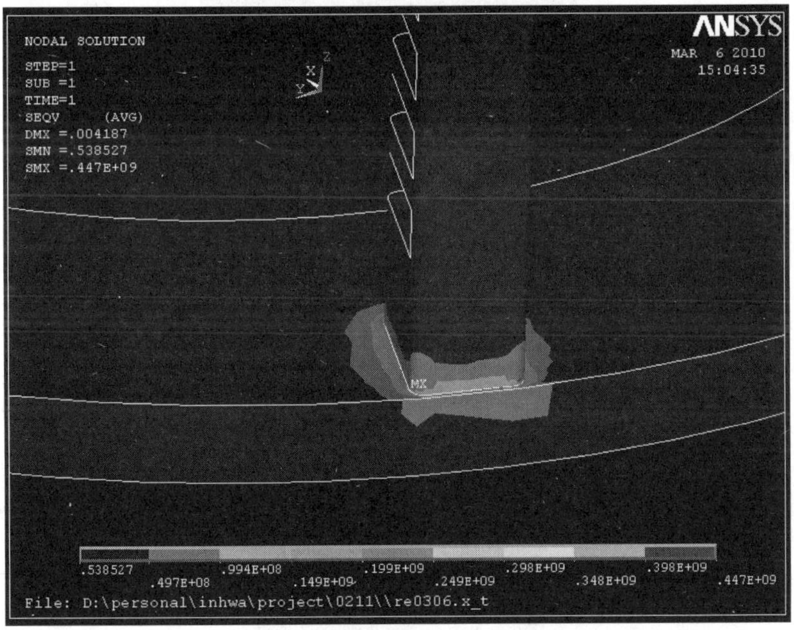

그림 11.23 응력해석 결과 확대 화면

예제 11.4

그림 11.24는 이탈리아 피사에 있는 사탑을 보여주고 있다. 3D CAD를 사용하여 기하모델링한 후 자중에 의한 변형량과 응력을 구하시오. 재질은 대리석($E = 60\,GPa$, $\nu = 0.25$, $\rho = 0.0000276\,kg/mm^3$)으로 균일하다고 가정한다.

그림 11.24 피사의 사탑

1) SolidWorks로 기하모델링

2) ANSYS에서 유한요소 모델링

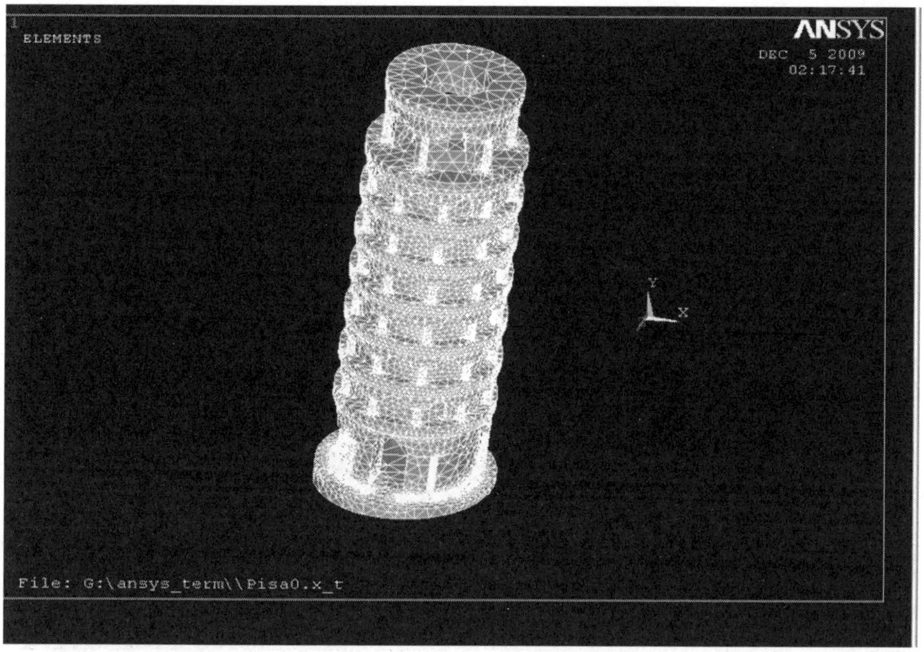

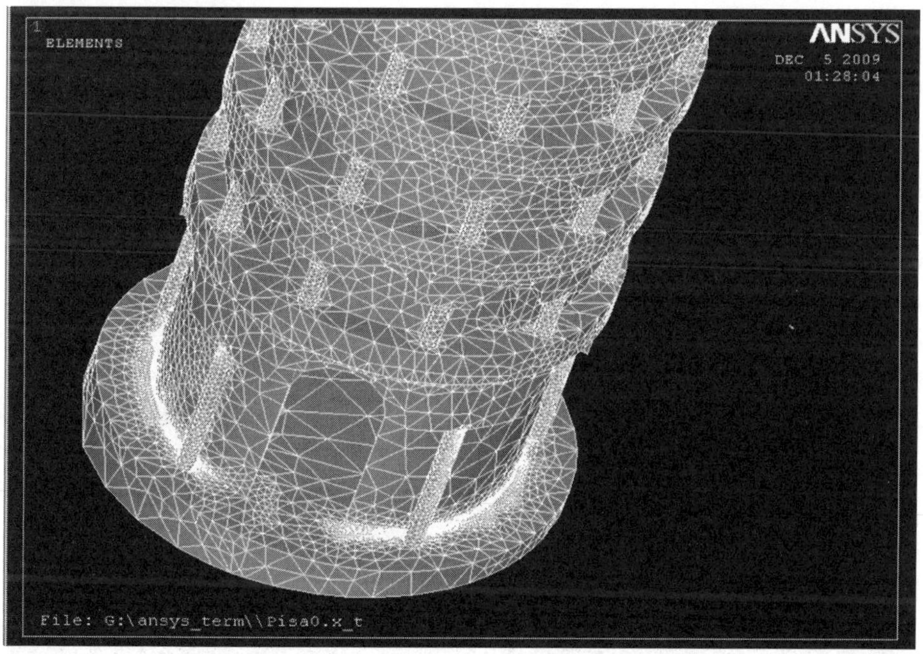

3) 해석 결과

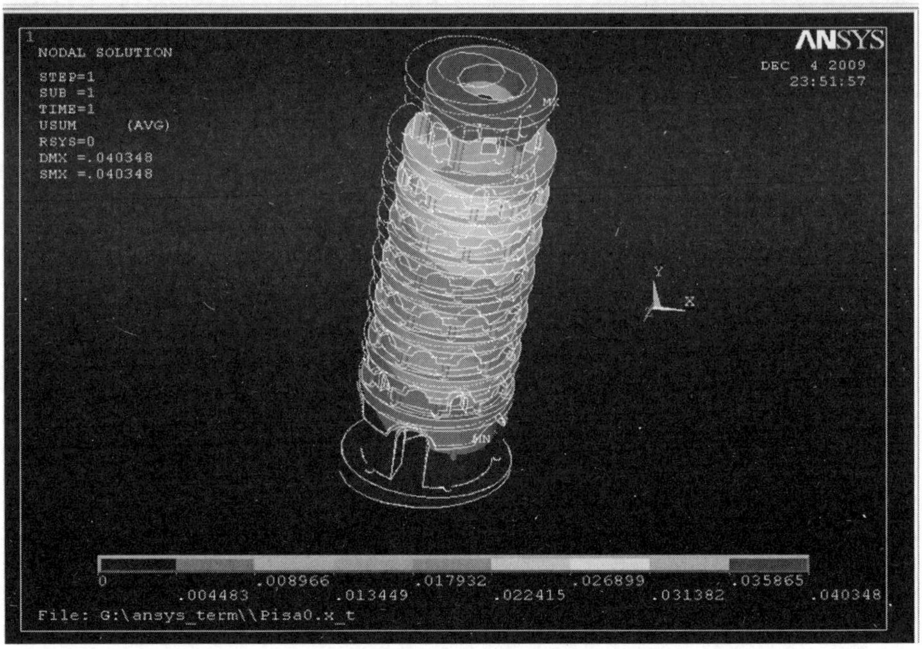

그림 11.25 변위해석 결과

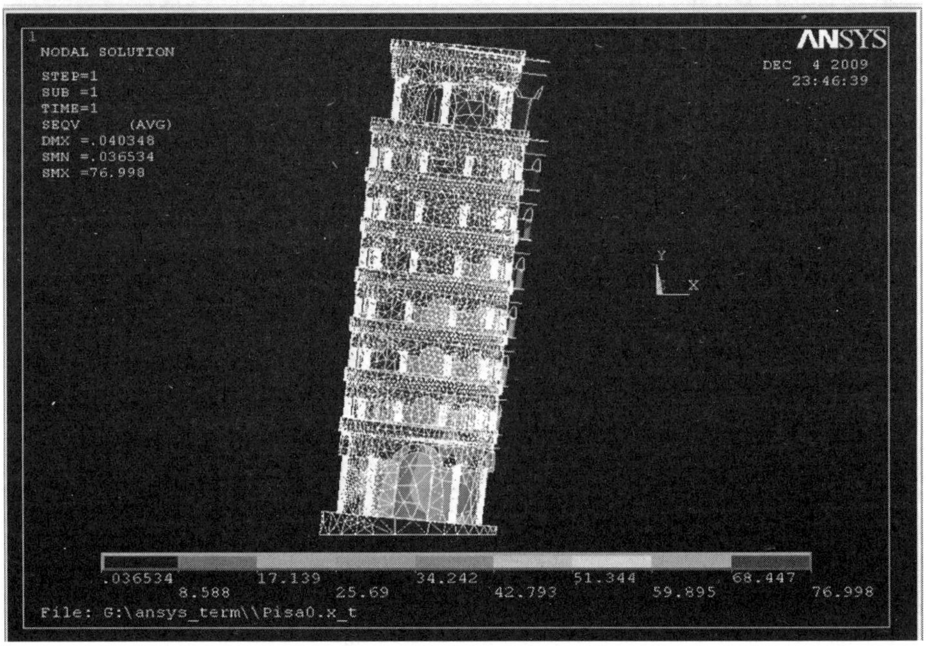

그림 11.26 응력해석 결과

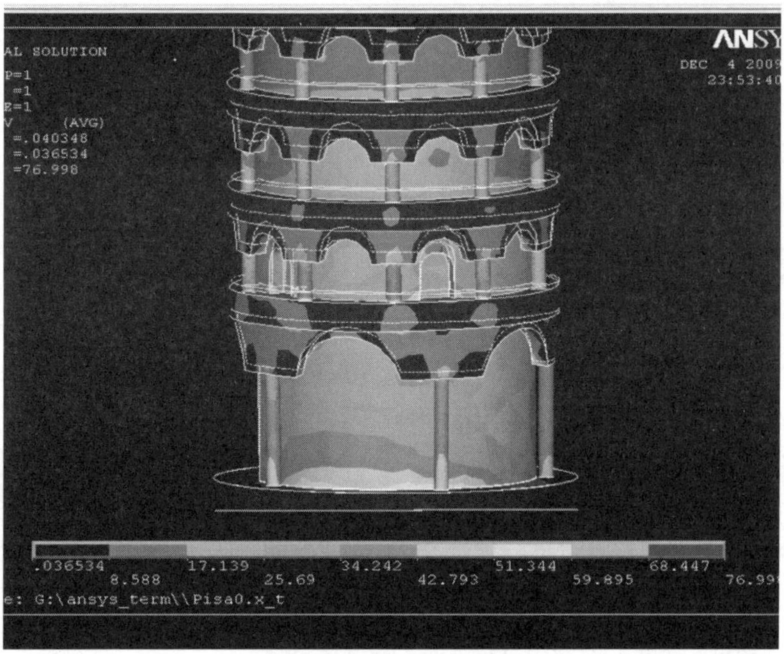

그림 11.27 응력해석 확대 화면

예제 11.5

그림 11.28과 11.29는 각각 이집트에 있는 쿠푸왕 피라미드의 외부 형상과 내부구조를 나타낸다. 피라미드는 석회암과 일부 화강암으로 구성되어 있다. 피라미드를 석회암으로 가정하고 자중에 의한 변형량과 응력을 구하시오. 단, 탄성계수와 Poisson 비는 각각 $E = 40\,GPa$와 $\nu = 0.25$이고 밀도는 $\rho = 2400\,kg/m^3$임.

그림 11.28 피라미드

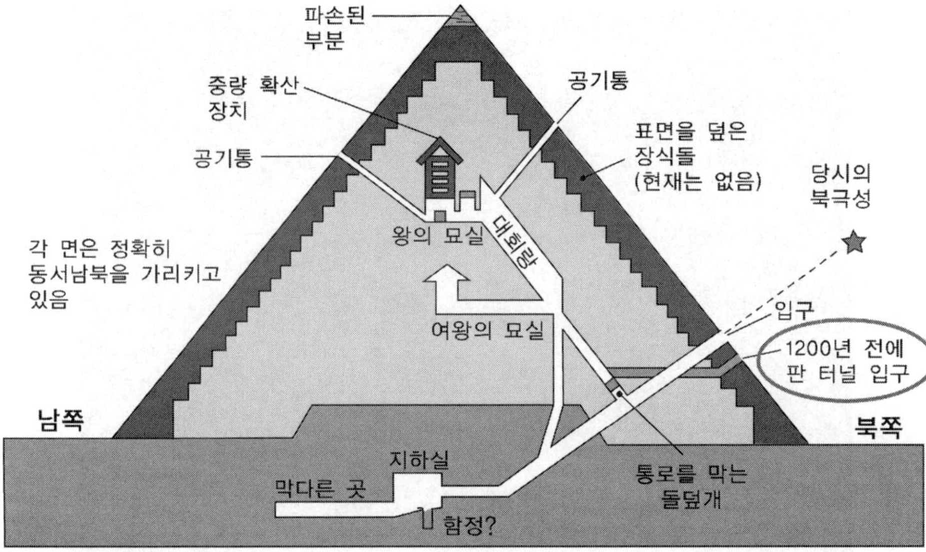

그림 11.29 피라미드 단면도

1) 3D 모델링 : 대칭으로 가정하고 1/2만 모델링 함.

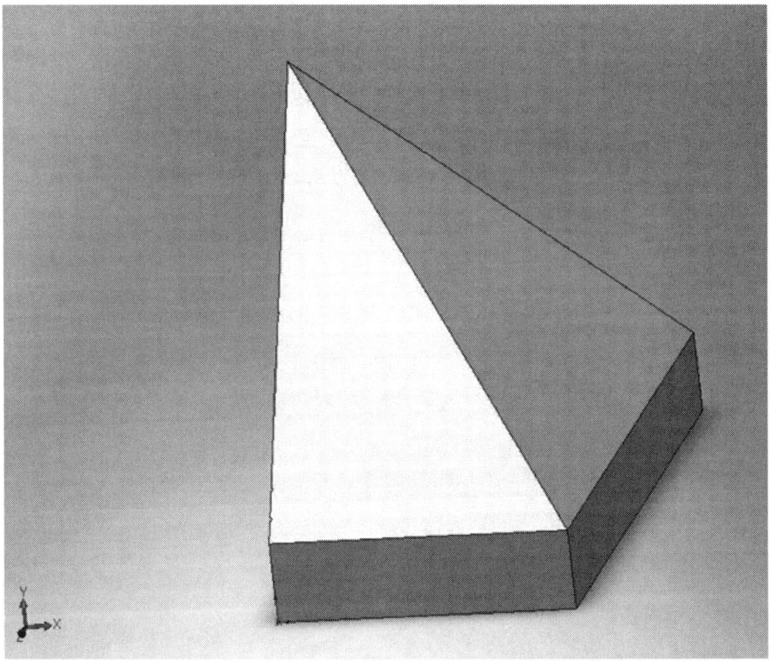

2) 유한 요소 생성.

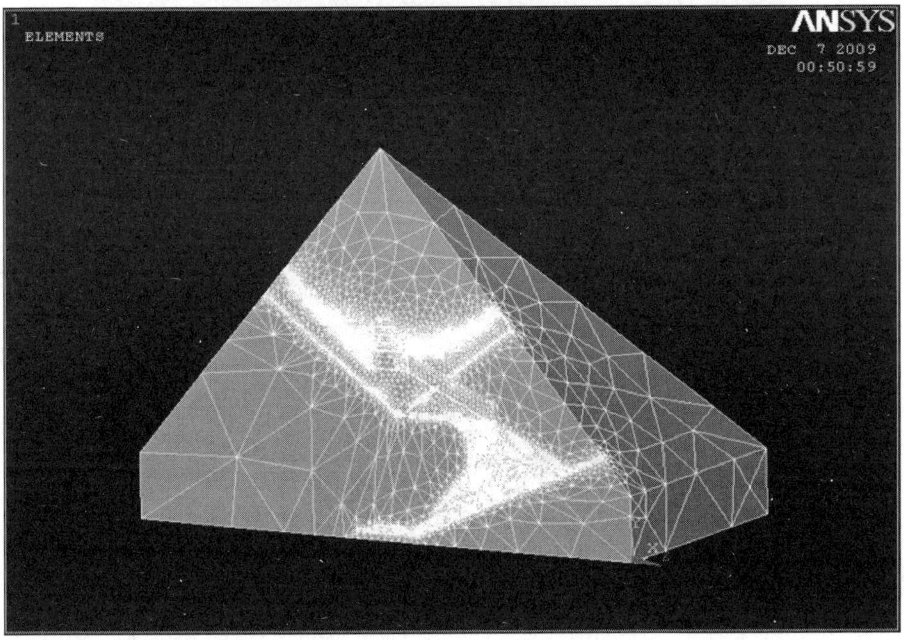

3) 변형량과 응력해석결과

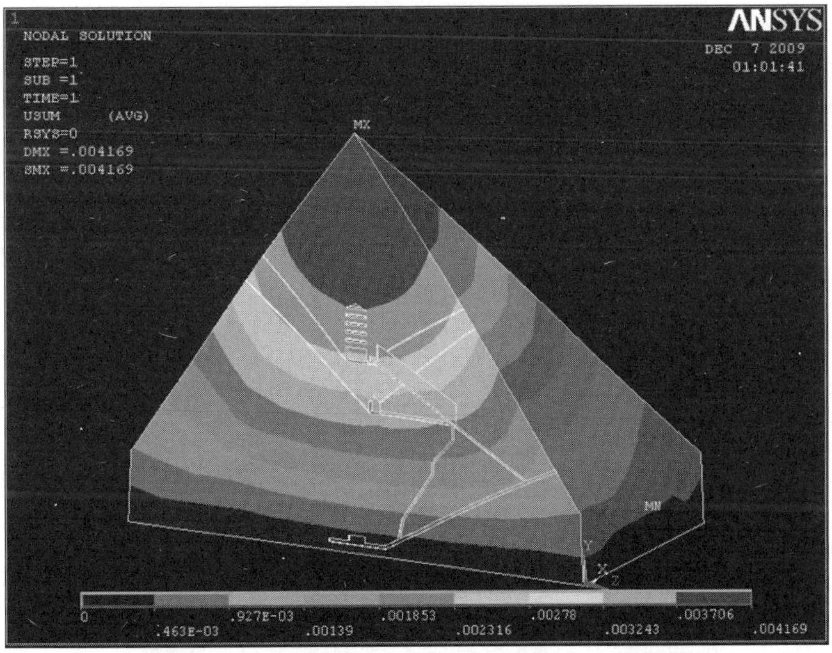

그림 11.30 변위해석 결과

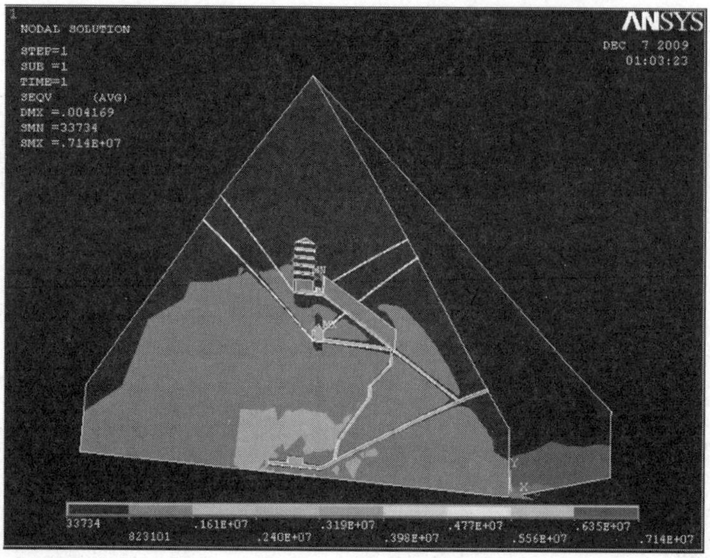

그림 11.31 응력해석 결과

예제 11.6

그림 11.32는 중동의 요르단에 있는 알 카즈네(Al Khazneh)를 나타내고 있다. 너비와 높이는 $28 \times 40\,m$로 UNESCO 세계문화유산으로 등재되어 있는데, 재질은 붉은 사암 ($E = 50\,GPa$, $\nu = 0.17$, $\rho = 2000\,kg/m^3$)이다. 자중에 의한 변형량과 응력을 구하시오.

그림 11.32 알 카즈네(Al Khazneh)

1) 3D 모델링.

2) 주요 건축물을 분리하여 ANSYS에서 유한요소 모델링.

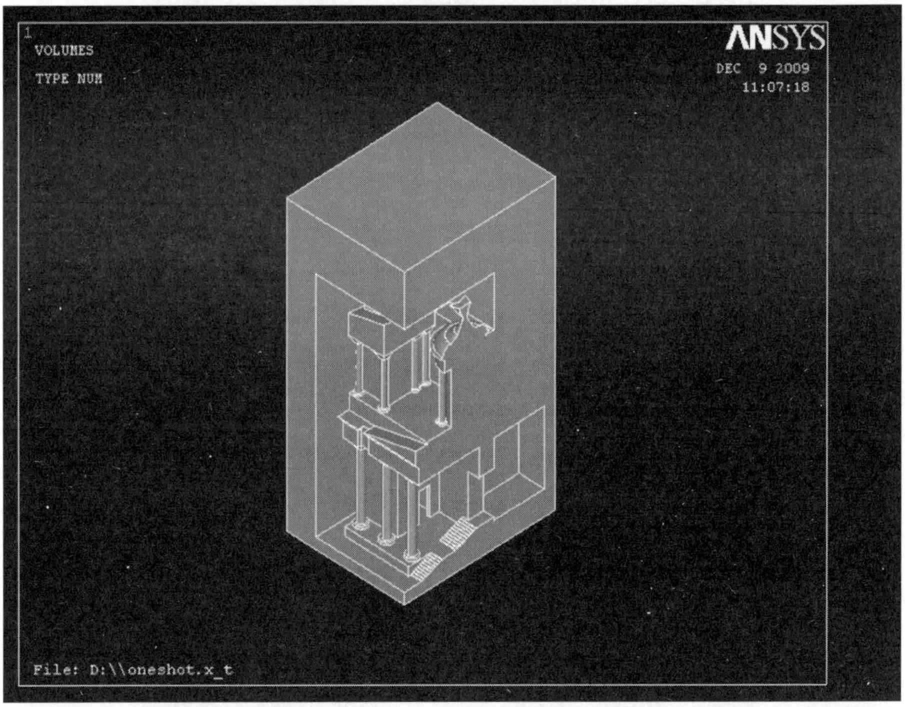

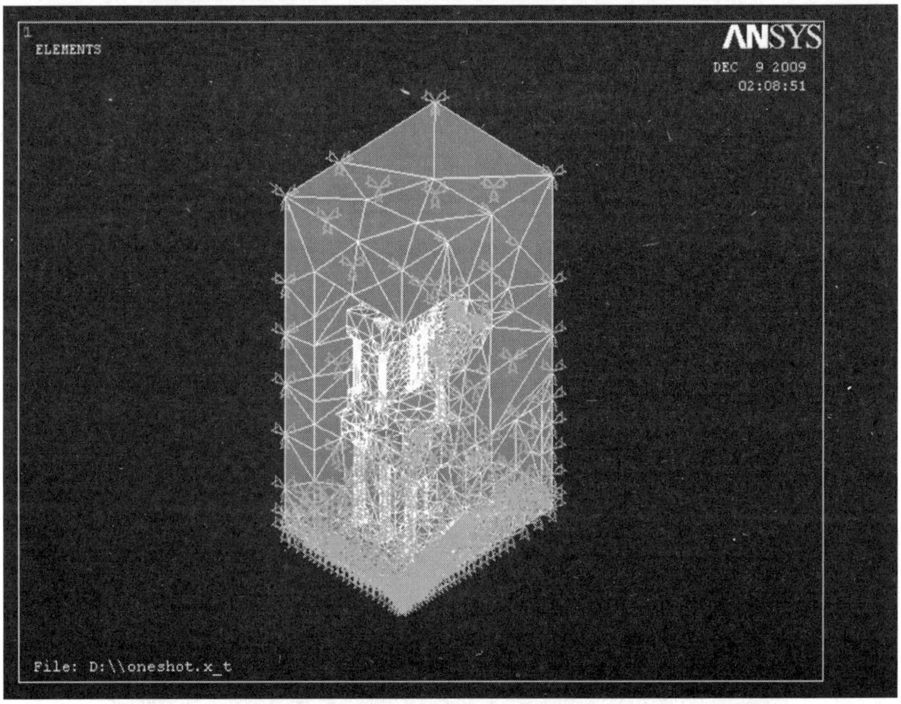

3) 변형량과 응력해석

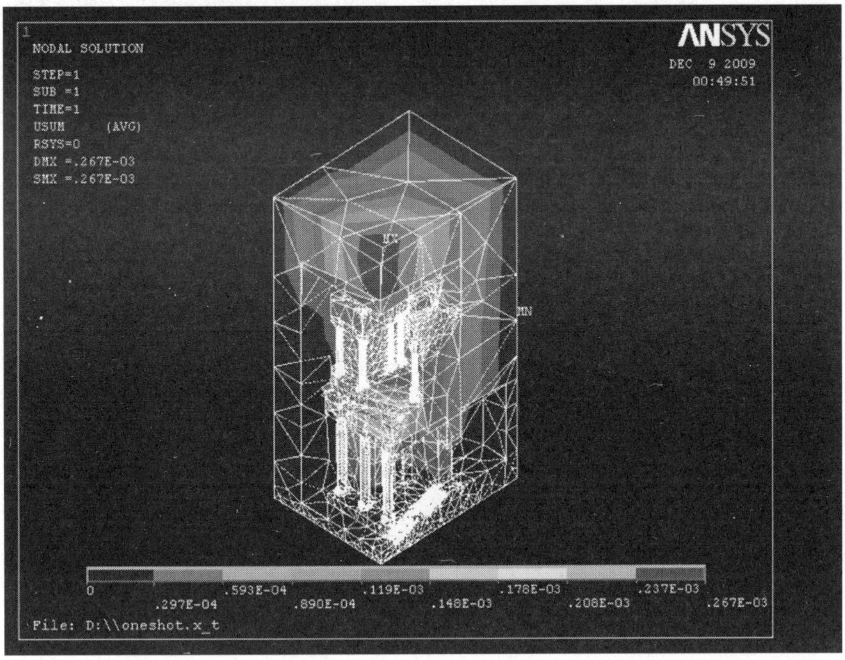

그림 11.33 변위해석 결과

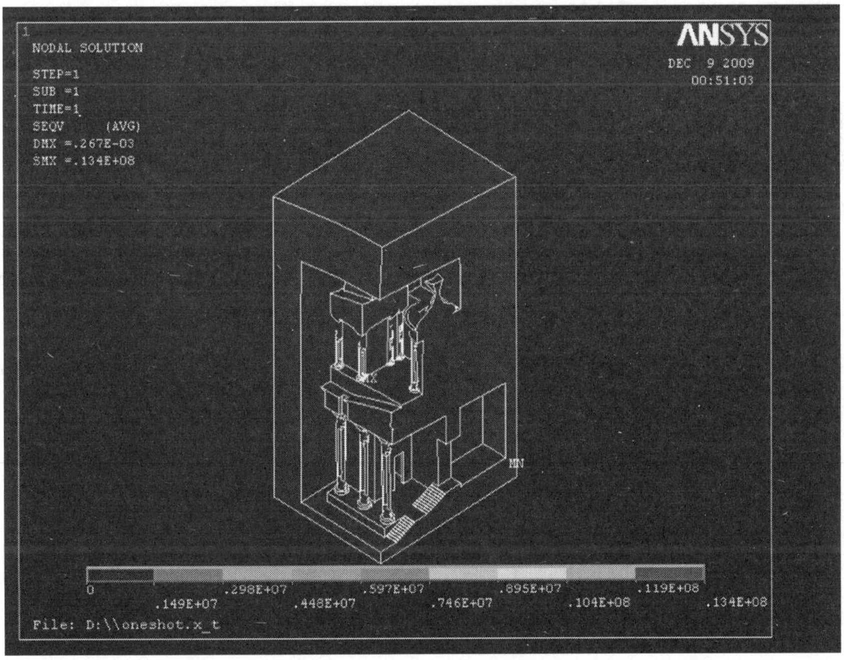

그림 11.34 응력해석 결과

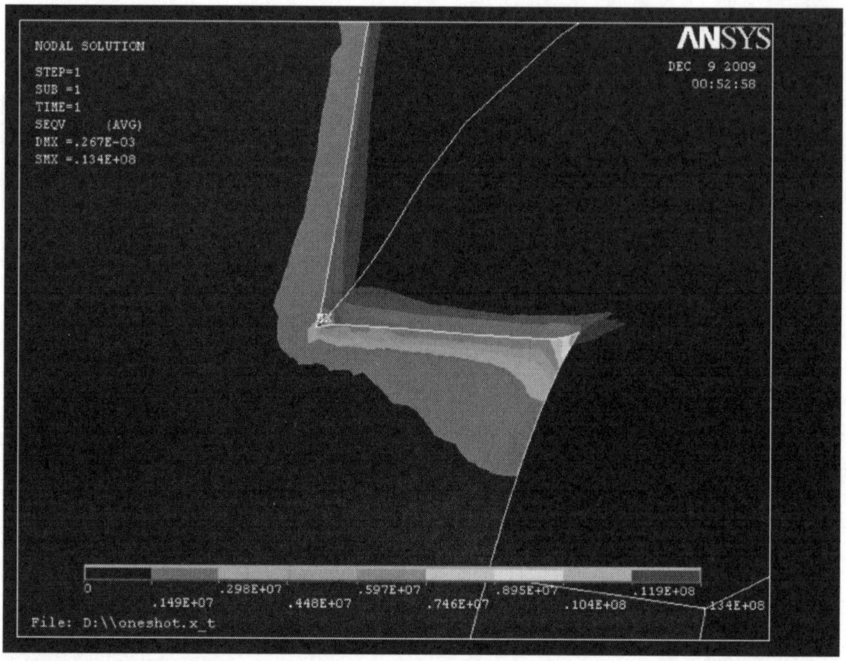

그림 11.35 응력해석 확대 화면

4) 위 부분을 떼어내고 ANSYS에서 유한요소 모델링.

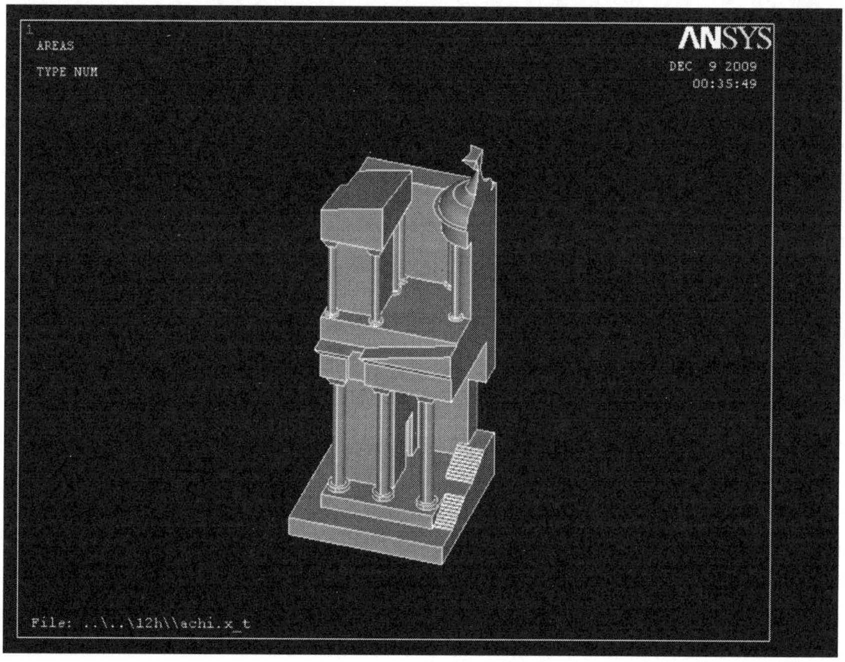

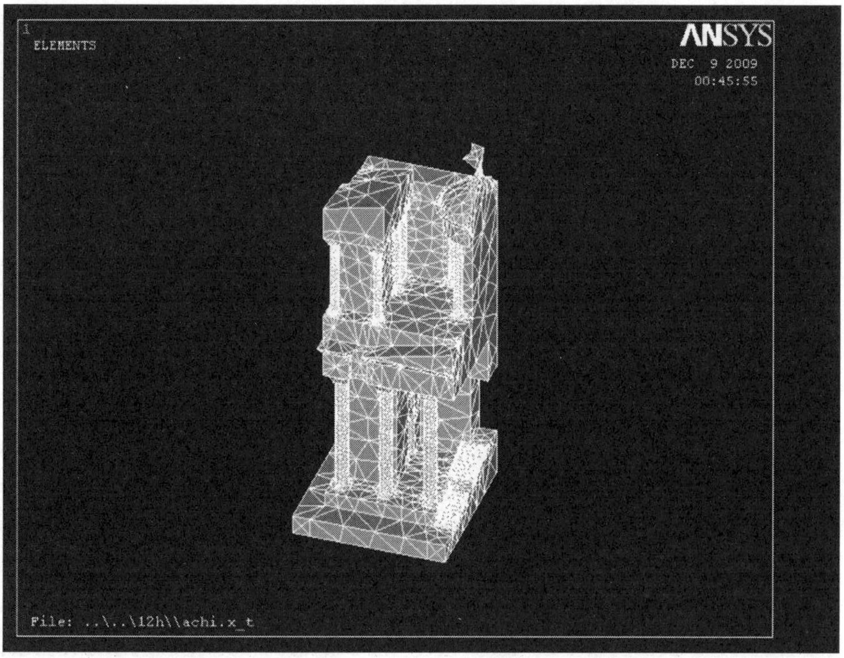

5) 변형량과 응력해석

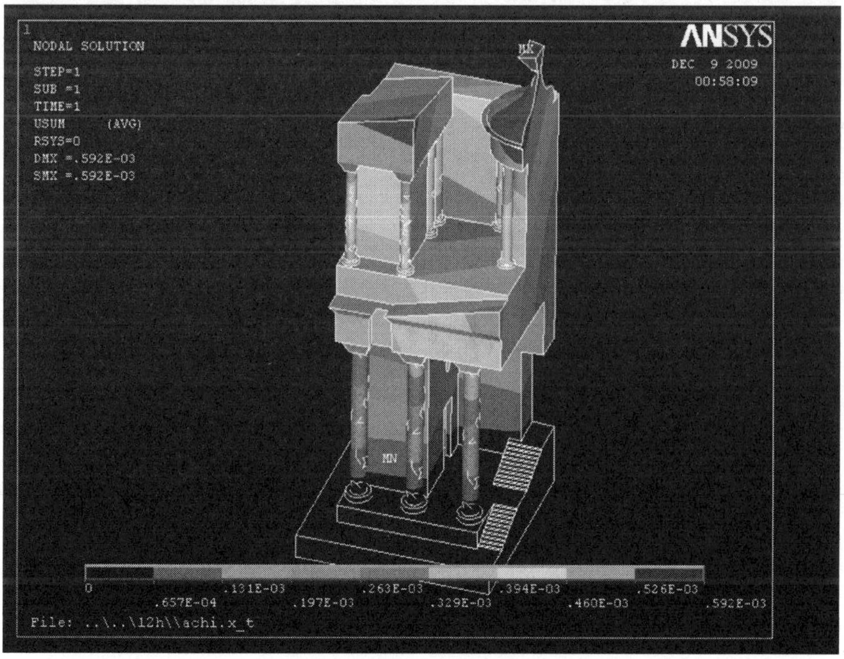

그림 11.36 변위해석 결과

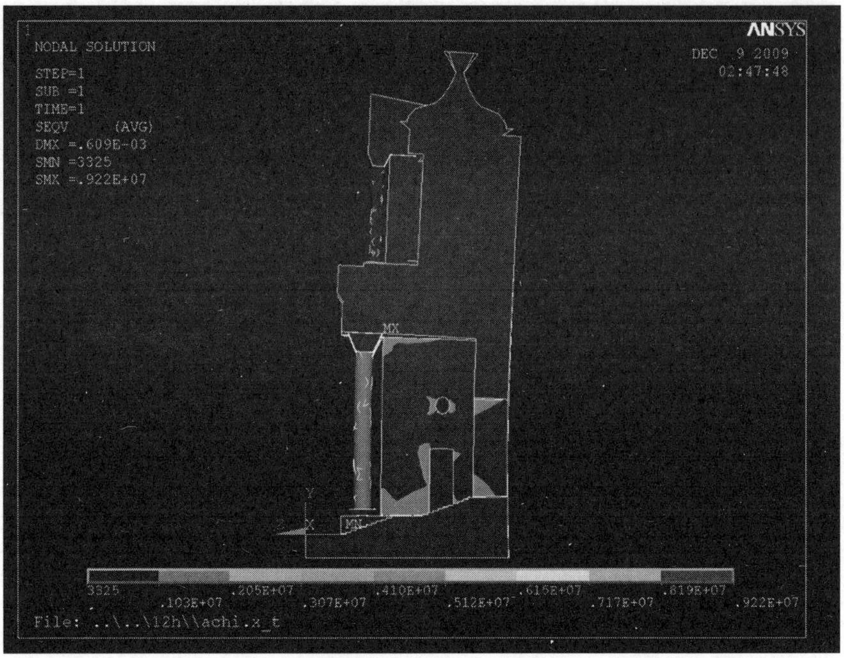

그림 11.37 응력해석 결과

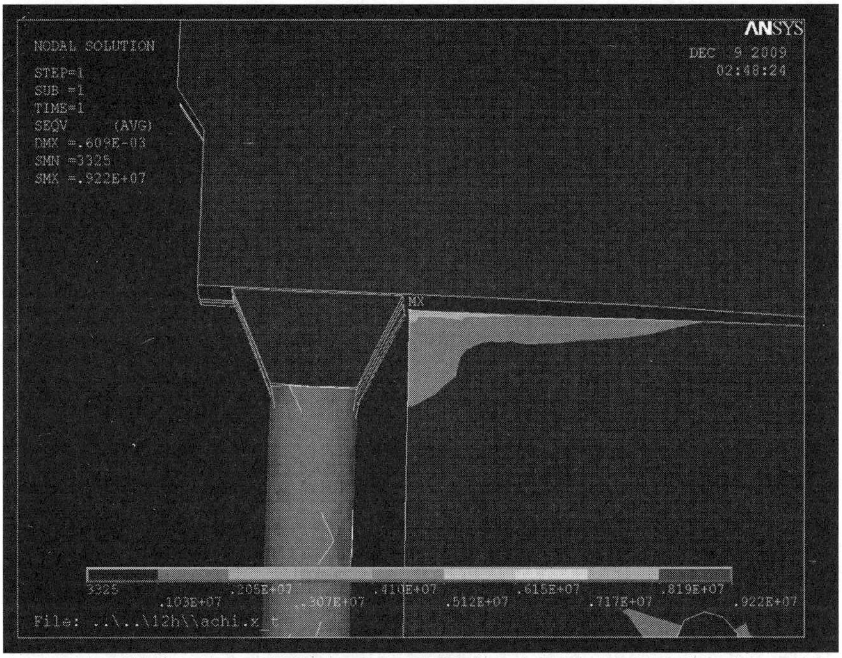

그림 11.38 응력해석 확대 화면

예제 11.7

그림 11.39는 석굴암 단면을 나타내고 있다. 석굴암은 자연석의 화강암($E = 60\,GPa$, $\nu = 0.3$, $\rho = 1500\,kg/m^3$)을 다듬어 인공적으로 축조되었는데, 천장은 궁륭형의 둥근 양식이며, 그 위에 연화문의 원판을 두어 천개로 사용하고 있다. 입구인 직사각형의 전실과 원형의 주실이 복도역할을 하는 통로이다. UNESCO 세계문화유산으로 등재되어 있다. 자중에 의한 변형량과 응력을 구하시오.

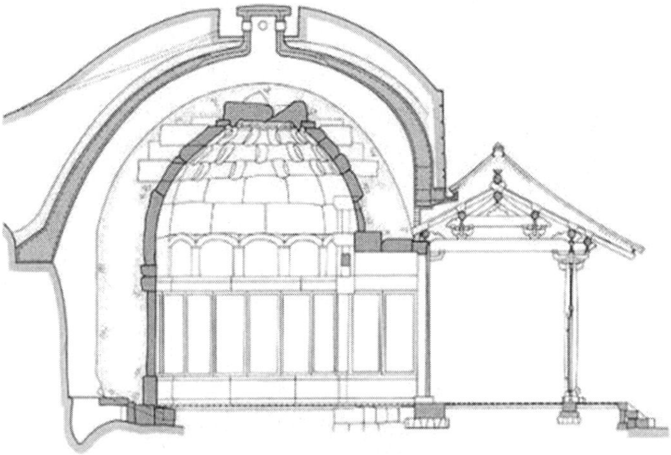

그림 11.39 석굴암 단면

1) 3D 기하모델링

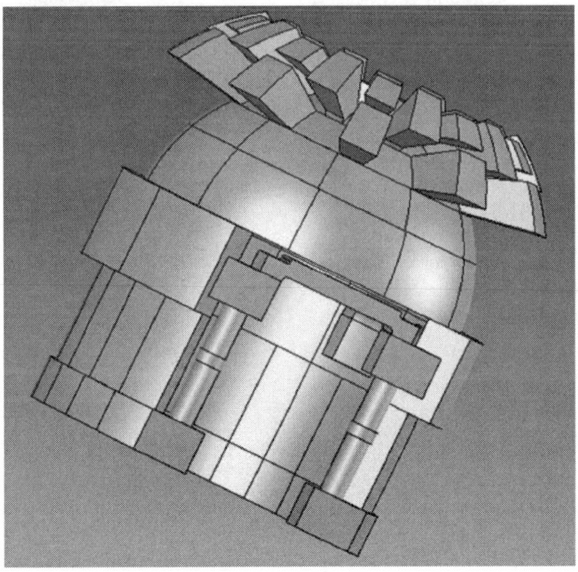

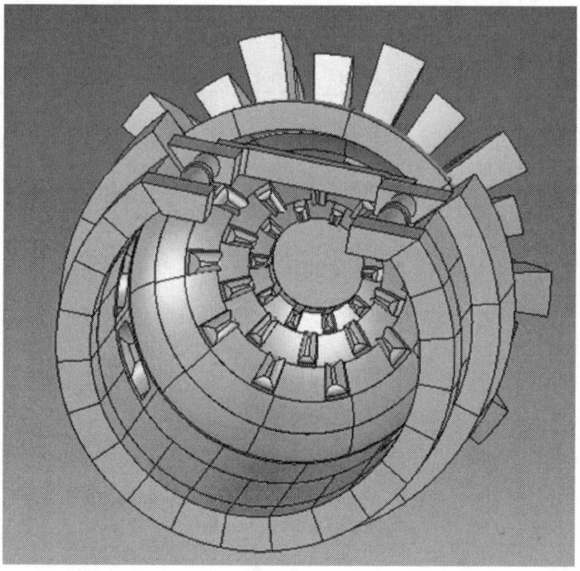

2) 유한요소 모델링

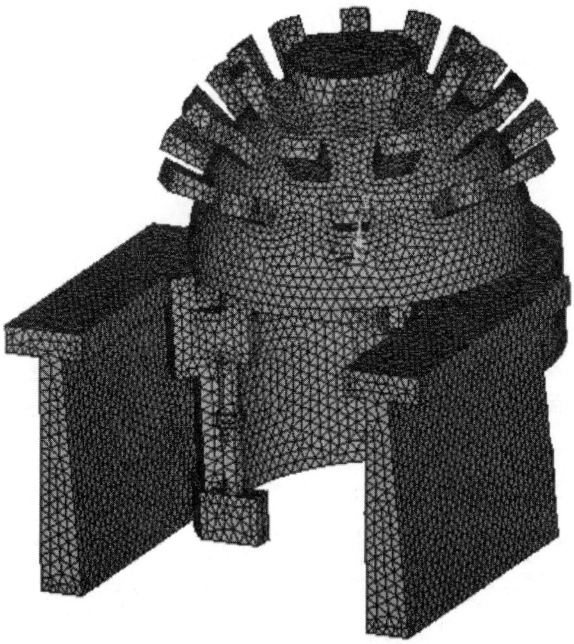

3) 변형량과 응력해석

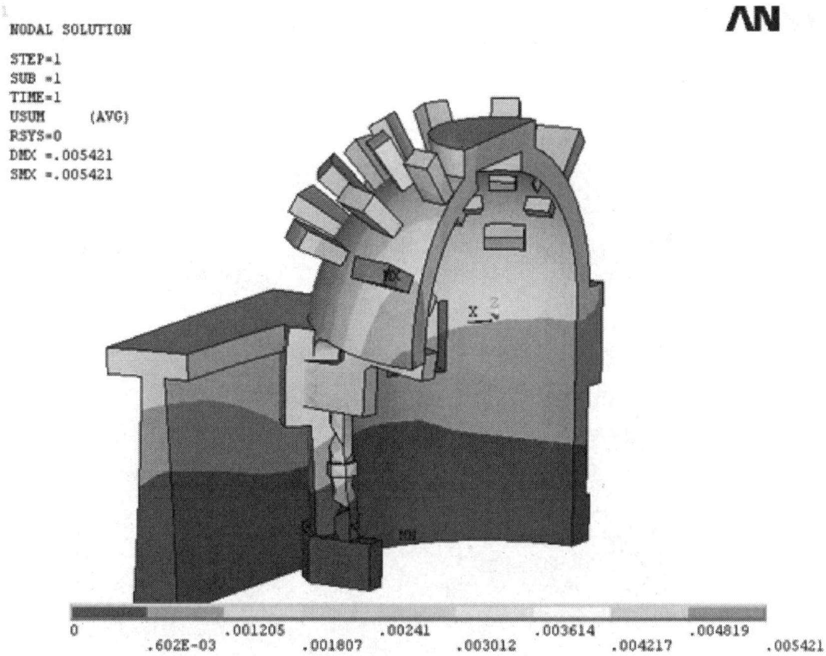

그림 11.40 변위해석 결과

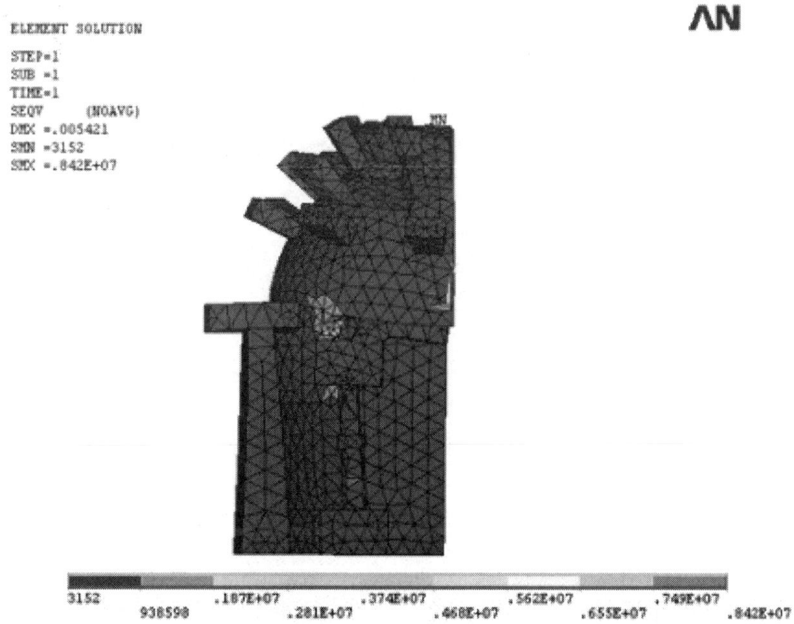

그림 11.41 응력해석 결과

프로젝트

11.1 그림 P11.1은 스페인 코르도바에 있는 메스키타의 내부를 나타내고 있다. 내부에 있는 2중 아치 형상에 대해 자중으로 인한 응력해석을 진행하고 단일 아치의 경우와 비교하시오.

그림 P11.1 스페인 코르도바에 있는 메스키타의 내부

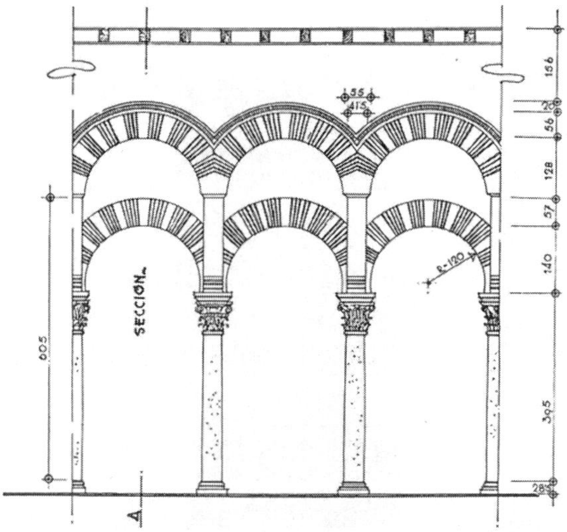

재료	탄성 계수(GPa)	푸아송 비	밀도 (kg/m^3)
사암	15	0.19	1442
화강암	14	0.20	2650
대리석	60	0.16	2700

그림 P11.2 2중 아치에 대한 참고자료

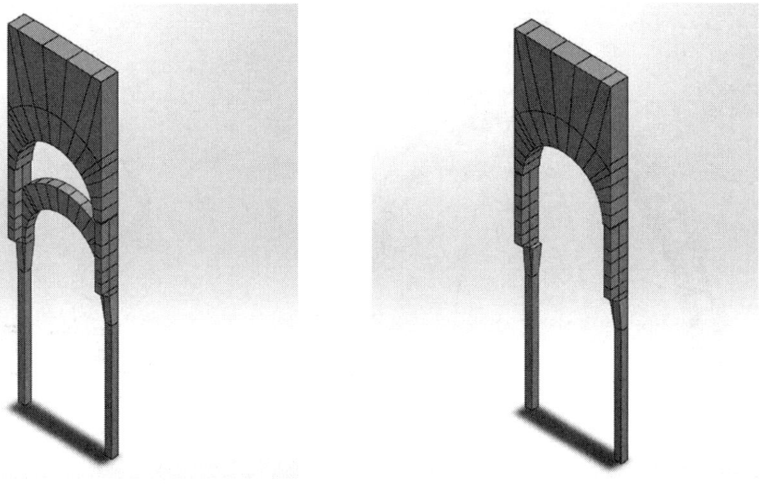

그림 P11.3 2중 아치와 단일 아치

11.2 그림 P11.4는 이탈리아 피렌체에 있는 산타 마리아 델 피오레 성당 큐폴라(8각형 모양의 돔)를 나타내고 있다. 내부 직경이 약 $42.6\,m$로 르네상스 시대의 천재 건축가로 평가되고 있는 필리포 브루넬레스키에 의해 설계되고 건축되었다. 당시 돔을 완성하는 일은 매우 어려운 과제였는데, 이유는 돔의 무게가 매우 커서 돔을 받쳐주는 구조물이 무너질 것으로 예측되었기 때문이다. 브루넬레스키는 리브(rib)를 갖는 2중 셸(shell) 형태로 설계(그림 P11.5)를 진행한 후 많은 모형시험을 거쳐 최종 설계를 완성하였다. 이러한 형상을 직접 모델링한 후 자중으로 인한 응력분포을 구하시오.

그림 P11.4 이탈리아 피렌체에 있는 산타 마리아 델 피오레 성당 큐폴라

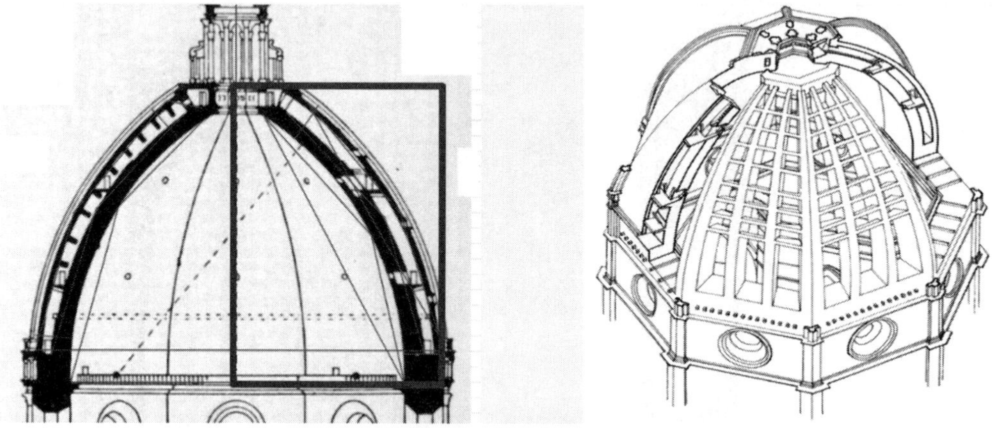

그림 P11.5 큐폴라 내부 형상

11.3 그림 P11.6은 타워 크레인(Tower Crane)을 3D CAD로 모델링한 결과이다. 직접 모델링한 후 자중과 풍하중으로 인한 응력발생을 해석하시오.

그림 P11.6 타워 크레인(Tower Crane) 3D 모델링

11.4 그림 P11.7은 메쉬 휠(Mesh Wheel)을 3D CAD로 모델링한 결과이다. 직접 모델링한 후 자동차 무게로 인한 응력발생을 해석하시오.

그림 P11.7 Mesh Wheel 3D 모델링

11.5 그림 P11.8은 프랑스에 있는 루브르 박물관의 피라미드를 3D CAD로 모델링한 결과이다. 직접 모델링한 후 자중으로 인한 응력발생을 해석하시오.

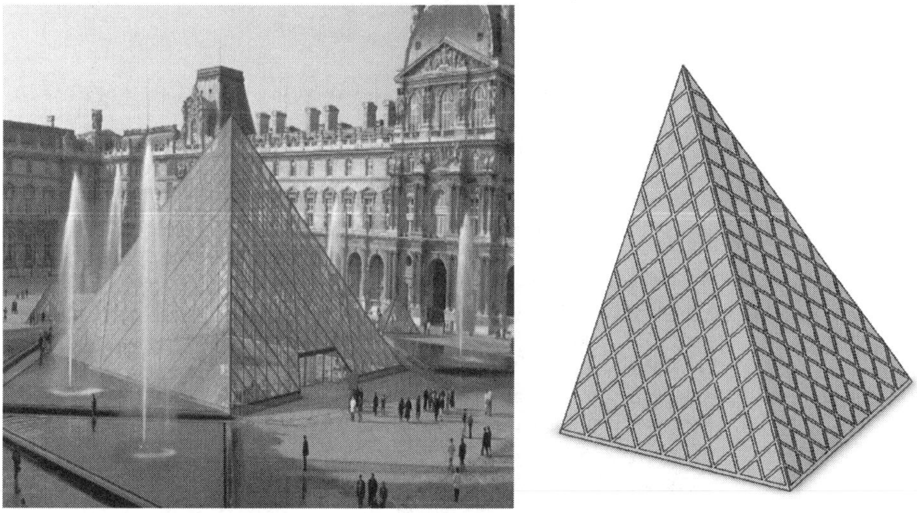

그림 P11.8 루브르 박물관의 피라미드 3D CAD 모델링

11.6 그림 P11.9는 고장력 볼트를 3D CAD로 모델링한 결과이다. 직접 모델링한 후 체결력으로 인해 볼트에 발생하는 응력을 해석하시오.

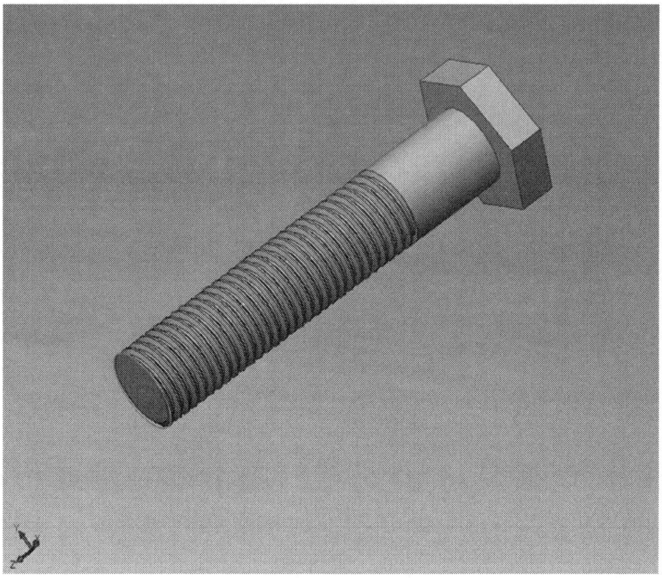

그림 P11.9 고장력 볼트 3D 모델링

11.7 그림 P11.10은 다보탑을 3D CAD로 모델링한 결과이다. 직접 모델링한 후 자중으로 인해 발생하는 응력을 해석하시오.

그림 P11.10 다보탑 3D 모델링

부록

부록 A 유한요소 응력해석과정에 대한 이론적 배경

유한요소법은 다음과 같은 장점을 지니고 있다.

1) 여러 가지 형상의 구조물에 대한 해석 모델링 과정이 쉽다.
2) 다양한 종류의 하중 조건을 다룰 수 있다.
3) 경계조건의 종류에 대해 제한이 없다.
4) 특정부위의 유한요소 크기를 자유롭게 조절할 수 있다.
5) 상용 솔리드 모델러의 기하모델링 결과가 사용될 수 있다.

일반적으로, 유한요소법을 적용하여 응력해석을 하는 과정은 다음과 같이 8단계로 나눌 수 있다.

제 1단계 : 유한요소 분할과 요소 형태의 결정
제 2단계 : 변위 함수의 선택
제 3단계 : 변형률-변위, 응력-변형률 관계의 정의
제 4단계 : 요소 강성행렬과 방정식의 유도
제 5단계 : 요소방정식의 조합을 통한 전체행렬 구성
제 6단계 : 경계조건 적용을 적용하여 미지의 자유도(변위)에 대해 풀기
제 7단계 : 요소 변형률과 응력 계산
제 8단계 : 결과 해석하기

재료가 균질성(homogeneous)이고 등방성(isotropic)인 경우, 선형 탄성문제에 대한 지배방정식은 다음과 같이 기술할 수 있다.

평형 방정식(equilibrium equations)은 다음과 같이 주어진다.

$$\sigma_{ij,j} + f_i = 0 \ \text{ in } \ \Omega \tag{A.1}$$

식 (A.1)에서 σ_{ij}는 응력 텐서를 가리키고, f_i는 단위 부피당 체력(body force)을 나타낸다. Ω는 방정식이 표현되는 영역을 나타낸다.

선형 탄성문제에 대한 응력-변형률 관계는 다음과 같다.

$$\sigma_{ij} = 2\mu\epsilon_{ij} + \delta_{ij}\lambda\epsilon_{kk} \tag{A.2}$$

식 (A.2)에서, λ와 μ는 Lame 상수를 나타내고, δ_{ij}는 크로넥커 델타(Kronecker's delta)를 가리킨다.

변위가 매우 작다면, 변형률 ϵ_{ij}과 변위u_i 사이에는 다음과 같은 관계가 존재한다.

$$\epsilon_{ij} = \frac{1}{2}(u_{i,j} + u_{j,i}) \tag{A.3}$$

식 (A.2)와 식 (A.3)을 식 (A.1)에 대입한 후 정리하면, 다음과 같은 Navier 방정식이 구해진다.

$$\mu u_{i,kk} + (\lambda + \mu) u_{k,ik} + f_i = 0 \tag{A.4}$$

식 (A.4)에 대한 경계조건은 다음과 같이 주어진다.

$$\begin{aligned} u_i &= U_i^* && \text{on } S_u \\ t_i &= \sigma_{ij} n_j = T_i^* && \text{on } S_t \end{aligned} \tag{A.5}$$

식 (A.5)에서, S는 Ω를 둘러싸고 있는 경계면을 나타내고, $S = S_u \bigcup S_t$이다. U_i^*는 경계면의 일부분인 S_u에 주어진 변위를 가리키고, T_i^*는 나머지 경계부분 S_t에 주어진 표면력을 나타낸다.

유한요소법을 통해서 해를 구하고자 할 때, 응력과 변형률을 다음과 같이 표현한다.

$$\{\sigma\} = \begin{Bmatrix} \sigma_x \\ \sigma_y \\ \sigma_z \\ \tau_{xy} \\ \tau_{yz} \\ \tau_{zx} \end{Bmatrix} \tag{A.6}$$

$$\{\epsilon\} = \begin{Bmatrix} \epsilon_x \\ \epsilon_y \\ \epsilon_z \\ \gamma_{xy} \\ \gamma_{yz} \\ \gamma_{zx} \end{Bmatrix} \tag{A.7}$$

등방성 재료의 응력-변형률 관계는 다음과 같이 주어진다.

$$\{\sigma\} = [D]\{\epsilon\} \tag{A.8}$$

재료 구성 행렬 $[D]$는 다음과 같이 구해진다.

$$[D] = \frac{E}{(1+\nu)(1-2\nu)}\begin{bmatrix} 1-\nu & \nu & \nu & 0 & 0 & 0 \\ \nu & 1-\nu & \nu & 0 & 0 & 0 \\ \nu & \nu & 1-\nu & 0 & 0 & 0 \\ 0 & 0 & 0 & \frac{1-2\nu}{2} & 0 & 0 \\ 0 & 0 & 0 & 0 & \frac{1-2\nu}{2} & 0 \\ 0 & 0 & 0 & 0 & 0 & \frac{1-2\nu}{2} \end{bmatrix} \tag{A.9}$$

다음에, 3차원 유한요소 중 사용빈도가 많은 4면체 응력요소에 대해서 유한요소 정식화에 대해 기술한다.

제1단계 : 요소 형태의 결정

그림 A.1에 보인 절점 1,2,3,4를 가진 사면체를 살펴본다. 이 요소는 네 절점을 가진 고체이다.

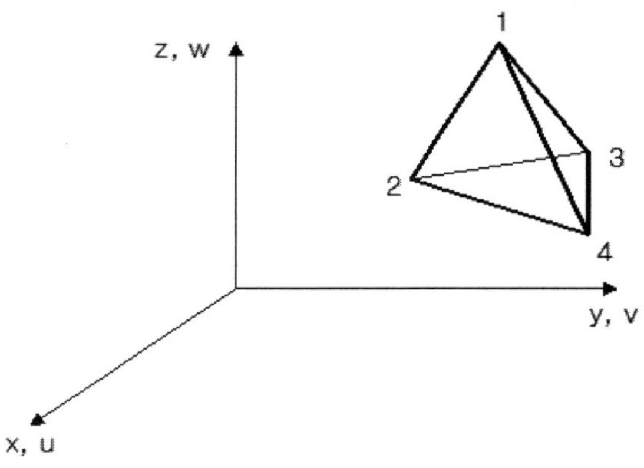

그림 A.1 4면체 고체요소

미지의 절점의 변위는 다음과 같이 주어진다.

$$\{d\}=\begin{Bmatrix} u_1 \\ v_1 \\ w_1 \\ . \\ . \\ . \\ u_4 \\ v_4 \\ w_4 \end{Bmatrix} \tag{A.10}$$

절점마다 3 자유도(degree of freedom)있으므로, 4면체 요소에는 12개의 자유도가 있다.

제2단계 : 변위함수의 선택

적합한 변위의 장을 형성하기 위해서, 각 모서리에 2개의 절점만 존재하기 때문에 요소 변위함수의 변위는 선형이어야 하고, 또한 사면체의 각각의 평면에서도 선형이어야 한다. 따라서, 다음과 같은 변위함수를 선택할 수 있다.

$$\begin{aligned} u(x,y,z) &= a_1 + a_2 x + a_3 y + a_4 z \\ v(x,y,z) &= b_1 + b_2 x + b_3 y + b_4 z \\ w(x,y,z) &= c_1 + c_2 x + c_3 y + c_4 z \end{aligned} \tag{A.11}$$

주어진 절점좌표값(x_1, y_1, z_1, ... ,z_4)과 미지의 절점 변위의 함수로 식 (A.11)의 상수들을 구한 후 정리하면, 다음과 같은 식이 얻어진다.

$$\begin{aligned} u(x,y,z) = \frac{1}{6V}\{&(\alpha_1 + \beta_1 x + \gamma_1 y + \delta_1 z)u_1 \\ &+ (\alpha_2 + \beta_2 x + \gamma_2 y + \delta_2 z)u_2 \\ &+ (\alpha_3 + \beta_3 x + \gamma_3 y + \delta_3 z)u_3 \\ &+ (\alpha_4 + \beta_4 x + \gamma_4 y + \delta_4 z)u_4 \end{aligned} \tag{A.12}$$

식 (A.12)에서 $6V$는 다음의 행렬식을 계산하여 얻는다.

$$6V = \begin{vmatrix} 1 & x_1 & y_1 & z_1 \\ 1 & x_2 & y_2 & z_2 \\ 1 & x_3 & y_3 & z_3 \\ 1 & x_4 & y_4 & z_4 \end{vmatrix} \tag{A.13}$$

그리고 V는 사면체의 부피를 나타낸다. 식 (A.12)에서 계수 $\alpha_i, \beta_i, \gamma_i, \delta_i$ $(i = 1,2,3,4)$는 다음 식에 의해 주어진다.

$$\alpha_1 = \begin{vmatrix} x_2 & y_2 & z_2 \\ x_3 & y_3 & z_3 \\ x_4 & y_4 & z_4 \end{vmatrix} \qquad \beta_1 = -\begin{vmatrix} 1 & y_2 & z_2 \\ 1 & y_3 & z_3 \\ 1 & y_4 & z_4 \end{vmatrix} \tag{A.14}$$

$$\gamma_1 = \begin{vmatrix} 1 & x_2 & z_2 \\ 1 & x_3 & z_3 \\ 1 & x_4 & z_4 \end{vmatrix} \qquad \delta_1 = -\begin{vmatrix} 1 & x_2 & y_2 \\ 1 & x_3 & y_3 \\ 1 & x_4 & y_4 \end{vmatrix}$$

$$\alpha_2 = -\begin{vmatrix} x_1 & y_1 & z_1 \\ x_3 & y_3 & z_3 \\ x_4 & y_4 & z_4 \end{vmatrix} \qquad \beta_2 = \begin{vmatrix} 1 & y_1 & z_1 \\ 1 & y_3 & z_3 \\ 1 & y_4 & z_4 \end{vmatrix} \tag{A.15}$$

$$\gamma_2 = -\begin{vmatrix} 1 & x_1 & z_1 \\ 1 & x_3 & z_3 \\ 1 & x_4 & z_4 \end{vmatrix} \qquad \delta_2 = \begin{vmatrix} 1 & x_1 & y_1 \\ 1 & x_3 & y_3 \\ 1 & x_4 & y_4 \end{vmatrix}$$

$$\alpha_3 = \begin{vmatrix} x_1 & y_1 & z_1 \\ x_2 & y_2 & z_2 \\ x_4 & y_4 & z_4 \end{vmatrix} \qquad \beta_3 = -\begin{vmatrix} 1 & y_1 & z_1 \\ 1 & y_2 & z_2 \\ 1 & y_4 & z_4 \end{vmatrix} \tag{A.16}$$

$$\gamma_3 = \begin{vmatrix} 1 & x_1 & z_1 \\ 1 & x_2 & z_2 \\ 1 & x_4 & z_4 \end{vmatrix} \qquad \delta_3 = -\begin{vmatrix} 1 & x_1 & y_1 \\ 1 & x_2 & y_2 \\ 1 & x_4 & y_4 \end{vmatrix}$$

$$\alpha_4 = -\begin{vmatrix} x_1 & y_1 & z_1 \\ x_2 & y_2 & z_2 \\ x_3 & y_3 & z_3 \end{vmatrix} \qquad \beta_4 = \begin{vmatrix} 1 & y_1 & z_1 \\ 1 & y_2 & z_2 \\ 1 & y_3 & z_3 \end{vmatrix} \tag{A.17}$$

$$\gamma_4 = -\begin{vmatrix} 1 & x_1 & z_1 \\ 1 & x_2 & z_2 \\ 1 & x_3 & z_3 \end{vmatrix} \qquad \delta_4 = -\begin{vmatrix} 1 & x_1 & y_1 \\ 1 & x_2 & y_2 \\ 1 & x_3 & y_3 \end{vmatrix}$$

v와 w에 대한 표현은 식(A.12)에서 u_i를 v_i로 대체하거나, u_i를 w_i 로 대치하여 얻는다.

식 (A.12)에 의해 주어진 u에 대한 변위의 표현과 같은 형태의 v나 w에 대한 표현은 형상함수와 미지의 절점 변위의 항으로 다음과 같이 확장된 형태로 쓰여질 수 있다.

$$\{\psi\} = \begin{Bmatrix} u(x,y,z) \\ v(x,y,z) \\ w(x,y,z) \end{Bmatrix} = \begin{bmatrix} N_1 & 0 & 0 & N_2 & 0 & 0 & N_3 & 0 & 0 & N_4 & 0 & 0 \\ 0 & N_1 & 0 & 0 & N_2 & 0 & 0 & N_3 & 0 & 0 & N_4 & 0 \\ 0 & 0 & N_1 & 0 & 0 & N_2 & 0 & 0 & N_3 & 0 & 0 & N_4 \end{bmatrix} \begin{Bmatrix} u_1 \\ v_1 \\ w_1 \\ \cdot \\ \cdot \\ \cdot \\ u_4 \\ v_4 \\ w_4 \end{Bmatrix} \tag{A.18}$$

여기에서 형상함수는 다음과 같다.

$$\begin{aligned} N_1 &= \frac{(\alpha_1 + \beta_1 x + \gamma_1 y + \delta_1 z)}{6V} \\ N_2 &= \frac{(\alpha_2 + \beta_2 x + \gamma_2 y + \delta_2 z)}{6V} \\ N_3 &= \frac{(\alpha_3 + \beta_3 x + \gamma_3 y + \delta_3 z)}{6V} \\ N_4 &= \frac{(\alpha_4 + \beta_4 x + \gamma_4 y + \delta_4 z)}{6V} \end{aligned} \tag{A.19}$$

식 (A.18)을 간략한 행렬 형태로 표현하면 다음과 같다.

$$\{\psi\} = [N]\{d\} \tag{A.20}$$

식 (A.20)에서

$$[N] = \begin{bmatrix} N_1 & 0 & 0 & N_2 & 0 & 0 & N_3 & 0 & 0 & N_4 & 0 & 0 \\ 0 & N_1 & 0 & 0 & N_2 & 0 & 0 & N_3 & 0 & 0 & N_4 & 0 \\ 0 & 0 & N_1 & 0 & 0 & N_2 & 0 & 0 & N_3 & 0 & 0 & N_4 \end{bmatrix} \tag{A.21}$$

이고,

$$\{d\} = \begin{Bmatrix} u_1 \\ v_1 \\ w_1 \\ \cdot \\ \cdot \\ \cdot \\ u_4 \\ v_4 \\ w_4 \end{Bmatrix} \tag{A.22}$$

이다.

제3단계 : 변형률-변위와 응력-변형률 관계식의 정의

3차원 응력상태에 대한 요소 변형률은 다음과 같이 쓸 수 있다.

$$\{\epsilon\} = \begin{Bmatrix} \epsilon_x \\ \epsilon_y \\ \epsilon_z \\ \gamma_{xy} \\ \gamma_{yz} \\ \gamma_{zx} \end{Bmatrix} = \begin{Bmatrix} \dfrac{\partial u}{\partial x} \\ \dfrac{\partial v}{\partial y} \\ \dfrac{\partial w}{\partial z} \\ \dfrac{\partial u}{\partial y} + \dfrac{\partial v}{\partial x} \\ \dfrac{\partial v}{\partial z} + \dfrac{\partial w}{\partial y} \\ \dfrac{\partial w}{\partial x} + \dfrac{\partial u}{\partial z} \end{Bmatrix} \tag{A.23}$$

식 (A.18)을 식 (A.23)에 대입한 후, 정리하면 다음 식을 얻는다.

$$\{\epsilon\} = [B]\{d\} \tag{A.24}$$

여기에서

$$[B] = \left[\underline{B}_1 \ \underline{B}_2 \ \underline{B}_3 \ \underline{B}_4\right] \tag{A.25}$$

이다. 식 (A.25)에서 부분행렬 $\underline{B}_1$은 다음과 같이 정의된다.

$$\underline{B}_1 = \begin{bmatrix} N_{1,x} & 0 & 0 \\ 0 & N_{1,y} & 0 \\ 0 & 0 & N_{1,z} \\ N_{1,y} & N_{1,x} & 0 \\ 0 & N_{1,z} & N_{1,y} \\ N_{1,z} & 0 & N_{1,x} \end{bmatrix} \tag{A.26}$$

여기에서

$$N_{1,x} = \frac{\partial N_1}{\partial x}, \ N_{1,y} = \frac{\partial N_1}{\partial y}, \ N_{1,z} = \frac{\partial N_1}{\partial z} \tag{A.27}$$

이다. 형상함수 식 (A.19)를 식 (A.26)에 대입하면 $\underline{B}_1$은 다음과 같이 된다.

$$\underline{B}_1 = \begin{bmatrix} \beta_1 & 0 & 0 \\ 0 & \gamma_1 & 0 \\ 0 & 0 & \delta_1 \\ \gamma_1 & \beta_1 & 0 \\ 0 & \delta_1 & \gamma_1 \\ \delta_1 & 0 & \beta_1 \end{bmatrix} \tag{A.28}$$

$\underline{B}_2, \underline{B}_3, \underline{B}_4$에 대해서도 유사한 표현을 얻을 수 있다. 요소 응력은 다음 식에 의해 요소 변형률과 연관된다.

$$\{\sigma\} = [D]\{\epsilon\} \tag{A.29}$$

제4단계 : 요소 강성행렬과 방정식의 유도

최소 포텐셜 에너지 원리를 사용하여 사면체 요소에 대한 방정식을 유도할 수 있다. 총 포텐셜 에너지는 다음과 같이 주어진다.

$$\Pi_p = U + \Omega_b + \Omega_p + \Omega_s \tag{A.30}$$

여기서, 변형에너지는 다음과 같다.

$$U = \frac{1}{2}\int_V \{\epsilon\}^T \{\sigma\} dV \tag{A.31}$$

식 (A.29)를 이용하면 다음과 같은 식을 얻는다.

$$U = \frac{1}{2}\int_V \{\epsilon\}^T [D]\{\epsilon\} dV \tag{A.32}$$

식 (A.32)에서 $[D]^T = [D]$의 관계를 이용한다.

체적력(body force)의 포텐셜 에너지는 다음과 같다.

$$\Omega_b = -\int_V \{\psi\}^T \{X\} dV \tag{A.33}$$

여기서 $\{\psi\}$는 변위 함수이고 $\{X\}$는 단위 체적당 중량, 즉 중량 밀도이다.

집중 하중의 포텐셜 에너지는 다음과 같다.

$$\Omega_p = -\{d\}^T \{P\} \tag{A.34}$$

여기서 $\{d\}$는 절점 변위를 나타내고, $\{P\}$는 외부 집중 하중을 나타낸다. 분포하중 (또는 표면력)의 포텐셜 에너지는 다음 식과 같다.

$$\Omega_s = -\int_S \{\psi\}^T \{T\} dS \tag{A.35}$$

여기서, $\{T\}$는 표면력을 나타내고, S는 표면력 $\{T\}$가 작용하는 면적을 나타낸다.

$\{\psi\}$에 대한 식 (A.20)과 변형률에 대한 식 (A.24)를 이용하면, 식 (A.32)에서 식 (A.35)에 이르는 식들은 다음과 같이 된다.

$$\begin{aligned} \Pi_p = \frac{1}{2}\int_V \{d\}^T [B]^T [D][B]\{d\} dV - \int_V \{d\}^T [N]^T \{X\} dV \\ - \{d\}^T \{P\} - \int_S \{d\}^T [N]^T \{T\} dS \end{aligned} \tag{A.36}$$

절점 변위 $\{d\}$는 좌표계에 무관하므로 적분 밖으로 끌어낼 수 있다. 따라서 식 (A.36)은 다음과 같이 쓸 수 있다.

$$\begin{aligned} \Pi_p = \frac{1}{2}\{d\}^T \int_V [B]^T [D][B] dV \{d\} - \{d\}^T \int_V [N]^T \{X\} dV \\ - \{d\}^T \{P\} - \{d\}^T \int_S [N]^T \{T\} dS \end{aligned} \tag{A.37}$$

식 (A.33)에서 (A.35)에 이르는 식들로부터, 식 (A.37)의 마지막 3개의 항이 요소에 작용하는 총 하중 $\{f\}$를 나타낸다는 것을 알 수 있다. 즉,

$$\{f\} = \int_V [N]^T \{X\} dV + \{P\} + \int_S [N]^T \{T\} dS \tag{A.38}$$

여기서, 식 (A.38)의 오른쪽 항에서 첫 번째, 두 번째, 그리고 세 번째 항은 각각 체적력, 집중 절점하중, 그리고 표면력을 나타낸다. 식 (A.37)에 식 (A.38)을 대입하면 다음 식을 얻는다.

$$\Pi_p = \frac{1}{2}\{d\}^T \int_V [B]^T [D][B] dV \{d\} - \{d\}^T \{f\} \tag{A.39}$$

1차 변분, 즉 절점 변위에 대하여 Π_p의 편미분을 취하면 다음 식을 얻는다.

$$\frac{\partial \Pi_p}{\partial \{d\}} = \left[\int_V [B]^T [D][B] dV\right]\{d\} - \{f\} = 0 \tag{A.40}$$

식 (A.40)을 정리하면 다음과 같다.

$$\left[\int_V [B]^T [D]\,[B]\,dV\right]\{d\} = \{f\}$$

또는

$$[k]\{d\} = \{f\} \tag{A.41}$$

식 (A.41)에서

$$[k] = \int_V [B]^T [D]\,[B]\,dV \tag{A.42}$$

이며, 요소의 강성 행렬을 나타낸다. 사면체 요소에 대한 요소 강성행렬은 12×12이다. 식 (A.41)은 요소의 방정식을 나타낸다.

제5단계 : 요소 방정식의 조합을 통한 전체 행렬 구성

직접 강성법을 이용하여 전체구조 강성 행렬과 방정식을 얻을 수 있다. 즉,

$$[K] = \sum_{e=1}^{N} [k^{(e)}] \tag{A.43}$$

$$\{F\} = \sum_{e=1}^{N} \{f^{(e)}\} \tag{A.44}$$

따라서, 전체구조에 대한 방정식은 다음과 같이 주어진다.

$$[K]\{d\} = \{F\} \tag{A.45}$$

제6단계 : 미지의 자유도에 대해 풀기

식 (A.45)는 다음과 같이 쓸 수 있다.

$$\begin{bmatrix} K_{11} & K_{12} & \cdots & K_{1n} \\ K_{21} & K_{22} & \cdots & K_{2n} \\ \cdot & & & \\ \cdot & & & \\ \cdot & & & \\ K_{n1} & K_{n2} & \cdots & K_{nn} \end{bmatrix} \begin{Bmatrix} d_1 \\ d_2 \\ \cdot \\ \cdot \\ \cdot \\ d_n \end{Bmatrix} = \begin{Bmatrix} F_1 \\ F_2 \\ \cdot \\ \cdot \\ \cdot \\ F_n \end{Bmatrix} \tag{A.46}$$

여기서 n은 구조물의 전체 자유도의 수이다. 식 (A.46)에 경계조건을 적용하여 식을 수정

한 후, 가우스 소거법이나 가우스-시델법등을 사용하여 $\{d\}$를 얻는다.

제7단계 : 요소 변형률과 응력계산

변위를 구한 후, 식 (A.24)를 사용하면 변형률이 얻어진다. 구해진 변형률을 식 (A.29)에 적용하면 응력이 계산된다.

제8단계 : 결과 해석하기

설계에 응용하기 위해 응력 및 변위에 대한 해석결과를 이해하고 분석한다. 그래픽 형태로 출력된 결과를 분석하여, 설계하고자 하는 구조물 형상의 건전성 여부를 판단한다.

부록 B 진동학 복습

1 1 자유도계의 자유 운동 - 비감쇠 병진계의 자유진동

1.1 뉴톤의 운동 제 2법칙을 이용한 운동 방정식

○ 수평으로 놓인 스프링-질량계

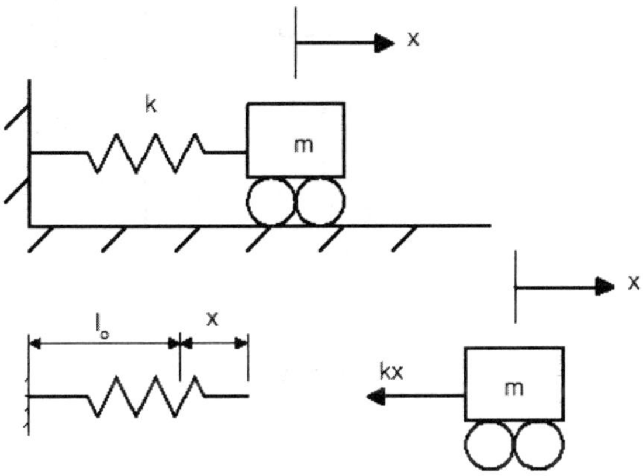

그림 B.1

뉴톤의 2법칙

$$
\begin{aligned}
& ma = \sum F \\
\Rightarrow \quad & m\ddot{x} = -kx \\
\Rightarrow \quad & m\ddot{x} + kx = 0
\end{aligned}
\tag{B.1}
$$

○ 수직으로 놓인 스프링-질량계

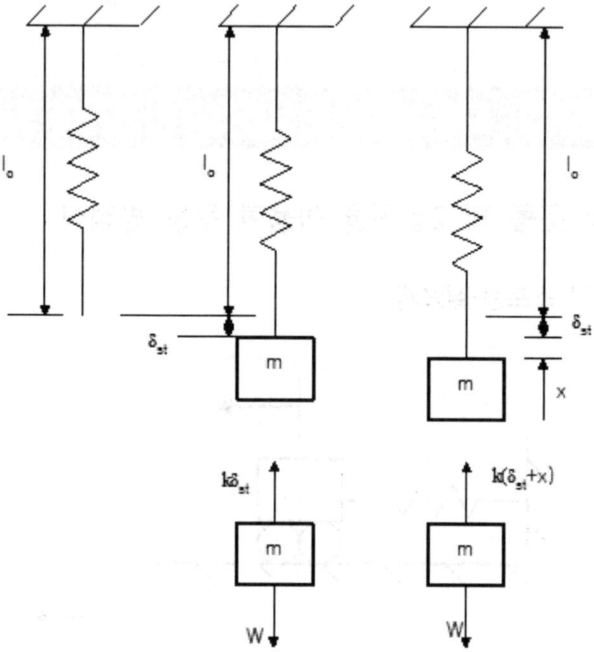

그림 B.2

정적 평형상태

$$W = mg$$

정적 평형상태에서 x 만큼 움직였을 때, 뉴톤의 제2법칙으로부터

$$m\ddot{x} = -k(\delta_{st} + x) + W = -W - kx + W$$
$$= -kx$$
$$\Rightarrow \quad m\ddot{x} + kx = 0 \tag{B.1'}$$

1.2 에너지 보존법칙을 이용한 운동방정식

보존계 : $T + U$ = constant.

$$\frac{1}{2}m\dot{x}^2 + \frac{1}{2}kx = \text{constant}$$

$$\frac{d(T+U)}{dt} = 0$$

$$\frac{d}{dt}\left(\frac{1}{2}m\dot{x}^2 + \frac{1}{2}kx\right) = 0$$

$$\Rightarrow \quad m\ddot{x} + kx = 0 \qquad \text{(B.2)}$$

1.3 풀이

$$m\ddot{x} + kx = 0$$

$x = Ce^{st}$ 로 가정

$$\ddot{x} = Cs^2e^{st}$$

$$C(ms^2 + k) = 0$$

$$ms^2 + k = 0$$

$$s^2 = -\frac{k}{m}$$

$$s = \pm\sqrt{-\frac{k}{m}} = \pm i\sqrt{\frac{k}{m}} = \pm i\omega_n$$

$\left(\omega_n = \sqrt{\frac{k}{m}}\right) \Leftarrow$ Circular Natural Frequency

$$x = e^{i\omega_n t}, \quad e^{-i\omega_n t}$$

$$x(t) = C_1e^{i\omega_n t} + C_2e^{-i\omega_n t} \qquad \text{(B.3)}$$

Euler 공식

$$e^{i\omega_n t} = \cos\omega_n t + i\sin\omega_n t$$

$$e^{-i\omega_n t} = \cos(-\omega_n t) + i\sin(-\omega_n t)$$

$$= \cos\omega_n t - i\sin\omega_n t$$

$$x(t) = C_1(\cos\omega_n t + i\sin\omega_n t) + C_2(\cos\omega_n t - i\sin\omega_n t)$$

$$= (C_1 + C_2)\cos\omega_n t + i(C_1 - C_2)\sin\omega_n t$$

$$= A_1\cos\omega_n t + A_2\sin\omega_n t \qquad \text{(B.4)}$$

초기 조건

$x(0) = x_o$

$\dot{x}(0) = \dot{x}_o$

$$x(0) = x_o = A_1 \qquad \rightarrow \qquad A_0 = x_o$$

$$\dot{x}(0) = \dot{x}_o = \omega_n A_2 \qquad \rightarrow \qquad A_2 = \frac{\dot{x}_o}{\omega_n}$$

$$x(t) = x_o \cos\omega_n t + \frac{\dot{x}_o}{\omega_n} sin\omega_n t \tag{B.5}$$

$$A_1 = A\cos\phi$$

$$A_2 = A\sin\phi$$

$$A = (A_1^2 + A_2^2)^{1/2} = [x_o^2 + (\frac{\dot{x}_o}{\omega_n})^2]^{1/2} \tag{B.6}$$

$$\phi = \tan^{-1}\left(\frac{A_2}{A_1}\right) = \tan^{-1}\left(\frac{\dot{x}_o}{x_o\omega_n}\right) \tag{B.7}$$

$$\begin{aligned} x(t) &= A_1\cos\omega_n t + A_2\sin\omega_n t \\ &= A\cos\phi\cos\omega_n t + A\sin\phi\sin\omega_n t \\ &= A\left[\cos\omega_n t\cos\phi + \sin\omega_n t\sin\phi\right] \\ &= A\cos(\omega_n t - \phi) \end{aligned} \tag{B.8}$$

$A_1 = A_o \sin\phi_o$

$A_2 = A_o \cos\phi_o$ 로 놓으면,

$$A_o = (A_1^2 + A_2^2)^{1/2} = [x_o^2 + (\frac{\dot{x}_o}{\omega_n})^2]^{1/2} \tag{B.9}$$

$$\phi_o = \tan^{-1}\left(\frac{A_1}{A_2}\right) = \tan^{-1}\left(\frac{x_o\omega_n}{\dot{x}_o}\right) \tag{B.10}$$

$$\begin{aligned} x(t) &= A_1\cos\omega_n t + A_2\sin\omega_n t \\ &= A_o\sin\phi_o\cos\omega_n t + A_o\cos\phi_o\sin\omega_n t \\ &= A_o\left[\cos\omega_n t\sin\phi_o + \sin\omega_n t\cos\phi_o\right] \\ &= A_o\sin(\omega_n t + \phi_o) \end{aligned} \tag{B.11}$$

진폭 : A(평형위치로부터 최대 변위)

사이클 : 벡터 OP의 한 회전 (2π radian의 각 변위)

고유 주기 : τ_n (벡터 OP가 한 회전하는데 걸리는 시간)

$$\tau_n = 2\pi / w_n \tag{B.12}$$

고유 진동수 : 단위 시간당의 사이클의 수

$$f_n = \frac{1}{\tau_n} \tag{B.13}$$

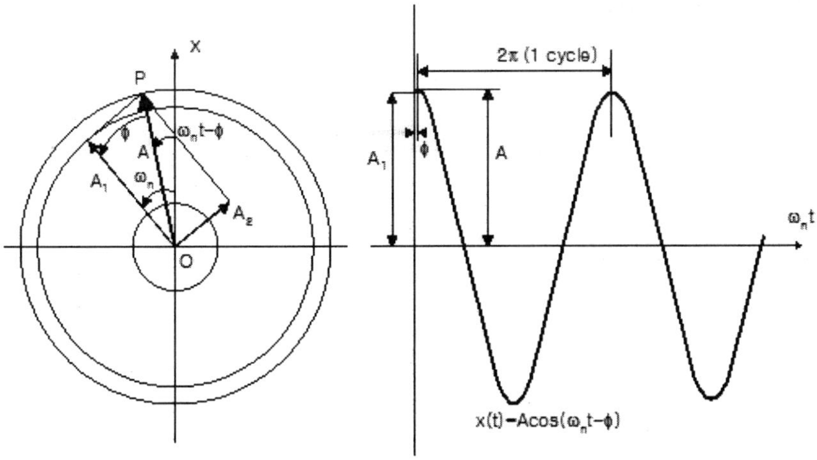

그림 B.3

1.4 각 고유진동수 (circular natural frequency)

$$\omega_n = \sqrt{\frac{k}{m}} \quad \text{(rad/sec)} \tag{B.14}$$

$$\left(k = \frac{W}{\delta_{st}} = \frac{mg}{\delta_{st}} \right)$$

$$\omega_n = \sqrt{\frac{g}{\delta_{st}}} \tag{B.15}$$

○ 고유 진동수 (natural frequency)

$$w_n = 2\pi f \tag{B.16}$$

$$f_n = \frac{\omega_n}{2\pi} = \frac{1}{2\pi}\left(\frac{g}{\delta_{st}}\right)^{1/2} \quad \text{(cycles/sec, Hz)} \tag{B.17}$$

○ **고유 주기**

$$\tau_n = \frac{1}{f_n} = \frac{2\pi}{\omega_n} = 2\pi\left(\frac{\delta_{st}}{g}\right)^{1/2} \tag{B.18}$$

○ **질량의 속도와 가속도**

$$\dot{x}(t) = \frac{dx(t)}{dt} = \omega_n A \sin(\omega_n t - \phi) = \omega_n A cos(\omega_n t - \phi + \frac{\pi}{2})$$

$$\ddot{x}(t) = \frac{d^2x(t)}{dt^2} = -\omega_n^2 A \cos(\omega_n t - \phi) = \omega_n^2 \cos(\omega_n t - \phi + \pi)$$

○ **초기 변위** $x_o = 0$ **이면,**

$$x(t) = \frac{\dot{x}_o}{\omega_n} cos(\omega_n t - \frac{\pi}{2}) = \frac{\dot{x}_o}{\omega_n} sin\omega_n t \tag{B.19}$$

초기 속도 $\dot{x}_o = 0$ 이면,

$$x(t) = x_o \cos\omega_n t \tag{B.20}$$

2 | 2 자유도 계(Two Degree of Freedom Systems)

2.1 서 론

2 자유도계

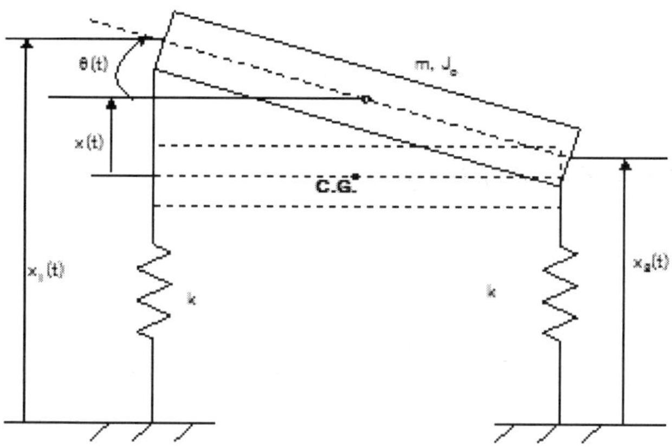

그림 B.4

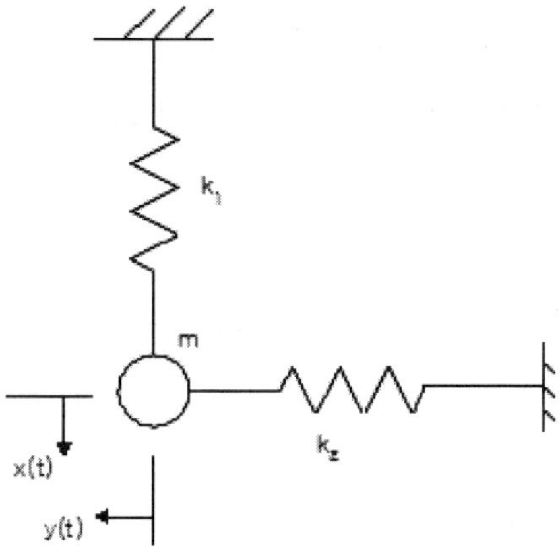

그림 B.5

계의 자유도 = 계의 질량수 x 각 질량의 가능한 운동형태의 수

○ 2 자유도계

- 2개의 운동방정식
- 2개의 고유진동수
- 2개의 정규모드(normal mode)

2.2 강제 진동의 운동방정식

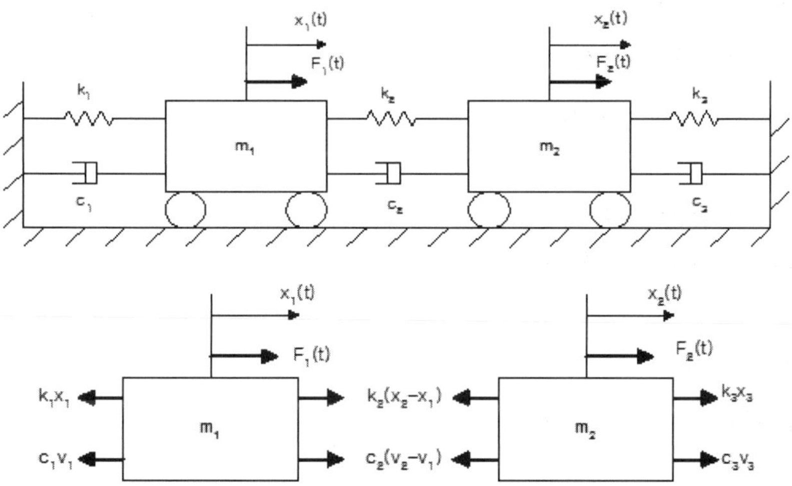

그림 B.6

$$m_1\ddot{x}_1 = -k_1x_1 - c_1\dot{x}_1 + k_2(x_2 - x_1) + c_2(\dot{x}_2 - \dot{x}_1) + F_1$$
$$m_2\ddot{x}_2 = -k_3x_2 - c_3\dot{x}_2 - k_2(x_2 - x_1) - c_2(\dot{x}_2 - \dot{x}_1) + F_2$$

$$m_1\ddot{x}_1 + (c_1 + c_2)\dot{x}_1 - c_2\dot{x}_2 + (k_1 + k_2)x_1 - k_2x_2 = F_1 \tag{B.21}$$
$$m_2\ddot{x}_2 - c_2\dot{x}_1 + (c_2 + c_3)\dot{x}_2 - k_2x_1 + (k_1 + k_2)x_2 = F_2 \tag{B.22}$$

행렬 방정식 :

$$[m]\{\ddot{x}\} + [c]\{\dot{x}\} + [k]\{x\} = \{F\} \tag{B.23}$$
$$[m] = \begin{bmatrix} m_1 & 0 \\ 0 & m_2 \end{bmatrix} \tag{B.24}$$
$$[c] = \begin{bmatrix} c_1 + c_2 & -c_2 \\ -c_2 & c_2 + c_3 \end{bmatrix} \tag{B.25}$$
$$[k] = \begin{bmatrix} k_1 + k_2 & -k_2 \\ -k_2 & k_2 + k_3 \end{bmatrix} \quad \Leftarrow \quad \text{대칭} \tag{B.26}$$
$$\{x\} = \begin{pmatrix} x_1(t) \\ x_2(t) \end{pmatrix} \tag{B.27}$$
$$\{F\} = \begin{pmatrix} F_1(t) \\ F_2(t) \end{pmatrix} \tag{B.28}$$

$F_1 = F_2 = 0$

$c_1 = c_2 = c_3 = 0$ 이면

$$m_1\ddot{x}_1 + (k_1 + k_2)x_1 - k_2x_2 = 0$$
$$m_2\ddot{x}_2 - k_2x_1 + (k_1 + k_2)x_2 = 0$$

$$x_1(t) = X_1\cos(\omega t + \phi)$$
$$x_2(t) = X_2\cos(\omega t + \phi)$$

$$\ddot{x}_1(t) = -\omega^2X_1\cos(\omega t + \phi)$$
$$\ddot{x}_2(t) = -\omega^2X_2\cos(\omega t + \phi)$$

$$\left\{\left[-m_1\omega^2 + (k_1 + k_2)\right]X_1 - k_2X_2\right\}\cos(\omega t + \phi) = 0$$
$$\left\{-k_2X_1 + \left[-m_2\omega^2 + (k_2 + k_3)\right]X_2\right\}\cos(\omega t + \phi) = 0$$

$$\Rightarrow \quad \left[-m_1\omega^2+(k_1+k_2)\right]X_1-k_2X_2=0$$

$$-k_2X_1+\left[-m_2\omega^2+(k_2+k_3)\right]X_2=0$$

$$\begin{bmatrix} -m_1\omega^2+(k_1+k_2) & -k_2 \\ -k_2 & -m_2\omega^2+(k_2+k_3) \end{bmatrix}\begin{pmatrix} X_1 \\ X_2 \end{pmatrix}=0$$

$$\begin{vmatrix} -m_1\omega^2+(k_1+k_2) & -k_2 \\ -k_2 & -m_2\omega^2+(k_2+k_3) \end{vmatrix}=0$$

$$(m_1m_2)\omega^4-\left[(k_1+k_2)m_2+(k_2+k_3)m_1\right]\omega^2$$

$$\mp\sqrt{\left[\frac{(k_1+k_2)m_2+(k_2+k_3)m_1}{m_1m_2}\right]^2-4\left[\frac{(k_1+k_2)(k_2+k_3)-k_2^2}{m_1m_2}\right]} \tag{B.29}$$

i) $\omega=\omega_1$

$$\left[-m_1\omega_1^2+(k_1+k_2)\right]X_1^{(1)}-k_2X_2^{(1)}=0$$

$$-k_2X_1^{(1)}+\left[-m_2\omega_1^2+(k_2+k_3)\right]X_2^{(1)}=0$$

$$r_1=\frac{X_2^{(1)}}{X_1^{(1)}}=\frac{-m_1\omega_1^2+(k_1+k_2)}{k_2}=\frac{k_2}{-m_2\omega_1^2+(k_2+k_3)} \tag{B.30}$$

ii) $\omega=\omega_2$

$$\left[-m_1\omega_2^2+(k_1+k_2)\right]X_1^{(2)}-k_2X_2^{(2)}=0$$

$$-k_2X_1^{(2)}+\left[-m_2\omega_2^2+(k_2+k_3)\right]X_2^{(2)}=0$$

$$r_2=\frac{X_2^{(2)}}{X_1^{(2)}}=\frac{-m_1\omega_2^2+(k_1+k_2)}{k_2}=\frac{k_2}{-m_2\omega_2^2+(k_2+k_3)} \tag{B.31}$$

정규모드

$$\{X^{(1)}\}=\begin{pmatrix} X_1^{(1)} \\ X_2^{(1)} \end{pmatrix}=\begin{pmatrix} X_1^{(1)} \\ r_1X_1^{(1)} \end{pmatrix}$$

$$\{X^{(2)}\}=\begin{pmatrix} X_1^{(2)} \\ X_2^{(2)} \end{pmatrix}=\begin{pmatrix} X_1^{(2)} \\ r_1X_1^{(2)} \end{pmatrix}$$

해

$$\{x^{(1)}(t)\}=\begin{pmatrix} x_1^{(1)}(t) \\ x_2^{(1)}(t) \end{pmatrix}=\begin{pmatrix} X_1^{(1)}\cos(\omega_1t+\phi_1) \\ r_1X_1^{(1)}\cos(\omega_1t+\phi_1) \end{pmatrix} \tag{B.32}$$

$\Leftarrow$ 1차 모드

$$\{x^{(2)}(t)\}=\begin{pmatrix} x_1^{(2)}(t) \\ x_2^{(2)}(t) \end{pmatrix}=\begin{pmatrix} X_1^{(2)}\cos(\omega_2 t+\phi_2) \\ r_2 X_1^{(2)}\cos(\omega_2 t+\phi_2) \end{pmatrix} \tag{B.33}$$

$\Leftarrow$2차 모드

초기 조건 :

2개의 초기 조건

$x_1(t=0)=x_1(0), \quad \dot{x}_1(t=0)=\dot{x}_1(0)$

$x_2(t=0)=x_2(0), \quad \dot{x}_2(t=0)=\dot{x}_2(0)$

$$\{\boldsymbol{x}\}=\{\boldsymbol{x}^{(1)}\}+\{\boldsymbol{x}^{(2)}\}$$

$$\Rightarrow x_1(t)=x_1^{(1)}(t)+x_1^{(2)}(t)$$

$$=X_1^{(1)}\cos(\omega_1 t+\phi_1)+X_1^{(2)}\cos(\omega_2 t+\phi_2) \tag{B.34}$$

$$x_2(t)=x_2^{(1)}(t)+x_2^{(2)}(t)$$

$$=r_1 X_1^{(1)}\cos(\omega_1 t+\phi_1)+r_2 X_1^{(2)}\cos(\omega_2 t+\phi_2) \tag{B.35}$$

$$x_1(0)=X_1^{(1)}\cos\phi_1+X_1^{(2)}\cos\phi_2$$

$$\dot{x}_1(0)=-\omega_1 X_1^{(1)}\sin\phi_1-\omega_2 X_1^{(2)}\sin\phi_2$$

$$x_2(0)=r_1 X_1^{(1)}\cos\phi_1+r_2 X_1^{(2)}\cos\phi_2$$

$$\dot{x}_2(0)=-\omega_1 r_1 X_1^{(1)}\sin\phi_1-\omega_2 r_2 X_1^{(2)}\sin\phi_2$$

$$X_1^{(1)}\cos\phi_1=\left[\frac{r_2 x_1(0)-x_2(0)}{r_2-r_1}\right]$$

$$X_1^{(2)}\cos\phi_2=\left[\frac{-r_1 x_1(0)+x_2(0)}{r_2-r_1}\right]$$

$$X_1^{(1)}\sin\phi_1=\left[\frac{-r_2\dot{x}_1(0)+\dot{x}_2(0)}{\omega_1(r_2-r_1)}\right]$$

$$X_1^{(2)}\sin\phi_2=\left[\frac{r_1\dot{x}_1(0)-\dot{x}_2(0)}{\omega_2(r_2-r_1)}\right]$$

$$X_1^{(1)} = \sqrt{\left[X_1^{(1)}\cos\phi_1\right]^2 + \left[X_1^{(1)}\sin\phi_1\right]^2}$$
$$= \frac{1}{(r_2 - r_1)}\sqrt{\left[r_2 x_1(0) - x_2(0)\right]^2 + \frac{\left[-r_2\dot{x}_1(0) + \dot{x}_2(0)\right]^2}{\omega_1^2}} \tag{B.36}$$

$$X_1^{(2)} = \sqrt{\left[X_1^{(2)}\cos\phi_2\right]^2 + \left[X_1^{(2)}\sin\phi_2\right]^2}$$
$$= \frac{1}{(r_2 - r_1)}\sqrt{\left[-r_1 x_1(0) + x_2(0)\right]^2 + \frac{\left[r_1\dot{x}_1(0) - \dot{x}_2(0)\right]^2}{\omega_2^2}} \tag{B.37}$$

$$\phi_1 = \tan^{-1}\left[\frac{X_1^{(1)}\sin\phi_1}{X_1^{(1)}\cos\phi_1}\right]$$
$$= \tan^{-1}\left\{\frac{-r_2\dot{x}_1(0) + \dot{x}_2(0)}{\omega_1\left[r_2 x_1(0) - x_2(0)\right]}\right\} \tag{B.38}$$

$$\phi_2 = \tan^{-1}\left[\frac{X_1^{(2)}\sin\phi_2}{X_1^{(2)}\cos\phi_2}\right]$$
$$= \tan^{-1}\left\{\frac{r_1\dot{x}_1(0) - \dot{x}_2(0)}{\omega_2\left[-r_1 x_1(0) + x_2(0)\right]}\right\} \tag{B.39}$$

예 고유 진동수와 모드

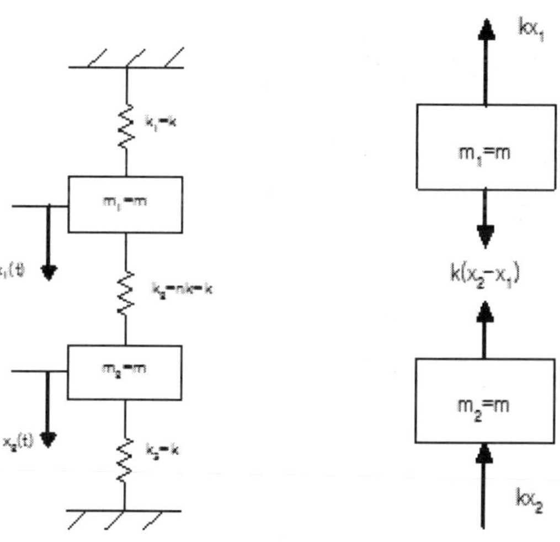

그림 B.7

$$m\ddot{x}_1 = -kx_1 + k(x_2 - x_1)$$
$$m\ddot{x}_2 = -kx_2 - k(x_2 - x_1)$$

$$m\ddot{x}_1 + 2kx_1 - kx_2 = 0$$
$$m\ddot{x}_2 - kx_1 + 2kx_2 = 0$$

$x_1(t) = X_1\cos(\omega t + \phi)$

$x_2(t) = X_2\cos(\omega t + \phi)$ 라 가정

$$\ddot{x}_1(t) = -\omega^2 X_1\cos(\omega t + \phi)$$
$$\ddot{x}_2(t) = -\omega^2 X_2\cos(\omega t + \phi)$$

$$\left\{[-m\omega^2 + 2k]X_1 - kX_2\right\}\cos(\omega t + \phi) = 0$$
$$\left\{-kX_1 + [-m\omega^2 + 2k]X_2\right\}\cos(\omega t + \phi) = 0$$
$$[-m\omega^2 + 2k]X_1 - kX_2 = 0$$
$$-kX_1 + [-m\omega^2 + 2k]X_2 = 0$$

$$\begin{vmatrix} (-m\omega^2 + 2k) & -k \\ -k & (-m\omega^2 + 2k) \end{vmatrix} = 0$$

$$m^2\omega^4 - 4km\omega^2 + 3k^2 = 0$$

$$\omega_1 = \sqrt{\frac{4km - \sqrt{16k^2m^2 - 12m^2k^2}}{2m^2}} = \sqrt{\frac{k}{m}}$$
$$\omega_2 = \sqrt{\frac{4km + \sqrt{16k^2m^2 - 12m^2k^2}}{2m^2}} = \sqrt{\frac{3k}{m}}$$

$$[-m\omega_1^2 + 2k]X_1^{(1)} - kX_2^{(1)} = 0$$
$$-kX_1^{(1)} + [-m\omega_1^2 + 2k]X_2^{(1)} = 0$$

$$r_1 = \frac{X_2^{(1)}}{X_1^{(1)}} = \frac{-m\omega_1^2 + 2k}{k} = \frac{k}{-m\omega_1^2 + 2k} = 1$$
$$r_2 = \frac{X_2^{(2)}}{X_1^{(2)}} = \frac{-m\omega_2^2 + 2k}{k} = \frac{k}{-m\omega_2^2 + 2k} = -1$$

$$1차\ 모드 = \{\boldsymbol{x}^{(1)}\} = \begin{pmatrix} X_1^{(1)} \cos\left(\sqrt{\frac{k}{m}}\,t + \phi_1\right) \\ X_1^{(1)} \cos\left(\sqrt{\frac{k}{m}}\,t + \phi_1\right) \end{pmatrix}$$

$$2차\ 모드 = \{\boldsymbol{x}^{(2)}\} = \begin{pmatrix} X_1^{(2)} \cos\left(\sqrt{\frac{3k}{m}}\,t + \phi_2\right) \\ -X_1^{(2)} \cos\left(\sqrt{\frac{3k}{m}}\,t + \phi_2\right) \end{pmatrix}$$

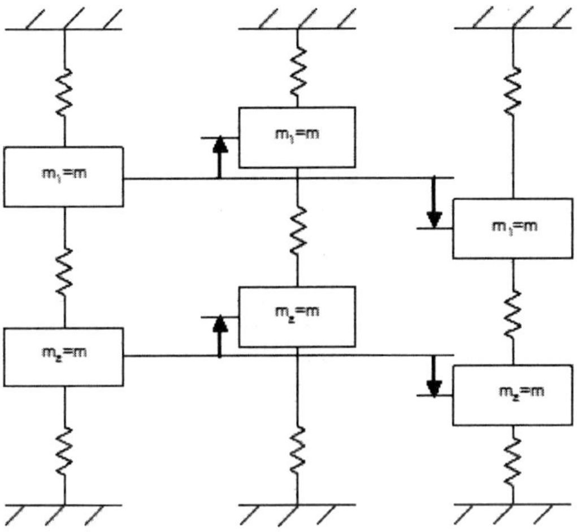

그림 B.8 1차 모드

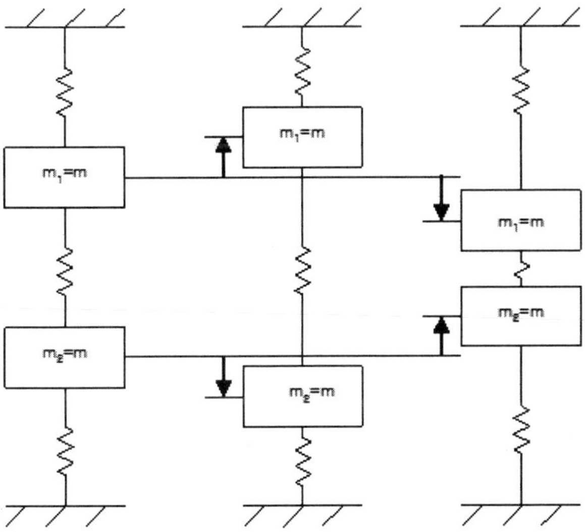

그림 B.9 2차 모드

$$x_1(t) = X_1^{(1)}\cos\left(\sqrt{\frac{k}{m}}\,t + \phi_1\right) + X_1^{(2)}\cos\left(\sqrt{\frac{3k}{m}}\,t + \phi_2\right)$$

$$x_2(t) = X_1^{(1)}\cos\left(\sqrt{\frac{k}{m}}\,t + \phi_1\right) - X_1^{(2)}\cos\left(\sqrt{\frac{3k}{m}}\,t + \phi_2\right)$$

예 1차 정규모드
2차 정규모드 만의 진동

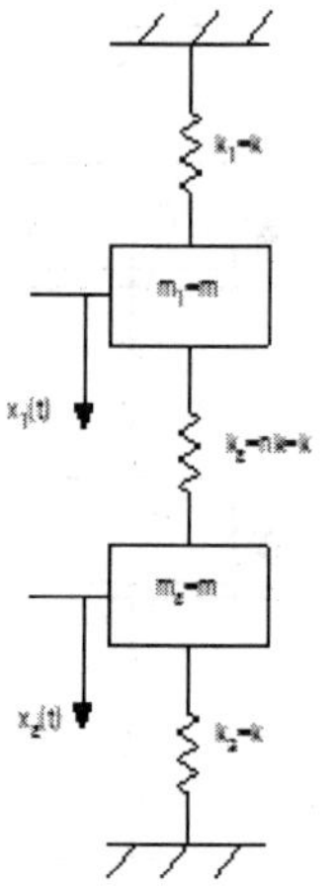

그림 B.10

$$x_1(t) = X_1^{(1)}\cos\left(\sqrt{\frac{k}{m}}\,t + \phi_1\right) + X_1^{(2)}\cos\left(\sqrt{\frac{3k}{m}}\,t + \phi_2\right)$$

$$x_2(t) = X_1^{(1)}\cos\left(\sqrt{\frac{k}{m}}\,t + \phi_1\right) - X_1^{(2)}\cos\left(\sqrt{\frac{3k}{m}}\,t + \phi_2\right)$$

2개의 초기 조건 :

$x_1(t=0) = x_1(0), \quad \dot{x}_1(t=0) = \dot{x}_1(0)$

$x_2(t=0) = x_2(0), \quad \dot{x}_2(t=0) = \dot{x}_2(0)$

$x_1(0) = X_1^{(1)}\cos\phi_1 + X_1^{(2)}\cos\phi_2$

$\dot{x}_1(0) = -\omega_1 X_1^{(1)}\sin\phi_1 - \omega_2 X_1^{(2)}\sin\phi_2$

$x_2(0) = X_1^{(1)}\cos\phi_1 - X_1^{(2)}\cos\phi_2$

$\dot{x}_2(0) = -\omega_1 X_1^{(1)}\sin\phi_1 + \omega_2 X_1^{(2)}\sin\phi_2$

$$X_1^{(1)}\cos\phi_1 = \left[\frac{x_1(0)+x_2(0)}{2}\right]$$

$$X_1^{(2)}\cos\phi_2 = \left[\frac{x_1(0)-x_2(0)}{2}\right]$$

$$X_1^{(1)}\sin\phi_1 =-\left[\frac{\dot{x}_1(0)+\dot{x}_2(0)}{2\omega_1}\right]$$

$$X_1^{(2)}\sin\phi_2 =-\left[\frac{\dot{x}_1(0)-\dot{x}_2(0)}{2\omega_2}\right]$$

$$\begin{aligned}X_1^{(1)} &= \sqrt{\left[X_1^{(1)}\cos\phi_1\right]^2+\left[X_1^{(1)}\sin\phi_1\right]^2}\\ &= \frac{1}{2}\sqrt{[x_1(0)+x_2(0)]^2+\frac{\left[\dot{x}_1(0)+\dot{x}_2(0)\right]^2}{\omega_1^2}}\end{aligned}$$

$$\begin{aligned}X_1^{(2)} &= \sqrt{\left[X_1^{(2)}\cos\phi_2\right]^2+\left[X_1^{(2)}\sin\phi_2\right]^2}\\ &= \frac{1}{2}\sqrt{[-x_1(0)+x_2(0)]^2+\frac{\left[\dot{x}_1(0)-\dot{x}_2(0)\right]^2}{\omega_2^2}}\end{aligned}$$

$$\begin{aligned}\phi_1 &= \tan^{-1}\left[\frac{X_1^{(1)}\sin\phi_1}{X_1^{(1)}\cos\phi_1}\right]\\ &= \tan^{-1}\left\{-\frac{\dot{x}_1(0)+\dot{x}_2(0)}{\omega_1[x_1(0)+x_2(0)]}\right\}\end{aligned}$$

$$\begin{aligned}\phi_2 &= \tan^{-1}\left[\frac{X_1^{(2)}\sin\phi_2}{X_1^{(2)}\cos\phi_2}\right]\\ &= \tan^{-1}\left\{\frac{\dot{x}_1(0)-\dot{x}_2(0)}{\omega_2[-x_1(0)+x_2(0)]}\right\}\end{aligned}$$

1) 1차 정규 모드만의 진동

$$1\text{차 모드} = \{x^{(1)}\}=\begin{pmatrix}X_1^{(1)}\cos\left(\sqrt{\frac{k}{m}}\,t+\phi_1\right)\\ X_1^{(1)}\cos\left(\sqrt{\frac{k}{m}}\,t+\phi_1\right)\end{pmatrix}$$

따라서,

$$X_1^{(2)}=0$$

$$\Rightarrow\quad x_1(0)=x_2(0),\quad \dot{x}_1(0)=\dot{x}_2(0)$$

2) 2차 정규 모드만의 진동

$$2\text{차 모드} = \{\boldsymbol{x}^{(2)}\} = \begin{pmatrix} X_1^{(2)}\cos\left(\sqrt{\dfrac{3k}{m}}\,t+\phi_2\right) \\ -X_1^{(2)}\cos\left(\sqrt{\dfrac{3k}{m}}\,t+\phi_2\right) \end{pmatrix}$$

따라서,

$$X_1^{(1)} = 0$$

$$\Rightarrow \quad x_1(0) = -x_2(0), \quad \dot{x}_1(0) = -\dot{x}_2(0)$$

3 보의 고유진동 해석

3.1 보의 횡진동

먼저, 보(Euler 보)의 횡진동에 대한 이론적인 내용을 살펴본다. 그림 B.11은 Euler 보의 요소를 나타낸다. 그림에서 V와 M은 각각 전단력(shear force)와 굽힘 모멘트(bending moment)를 나타내고, $q(x)$는 단위길이당 분포하중이다.

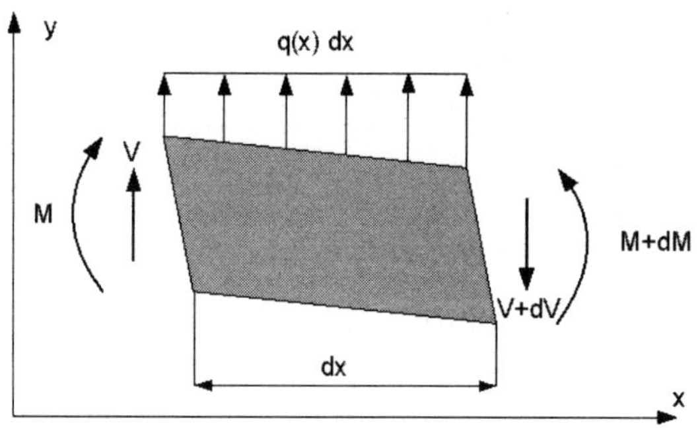

그림 B.11 보의 요소에 작용하는 하중, 전단력, 그리고 굽힘 모멘트

보 요소에 작용하는 힘들의 y방향 평형 방정식은 다음과 같다.

$$dV - q(x)dx = 0 \tag{B.40}$$

모멘트 평형방정식은 다음과 같다.

$$dM - Vdx - \frac{1}{2}q(x)(dx)^2 = 0 \tag{B.41}$$

$dx \ll 1$이므로, $(dx)^2$은 무시할 수 있다. 따라서

$$dM - Vdx = 0 \tag{B.42}$$

식 (B.40)과 식(B.42)로부터,

$$\frac{dV}{dx} = q(x) \tag{B.43}$$

$$\frac{dM}{dx} = V \tag{B.44}$$

식 (B.43)과 식 (B.44) 로부터

$$\frac{d^2M}{dx^2} = \frac{dV}{dx} = q(x) \tag{B.45}$$

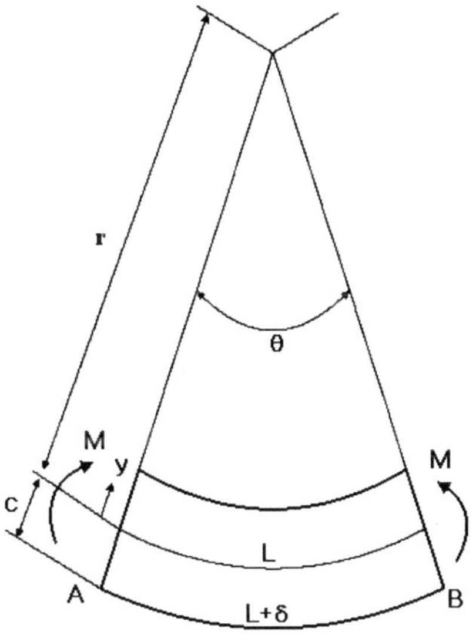

그림 B.12 보의 탄성곡선

직선 보가 하중을 받고 보의 거동이 탄성적일 때, 보의 도심축은 곡선이 되는데 이 곡선을 탄성곡선이라 한다. 그림 B.12는 보의 탄성 곡선을 나타낸다. 탄성곡선은 반경이 r인 원호이다. 보의 AB 부분은 우력만을 받고 있기 때문에 평면 단면 A와 B는 평면을 유지하며 보의 변형은 길이가 변하지 않는 중립면(neutral surface) 으로부터의 거리에 비례한다. 그림 B.12로부터,

$$L = r\theta \ , \ L + \delta = (r + c)\theta \tag{B.46}$$

식 (B.46)을 정리하면,

$$\theta = \frac{L}{r} = \frac{L + \delta}{r + c} \tag{B.47}$$

여기서,

$$\frac{c}{r} = \frac{\delta}{L} = \epsilon = \frac{\sigma}{E} = \frac{Mc}{EI} \tag{B.48}$$

따라서,

$$\frac{1}{r} = \frac{M}{EI} \tag{B.49}$$

즉, 보의 중립면의 곡률반경 r는 굽힘모멘트 M, 보의 탄성계수 E, 그리고 2차 면적 모멘트 I와 관계된다.

미적분학으로부터 곡률은

$$\frac{1}{r} = \frac{d^2y/dx^2}{\left[1 + (dy/dx)^2\right]^{3/2}} \tag{B.50}$$

대부분의 보에서 기울기 dy/dx는 매우 작기 때문에 기울기의 제곱은 1에 비해서 무시할 수 있다. 즉,

$$\frac{dy}{dx} \ll 1, \quad \left(\frac{dy}{dx}\right)^2 \approx 0 \tag{B.51}$$

이러한 근사법을 적용하면,

$$\frac{1}{r} = \frac{d^2y}{dx^2} \tag{B.52}$$

식 (B.49)와 식 (B.52)으로부터,

$$EI\frac{d^2y}{dx^2} = M \tag{B.53}$$

식 (B.53)을 식 (B.45)에 대입한 후 정리하면,

$$EI\frac{d^4y}{dx^4} - q(x) = 0 \tag{B.54}$$

자중 하에서 정적평형위치에 관해 진동하는 보에서는 단위길이 당 힘은 단위길이 당 질량과 가속도를 곱한 관성력과 같다. 따라서 외력 $q(x,t)$는,

$$q(x,t) = -\rho A\frac{\partial^2 y}{\partial t^2} \tag{B.55}$$

식 (B.55)에서, ρ는 보의 밀도이고, A는 보의 단면적을 나타낸다. 따라서

$$EI\frac{\partial^4 y}{\partial x^4} + \rho A\frac{\partial^2 y}{\partial t^2} = 0 \tag{B.56}$$

정규모드 해는 다음과 같이 가정할 수 있다.

$$y(x,t) = X(x)e^{i\omega t} \tag{B.57}$$

식 (B.56)과 식 (B.57)로부터

$$\frac{d^4X}{dx^4} - \Lambda^4 X = 0 \tag{B.58}$$

식 (B.58)에서

$$\Lambda = \left(\frac{\rho A}{EI}\omega^2\right)^{1/4} \tag{B.59}$$

식 (B.59)에서 ω는 보의 고유 진동수를 나타낸다. 식 (B.58)의 해는 다음과 같이 구해진다.

$$X(x) = C_1\cos\Lambda x + C_2\sin\Lambda x + C_3\sinh\Lambda x + C_4\cosh\Lambda x \tag{B.60}$$

상수 C_i는 경계조건에서 구할 수 있다.

보의 고유진동수는 식 (B.59)로부터 다음과 같이 표현된다.

$$\omega = \Lambda^2\sqrt{\frac{EI}{\rho A}} = (\Lambda L)^2\sqrt{\frac{EI}{\rho A L^4}} \tag{B.61}$$

식 (B.61)에서 Λ의 값은 경계조건에 의존한다.

3.2 보의 고유진동에 대한 유한요소법

보의 형상과 경계조건이 단순할 때에는 3.1에서 기술한 방법을 적용하여 고유진동수를 구할 수 있다. 그러나 집합체 구조처럼 형상과 경계조건이 복잡한 경우에는 유한요소법을 적용하여 고유진동수와 모드형태를 구하는 접근이 효율적이다.

유한요소법을 적용하는 경우, 먼저 진동을 해석하고자 하는 보를 절점(node)에서 서로 연결된 유한한 수의 요소로 분할한다. 요소로의 분할은 절점의 위치를 정하고 각 요소별 절점간의 연결을 구성하여 이루어진다. 요소 내에서의 변위는 각 절점에서의 변위로 나타낸다. 즉, 요소내의 임의의 점에서의 변위를 형상함수에 의하여 절점 변위로 나타낸다.

보의 한 요소의 길이를 이라고 가정하고, 요소에 대하여 국소좌표계 $\xi(0 \le \xi \le l)$를 설정한다. $u(\xi,t)$를 요소의 변위라고 가정한다. $u_1, u_2, \dots, u_k$를 요소에 대한 자유도라고 하면, 다음 식이 얻어진다.

$$u(\xi,t) = \sum_{i=1}^{k} \phi_i(\xi)\, u_i(t) \tag{B.62}$$

식 (B.62)에서 ϕ_i는 형상함수(shape function)라고 부른다. 요소에 대한 포텐셜 에너지는 식 (B.62)를 사용하여 다음과 같이 구해진다.

$$V = \frac{1}{2} u^T k u \tag{B.63}$$

여기서, $u = [u_1, u_2, \dots, u_k]^T$ 이고, k는 요소강성행렬 이다. 요소에 대한 운동에너지는 다음과 같이 구해진다.

$$T = \frac{1}{2} \dot{u}^T m \dot{u} \tag{B.64}$$

여기서 m은 요소 질량행렬을 나타낸다.

전체시스템 변위벡터를 $U = [U_1, U_2, \dots, U_n]^T$라고 정의한다. 여기서, n은 전체 시스템의 총 자유도의 수를 나타내며, U_1, U_2, ... , U_n은 전체좌표계에서의 변위를 나타낸다. 전체 포텐셜 에너지는 다음과 같이 표현된다.

$$V = \frac{1}{2} U^T K U \tag{B.65}$$

여기서, K는 전체 강성행렬을 나타내는데, 요소강성행렬을 조합하여 얻어진다. 시스템의 총 운동에너지는 다음과 같이 표현된다.

$$T = \frac{1}{2}\dot{U}^T M \dot{U} \tag{B.66}$$

여기서, M은 전체 질량행렬을 나타내는데, 요소질량행렬을 조합하여 얻어진다.
보의 자유진동을 근사적으로 표현하는 미분방정식은 다음과 같다.

$$M\ddot{U} + KU = 0 \tag{B.67}$$

이 식의 일반 해를 다음과 같은 조화운동으로 가정한다.

$$U = \Phi e^{i\omega t} \tag{B.68}$$

식 (B.68)를 시간 t에 대해서 두 번 미분한 후 식 (B.67)에 대입하면 표준적인 고유치 문제의 형태인 다음의 식을 얻는다.

$$[-\omega^2 M + K]\Phi = 0 \tag{B.69}$$

여기서 ω^2은 고유치이고, Φ는 고유벡터이다. 식 (B.69)에서 벡터 Φ가 0이 아닌 해를 갖기 위해서는 행렬의 행렬식이 0이 되어야 한다. 여기서 $\omega^2 = \lambda$로 두면,

$$|K - \lambda M| = 0 \tag{B.70}$$

식 (B.70)을 전개하면 λ에 대한 n차 다항식이 되고, n개의 λ값을 얻는다. 다항식을 계산하여 구한 $\lambda_i (i = 1, 2, \ldots, n)$를 식 (B.69)에 대입하면

$$[K - \lambda_i M]\Phi_i = 0 \tag{B.71}$$

이 된다. 식 (B.71)에서 Φ_i는 고유치 λ_i에 대응하는 고유벡터이다.

부록 C 선형 대수

1 행렬과 벡터

$$\begin{bmatrix} a_{11} & a_{12} & \ldots & a_{1n} \\ a_{21} & a_{22} & \ldots & a_{2n} \\ \cdot & \cdot & \cdot & \cdot \\ \cdot & \cdot & \cdot & \cdot \\ a_{n1} & a_{n2} & \ldots & a_{nn} \end{bmatrix} \Leftarrow \quad (n \times n) \text{ 행렬}$$

$$\begin{bmatrix} a_{11} & a_{12} & \ldots & a_{1n} \\ a_{21} & a_{22} & \ldots & a_{2n} \\ \cdot & \cdot & \cdot & \cdot \\ \cdot & \cdot & \cdot & \cdot \\ a_{m1} & a_{m2} & \ldots & a_{mn} \end{bmatrix} \Leftarrow \quad (m \times n) \text{ 행렬}$$

$$\begin{bmatrix} y_1 \\ y_2 \\ \cdot \\ \cdot \\ y_n \end{bmatrix}$$ 벡터 (column vector)

$$\begin{bmatrix} y_1 & y_2 & \ldots. & y_n \end{bmatrix}$$ (row vector)

$$\boldsymbol{A} = \begin{bmatrix} a_{11} & a_{12} \\ a_{21} & a_{22} \end{bmatrix}, \quad \boldsymbol{B} = \begin{bmatrix} b_{11} & b_{12} \\ b_{21} & b_{22} \end{bmatrix}$$

$$\boldsymbol{u} = \begin{bmatrix} u_1 \\ u_2 \end{bmatrix}, \quad \boldsymbol{v} = \begin{bmatrix} v_1 \\ v_2 \end{bmatrix}$$

$\boldsymbol{A} = \boldsymbol{B}$

$$a_{11} = b_{11} \quad a_{12} = b_{12}$$

$$a_{21} = b_{21} \quad a_{22} = b_{22}$$

$\boldsymbol{u} = \boldsymbol{v}$

$$u_1 = v_1 \quad u_2 = v_2$$

$$\boldsymbol{A} + \boldsymbol{B} = \begin{bmatrix} a_{11} + b_{11} & a_{12} + b_{12} \\ a_{21} + b_{21} & a_{22} + b_{22} \end{bmatrix}$$

$$\boldsymbol{u} + \boldsymbol{v} = \begin{bmatrix} u_1 + v_1 \\ u_2 + v_2 \end{bmatrix}$$

$$-7\boldsymbol{A} = \begin{bmatrix} -7a_{11} & -7a_{12} \\ -7a_{21} & -7a_{22} \end{bmatrix}, \quad \boldsymbol{B}/5 = \begin{bmatrix} b_{11}/5 & b_{12}/5 \\ b_{21}/5 & b_{22}/5 \end{bmatrix}$$

$$10\boldsymbol{u}=\begin{bmatrix}10u_1\\10u_2\end{bmatrix}$$

$$\boldsymbol{AB}=\begin{bmatrix}a_{11}\ a_{12}\\a_{21}\ a_{22}\end{bmatrix}\begin{bmatrix}b_{11}\ b_{12}\\b_{21}\ b_{22}\end{bmatrix}$$

$$=\begin{bmatrix}a_{11}b_{11}+a_{12}b_{21}\ a_{11}b_{12}+a_{12}b_{22}\\a_{21}b_{11}+a_{22}b_{21}\ a_{21}b_{12}+a_{22}b_{22}\end{bmatrix}$$

예1

$$\begin{bmatrix}9&3\\-2&0\end{bmatrix}\begin{bmatrix}1&-4\\2&5\end{bmatrix}=\begin{bmatrix}9+6&-36+15\\-2&8\end{bmatrix}=\begin{bmatrix}15&-21\\-2&8\end{bmatrix}$$

$$\begin{bmatrix}1&-4\\2&5\end{bmatrix}\begin{bmatrix}9&3\\-2&0\end{bmatrix}=\begin{bmatrix}9+8&3\\18-10&6\end{bmatrix}=\begin{bmatrix}17&3\\8&6\end{bmatrix}$$

$$\boldsymbol{AB}\neq\boldsymbol{BA}$$

$$\boldsymbol{A}^T=\begin{bmatrix}a_{11}\ a_{12}\\a_{21}\ a_{22}\end{bmatrix}=\begin{bmatrix}a_{11}\ a_{21}\\a_{12}\ a_{22}\end{bmatrix}$$

$$\boldsymbol{u}^T=\begin{bmatrix}u_1\\u_2\end{bmatrix}=\begin{bmatrix}u_1&u_2\end{bmatrix}$$

역행렬

$$\boldsymbol{AA}^{-1}=\boldsymbol{A}^{-1}\boldsymbol{A}=\boldsymbol{I}$$

$$\boldsymbol{I}=\begin{bmatrix}1\ 0\\0\ 1\end{bmatrix}$$

$$\boldsymbol{A}=\begin{bmatrix}a_{11}\ a_{12}\\a_{21}\ a_{22}\end{bmatrix}$$

$$\boldsymbol{A}^{-1}=\frac{1}{\det(\boldsymbol{A})}\begin{bmatrix}a_{22}&-a_{12}\\-a_{21}&a_{11}\end{bmatrix}$$

$$\det(\boldsymbol{A})=\begin{vmatrix}a_{11}\ a_{12}\\a_{21}\ a_{22}\end{vmatrix}\neq 0$$

고유치(eigenvalue)

$$\boldsymbol{Ax}=\lambda\boldsymbol{x}$$

$$\boldsymbol{x}\neq 0$$

λ: eigenvalue

$\boldsymbol{x}$: eigenvector

$$(\boldsymbol{A}-\lambda\boldsymbol{I})\boldsymbol{x}=0$$

$$
\begin{aligned}
\boldsymbol{A} - \lambda \boldsymbol{I} &= \begin{bmatrix} a_{11} & a_{12} \\ a_{21} & a_{22} \end{bmatrix} - \lambda \begin{bmatrix} 1 & 0 \\ 0 & 1 \end{bmatrix} \\
&= \begin{bmatrix} a_{11} & a_{12} \\ a_{21} & a_{22} \end{bmatrix} - \begin{bmatrix} \lambda & 0 \\ 0 & \lambda \end{bmatrix} \\
&= \begin{bmatrix} a_{11} - \lambda & a_{12} \\ a_{21} & a_{22} - \lambda \end{bmatrix}
\end{aligned}
$$

$$
\begin{bmatrix} a_{11} - \lambda & a_{12} \\ a_{21} & a_{22} - \lambda \end{bmatrix} \begin{bmatrix} x_1 \\ x_2 \end{bmatrix} = \begin{bmatrix} 0 \\ 0 \end{bmatrix}
$$

$$
\begin{vmatrix} a_{11} - \lambda & a_{12} \\ a_{21} & a_{22} - \lambda \end{vmatrix} = 0
$$

2 Gauss 소거법

선형 방정식

$$
\begin{aligned}
a_{11}x_1 + a_{12}x_2 + \ldots + a_{1n}x_n &= b_1 \\
a_{21}x_1 + a_{22}x_2 + \ldots + a_{2n}x_n &= b_2 \\
&\;\;. \\
&\;\;. \\
a_{n1}x_1 + a_{n2}x_2 + \ldots + a_{nn}x_n &= b_n
\end{aligned}
$$

$$
\begin{bmatrix} a_{11} & a_{12} & \ldots & a_{1n} \\ a_{21} & a_{22} & \ldots & a_{2n} \\ . & . & . & . \\ . & . & . & . \\ a_{n1} & a_{n2} & \ldots & a_{nn} \end{bmatrix} \begin{bmatrix} x_1 \\ x_2 \\ . \\ . \\ x_n \end{bmatrix} = \begin{bmatrix} b_1 \\ b_2 \\ . \\ . \\ b_n \end{bmatrix}
$$

$$
\boldsymbol{A}\boldsymbol{x} = \boldsymbol{b}
$$

Augmented Matrix

$$
\begin{bmatrix} a_{11} & a_{12} & \ldots & a_{1n} & b_1 \\ a_{21} & a_{22} & \ldots & a_{2n} & b_2 \\ . & . & . & . & . \\ . & . & . & . & . \\ a_{n1} & a_{n2} & \ldots & a_{nn} & b_n \end{bmatrix}
$$

예2

$$-x_1 + x_2 + 2x_3 = 2$$

$$3x_1 - x_2 + x_3 = 6 \qquad \begin{bmatrix} -1 & 1 & 2 & 2 \\ 3 & -1 & 1 & 6 \\ -1 & 3 & 4 & 4 \end{bmatrix}$$

$$-x_1 + 3x_2 + 4x_3 = 4$$

$$-x_1 + x_2 + 2x_3 = 2$$

$$2x_2 + 7x_3 = 12 \qquad \begin{bmatrix} -1 & 1 & 2 & 2 \\ 0 & 2 & 7 & 12 \\ 0 & 2 & 2 & 2 \end{bmatrix}$$

$$2x_2 + 2x_3 = 2$$

$$-x_1 + x_2 + 2x_3 = 2$$

$$2x_2 + 7x_3 = 12 \qquad \begin{bmatrix} -1 & 1 & 2 & 2 \\ 0 & 2 & 7 & 12 \\ 0 & 0 & -5 & -10 \end{bmatrix}$$

$$-5x_3 = -10$$

$$x_3 = 2$$

$$2x_2 = -2 \quad \Rightarrow \quad x_2 = -1$$

$$-x_1 = 2 + 1 - 4 = -1$$

$$\Rightarrow \quad x_1 = 1$$

예3

$$\begin{bmatrix} 30 & -20 & -10 & 0 \\ -20 & 55 & -10 & 0 \\ -10 & -10 & 50 & 200 \end{bmatrix}$$

[step 1]

pivot $a_{11} = 30$

(2nd row) + (1st row)×(20/30)

$$a_{21} = 0$$

$$a_{22} = 55 + (2/3) \times (-20) = \frac{125}{3}$$

$$a_{23} = -10 + (2/3) \times (-10) = -\frac{50}{3}$$

$$b_2 = 0 + (2/3) \times 0 = 0$$

(3rd row) + (1st row)×(10/30)

$$a_{31} = 0$$

$$a_{32} = -10 + (1/3) \times (-20) = -\frac{50}{3}$$

$$a_{33} = 50 + (1/3) \times (-10) = \frac{140}{3}$$

$$b_3 = 200 + (1/3) \times 0 = 200$$

$$\begin{bmatrix} 30 & -20 & -10 & 0 \\ 0 & 125/3 & -50/3 & 0 \\ 0 & -50/3 & 140/3 & 200 \end{bmatrix}$$

[step 2]

pivot $a_{22} = 125/3$

(3rd row) + (2nd row)×(2/5)

$$a_{31} = 0$$

$$a_{32} = 0$$

$$a_{33} = 140/3 + (2/5)(-50/3) = 40$$

$$b_3 = 200 + (2/5) \times 0 = 200$$

$$\begin{bmatrix} 30 & -20 & -10 & 0 \\ 0 & 125/3 & -50/3 & 0 \\ 0 & 0 & 40 & 200 \end{bmatrix}$$

$$x_3 = \frac{b_3}{a_{33}} = 200/40 = 5$$

$$x_2 = \frac{b_2 - a_{23}x_3}{a_{22}} = [0 + (-50/3)(5)]/[125/3] = 2$$

$$x_1 = \frac{b_1 - a_{12}x_2 - a_{13}x_3}{a_{11}}$$

$$= [0 - (-20)(2) - (-10)(5)]/30 = 3$$

컴퓨터 프로그램 – Gauss Elimination Process

$$\begin{bmatrix} a_{11}\, a_{12}\, a_{13}\, a_{14}\, b_1 \\ a_{21}\, a_{22}\, a_{23}\, a_{24}\, b_2 \\ a_{31}\, a_{32}\, a_{33}\, a_{34}\, b_3 \\ a_{41}\, a_{42}\, a_{43}\, a_{44}\, b_4 \end{bmatrix}$$

[step 1]

pivot a_{11}

$m_{21} = -a_{21}/a_{11}$

(2nd row) + (m_{21})(1st row)

$a_{21} \Leftarrow 0$ $\quad a_{22} \Leftarrow a_{22} + m_{21}a_{12}$

$a_{23} \Leftarrow a_{23} + m_{21}a_{13}$ $\quad a_{24} \Leftarrow a_{24} + m_{21}a_{14}$

$b_2 \Leftarrow b_2 + m_{21}b_1$

$m_{31} = -a_{31}/a_{11}$

(3rd row) + (m_{31})(1st row)

$a_{31} \Leftarrow 0$ $\quad a_{32} \Leftarrow a_{32} + m_{31}a_{12}$

$a_{33} \Leftarrow a_{33} + m_{31}a_{13}$ $\quad a_{34} \Leftarrow a_{34} + m_{31}a_{14}$

$b_3 \Leftarrow b_3 + m_{31}b_1$

$m_{41} = -a_{41}/a_{11}$

(4th row) + (m_{41})(1st row)

$a_{41} \Leftarrow 0$ $\quad a_{42} \Leftarrow a_{42} + m_{41}a_{12}$

$a_{43} \Leftarrow a_{43} + m_{41}a_{13}$ $\quad a_{44} \Leftarrow a_{44} + m_{41}a_{14}$

$b_4 \Leftarrow b_4 + m_{41}b_1$

[step 2]

pivot a_{22}

$m_{32} = -a_{32}/a_{22}$

(3rd row) + (m_{32})(2nd row)

$a_{31} \Leftarrow 0$ $\quad a_{32} \Leftarrow 0$

$a_{33} \Leftarrow a_{33} + m_{32}a_{23}$ $\quad a_{34} \Leftarrow a_{34} + m_{32}a_{24}$

$b_3 \Leftarrow b_3 + m_{32}b_2$

$m_{42} = - a_{42}/a_{22}$

(4th row) + (m_{42})(2nd row)

$a_{41} \Leftarrow 0$ $\quad a_{42} \Leftarrow 0$

$a_{43} \Leftarrow a_{43} + m_{42}a_{23}$ $\quad a_{44} \Leftarrow a_{44} + m_{42}a_{24}$

$b_4 \Leftarrow b_4 + m_{42}b_2$

[step 3]

pivot a_{33}

$m_{43} = - a_{43}/a_{33}$

(4th row) + (m_{43})(3rd row)

$a_{41} \Leftarrow 0$ $\quad a_{42} \Leftarrow 0$

$a_{43} \Leftarrow 0$ $\quad a_{44} \Leftarrow a_{44} + m_{43}a_{34}$

$b_4 \Leftarrow b_4 + m_{43}b_3$

Back Substitution

$x_4 = b_4/a_{44}$

$x_3 = (b_3 - a_{34}x_4)/a_{33}$

$x_2 = (b_2 - a_{23}x_3 - a_{24}x_4)/a_{22}$

$x_1 = (b_1 - a_{12}x_2 - a_{13}x_3 - a_{14}x_4)/a_{11}$

3 LU 분해

$Ax = b$

$A = LU$

L: lower triangular matrix

U: upper triangular matrix

$$\Rightarrow LUx = b$$
$$Ly = b$$
$$Ux = y$$

LU factorization from Gaussian elimination

예4

$$A = \begin{bmatrix} 1 & 2 & 3 \\ 2 & 6 & 10 \\ 3 & 14 & 28 \end{bmatrix}$$

$$L = \begin{bmatrix} 1 & 0 & 0 \\ 0 & 1 & 0 \\ 0 & 0 & 1 \end{bmatrix}, \quad U = \begin{bmatrix} 1 & 2 & 3 \\ 2 & 6 & 10 \\ 3 & 14 & 28 \end{bmatrix}$$

[step 1]

$l_{21} = a_{21}/a_{11} = 2$

$l_{31} = a_{31}/a_{11} = 3$

$$L = \begin{bmatrix} 1 & 0 & 0 \\ 2 & 1 & 0 \\ 3 & 0 & 1 \end{bmatrix}, \quad U = \begin{bmatrix} 1 & 2 & 3 \\ 0 & 2 & 4 \\ 0 & 8 & 19 \end{bmatrix}$$

[step 2]

$l_{32} = a_{32}/a_{22} = 4$

$$L = \begin{bmatrix} 1 & 0 & 0 \\ 2 & 1 & 0 \\ 3 & 4 & 1 \end{bmatrix}, \quad U = \begin{bmatrix} 1 & 2 & 3 \\ 0 & 2 & 4 \\ 0 & 0 & 3 \end{bmatrix}$$

예5

$$A = \begin{bmatrix} 4 & 12 & 8 & 4 \\ 1 & 7 & 18 & 9 \\ 2 & 9 & 20 & 20 \\ 3 & 11 & 15 & 14 \end{bmatrix}$$

$$L = \begin{bmatrix} 1 & 0 & 0 & 0 \\ 0 & 1 & 0 & 0 \\ 0 & 0 & 1 & 0 \\ 0 & 0 & 0 & 1 \end{bmatrix}, \quad U = \begin{bmatrix} 4 & 12 & 8 & 4 \\ 1 & 7 & 18 & 9 \\ 2 & 9 & 20 & 20 \\ 3 & 11 & 15 & 14 \end{bmatrix}$$

[step 1]

$$l_{21} = \frac{a_{21}}{a_{11}} = \frac{1}{4},\ l_{31} = \frac{a_{31}}{a_{11}} = \frac{1}{2}$$

$$l_{41} = \frac{a_{41}}{a_{11}} = \frac{3}{4}$$

$$L = \begin{bmatrix} 1 & 0 & 0 & 0 \\ 1/4 & 1 & 0 & 0 \\ 1/2 & 0 & 1 & 0 \\ 3/4 & 0 & 0 & 1 \end{bmatrix}, \quad U = \begin{bmatrix} 4 & 12 & 8 & 4 \\ 0 & 4 & 16 & 8 \\ 0 & 3 & 16 & 18 \\ 0 & 2 & 9 & 11 \end{bmatrix}$$

[step 2]

$$l_{32} = \frac{a_{32}}{a_{22}} = \frac{3}{4},\ l_{42} = \frac{a_{42}}{a_{22}} = \frac{1}{2}$$

$$L = \begin{bmatrix} 1 & 0 & 0 & 0 \\ 1/4 & 1 & 0 & 0 \\ 1/2 & 3/4 & 1 & 0 \\ 3/4 & 1/2 & 0 & 1 \end{bmatrix}, \quad U = \begin{bmatrix} 4 & 12 & 8 & 4 \\ 0 & 4 & 16 & 8 \\ 0 & 0 & 4 & 12 \\ 0 & 0 & 1 & 7 \end{bmatrix}$$

[step 3]

$$l_{43} = \frac{a_{43}}{a_{33}} = \frac{1}{4}$$

$$L = \begin{bmatrix} 1 & 0 & 0 & 0 \\ 1/4 & 1 & 0 & 0 \\ 1/2 & 3/4 & 1 & 0 \\ 3/4 & 1/2 & 1/4 & 1 \end{bmatrix}, \quad U = \begin{bmatrix} 4 & 12 & 8 & 4 \\ 0 & 4 & 16 & 8 \\ 0 & 0 & 4 & 12 \\ 0 & 0 & 0 & 4 \end{bmatrix}$$

LU factorization with pivoting

$$A = \begin{bmatrix} 2 & 6 & 10 \\ 1 & 3 & 3 \\ 3 & 14 & 28 \end{bmatrix}$$

$$L = \begin{bmatrix} 1 & 0 & 0 \\ 0 & 1 & 0 \\ 0 & 0 & 1 \end{bmatrix}, \quad U = \begin{bmatrix} 2 & 6 & 10 \\ 1 & 3 & 3 \\ 3 & 14 & 28 \end{bmatrix}$$

$$l_{21} = a_{21}/a_{11} = 1/2$$

$$l_{31} = a_{31}/a_{11} = 3/2$$

$$L = \begin{bmatrix} 1 & 0 & 0 \\ 1/2 & 1 & 0 \\ 3/2 & 0 & 1 \end{bmatrix}, \quad U = \begin{bmatrix} 2 & 6 & 10 \\ 0 & 0 & -2 \\ 0 & 5 & 13 \end{bmatrix}$$

$$L = \begin{bmatrix} 1 & 0 & 0 \\ 3/2 & 1 & 0 \\ 1/2 & 0 & 1 \end{bmatrix}, \quad U = \begin{bmatrix} 2 & 6 & 10 \\ 0 & 5 & 13 \\ 0 & 0 & -2 \end{bmatrix}$$

4 반복해(Iterative methods)

4.1 Jacobi Method

예6

$$2x_1 - x_2 + x_3 = -1$$
$$x_1 + 2x_2 - x_3 = 6$$
$$x_1 - x_2 + 2x_3 = -3$$

$$x_1 = 0.5x_2 - 0.5x_3 - 0.5$$
$$x_2 = -0.5x_1 + 0.5x_3 + 3.0$$
$$x_3 = -0.5x_1 + 0.5x_2 - 1.5$$

$$\begin{bmatrix} x_1^{(k)} \\ x_2^{(k)} \\ x_3^{(k)} \end{bmatrix} = \begin{bmatrix} 0.0 & 0.5 & -0.5 \\ -0.5 & 0.0 & 0.5 \\ -0.5 & 0.5 & 0.0 \end{bmatrix} \begin{bmatrix} x_1^{(k-1)} \\ x_2^{(k-1)} \\ x_3^{(k-1)} \end{bmatrix} + \begin{bmatrix} -0.5 \\ 3.0 \\ -1.5 \end{bmatrix}$$

$$\begin{bmatrix} x_1^{(0)} \\ x_2^{(0)} \\ x_3^{(0)} \end{bmatrix} = \begin{bmatrix} 0 \\ 0 \\ 0 \end{bmatrix}$$

$$\begin{bmatrix} x_1^{(1)} \\ x_2^{(1)} \\ x_3^{(1)} \end{bmatrix} = \begin{bmatrix} 0.0 & 0.5 & -0.5 \\ -0.5 & 0.0 & 0.5 \\ -0.5 & 0.5 & 0.0 \end{bmatrix} \begin{bmatrix} 0 \\ 0 \\ 0 \end{bmatrix} + \begin{bmatrix} -0.5 \\ 3.0 \\ -1.5 \end{bmatrix} = \begin{bmatrix} -0.5 \\ 3.0 \\ -1.5 \end{bmatrix}$$

$$\begin{bmatrix} x_1^{(2)} \\ x_2^{(2)} \\ x_3^{(2)} \end{bmatrix} = \begin{bmatrix} 0.0 & 0.5 & -0.5 \\ -0.5 & 0.0 & 0.5 \\ -0.5 & 0.5 & 0.0 \end{bmatrix} \begin{bmatrix} -0.5 \\ 3.0 \\ -1.5 \end{bmatrix} + \begin{bmatrix} -0.5 \\ 3.0 \\ -1.5 \end{bmatrix} = \begin{bmatrix} 1.75 \\ 2.5 \\ 0.25 \end{bmatrix}$$

iteration....

norm(xnew - xold) <= tol (=0.001)

4.2 Gauss-Seidel Method

$$2x_1 - x_2 + x_3 = -1$$
$$x_1 + 2x_2 - x_3 = 6$$
$$x_1 - x_2 + 2x_3 = -3$$

$$x_1^{(new)} = 0.5x_2^{(old)} - 0.5x_3^{(old)} - 0.5$$
$$x_2^{(new)} = -0.5x_1^{(new)} + 0.5x_3^{(old)} + 3.0$$
$$x_3^{(new)} = -0.5x_1^{(new)} + 0.5x_2^{(new)} - 1.5$$

$$\begin{bmatrix} x_1^{(0)} \\ x_2^{(0)} \\ x_3^{(0)} \end{bmatrix} = \begin{bmatrix} 0 \\ 0 \\ 0 \end{bmatrix}$$

$$x_1 = 0.5(0) - 0.5(0) - 0.5 = -0.5$$
$$x_2 = -0.5(-0.5) + 0.5(0) + 3.0 = 3.25$$
$$x_3 = -0.5(-0.5) + 0.5(3.25) - 1.5 = 0.375$$

$$x_1 = 0.5(3.25) - 0.5(0.375) - 0.5 = 0.9375$$
$$x_2 = -0.5(0.9375) + 0.5(0.375) + 3.0 = 2.7188$$
$$x_3 = -0.5(0.9375) + 0.5(2.7188) - 1.5 = -0.6094$$

iterations....

norm(xold - x) <= tol (=0.001)

4.3 Successive Over Relaxation(SOR)

$$A = \begin{bmatrix} 4 & -2 & 0 \\ -2 & 6 & -5 \\ 0 & -5 & 11 \end{bmatrix} \qquad b = \begin{bmatrix} 8 \\ -29 \\ 43 \end{bmatrix}$$

$$x_1 = (1-\omega)x_1^{(old)} + \omega(0.5x_2^{(old)} + 2)$$

$$x_2 = (1-\omega)x_2^{(old)} + \omega(\frac{1}{3}x_1^{(new)} + \frac{5}{6}x_3^{(old)} - \frac{29}{6})$$

$$x_3 = (1-\omega)x_3^{(old)} + \omega(\frac{5}{11}x_2^{(new)} + \frac{43}{11})$$

$$\omega = 1.2$$

$$\begin{bmatrix} x_1^{(0)} \\ x_2^{(0)} \\ x_3^{(0)} \end{bmatrix} = \begin{bmatrix} 0 \\ 0 \\ 0 \end{bmatrix}$$

$$x_1 = (1-\omega)x_1^{(old)} + \omega(0.5x_2^{(old)} + 2)$$

$$x_2 = (1-\omega)x_2^{(old)} + \omega(\frac{1}{3}x_1^{(new)} + \frac{5}{6}x_3^{(old)} - \frac{29}{6})$$

$$x_3 = (1-\omega)x_3^{(old)} + \omega(\frac{5}{11}x_2^{(new)} + \frac{43}{11})$$

부록 D 고체역학 요약

1 변형률 관계식

1.1 직각 좌표(Cartesian Coordinates)

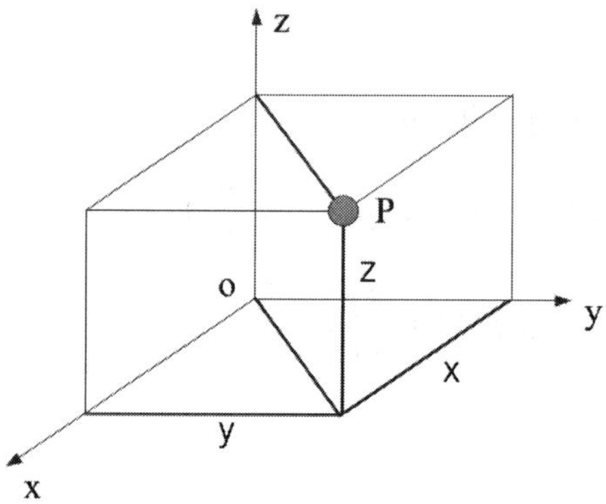

그림 D.1 직각 좌표계

$u,v,$ 그리고 w를 각각 x,y,z 방향의 변형 성분이라고 하면, 수직변형률 ϵ_i와 전단변형률 γ_{ij}는 다음과 같이 주어진다. (여기서 아래 첨자는 $i,j=x,y,z$를 나타냄)

$$\epsilon_x = \frac{\partial u}{\partial x} \tag{D.1}$$

$$\epsilon_y = \frac{\partial v}{\partial y}$$

$$\epsilon_z = \frac{\partial w}{\partial z}$$

$$\gamma_{xy} = \frac{\partial v}{\partial x} + \frac{\partial u}{\partial y}$$

$$\gamma_{yz} = \frac{\partial w}{\partial y} + \frac{\partial v}{\partial z}$$

$$\gamma_{xz} = \frac{\partial u}{\partial z} + \frac{\partial w}{\partial x}$$

단위부피당 부피변화(dilatation)는

$$e = \epsilon_x + \epsilon_y + \epsilon_z = \frac{\partial u}{\partial x} + \frac{\partial v}{\partial y} + \frac{\partial w}{\partial z} \tag{D.2}$$

1.2 실린더(원통) 좌표(Cylindrical Coordinates)

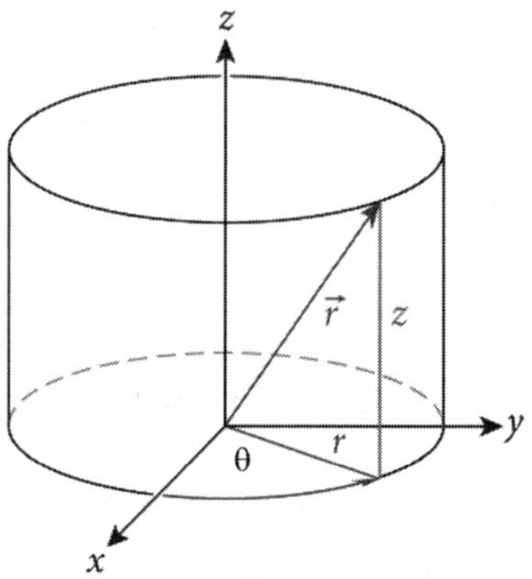

그림 D.2 실린더(원통) 좌표계

u_r, u_θ, 그리고 u_z를 각각 r, θ, z 방향의 변형 성분이라고 하면, 수직변형률 ϵ_i와 전단변형률 γ_{ij}는 다음과 같이 주어진다. (여기서 아래 첨자는 $i, j = r, \theta, z$를 나타냄)

$$\epsilon_r = \frac{\partial u_r}{\partial r} \tag{D.3}$$

$$\epsilon_\theta = \frac{1}{r}\frac{\partial u_\theta}{\partial \theta} + \frac{u_r}{r}$$

$$\epsilon_z = \frac{\partial u_z}{\partial z}$$

$$\gamma_{r\theta} = \frac{1}{r}\frac{\partial u_r}{\partial \theta} + \frac{\partial u_\theta}{\partial r} - \frac{u_\theta}{r}$$

$$\gamma_{rz} = \frac{\partial u_z}{\partial r} + \frac{\partial u_r}{\partial z}$$

$$\gamma_{\theta z} = \frac{\partial u_\theta}{\partial z} + \frac{1}{r}\frac{\partial u_z}{\partial \theta}$$

단위부피당 부피변화(dilatation)는

$$e = \epsilon_r + \epsilon_\theta + \epsilon_z = \frac{\partial u_r}{\partial r} + \frac{1}{r}\frac{\partial u_\theta}{\partial \theta} + \frac{u_r}{r} + \frac{\partial u_z}{\partial z} \tag{D.4}$$

1.3 구좌표(Spherical Coordinates)

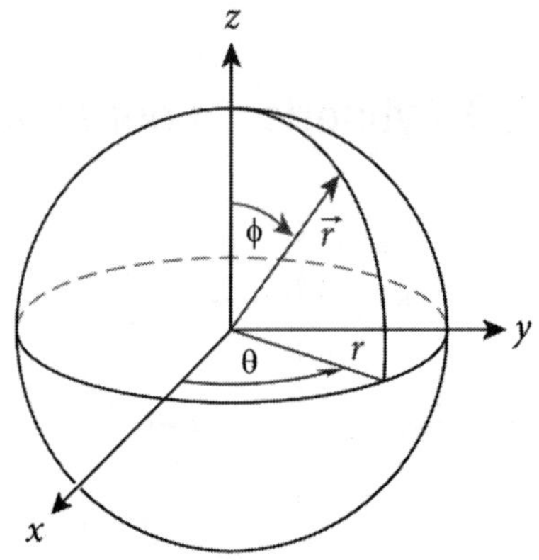

그림 D.3 구 좌표계

u_r, u_θ, 그리고 u_ϕ를 각각 r,θ,ϕ 방향의 변형 성분이라고 하면, 수직변형률 ϵ_i와 전단변형률 γ_{ij}는 다음과 같이 주어진다. (여기서 아래 첨자는 $i,j = r,\theta,\phi$를 나타냄)

$$\epsilon_r = \frac{\partial u_r}{\partial r} \tag{D.5}$$

$$\epsilon_\theta = \frac{1}{r\sin\phi}\frac{\partial u_\theta}{\partial \theta} + \frac{u_r}{r} + u_\phi \frac{\cot\phi}{r}$$

$$\epsilon_\phi = \frac{1}{r}\frac{\partial u_\phi}{\partial \phi} + \frac{u_r}{r}$$

$$\gamma_{r\theta} = \frac{1}{r\sin\phi}\frac{\partial u_r}{\partial \theta} - \frac{u_\theta}{r} + \frac{\partial u_\theta}{\partial r}$$

$$\gamma_{r\phi} = \frac{1}{r}\frac{\partial u_r}{\partial \phi} + \frac{\partial u_\phi}{\partial r} - \frac{u_\phi}{r}$$

$$\gamma_{\theta\phi} = \frac{1}{r}\frac{\partial u_\theta}{\partial \phi} - \frac{u_\theta \cot\phi}{r} + \frac{1}{r\sin\phi}\frac{\partial u_\phi}{\partial \theta}$$

단위부피당 부피변화(dilatation)는

$$e = \epsilon_r + \epsilon_\theta + \epsilon_\phi = \frac{\partial u_r}{\partial r} + \frac{1}{r\sin\phi}\frac{\partial u_\theta}{\partial \theta} + \frac{2u_r}{r} + \frac{u_\phi \cot\phi}{r} + \frac{1}{r}\frac{\partial u_\phi}{\partial \phi} \tag{D.6}$$

1.4 평면 직각 좌표(Plane Cartesian Coordinates)

$$\epsilon_x = \frac{\partial u}{\partial x} \tag{D.7}$$

$$\epsilon_y = \frac{\partial v}{\partial y}$$

$$\gamma_{xy} = \frac{\partial v}{\partial x} + \frac{\partial u}{\partial y}$$

1.5 평면 극좌표(Plane Polar Coordinates)

$$\epsilon_r = \frac{\partial u_r}{\partial r} \tag{D.8}$$

$$\epsilon_\theta = \frac{1}{r}\frac{\partial u_\theta}{\partial \theta} + \frac{u_r}{r}$$

$$\gamma_{r\theta} = \frac{1}{r}\frac{\partial u_r}{\partial \theta} + \frac{\partial u_\theta}{\partial r} - \frac{u_\theta}{r}$$

2 응력 관계식

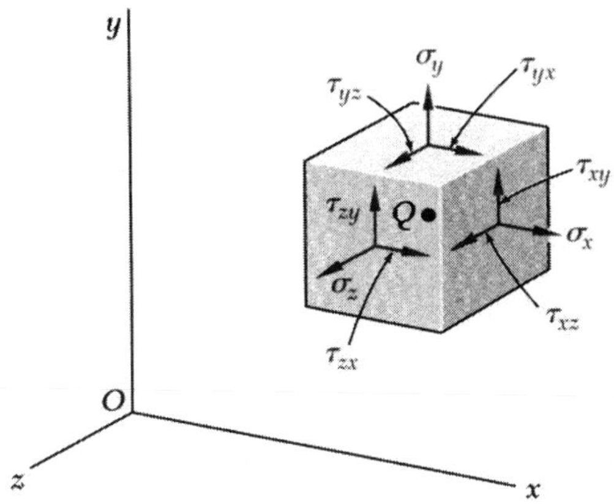

그림 D.4 3차원 응력 상태

외력이 가해지면 재료의 내부에는 9개의 응력 성분이 나타나는데 행렬로 표현하면 다음과 같다.

$$\sigma_{ij}=\begin{bmatrix}\sigma_x & \tau_{xy} & \tau_{xz}\\ \tau_{yx} & \sigma_y & \tau_{yz}\\ \tau_{zx} & \tau_{zy} & \sigma_z\end{bmatrix} \tag{D.9}$$

식 (D.9)에서 σ_i는 면에 수직으로 작용하는 수직응력(normal stress)을 나타내고, τ_{ij}는 면에 평행하게 작용하는 전단응력(shear stress)을 가리킨다. 전단응력을 나타내는 아래첨자 중에서 첫 번째 아래첨자는 응력이 작용하는 면의 방향을 나타내고, 두 번째 아래첨자는 응력이 가리키는 방향을 나타낸다. 그림 D.4의 응력요소는 평형상태에 있으므로 평형조건식을 만족한다. 평형조건 중에 모멘트 평형방정식을 적용하면 다음 식이 얻어진다.

$$\tau_{yx}=\tau_{xy} \tag{D.10}$$

$$\tau_{zx}=\tau_{xz}$$

$$\tau_{zy}=\tau_{yz}$$

따라서 식 (D.9)는 다음과 같이 쓸 수 있다.

$$\sigma_{ij}=\begin{bmatrix}\sigma_x & \tau_{xy} & \tau_{xz}\\ \tau_{xy} & \sigma_y & \tau_{yz}\\ \tau_{xz} & \tau_{yz} & \sigma_z\end{bmatrix} \tag{D.9′}$$

3차원 고체에 작용하는 독립된 응력 성분은 모두 6개이다. 이러한 응력을 스칼라(scalar)나 벡터(vector)가 아닌 텐서라고 한다.

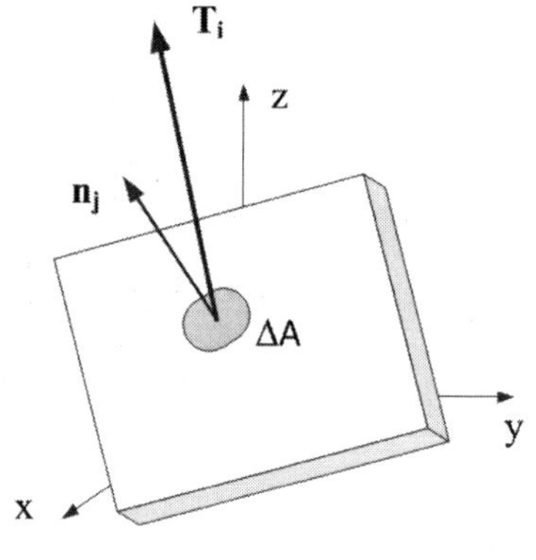

그림 D.5 면적 ΔA의 방향을 나타내는 법선단위 벡터(normal unit vector) n_j와 응력벡터 T_i.

재료의 표면에서 나타나는 응력상태는 3차원의 경우 3개(2차원의 경우에는 2개)의 성분밖에 가질 수 없는데, 재료 표면에서의 응력상태를 표면응력(traction vector) 또는 응력 벡터(stress vector)라고 한다. T_i를 응력 벡터, n_j를 면의 방향(면에 수직)을 나타내는 단위벡터

(normal unit vector)라고 하면, 다음과 같은 관계식이 성립한다.

$$T_i = \sigma_{ij} n_j \tag{D.11}$$

주응력(principal stresses) σ_P는 다음 행렬식으로부터 얻어진다.

$$|\sigma_{ij} - \sigma_P \delta_{ij}| = 0 \tag{D.12}$$

식 (D.12)에서 δ_{ij}는 Kronecker delta이다 : $\delta_{ij} = 1, i = j;\ \delta_{ij} = 0,\ i \neq j$.

위 식 (D.12)는 다음과 같이 전개된다.

$$|\sigma_{ij} - \sigma_P \delta_{ij}| = -\sigma_P^3 + I_1 \sigma_P^2 - I_2 \sigma_P + I_3 = 0 \tag{D.12$'$}$$

I_1, I_2, I_3는 다음과 같다.

$$I_1 = \sigma_x + \sigma_y + \sigma_z \tag{D.13}$$

$$I_2 = \begin{vmatrix} \sigma_y & \tau_{yz} \\ \tau_{yz} & \sigma_z \end{vmatrix} + \begin{vmatrix} \sigma_x & \tau_{xz} \\ \tau_{xz} & \sigma_z \end{vmatrix} + \begin{vmatrix} \sigma_x & \tau_{xy} \\ \tau_{xy} & \sigma_y \end{vmatrix} \tag{D.14}$$

$$I_3 = \begin{vmatrix} \sigma_x & \tau_{xy} & \tau_{xz} \\ \tau_{xy} & \sigma_y & \tau_{yz} \\ \tau_{xz} & \tau_{yz} & \sigma_z \end{vmatrix} \tag{D.15}$$

평면 응력($\sigma_z = \tau_{xz} = \tau_{yz} = 0$)인 경우

$$\sigma_{ij} = \begin{bmatrix} \sigma_x & \tau_{xy} \\ \tau_{xy} & \sigma_y \end{bmatrix} \tag{D.16}$$

$$|\sigma_{ij} - \lambda \delta_{ij}| = \sigma_P^2 - (\sigma_x + \sigma_y)\sigma_P + (\sigma_x \sigma_y - \tau_{xy}^2) = 0 \tag{D.17}$$

식 (D.17)에 대한 해를 구하면,

$$\sigma_P = \frac{(\sigma_x + \sigma_y)}{2} \pm \sqrt{\left(\frac{\sigma_x - \sigma_y}{2}\right)^2 + \tau_{xy}^2} \tag{D.18}$$

식 (D.18)에 있는 σ_P는 (D.16)의 고유값(eigenvalue)으로서 주응력(principal stresses)을 나타낸다.

주응력이 작용하는 면을 주평면(principal planes)이라고 하며, 주평면을 나타내는 벡터를 n_j라고 하면, 다음 식이 얻어진다.

$$[\sigma_{ij} - \sigma_P \delta_{ij}][n_j] = 0 \tag{D.19}$$

3 응력-변형률 관계식, 후크의 법칙

3.1 직각 좌표(Cartesian Coordinates)

직각좌표계에서 후크의 법칙은 다음과 같이 표현된다.

$$\sigma_x = \frac{E}{(1+\nu)(1-2\nu)}[(1-\nu)\epsilon_x + \nu(\epsilon_y + \epsilon_z)] \tag{D.20}$$

$$\sigma_y = \frac{E}{(1+\nu)(1-2\nu)}[(1-\nu)\epsilon_y + \nu(\epsilon_x + \epsilon_z)]$$

$$\sigma_z = \frac{E}{(1+\nu)(1-2\nu)}[(1-\nu)\epsilon_z + \nu(\epsilon_x + \epsilon_y)]$$

$$\tau_{xy} = G\gamma_{xy} \tag{D.21}$$

$$\tau_{yz} = G\gamma_{yz}$$

$$\tau_{xz} = G\gamma_{xz}$$

식 (D.20)에서 E는 탄성계수 (modulus of elasticity), ν는 푸아송 비(Poisson's ratio)를 나타낸다. 탄성계수는 응력-변형률 선도에서 초기 직선의 기울기를 나타내는데 재료의 강성(stiffness)을 의미한다. 즉, 탄성계수가 클수록 변형에 대한 저항이 크다. 대표적인 탄성계수 값들은 다음과 같다.

구조용 강 : $200\,GPa$
동합금 : $110\,GPa$
알루미늄 합금 : $70\,GPa$

푸아송 비의 범위는 다음과 같다.

$$0 < \nu < 0.5 \tag{D.22}$$

일반 금속의 경우 푸아송 비는 0.25 ~ 0.35사이의 값을 갖는다. 푸아송 비가 0.5가 되면 외력이 작용해도 탄성거동을 하는 재료의 부피에 변화가 발생하지 않게 되는데, 이러한 재료를 비압축성 재료라고 한다. 물리적으로는 불가능한 상태라고 볼 수 있다.
식 (D.21)에서 G는 전단계수, 또는 전단탄성계수를 나타내는데 교재에 따라서는 μ를 사용하기도 한다. G, E 그리고 ν 사이에는 다음과 같은 관계가 있다.

$$G = \frac{E}{2(1+\nu)} \tag{D.23}$$

변형률을 응력으로 표현할 수도 있다.

$$\begin{aligned}
\epsilon_x &= \frac{1}{E}\left[\sigma_x - \nu(\sigma_y + \sigma_z)\right] \\
\epsilon_y &= \frac{1}{E}\left[\sigma_y - \nu(\sigma_x + \sigma_z)\right] \\
\epsilon_z &= \frac{1}{E}\left[\sigma_z - \nu(\sigma_y + \sigma_x)\right] \\
\gamma_{xy} &= \tau_{xy} / G \\
\gamma_{yz} &= \tau_{yz} / G \\
\gamma_{xz} &= \tau_{xz} / G
\end{aligned} \tag{D.24}$$

3.2 실린더 좌표(Cylindrical Coordinates)

실린더(원통)좌표계에서 후크의 법칙은 다음과 같이 표현된다.

$$\begin{aligned}
\sigma_r &= \frac{E}{(1+\nu)(1-2\nu)}\left[(1-\nu)\epsilon_r + \nu(\epsilon_\theta + \epsilon_z)\right] \\
\sigma_\theta &= \frac{E}{(1+\nu)(1-2\nu)}\left[(1-\nu)\epsilon_\theta + \nu(\epsilon_r + \epsilon_z)\right] \\
\sigma_z &= \frac{E}{(1+\nu)(1-2\nu)}\left[(1-\nu)\epsilon_z + \nu(\epsilon_r + \epsilon_\theta)\right]
\end{aligned} \tag{D.25}$$

$$\begin{aligned}
\tau_{r\theta} &= G\gamma_{r\theta} \\
\tau_{rz} &= G\gamma_{rz} \\
\tau_{\theta z} &= G\gamma_{\theta z}
\end{aligned} \tag{D.26}$$

변형률을 응력으로 표현하면 다음과 같은 식이 얻어진다.

$$\epsilon_r = \frac{1}{E}\left[\sigma_r - \nu(\sigma_\theta + \sigma_z)\right] \tag{D.27}$$

$$\epsilon_\theta = \frac{1}{E}\left[\sigma_\theta - \nu(\sigma_r + \sigma_z)\right]$$

$$\epsilon_z = \frac{1}{E}\left[\sigma_z - \nu(\sigma_r + \sigma_\theta)\right]$$

$$\gamma_{r\theta} = \tau_{r\theta} / G$$

$$\gamma_{\theta z} = \tau_{\theta z} / G$$

$$\gamma_{rz} = \tau_{rz} / G$$

3.3 구좌표(Spherical Coordinates)

구 좌표계에서 후크의 법칙은 다음과 같이 표현된다.

$$\sigma_r = \frac{E}{(1+\nu)(1-2\nu)}\left[(1-\nu)\epsilon_r + \nu(\epsilon_\theta + \epsilon_\phi)\right] \tag{D.28}$$

$$\sigma_\theta = \frac{E}{(1+\nu)(1-2\nu)}\left[(1-\nu)\epsilon_\theta + \nu(\epsilon_r + \epsilon_\phi)\right]$$

$$\sigma_\phi = \frac{E}{(1+\nu)(1-2\nu)}\left[(1-\nu)\epsilon_\phi + \nu(\epsilon_r + \epsilon_\theta)\right]$$

$$\tau_{r\theta} = G\gamma_{r\theta} \tag{D.29}$$

$$\tau_{r\phi} = G\gamma_{r\phi}$$

$$\tau_{\theta\phi} = G\gamma_{\theta\phi}$$

변형률을 응력으로 표현하면 다음과 같은 식이 얻어진다.

$$\epsilon_r = \frac{1}{E}\left[\sigma_r - \nu(\sigma_\theta + \sigma_\phi)\right] \tag{D.30}$$

$$\epsilon_\theta = \frac{1}{E}\left[\sigma_\theta - \nu(\sigma_r + \sigma_\phi)\right]$$

$$\epsilon_\phi = \frac{1}{E}\left[\sigma_\phi - \nu(\sigma_r + \sigma_\theta)\right]$$

$$\gamma_{r\theta} = \tau_{r\theta} / G$$

$$\gamma_{\theta\phi} = \tau_{\theta\phi} / G$$

$$\gamma_{r\phi} = \tau_{r\phi} / G$$

3.4 평면 변형률(Plane Strain) 상태, 직각 좌표

$$\sigma_x = \frac{E}{(1+\nu)(1-2\nu)}\left[(1-\nu)\epsilon_x + \nu\epsilon_y\right] \tag{D.31}$$

$$\sigma_y = \frac{E}{(1+\nu)(1-2\nu)}\left[(1-\nu)\epsilon_y + \nu\epsilon_x\right]$$

$$\sigma_z = \frac{E\nu}{(1+\nu)(1-2\nu)}\left[\epsilon_x + \epsilon_y\right]$$

$$\tau_{xy} = G\gamma_{xy}$$

$$\tau_{yz} = 0$$

$$\tau_{xz} = 0$$

변형률을 응력으로 표현할 수 있다.

$$\epsilon_x = \frac{1}{E}\left[\sigma_x - \nu(\sigma_y + \sigma_z)\right] = \frac{1+\nu}{E}\left[(1-\nu)\sigma_x - \nu\sigma_y\right] \tag{D.32}$$

$$\epsilon_y = \frac{1+\nu}{E}\left[(1-\nu)\sigma_y - \nu\sigma_x\right]$$

$$\epsilon_z = 0$$

$$\gamma_{xy} = \tau_{xy}/G$$

$$\gamma_{yz} = 0$$

$$\gamma_{xz} = 0$$

3.5 평면 변형률(Plane Strain) 상태, 극좌표

$$\sigma_r = \frac{E}{(1+\nu)(1-2\nu)}\left[(1-\nu)\epsilon_r + \nu\epsilon_\theta\right] \tag{D.33}$$

$$\sigma_\theta = \frac{E}{(1+\nu)(1-2\nu)}\left[(1-\nu)\epsilon_\theta + \nu\epsilon_r\right]$$

$$\sigma_z = \frac{E\nu}{(1+\nu)(1-2\nu)}\left[\epsilon_r + \epsilon_\theta\right]$$

$$\tau_{r\theta} = G\gamma_{r\theta}$$

$$\tau_{\theta z} = 0$$

$$\tau_{rz} = 0$$

변형률을 응력으로 표현할 수 있다.

$$\epsilon_r = \frac{1}{E}\left[\sigma_r - \nu(\sigma_\theta + \sigma_z)\right] = \frac{1+\nu}{E}\left[(1-\nu)\sigma_r - \nu\sigma_\theta\right] \tag{D.34}$$

$$\epsilon_\theta = \frac{1+\nu}{E}\left[(1-\nu)\sigma_\theta - \nu\sigma_r\right]$$

$$\epsilon_z = 0$$

$$\gamma_{r\theta} = \tau_{r\theta} / G$$

$$\gamma_{\theta z} = 0$$

$$\gamma_{rz} = 0$$

3.6 평면 응력(Plane Stress) 상태, 직각 좌표

$$\sigma_x = \frac{E}{(1+\nu)(1-2\nu)}\left[(1-\nu)\epsilon_x + \nu(\epsilon_y + \epsilon_z)\right] = \frac{E}{1-\nu^2}\left[\epsilon_x + \nu\epsilon_y\right] \tag{D.35}$$

$$\sigma_y = \frac{E}{1-\nu^2}\left[\epsilon_y + \nu\epsilon_x\right]$$

$$\sigma_z = 0$$

$$\tau_{xy} = G\gamma_{xy}$$

$$\tau_{yz} = 0$$

$$\tau_{xz} = 0$$

변형률을 응력으로 표현할 수 있다.

$$\epsilon_x = \frac{1}{E}\left[\sigma_x - \nu(\sigma_y + \sigma_z)\right] = \frac{1}{E}\left[\sigma_x - \nu\sigma_y\right] \tag{D.36}$$

$$\epsilon_y = \frac{1}{E}\left[\sigma_y - \nu\sigma_x\right]$$

$$\epsilon_z = -\frac{\nu}{E}\left[\sigma_x + \sigma_y\right]$$

$$\gamma_{xy} = \tau_{xy} / G$$

$$\gamma_{yz} = 0$$

$$\gamma_{xz} = 0$$

3.7 평면 응력(Plane Stress) 상태, 극좌표

$$\sigma_r = \frac{E}{1-\nu^2}\left[\epsilon_r + \nu\epsilon_\theta\right] \tag{D.37}$$

$$\sigma_\theta = \frac{E}{1-\nu^2}\left[\epsilon_\theta + \nu\epsilon_r\right]$$

$$\sigma_z = 0$$

$$\tau_{r\theta} = G\gamma_{r\theta}$$

$$\tau_{\theta z} = 0$$

$$\tau_{rz} = 0$$

변형률을 응력으로 표현할 수 있다.

$$\epsilon_r = \frac{1}{E}\left[\sigma_r - \nu\sigma_\theta\right] \tag{D.38}$$

$$\epsilon_\theta = \frac{1}{E}\left[\sigma_\theta - \nu\sigma_r\right]$$

$$\epsilon_z = -\frac{\nu}{E}\left[\sigma_r + \sigma_\theta\right]$$

$$\gamma_{r\theta} = \tau_{r\theta}/G$$

$$\gamma_{\theta z} = 0$$

$$\gamma_{rz} = 0$$

4 평형 방정식(Equations of Equilibrium)

4.1 직각 좌표

$$\frac{\partial\sigma_x}{\partial x} + \frac{\partial\tau_{xy}}{\partial y} + \frac{\partial\tau_{xz}}{\partial z} + F_x = 0 \tag{D.39}$$

$$\frac{\partial\tau_{xy}}{\partial x} + \frac{\partial\sigma_y}{\partial y} + \frac{\partial\tau_{yz}}{\partial z} + F_y = 0$$

$$\frac{\partial\tau_{xz}}{\partial x} + \frac{\partial\tau_{yz}}{\partial y} + \frac{\partial\sigma_z}{\partial z} + F_z = 0$$

식(D.39)에서 F_i는 단위 부피당 체력(body forces)을 나타낸다.

4.2 실린더 좌표

$$\frac{\partial \sigma_r}{\partial r}+\frac{1}{r}\frac{\partial \tau_{r\theta}}{\partial \theta}+\frac{\partial \tau_{rz}}{\partial z}+\frac{\sigma_r-\sigma_\theta}{r}+F_r=0 \quad \text{(D.40)}$$

$$\frac{\partial \tau_{r\theta}}{\partial r}+\frac{1}{r}\frac{\partial \sigma_\theta}{\partial \theta}+\frac{\partial \tau_{\theta z}}{\partial z}+\frac{2}{r}\tau_{r\theta}+F_\theta=0$$

$$\frac{\partial \tau_{rz}}{\partial r}+\frac{1}{r}\frac{\partial \tau_{\theta z}}{\partial \theta}+\frac{\partial \sigma_z}{\partial z}+\frac{\tau_{rz}}{r}+F_z=0$$

4.3 구좌표

$$\frac{\partial \sigma_r}{\partial r}+\frac{1}{rsin\phi}\frac{\partial \tau_{r\theta}}{\partial \theta}+\frac{1}{r}\frac{\partial \tau_{r\phi}}{\partial \phi}+\frac{2\sigma_r-\sigma_\theta-\sigma_\phi+\tau_{r\phi}\cot\phi}{r}+F_r=0$$

$$\frac{\partial \tau_{r\theta}}{\partial r}+\frac{1}{r\sin\phi}\frac{\partial \sigma_\theta}{\partial \theta}+\frac{1}{r}\frac{\partial \tau_{\theta\phi}}{\partial \phi}+\frac{3\tau_{r\theta}+2\tau_{\theta\phi}\cot\phi}{r}+F_\theta=0 \quad \text{(D.41)}$$

$$\frac{\partial \tau_{r\phi}}{\partial r}+\frac{1}{r\sin\phi}\frac{\partial \tau_{\theta\phi}}{\partial \theta}+\frac{1}{r}\frac{\partial \sigma_\phi}{\partial \phi}+\frac{3\tau_{r\phi}+(\sigma_\phi-\sigma_\theta)\cot\phi}{r}+F_\phi=0$$

4.4 평면 변형률 상태, 직각 좌표

$$\frac{\partial \sigma_x}{\partial x}+\frac{\partial \tau_{xy}}{\partial y}+F_x=0 \quad \text{(D.42)}$$

$$\frac{\partial \tau_{xy}}{\partial x}+\frac{\partial \sigma_y}{\partial y}+F_y=0$$

$$\frac{\partial \sigma_z}{\partial z}+F_z=0$$

4.5 평면 변형률 상태, 극좌표

$$\frac{\partial \sigma_r}{\partial r}+\frac{1}{r}\frac{\partial \tau_{r\theta}}{\partial \theta}+\frac{\sigma_r-\sigma_\theta}{r}+F_r=0 \quad \text{(D.43)}$$

$$\frac{\partial \tau_{r\theta}}{\partial r}+\frac{1}{r}\frac{\partial \sigma_\theta}{\partial \theta}+\frac{2}{r}\tau_{r\theta}+F_\theta=0$$

$$\frac{\partial \sigma_z}{\partial z} + F_z = 0$$

4.6 평면 응력 상태, 직각 좌표

$$\frac{\partial \sigma_x}{\partial x} + \frac{\partial \tau_{xy}}{\partial y} + F_x = 0 \tag{D.44}$$

$$\frac{\partial \tau_{xy}}{\partial x} + \frac{\partial \sigma_y}{\partial y} + F_y = 0$$

4.7 평면 응력 상태, 극좌표

$$\frac{\partial \sigma_r}{\partial r} + \frac{1}{r}\frac{\partial \tau_{r\theta}}{\partial \theta} + \frac{\sigma_r - \sigma_\theta}{r} + F_r = 0 \tag{D.45}$$

$$\frac{\partial \tau_{r\theta}}{\partial r} + \frac{1}{r}\frac{\partial \sigma_\theta}{\partial \theta} + \frac{2}{r}\tau_{r\theta} + F_\theta = 0$$

5 적합 조건식(Compatibility Equations)

5.1 직각 좌표

$$2\frac{\partial^2 \epsilon_x}{\partial y\,\partial z} = \frac{\partial}{\partial x}\left(-\frac{\partial \gamma_{yz}}{\partial x} + \frac{\partial \gamma_{xz}}{\partial y} + \frac{\partial \gamma_{xy}}{\partial z}\right) \tag{D.46}$$

$$2\frac{\partial^2 \epsilon_y}{\partial z\,\partial x} = \frac{\partial}{\partial y}\left(\frac{\partial \gamma_{yz}}{\partial x} - \frac{\partial \gamma_{xz}}{\partial y} + \frac{\partial \gamma_{xy}}{\partial z}\right)$$

$$2\frac{\partial^2 \epsilon_z}{\partial x\,\partial y} = \frac{\partial}{\partial z}\left(\frac{\partial \gamma_{yz}}{\partial x} + \frac{\partial \gamma_{xz}}{\partial y} - \frac{\partial \gamma_{xy}}{\partial z}\right)$$

$$\frac{\partial^2 \epsilon_x}{\partial y^2} + \frac{\partial^2 \epsilon_y}{\partial x^2} = \frac{\partial^2 \gamma_{xy}}{\partial x\,\partial y}$$

$$\frac{\partial^2 \epsilon_y}{\partial z^2} + \frac{\partial^2 \epsilon_z}{\partial y^2} = \frac{\partial^2 \gamma_{yz}}{\partial y\,\partial z}$$

$$\frac{\partial^2 \epsilon_z}{\partial x^2} + \frac{\partial^2 \epsilon_x}{\partial z^2} = \frac{\partial^2 \gamma_{xz}}{\partial z\,\partial x}$$

5.2 평면 변형률 상태, 직각 좌표

$$\frac{\partial^2 \epsilon_x}{\partial y^2}+\frac{\partial^2 \epsilon_y}{\partial x^2}=\frac{\partial^2 \gamma_{xy}}{\partial x\,\partial y} \tag{D.47}$$

5.3 평면 응력 상태, 직각 좌표

$$2\frac{\partial^2 \epsilon_x}{\partial y\,\partial z}=\frac{\partial^2 \gamma_{xy}}{\partial x\,\partial z} \tag{D.48}$$

$$2\frac{\partial^2 \epsilon_y}{\partial z\,\partial x}=\frac{\partial^2 \gamma_{xy}}{\partial y\,\partial z}$$

$$2\frac{\partial^2 \epsilon_z}{\partial x\,\partial y}=-\frac{\partial^2 \gamma_{xy}}{\partial z^2}$$

$$\frac{\partial^2 \epsilon_x}{\partial y^2}+\frac{\partial^2 \epsilon_y}{\partial x^2}=\frac{\partial^2 \gamma_{xy}}{\partial x\,\partial y}$$

$$\frac{\partial^2 \epsilon_y}{\partial z^2}+\frac{\partial^2 \epsilon_z}{\partial y^2}=0$$

$$\frac{\partial^2 \epsilon_z}{\partial x^2}+\frac{\partial^2 \epsilon_x}{\partial z^2}=0$$

5.4 Beltrami-Michell 적합 조건식

Beltrami-Michell 적합 조건식은 다음과 같이 표현된다.

$$\nabla^2 \sigma_x+\frac{1}{1+\nu}\frac{\partial^2}{\partial x^2}(\sigma_x+\sigma_y+\sigma_z)=-\frac{\nu}{1-\nu}\nabla\cdot\boldsymbol{F}-2\frac{\partial F_x}{\partial x} \tag{D.49}$$

$$\nabla^2 \sigma_y+\frac{1}{1+\nu}\frac{\partial^2}{\partial y^2}(\sigma_x+\sigma_y+\sigma_z)=-\frac{\nu}{1-\nu}\nabla\cdot\boldsymbol{F}-2\frac{\partial F_y}{\partial y}$$

$$\nabla^2 \sigma_z+\frac{1}{1+\nu}\frac{\partial^2}{\partial z^2}(\sigma_x+\sigma_y+\sigma_z)=-\frac{\nu}{1-\nu}\nabla\cdot\boldsymbol{F}-2\frac{\partial F_z}{\partial z}$$

$$\nabla^2 \tau_{xy}+\frac{1}{1+\nu}\frac{\partial^2}{\partial x\partial y}(\sigma_x+\sigma_y+\sigma_z)=-\left(\frac{\partial F_x}{\partial y}+\frac{\partial F_y}{\partial x}\right)$$

$$\nabla^2 \tau_{yz}+\frac{1}{1+\nu}\frac{\partial^2}{\partial y\partial z}(\sigma_x+\sigma_y+\sigma_z)=-\left(\frac{\partial F_y}{\partial z}+\frac{\partial F_z}{\partial y}\right)$$

$$\nabla^2 \tau_{xz}+\frac{1}{1+\nu}\frac{\partial^2}{\partial z\partial x}(\sigma_x+\sigma_y+\sigma_z)=-\left(\frac{\partial F_z}{\partial x}+\frac{\partial F_x}{\partial z}\right)$$

식 (D.49)에서 $\nabla \cdot \boldsymbol{F}$와 ∇^2(Laplacian)는 다음과 같이 표현된다.

$$\nabla \cdot \boldsymbol{F} = \frac{\partial F_x}{\partial x} + \frac{\partial F_y}{\partial y} + \frac{\partial F_z}{\partial z} \tag{D.50}$$

$$\nabla^2 = \frac{\partial^2}{\partial x^2} + \frac{\partial^2}{\partial y^2} + \frac{\partial^2}{\partial z^2} \tag{D.51}$$

체력이 일정하면, Beltrami-Michell 적합 조건식은 다음과 같이 표현된다.

$$(1+\nu)\nabla^2 \sigma_x + \frac{\partial^2}{\partial x^2}(\sigma_x + \sigma_y + \sigma_z) = 0 \tag{D.52}$$

$$(1+\nu)\nabla^2 \sigma_y + \frac{\partial^2}{\partial y^2}(\sigma_x + \sigma_y + \sigma_z) = 0$$

$$(1+\nu)\nabla^2 \sigma_z + \frac{\partial^2}{\partial z^2}(\sigma_x + \sigma_y + \sigma_z) = 0$$

$$(1+\nu)\nabla^2 \tau_{xy} + \frac{\partial^2}{\partial x \partial y}(\sigma_x + \sigma_y + \sigma_z) = 0$$

$$(1+\nu)\nabla^2 \tau_{yz} + \frac{\partial^2}{\partial y \partial z}(\sigma_x + \sigma_y + \sigma_z) = 0$$

$$(1+\nu)\nabla^2 \tau_{xz} + \frac{\partial^2}{\partial z \partial x}(\sigma_x + \sigma_y + \sigma_z) = 0$$

6 2차원에서의 응력 함수(Stress function)

Airy 응력함수 Φ는 다음과 같이 정의된다.

$$\sigma_x = \Omega + \frac{\partial^2 \Phi}{\partial y^2} \tag{D.53}$$

$$\sigma_y = \Omega + \frac{\partial^2 \Phi}{\partial x^2}$$

$$\tau_{xy} = -\frac{\partial^2 \Phi}{\partial x \, \partial y}$$

식 (D.53)에서 Ω는 체력 포텐셜(body force potential)을 나타내는데, 다음과 같이 표현된다.

$$\boldsymbol{F} = -\nabla \Omega \tag{D.54}$$

또는

$$F_x = -\frac{\partial \Omega}{\partial x},\ F_y = -\frac{\partial \Omega}{\partial y} \tag{D.55}$$

6.1 직각 좌표에서의 Airy 응력함수 : 평면 변형률 상태

Airy 응력함수는 다음 식을 만족한다.

$$\nabla^4 \Phi + \frac{1-2\nu}{1-\nu}\nabla^2 \Omega = 0 \tag{D.56}$$

또는

$$\frac{\partial^4 \Phi}{\partial x^4} + 2\frac{\partial^4 \Phi}{\partial x^2 \partial y^2} + \frac{\partial^4 \Phi}{\partial y^4} + \frac{1-2\nu}{1-\nu}\left(\frac{\partial^2 \Omega}{\partial x^2} + \frac{\partial^2 \Omega}{\partial y^2}\right) = 0 \tag{D.57}$$

6.2 극좌표에서의 Airy 응력함수 : 평면 변형률 상태

Airy 응력함수는 다음 식을 만족한다.

$$\nabla^4 \Phi + \frac{1-2\nu}{1-\nu}\nabla^2 \Omega = 0 \tag{D.58}$$

또는

$$\begin{aligned}\left(\frac{\partial^2}{\partial r^2} + \frac{1}{r}\frac{\partial}{\partial r} + \frac{1}{r^2}\frac{\partial^2}{\partial \theta^2}\right)\left(\frac{\partial^2 \Phi}{\partial r^2} + \frac{1}{r}\frac{\partial \Phi}{\partial r} + \frac{1}{r^2}\frac{\partial^2 \Phi}{\partial \theta^2}\right)\\ + \frac{1-2\nu}{1-\nu}\left(\frac{\partial^2 \Omega}{\partial r^2} + \frac{1}{r}\frac{\partial \Omega}{\partial r} + \frac{1}{r^2}\frac{\partial^2 \Omega}{\partial \theta^2}\right) = 0\end{aligned} \tag{D.59}$$

응력은 Airy 함수를 이용하여 다음과 같이 표현된다.

$$\begin{aligned}\sigma_r &= \frac{1}{r}\frac{\partial \Phi}{\partial r} + \frac{1}{r^2}\frac{\partial^2 \Phi}{\partial \theta^2} + \Omega \\ \sigma_\theta &= \frac{\partial^2 \Phi}{\partial r^2} + \Omega \\ \tau_{r\theta} &= -\frac{\partial}{\partial r}\left(\frac{1}{r}\frac{\partial \Phi}{\partial \theta}\right)\end{aligned} \tag{D.60}$$

$$\sigma_z = f(r,\theta) + constant$$

6.3 직각 좌표에서의 Airy 응력함수 : 평면 응력상태

Airy 응력함수는 다음 식을 만족한다.

$$\nabla^4 \Phi + (1-\nu)\nabla^2 \Omega = 0 \tag{D.61}$$

또는

$$\frac{\partial^4 \Phi}{\partial x^4} + 2\frac{\partial^4 \Phi}{\partial x^2 \partial y^2} + \frac{\partial^4 \Phi}{\partial y^4} + (1-\nu)\left(\frac{\partial^2 \Omega}{\partial x^2} + \frac{\partial^2 \Omega}{\partial y^2}\right) = 0 \tag{D.62}$$

6.4 극좌표에서의 Airy 응력함수 : 평면 응력 상태

Airy 응력함수는 다음 식을 만족한다.

$$\nabla^4 \Phi + (1-\nu)\nabla^2 \Omega = 0 \tag{D.63}$$

또는

$$\left(\frac{\partial^2}{\partial r^2} + \frac{1}{r}\frac{\partial}{\partial r} + \frac{1}{r^2}\frac{\partial^2}{\partial \theta^2}\right)\left(\frac{\partial^2 \Phi}{\partial r^2} + \frac{1}{r}\frac{\partial \Phi}{\partial r} + \frac{1}{r^2}\frac{\partial^2 \Phi}{\partial \theta^2}\right) + (1-\nu)\left(\frac{\partial^2 \Omega}{\partial r^2} + \frac{1}{r}\frac{\partial \Omega}{\partial r} + \frac{1}{r^2}\frac{\partial^2 \Omega}{\partial \theta^2}\right) = 0 \tag{D.64}$$

응력은 Airy 함수를 이용하여 다음과 같이 표현된다.

$$\sigma_r = \frac{1}{r}\frac{\partial \Phi}{\partial r} + \frac{1}{r^2}\frac{\partial^2 \Phi}{\partial \theta^2} + \Omega \tag{D.65}$$

$$\sigma_\theta = \frac{\partial^2 \Phi}{\partial r^2} + \Omega$$

$$\tau_{r\theta} = -\frac{\partial}{\partial r}\left(\frac{1}{r}\frac{\partial \Phi}{\partial \theta}\right)$$

$$\sigma_z = 0$$

7 열응력(Thermal stresses)

열팽창계수가 α인 재료에 온도가 ΔT 만큼 변할 때, 직각좌표계에서 후크의 법칙은 다음과 같이 표현된다.

$$\sigma_x = \frac{E}{(1+\nu)(1-2\nu)}\left[(1-\nu)\epsilon_x + \nu(\epsilon_y + \epsilon_z)\right] - \beta\Delta T \tag{D.66}$$

$$\sigma_y = \frac{E}{(1+\nu)(1-2\nu)}\left[(1-\nu)\epsilon_y + \nu(\epsilon_x + \epsilon_z)\right] - \beta\Delta T$$

$$\sigma_z = \frac{E}{(1+\nu)(1-2\nu)}\left[(1-\nu)\epsilon_z + \nu(\epsilon_x + \epsilon_y)\right] - \beta\Delta T$$

식 (D.66)에서 β는 다음과 같다.

$$\beta = \frac{E}{1-2\nu}\alpha \tag{D.67}$$

변형률을 응력으로 표현하면 다음과 같은 식들이 얻어진다.

$$\epsilon_x = \frac{1}{E}\left[\sigma_x - \nu(\sigma_y + \sigma_z)\right] + \alpha\Delta T \tag{D.68}$$

$$\epsilon_y = \frac{1}{E}\left[\sigma_y - \nu(\sigma_x + \sigma_z)\right] + \alpha\Delta T$$

$$\epsilon_z = \frac{1}{E}\left[\sigma_z - \nu(\sigma_y + \sigma_x)\right] + \alpha\Delta T$$

8 축대칭 부재(Axisymmetrically Loaded Members)

그림 D.6은 내압을 받고 있는 두꺼운 실린더를 보여주고 있다. A–B는 반지름 방향으로 놓여있는 직선을 내는데, 내압에 의한 변위를 살펴보면 반지름 방향으로만 변위가 발생하고 있다. 그림 D.7과 그림 D.8은 내압을 받는 실린더형 압력 용기를 나타내는데, 반지름 방향으로 놓여 있는 직선 A–B, C–D, E–F는 물론이고 이러한 직선들을 포함하고 있는 평면에서 발생하는 변위는 θ에 독립적이다. 이러한 경우에 압력용기는 축대칭 거동을 한다고 말한다. 즉 중심축을 중심으로 대칭적인 거동을 하게 된다. 내압 대신 외압이 작용해도 실린더는 축대칭 거동을 하게 된다. z에 대해 대칭거동을 하므로 $\tau_{r\theta} = 0$이다.

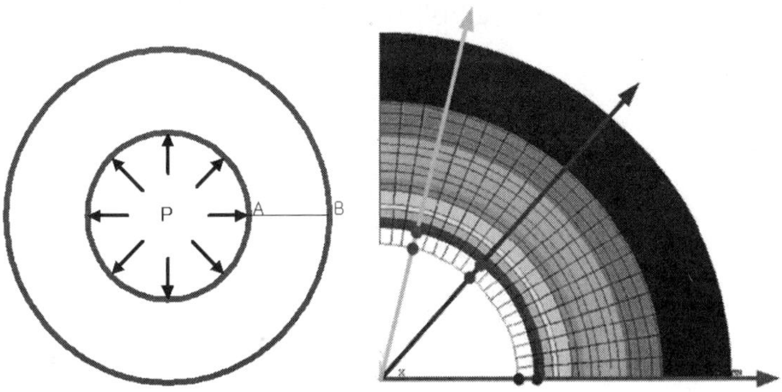

그림 D.6 실린더에 있는 점들의 변위

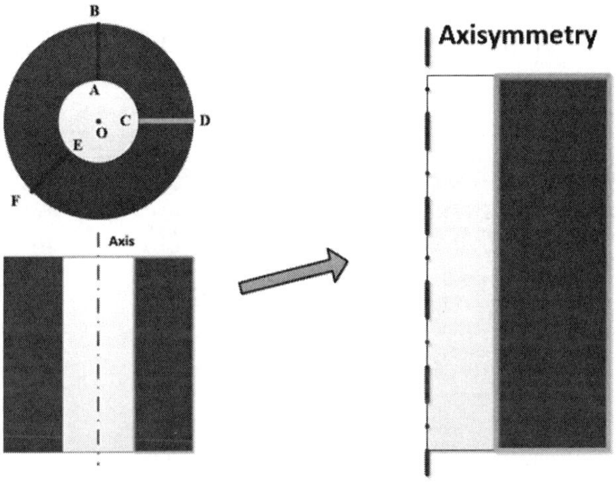

그림 D.7 축대칭 거동을 하는 압력 용기의 해석 모델

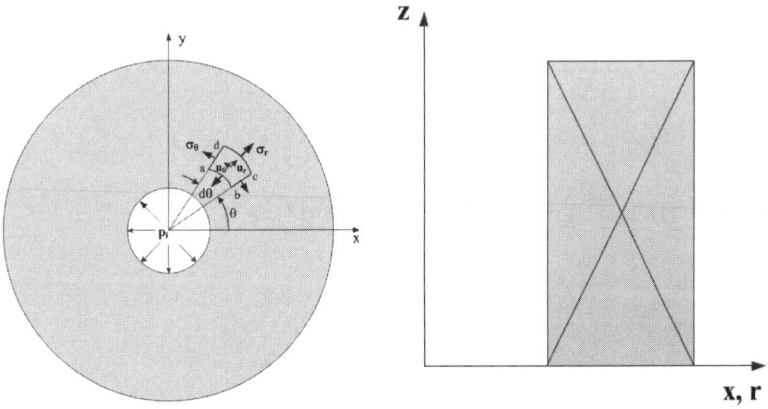

그림 D.8 축대칭 부재($u_\theta = 0$)

u_r과 u_z를 각각 r, z 방향의 변형 성분이라고 하면($u_\theta = 0$), 수직변형률 ϵ_i은 식 (D.3)으로부터 다음과 같이 주어진다.

$$\epsilon_r = \frac{\partial u_r}{\partial r} \tag{D.69}$$
$$\epsilon_\theta = \frac{u_r}{r}$$
$$\epsilon_z = \frac{\partial u_z}{\partial z}$$
$$\gamma_{rz} = \frac{\partial u_r}{\partial z} + \frac{\partial u_z}{\partial r}$$

응력-변형률 관계식은 식 (D.25)와 식 (D.26)으로부터 다음과 같이 정리된다.

$$\sigma_r = \frac{E}{(1+\nu)(1-2\nu)}\left[(1-\nu)\epsilon_r + \nu(\epsilon_\theta + \epsilon_z)\right] \tag{D.70}$$
$$\sigma_\theta = \frac{E}{(1+\nu)(1-2\nu)}\left[(1-\nu)\epsilon_\theta + \nu(\epsilon_r + \epsilon_z)\right]$$
$$\sigma_z = \frac{E}{(1+\nu)(1-2\nu)}\left[(1-\nu)\epsilon_z + \nu(\epsilon_r + \epsilon_\theta)\right]$$
$$\tau_{rz} = G\gamma_{rz}$$

또는

$$\epsilon_r = \frac{1}{E}\left[\sigma_r - \nu(\sigma_\theta + \sigma_z)\right] \tag{D.71}$$
$$\epsilon_\theta = \frac{1}{E}\left[\sigma_\theta - \nu(\sigma_r + \sigma_z)\right]$$
$$\epsilon_z = \frac{1}{E}\left[\sigma_z - \nu(\sigma_r + \sigma_\theta)\right]$$
$$\gamma_{rz} = \tau_{rz}/G$$

평형 방정식은 식 (D.40)으로부터 다음과 같이 주어진다.

$$\frac{\partial \sigma_r}{\partial r} + \frac{\partial \tau_{rz}}{\partial z} + \frac{\sigma_r - \sigma_\theta}{r} + F_r = 0 \tag{D.72}$$
$$\frac{\partial \tau_{rz}}{\partial r} + \frac{\partial \sigma_z}{\partial z} + \frac{\tau_{rz}}{r} + F_z = 0$$

식(D.72)에서 F_r과 F_z는 각각 단위 부피당 체력의 r, z 성분을 나타내는데, 체력을 무시하면 다음 식이 얻어진다.

$$\frac{\partial \sigma_r}{\partial r} + \frac{\partial \tau_{rz}}{\partial z} + \frac{\sigma_r - \sigma_\theta}{r} = 0 \tag{D.73}$$

$$\frac{\partial \tau_{rz}}{\partial r} + \frac{\partial \sigma_z}{\partial z} + \frac{\tau_{rz}}{r} = 0$$

평면 응력 상태인 경우 위 식들은 다음과 같이 정리된다.

$$\epsilon_r = \frac{du_r}{dr} \quad \epsilon_\theta = \frac{u_r}{r} \tag{D.74}$$

$$\frac{d\sigma_r}{dr} + \frac{\sigma_r - \sigma_\theta}{r} + F_r = 0 \tag{D.75}$$

체력을 무시하면 평형방정식은 다음과 같이 수정된다.

$$\frac{d\sigma_r}{dr} + \frac{\sigma_r - \sigma_\theta}{r} = 0 \tag{D.76}$$

$$\epsilon_r = \frac{1}{E}\left[\sigma_r - \nu\sigma_\theta\right] \tag{D.77}$$

$$\epsilon_\theta = \frac{1}{E}\left[\sigma_\theta - \nu\sigma_r\right]$$

$$\epsilon_z = -\frac{1}{E}\left[\nu(\sigma_r + \sigma_\theta)\right]$$

또는

$$\sigma_r = \frac{E}{1-\nu^2}\left[\epsilon_r + \nu\epsilon_\theta\right] \tag{D.78}$$

$$\sigma_\theta = \frac{E}{1-\nu^2}\left[\epsilon_\theta + \nu\epsilon_r\right]$$

9 평면응력 문제 해와 평면 변형률 문제 해 변환 방법

평면 응력 문제의 해를 평면 변형률 문제의 해로 변환하려면 다음과 같이 물성을 바꿔준다.

$$E \Rightarrow E/(1-\nu^2) \tag{D.79}$$

$$\nu \Rightarrow \nu/(1-\nu)$$

평면 변형률 문제의 해를 평면 응력 문제의 해로 변환하려면 다음과 같이 물성을 바꿔준다.

$$E \Rightarrow \frac{(1+2\nu)}{(1+\nu)^2}E \qquad \text{(D.80)}$$

$$\nu \Rightarrow \nu/(1+\nu)$$

10 고체역학 예제

예제 10.1

그림 S10.1과 같이 크고 얇은 평판에 x 방향으로 균일한 분포 하중 σ_o가 인장상태로 작용하고 있다. 평판에서의 응력분포를 구하시오. 탄성계수는 E이고 푸아송 비는 ν이고 체력(body force)은 무시한다.

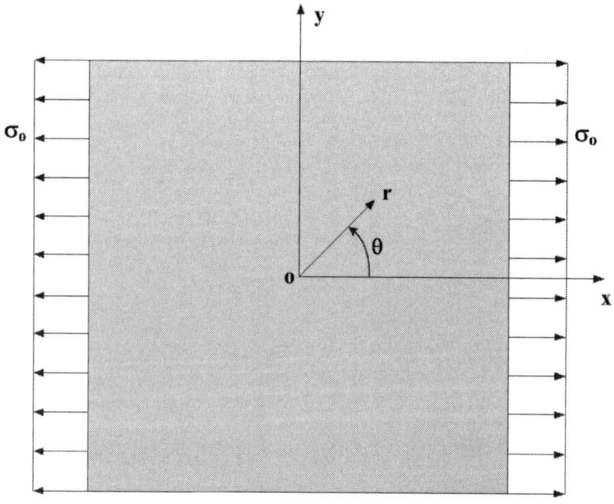

그림 S10.1

풀이

주어진 예제의 응력 상태는 다음과 같다.

$$\sigma_x = \sigma_o,\ \sigma_y = \tau_{xy} = 0 \qquad \text{(a)}$$

식 (D.62)는 다음과 같이 쓸 수 있다.

$$\frac{\partial^4 \Phi}{\partial x^4} + 2\frac{\partial^4 \Phi}{\partial x^2 \partial y^2} + \frac{\partial^4 \Phi}{\partial y^4} = 0 \qquad \text{(b)}$$

식 (b)를 만족하는 다음과 같은 응력함수를 가정한다.

$$\Phi = \sigma_o y^2/2 \tag{c}$$

극좌표(r, θ)를 사용하기 위해, $y = r\sin\theta$를 식 (c)에 대입한다.

$$\Phi = \frac{1}{4}\sigma_o r^2 (1 - \cos 2\theta) \tag{d}$$

식(D.65)로부터 다음 식이 얻어진다.

$$\sigma_r = \frac{1}{r}\frac{\partial \Phi}{\partial r} + \frac{1}{r^2}\frac{\partial^2 \Phi}{\partial \theta^2} \tag{e}$$

$$\sigma_\theta = \frac{\partial^2 \Phi}{\partial r^2}$$

$$\tau_{r\theta} = -\frac{\partial}{\partial r}\left(\frac{1}{r}\frac{\partial \Phi}{\partial \theta}\right)$$

식 (d)를 식(e)에 대입하여 정리하면 다음 식이 얻어진다.

$$\sigma_r = \frac{1}{2}\sigma_o (1 + \cos 2\theta)$$

$$\sigma_\theta = \frac{1}{2}\sigma_o (1 - \cos 2\theta) \tag{f}$$

$$\tau_{r\theta} = -\frac{1}{2}\sigma_o \sin 2\theta$$

예제 10.2

그림 S10.2와 같이 가운데에 구멍(반지름 : a)이 난 크고 얇은 평판에 x 방향으로 균일한 분포 하중 σ_o가 인장상태로 작용하고 있다. 평판에서의 응력분포를 구하시오. 탄성계수는 E이고 푸아송 비는 ν이고 체력(body force)은 무시한다.

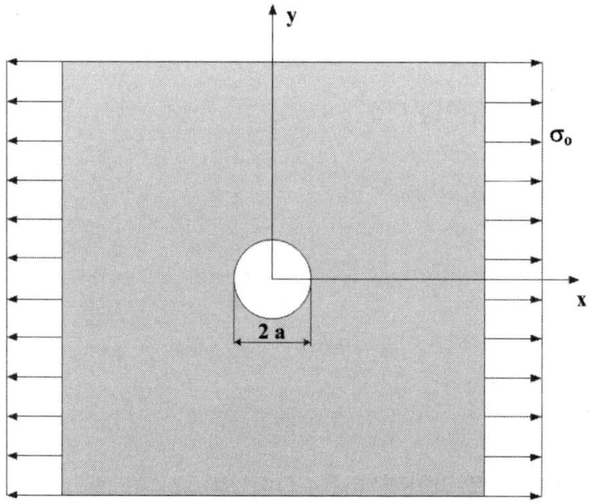

그림 S10.2

풀이

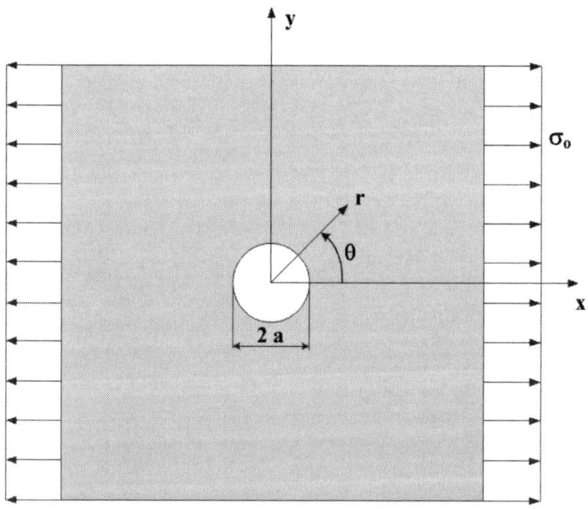

그림 S10.3

위 그림 S10.3과 같이 (r,θ)좌표를 설정한다. $r=a$에서 다음 조건이 주어진다.

$$\sigma_r = \tau_{r\theta} = 0, \quad @\, r = a \tag{a}$$

- 구멍의 영향이 없는 위치, 즉 $r \to \infty$ 에서의 응력은 예제 10.1의 (f)와 같다고 볼 수 있다.

$$\sigma_r = \frac{1}{2}\sigma_o(1+\cos 2\theta)$$
$$\sigma_\theta = \frac{1}{2}\sigma_o(1-\cos 2\theta) \tag{b}$$
$$\tau_{r\theta} = -\frac{1}{2}\sigma_o \sin 2\theta$$

이 예제에서는 다음과 같은 Airy 응력함수를 가정한다.

$$\Phi = f_1(r) + f_2(r)\cos 2\theta \tag{c}$$

식 (c)에서 f_1과 f_2는 미지의 함수이다. 체력(body force)을 무시하면 식(D.64)와 식 (D.65)는 다음과 같이 쓸 수 있다.

$$\left(\frac{\partial^2}{\partial r^2} + \frac{1}{r}\frac{\partial}{\partial r} + \frac{1}{r^2}\frac{\partial^2}{\partial \theta^2}\right)\left(\frac{\partial^2 \Phi}{\partial r^2} + \frac{1}{r}\frac{\partial \Phi}{\partial r} + \frac{1}{r^2}\frac{\partial^2 \Phi}{\partial \theta^2}\right) = 0 \tag{d}$$

$$\sigma_r = \frac{1}{r}\frac{\partial \Phi}{\partial r} + \frac{1}{r^2}\frac{\partial^2 \Phi}{\partial \theta^2} \tag{e}$$
$$\sigma_\theta = \frac{\partial^2 \Phi}{\partial r^2}$$
$$\tau_{r\theta} = -\frac{\partial}{\partial r}\left(\frac{1}{r}\frac{\partial \Phi}{\partial \theta}\right)$$
$$\sigma_z = 0$$

식 (c)로 주어진 Airy 응력함수는 모든 θ에 대해서 식 (d)를 만족해야 한다. 식 (c)를 식 (d)에 대입 한 후 정리하면 다음 식이 얻어진다.

$$\left(\frac{d^2}{dr^2} + \frac{1}{r}\frac{d}{dr}\right)\left(\frac{d^2 f_1}{dr^2} + \frac{1}{r}\frac{df_1}{dr}\right) = 0 \tag{f}$$

$$\left(\frac{d^2}{dr^2} + \frac{1}{r}\frac{d}{dr} - \frac{4}{r^2}\right)\left(\frac{d^2 f_2}{dr^2} + \frac{1}{r}\frac{df_2}{dr} - \frac{4f_2}{r^2}\right) = 0 \tag{g}$$

식 (f)와 식(g)는 다음과 같이 고쳐 쓸 수 있다.

$$\frac{1}{r}\frac{d}{dr}\left\{r\frac{d}{dr}\left[\frac{1}{r}\frac{d}{dr}\left(r\frac{df_1}{dr}\right)\right]\right\} = 0 \tag{h}$$

$$r\frac{d}{dr}\left(\frac{1}{r^3}\frac{d}{dr}\left\{r^3\frac{d}{dr}\left[\frac{1}{r^3}\frac{d}{dr}\left(r^2 f_2\right)\right]\right\}\right)=0 \tag{i}$$

식 (h)와 식 (i)를 적분하면 다음 결과가 얻어진다.

$$f_1 = c_1 r^2 \ln r + c_2 r^2 + c_3 \ln r + c_4 \tag{j}$$

$$f_2 = c_5 r^2 + c_6 r^4 + \frac{c_7}{r^2} + c_8 \tag{k}$$

식 (j)와 식 (k)에서 c_i는 적분 상수를 나타낸다. 응력 함수 Φ는 식 (j)와 식 (k)를 식(c)에 대입하면 얻어진다. 응력함수 Φ를 식(e)에 대입하면, 응력에 대한 식들이 다음과 같이 주어진다.

$$\begin{aligned}
\sigma_r &= c_1(1+2\ln r) + 2c_2 + \frac{c_3}{r^2} - \left(2c_5 + \frac{6c_7}{r^4} + \frac{4c_8}{r^2}\right)\cos 2\theta \\
\sigma_\theta &= c_1(3+2\ln r) + 2c_2 - \frac{c_3}{r^2} + \left(2c_5 + 12c_6 r^2 + \frac{6c_7}{r^4}\right)\cos 2\theta \\
\tau_{r\theta} &= \left(2c_5 + 6c_6 r^2 - \frac{6c_7}{r^4} - \frac{2c_8}{r^2}\right)\sin 2\theta
\end{aligned} \tag{l}$$

식(l)에는 c_4가 포함되어 있지 않은데, c_4는 응력에 아무런 영향을 주지 않는다는 것을 의미한다.

$r \to \infty$ 일 때 응력은 유한한 값을 가져야 하므로 다음 식이 얻어진다.

$$c_1 = c_6 = 0 \tag{m}$$

식(a)를 식 (l)에 적용하면 다음 식을 얻는다.

$$\begin{aligned}
&2c_2 + \frac{c_3}{a^2} = 0 \\
&2c_5 + \frac{6c_7}{a^4} + \frac{4c_8}{a^2} = 0 \\
&2c_5 - \frac{6c_7}{a^4} - \frac{2c_8}{a^2} = 0
\end{aligned} \tag{n}$$

식 (b)와 식 (l)로부터 다음 식이 얻어진다.

$$\sigma_o = -4c_5, \ \sigma_o = 4c_2 \tag{o}$$

식 (n)과 식 (o)로부터 다음 결과가 얻어진다.

$$c_2 = \sigma_o/4, \ c_3 = -a^2\sigma_o/2, \ c_5 = -\sigma_o/4, \ c_7 = -a^4\sigma_o/4 \tag{p}$$
$$c_8 = a^2\sigma_o/2$$

식(m)과 식 (p)를 식 (l)에 대입한다.

$$\sigma_r = \frac{1}{2}\sigma_o\left[\left(1-\frac{a^2}{r^2}\right)+\left(1+\frac{3a^4}{r^4}-\frac{4a^2}{r^2}\right)\cos 2\theta\right] \tag{q}$$
$$\sigma_\theta = \frac{1}{2}\sigma_o\left[\left(1+\frac{a^2}{r^2}\right)-\left(1+\frac{3a^4}{r^4}\right)\cos 2\theta\right]$$
$$\tau_{r\theta} = -\frac{1}{2}\sigma_o\left(1-\frac{3a^4}{r^4}+\frac{2a^2}{r^2}\right)\sin 2\theta$$

그림 S10.4와 그림 S10.5는 각각 $\theta=\pi/2$와 $\theta=0$에서의 σ_θ와 σ_r의 변화를 보여주고 있다. 그래프를 통해서 다음과 같은 결론을 내릴 수 있다.

$$(\sigma_\theta)_{\max} = 3\sigma_o, \ \theta = \pm\pi/2$$
$$(\sigma_\theta)_{\min} = -\sigma_o, \ \theta = 0, \pi$$

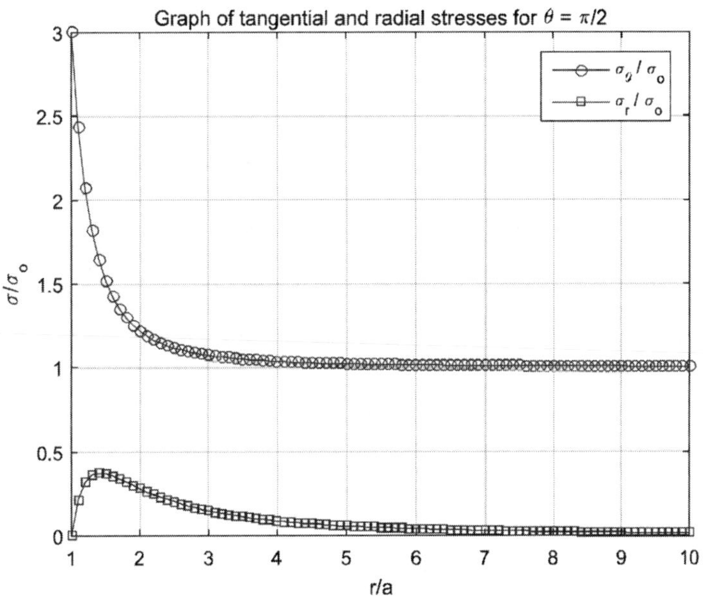

그림 S10.4 $\theta=\pi/2$에서의 σ_r/σ_o과 σ_θ/σ_o 그래프

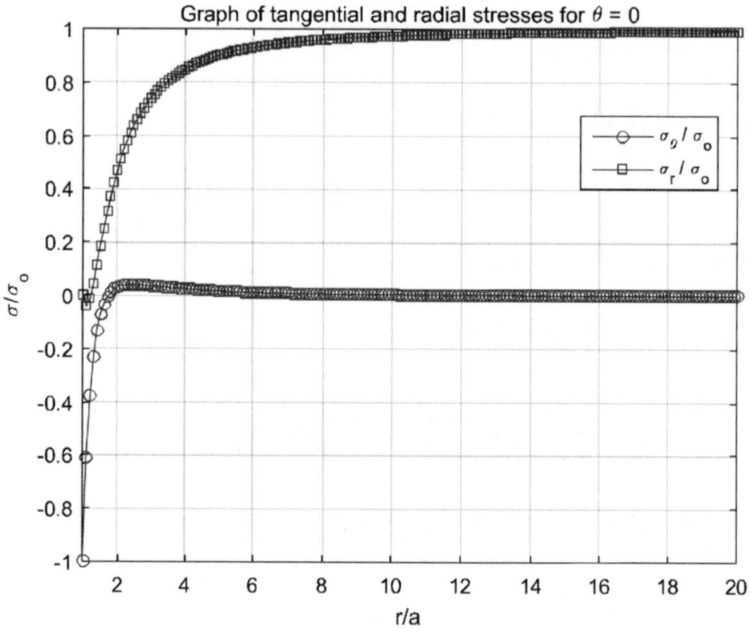

그림 S10.5 $\theta = 0$에서의 σ_r/σ_o과 σ_θ/σ_o 그래프

그림 S10.6–S10.8은 식(q)를 3차원 그래프로 표현하고 있다.

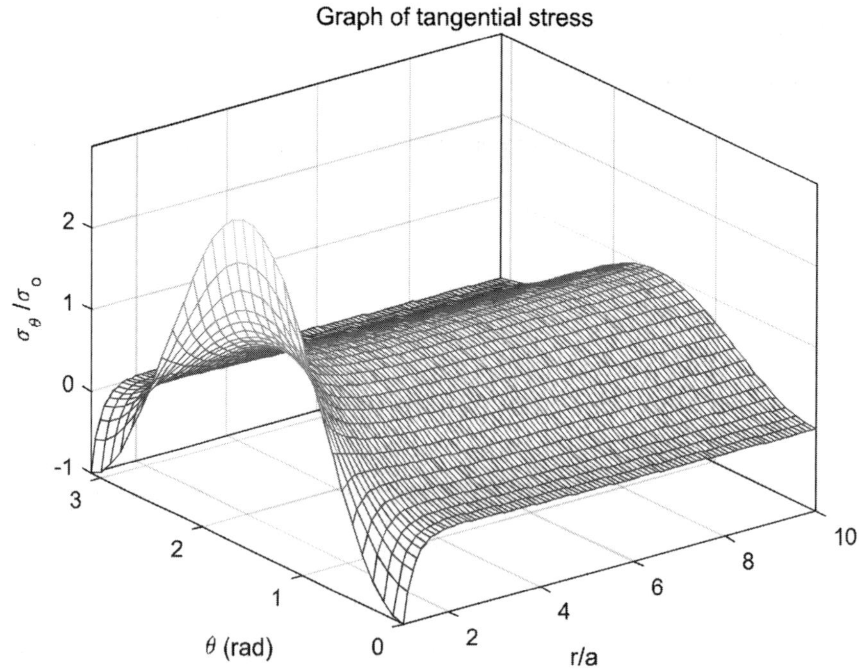

그림 S10.6 σ_θ/σ_o 그래프

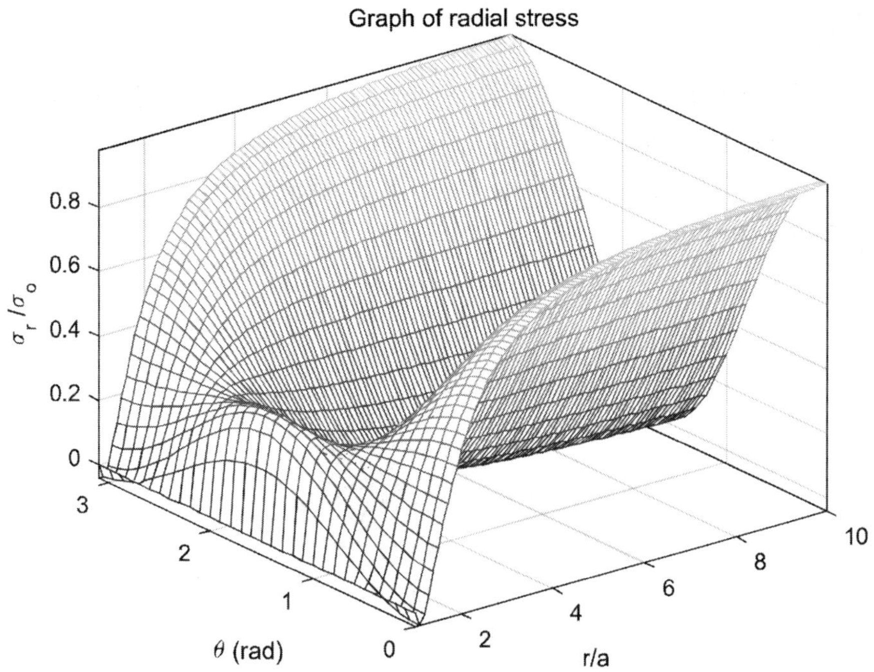

그림 S10.7 σ_r/σ_o 그래프

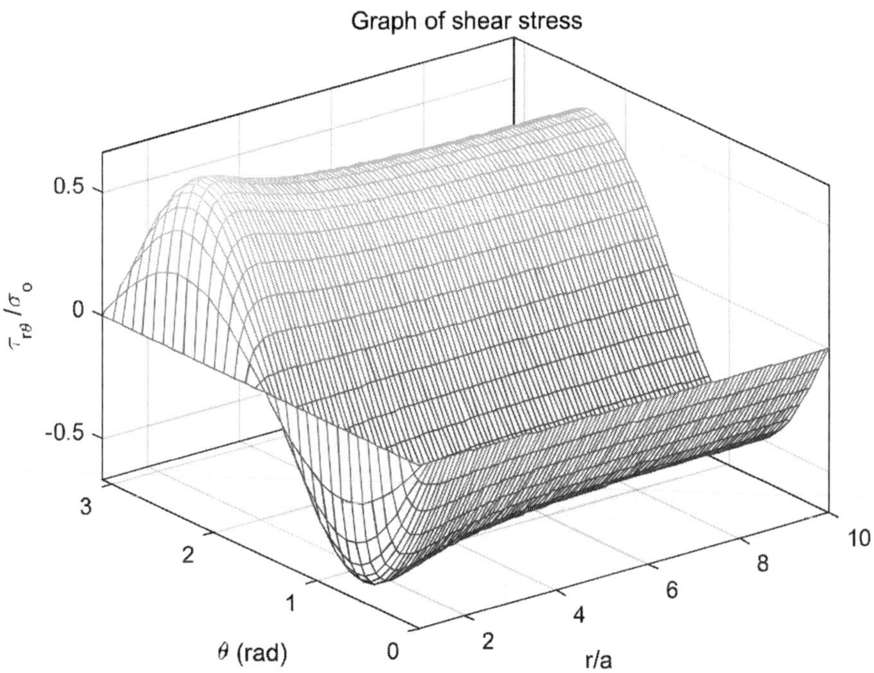

그림 S10.8 $\tau_{r\theta}/\sigma_o$ 그래프

예제 10.3

그림 S10.9와 같은 중공의 원형 실린더에 내압 p_i와 외압 p_o가 작용하고 있다. 실린더의 안쪽 반지름은 a이고 바깥쪽 반지름은 b이다. 원형 실린더에 발생하는 응력과 변위를 구하시오. 탄성계수는 E, 푸아송 비는 ν이고 체력(body force)은 무시한다. 평면응력상태라고 가정한다.

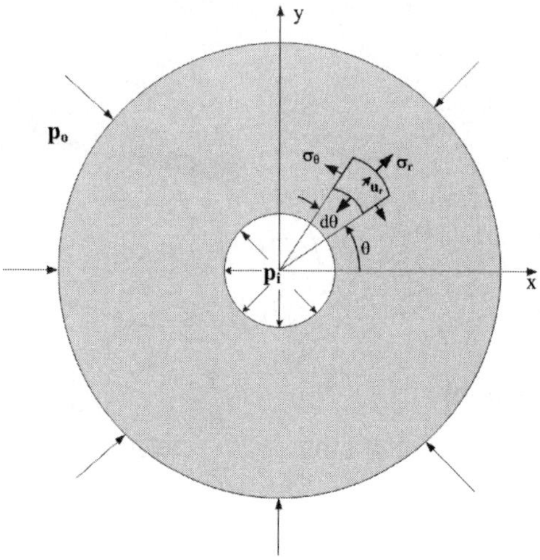

그림 S10.9

풀이

식 (D.74)와 식 (D.78)에서

$$\epsilon_r = \frac{du_r}{dr} \quad \epsilon_\theta = \frac{u_r}{r} \tag{a}$$

$$\sigma_r = \frac{E}{1-\nu^2}\left[\epsilon_r + \nu\epsilon_\theta\right] \tag{b}$$

$$\sigma_\theta = \frac{E}{1-\nu^2}\left[\epsilon_\theta + \nu\epsilon_r\right]$$

이므로, 식(a)를 식 (b)에 대입하면 다음 식을 얻는다.

$$\sigma_r = \frac{E}{1-\nu^2}\left[\epsilon_r + \nu\epsilon_\theta\right] = \frac{E}{1-\nu^2}\left(\frac{du_r}{dr} + \nu\frac{u_r}{r}\right) \tag{c}$$

$$\sigma_\theta = \frac{E}{1-\nu^2}\left[\epsilon_\theta + \nu\epsilon_r\right] = \frac{E}{1-\nu^2}\left(\frac{u_r}{r} + \nu\frac{du_r}{dr}\right)$$

식 (D.76)에서

$$\frac{d\sigma_r}{dr}+\frac{\sigma_r-\sigma_\theta}{r}=0 \tag{d}$$

이므로, 식(c)를 식 (d)에 대입하면 다음 식을 얻는다.

$$\frac{d^2u_r}{dr^2}+\frac{1}{r}\frac{du_r}{dr}-\frac{u_r}{r^2}=0 \tag{e}$$

미분 방정식 (e)를 풀면 다음 식이 얻어진다.

$$u_r=c_1r+\frac{c_2}{r} \tag{f}$$

식(f)를 식(c)에 대입한다.

$$\sigma_r=\frac{E}{1-\nu^2}\left[c_1(1+\nu)-c_2\left(\frac{1-\nu}{r^2}\right)\right] \tag{g}$$

$$\sigma_\theta=\frac{E}{1-\nu^2}\left[c_1(1+\nu)+c_2\left(\frac{1-\nu}{r^2}\right)\right] \tag{h}$$

주어진 예제의 경계조건은 다음과 같다.

$$(\sigma_r)_{r=a}=-p_i,\ (\sigma_r)_{r=b}=-p_o \tag{i}$$

식(i)를 식 (g)에 적용하면 다음 결과가 얻어진다.

$$c_1=\frac{1-\nu}{E}\frac{a^2p_i-b^2p_o}{b^2-a^2},\ c_2=\frac{1+\nu}{E}\frac{a^2b^2(p_i-p_o)}{b^2-a^2} \tag{j}$$

따라서 응력과 변위는 다음과 같이 주어진다.

$$\sigma_r=\frac{a^2p_i-b^2p_o}{b^2-a^2}-\frac{(p_i-p_o)a^2b^2}{(b^2-a^2)r^2}$$

$$\sigma_\theta=\frac{a^2p_i-b^2p_o}{b^2-a^2}+\frac{(p_i-p_o)a^2b^2}{(b^2-a^2)r^2}$$

$$u_r=\frac{1-\nu}{E}\frac{(a^2p_i-b^2p_o)r}{b^2-a^2}+\frac{1+\nu}{E}\frac{(p_i-p_o)a^2b^2}{(b^2-a^2)r}$$

특별한 경우로서 내압만 작용하는 경우 ($p_o = 0$).

$$\sigma_r = \frac{a^2 p_i}{b^2 - a^2}\left(1 - \frac{b^2}{r^2}\right)$$

$$\sigma_\theta = \frac{a^2 p_i}{b^2 - a^2}\left(1 + \frac{b^2}{r^2}\right)$$

$$u_r = \frac{a^2 p_i r}{E(b^2 - a^2)}\left[(1-\nu) + (1+\nu)\frac{b^2}{r^2}\right]$$

외압만 작용하는 경우 ($p_i = 0$).

$$\sigma_r = -\frac{b^2 p_o}{b^2 - a^2}\left(1 - \frac{a^2}{r^2}\right)$$

$$\sigma_\theta = -\frac{b^2 p_o}{b^2 - a^2}\left(1 + \frac{a^2}{r^2}\right)$$

$$u_r = -\frac{b^2 p_o r}{E(b^2 - a^2)}\left[(1-\nu) + (1+\nu)\frac{a^2}{r^2}\right]$$

안쪽 반지름은 a이고 바깥쪽 반지름은 b인 **구형 용기**(spherical vessel)에 내압 p_i와 외압 p_o가 작용할 때, 구형 용기에 발생하는 응력은 다음과 같이 주어진다.

$$\sigma_r = \frac{(b^3 - r^3)}{(b^3 - a^3)}\frac{a^3}{r^3}p_i + \frac{(r^3 - a^3)}{(b^3 - a^3)}\frac{b^3}{r^3}p_o$$

$$\sigma_\theta = \frac{1}{2}\frac{(b^3 + 2r^3)}{(b^3 - a^3)}\frac{a^3}{r^3}p_i - \frac{1}{2}\frac{(2r^3 + a^3)}{(b^3 - a^3)}\frac{b^3}{r^3}p_o$$

다음 그래프 S10.10–S10.12는 내압만 작용할 때 원형 실린더 용기에 발생하는 응력의 변화를 나타내고 있다.

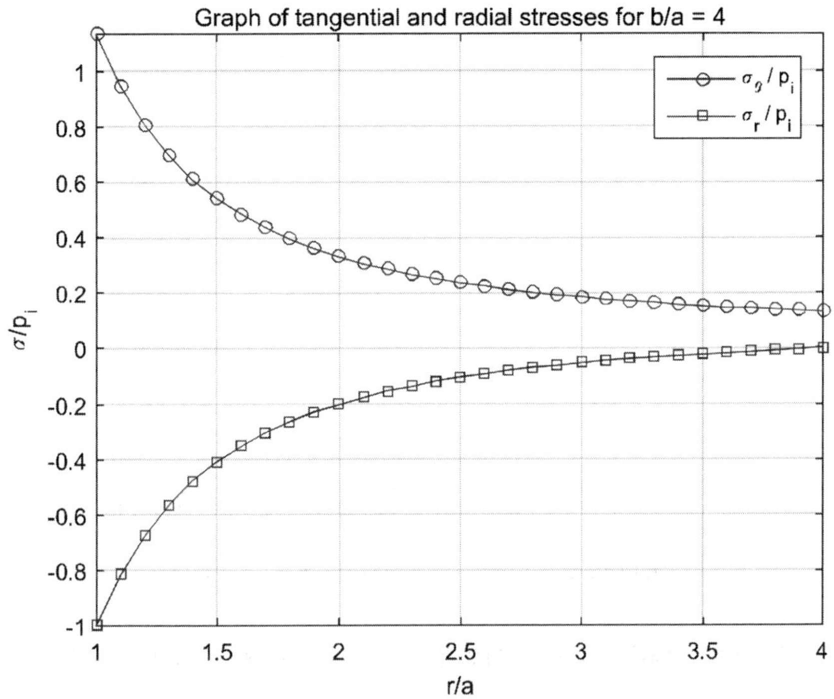

그림 S10.10 $b/a = 4$일 때의 σ_r/p_i과 σ_θ/p_i 그래프

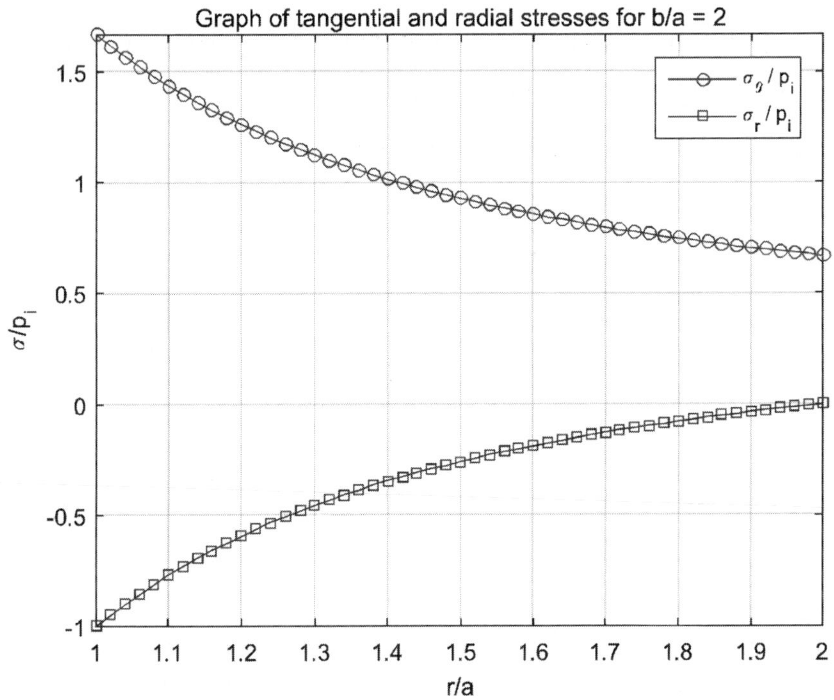

그림 S10.11 $b/a = 2$일 때의 σ_r/p_i과 σ_θ/p_i 그래프

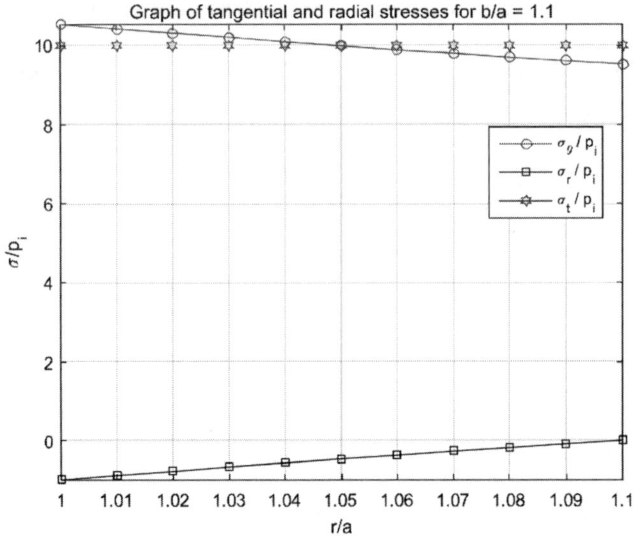

그림 S10.12 $b/a = 1.1$일 때의 σ_r/p_i과 σ_θ/p_i 그래프

그림 S10.12는 두께가 얇은 실린더형 압력용기에서의 응력변화를 나타낸다. 재료역학에서는

$$\sigma_t = \sigma_\theta = \frac{p_i r}{t} = \frac{p_i a}{t}$$

의 공식을 사용하고, σ_r은 무시한다. 그림 S10.12의 그래프를 보면 재료역학의 근사 값이 평균적인 의미를 갖는 것을 알 수 있다. σ_r은 σ_θ에 비해 크기가 작음을 알 수 있다. 그림 S10.13은 두께를 더욱 줄인 상태의 응력 결과이다.

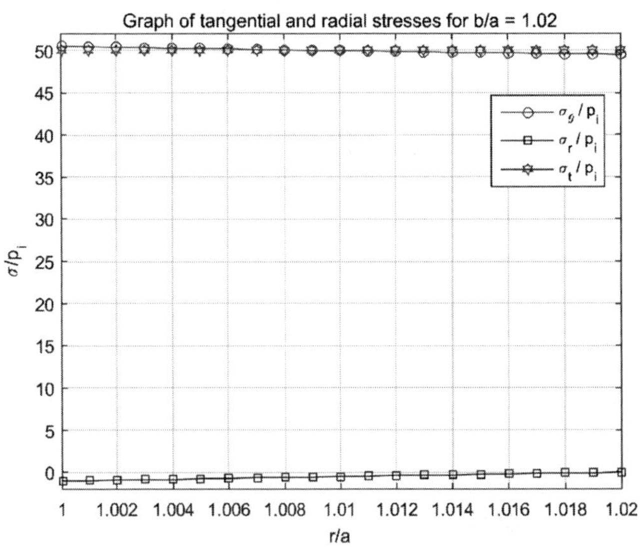

그림 S10.13 $b/a = 1.02$일 때의 σ_r/p_i과 σ_θ/p_i 그래프

예제 10.4

그림 S10.14와 같은 원형 디스크가 일정한 각속도 ω로 회전하고 있다. 디스크의 안쪽 반지름은 a이고 바깥쪽 반지름은 b이다. 디스크에 발생하는 응력과 변위를 구하시오. 탄성계수는 E, 푸아송 비는 ν, 그리고 밀도는 ρ이다. 평면응력상태라고 가정한다.

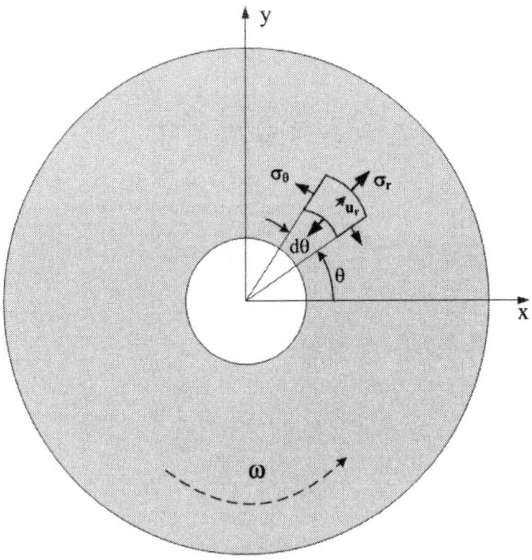

그림 S10.14

풀이

식 (D.74)와 식 (D.78)에서

$$\epsilon_r = \frac{du_r}{dr} \qquad \epsilon_\theta = \frac{u_r}{r} \tag{a}$$

$$\sigma_r = \frac{E}{1-\nu^2}\left[\epsilon_r + \nu\epsilon_\theta\right] \tag{b}$$

$$\sigma_\theta = \frac{E}{1-\nu^2}\left[\epsilon_\theta + \nu\epsilon_r\right]$$

이므로, 식(a)를 식 (b)에 대입하면 다음 식을 얻는다.

$$\sigma_r = \frac{E}{1-\nu^2}\left[\epsilon_r + \nu\epsilon_\theta\right] = \frac{E}{1-\nu^2}\left(\frac{du_r}{dr} + \nu\frac{u_r}{r}\right) \tag{c}$$

$$\sigma_\theta = \frac{E}{1-\nu^2}\left[\epsilon_\theta + \nu\epsilon_r\right] = \frac{E}{1-\nu^2}\left(\frac{u_r}{r} + \nu\frac{du_r}{dr}\right)$$

식 (D.75)에서

$$\frac{d\sigma_r}{dr} + \frac{\sigma_r - \sigma_\theta}{r} + F_r = 0 \tag{d}$$

인데, 주어진 예제에서 디스크는 일정한 각속도 ω로 회전하므로 F_r은 다음과 같이 표현된다.

$$F_r = \rho\omega^2 r \tag{e}$$

식(c)와 식(e)를 식 (d)에 대입하면 다음 식을 얻는다.

$$\frac{d^2u_r}{dr^2} + \frac{1}{r}\frac{du_r}{dr} - \frac{u_r}{r^2} = -(1-\nu^2)\frac{\rho\omega^2 r}{E} \tag{f}$$

미분 방정식 (f)를 풀면 다음 식이 얻어진다.

$$u_r = -\frac{\rho\omega^2 r^3(1-\nu^2)}{8E} + c_1 r + \frac{c_2}{r} \tag{g}$$

식(g)를 식(c)에 대입한다.

$$\sigma_r = \frac{E}{1-\nu^2}\left[\frac{-(3+\nu)(1-\nu^2)\rho\omega^2 r^2}{8E} + c_1(1+\nu) - c_2\left(\frac{1-\nu}{r^2}\right)\right] \tag{h}$$

$$\sigma_\theta = \frac{E}{1-\nu^2}\left[\frac{-(1+3\nu)(1-\nu^2)\rho\omega^2 r^2}{8E} + c_1(1+\nu) + c_2\left(\frac{1-\nu}{r^2}\right)\right] \tag{i}$$

주어진 예제의 경계조건은 다음과 같다.

$$(\sigma_r)_{r=a} = 0,\ (\sigma_r)_{r=b} = 0 \tag{j}$$

식(j)를 식 (h)에 적용하면 다음 결과가 얻어진다.

$$c_1 = \rho\omega^2\frac{(a^2+b^2)}{E}\frac{(1-\nu)(3+\nu)}{8} \tag{k}$$

$$c_2 = \rho\omega^2\frac{a^2b^2}{E}\frac{(1+\nu)(3+\nu)}{8}$$

따라서 응력과 변위는 다음과 같이 주어진다.

$$\sigma_r = \frac{3+\nu}{8}\left(a^2+b^2-r^2-\frac{a^2b^2}{r^2}\right)\rho\omega^2$$

$$\sigma_\theta = \frac{3+\nu}{8}\left(a^2+b^2-\frac{1+3\nu}{3+\nu}r^2+\frac{a^2b^2}{r^2}\right)\rho\omega^2$$

$$u_r = \frac{(3+\nu)(1-\nu)}{8E}\left(a^2+b^2-\frac{1+\nu}{3+\nu}r^2+\frac{1+\nu}{1-\nu}\frac{a^2b^2}{r^2}\right)\rho\omega^2 r$$

특별한 경우로 $a=0$인 경우를 살펴보자. 식 (j)의 경계조건이 다음과 같이 바뀐다.

$$(u_r)_{r=0}=0,\ (\sigma_r)_{r=b}=0 \tag{l}$$

경계조건을 적용하면 다음 식이 얻어진다.

$$c_1 = \rho\omega^2\frac{b^2}{E}\frac{(1-\nu)(3+\nu)}{8},\ c_2=0 \tag{m}$$

응력과 변위는 다음과 같이 정리된다.

$$\sigma_r = \frac{3+\nu}{8}(b^2-r^2)\rho\omega^2$$

$$\sigma_\theta = \frac{3+\nu}{8}\left(b^2-\frac{1+3\nu}{3+\nu}r^2\right)\rho\omega^2$$

$$u_r = \frac{(3+\nu)(1-\nu)}{8E}\left(b^2-\frac{1+\nu}{3+\nu}r^2\right)\rho\omega^2 r$$

참고문헌

[1] 이상순, 실리콘 솔라시스템 구조해석을 위한 유한요소법, 2010, 홍릉과학출판사

[2] 최창근, 유한요소법, 테크노 프레스, 2002.

[3] S. Moaveni, ANSYS를 이요한 유한요소해석, 제3판, ITC, 2008.

[4] D.L. Logan(신종계외 2 공역), 유한요소법 첫걸음, 시그마 프레스, 1998.

[5] O.C. Zienkeiwicz ,R.L. Taylor, and J.Z. Zhu, The Finite Element Method, 6th ed., Elsevier, 2000.

[6] T.R. Chandrupatla and A.D. Belegundu, Int. Finite Elements in Engineering, 3rd. ed., Prentice Hall, 2002.

[7] HyperMesh , User's Manuals, Altair Computing, Inc.

[8] ANSYS ver.10 & 11, User's Manuals, ANSYS, Inc.

[9] S.S. Rao, Mechanical Vibrations, 3rd ed., Addison-Wesley, 1995.

[10] D. V. Hutton, 유한요소 해석의 기초. 인터비젼, 2006.

찾아보기